高等院校“新形态”规划教材

UG NX 项目化实用教程

（第 2 版）（慕课版）

主　编　谢丽华　韩远飞　张云飞
副主编　吕英杰

本书资源使用说明

北京邮电大学出版社
· 北京 ·

内 容 简 介

本书以NX 2312版本为操作平台，对UG NX软件的草图绘制、特征建模、曲线绘制、曲面建模、装配设计及工程图等知识进行讲解，并对齿轮泵、核桃夹、洗车水枪三个综合案例进行剖析解读，实现理论知识与工程实践的紧密结合。

本书为“新形态”立体化教材，特点是先让读者理解基本知识，再配以案例讲解，并辅助提供大量的练习，讲练结合，学做合一，让读者学习理论知识和操作技能，并通过案例操作培养读者分析问题和解决问题的能力。

本书可作为高等院校机械类或近机类专业的教材，也可作为UG NX初学者的自学教材，还可作为专业人员的参考书。

图书在版编目（CIP）数据

UG NX项目化实用教程：慕课版 / 谢丽华，韩远飞，张云飞主编 . -- 2版 . -- 北京：北京邮电大学出版社，2024. -- ISBN 978-7-5635-7357-8

I. TP391.72

中国国家版本馆CIP数据核字第20246NL857号

策划编辑： 韩　霞　　**责任编辑：** 宋俊娥　　**封面设计：** 广信达雅

出版发行： 北京邮电大学出版社
社　　址： 北京市海淀区西土城路10号（100876）
电话传真： 010-82333010　62282185（发行部）　　010-82333009　62283578（传真）
网　　址： www.buptpress3.com
电子信箱： buptpress3@163.com
经　　销： 各地新华书店
印　　刷： 三河市骏杰印刷有限公司
开　　本： 787 mm×1 092 mm　1/16
印　　张： 16.5
字　　数： 422千字
版　　次： 2018年7月第1版　2024年10月第2版
印　　次： 2024年10月第1次印刷

ISBN 978-7-5635-7357-8　　　　定价：49.80元

前　言

NX软件是Siemens PLM Software（西门子PLM软件）公司推出的一个产品工程解决方案，它为用户的产品设计及加工过程提供了数字化造型和验证手段。本书针对初学者的学习特点，结合编者多年的NX教学和实践经验，采用项目式讲解方式，由浅入深、图文并茂，以NX 2312版本为基础，详细介绍了NX软件的草图绘制、特征建模、曲面建模、装配设计及工程图等方面的内容。在讲解过程中通过大量的实例操作，帮助用户循序渐进地学习、掌握软件。每章从知识点介绍开始，结合案例解析，并通过上机练习巩固，将理论与实践紧密结合。

本书分为8个项目。

项目1介绍了NX软件的工作界面、基本操作及常用工具。

项目2介绍了草图绘制的基本知识，通过支撑座、手柄、手轮等5个案例讲解草图绘制的基本步骤。

项目3介绍了曲线工具栏中的典型命令，并通过莲蓬、花瓶、鱼缸等5个案例让读者了解曲线框架的创建过程。

项目4介绍了实体建模及特征编辑的基本方法，通过止挡块、传动齿轮等5个案例对实体建模过程进行了详尽描述。

项目5介绍了曲面建模的基本方法和常用命令，利用电风扇叶片、水壶等4个案例对曲面建模进行了说明。

项目6介绍了装配的基本方法和命令，并通过常见的减速箱的装配进行案例演示。

项目7介绍了NX制图模块的使用，通过阶梯轴、箱体、支座3个工程图案例讲述了工程图模块的操作。

项目8为综合实训，通过齿轮泵、核桃夹、洗车水枪3个案例让读者熟悉和掌握UG NX的建模和装配方法。

党的二十大报告强调“推进教育数字化”。教育数字化是教育教学活动与数字技术融合发展的产物，教材是教育教学的基本载体和关键支撑。本书是新形态教材，与本书配套的数字化教学资源和智慧教学平台，全面支持教师开展多种形式的教学活动，学生可以随时随地学习。读者通过助学助教平台手机端APP扫描书中的二维码，可查看书中对应的三维模型和案例操作步骤。本书配套素材的使用说明，请扫描扉页中的二维码查看。

本书编者是长期从事UG NX教学、科研的教师，有着丰富的教学经验。本书的内容按照读者的学习规律，结合大量案例讲解操作，使读者可以快速、有效地掌握UG NX软件的使用，每章配备大量的习题，不仅能巩固所学知识和进行实战演练，而且能对深入学习起到引导和启发作用。为方便读者学习，编者提供了该书中相关章节的源文件。此外，本书与智慧树平台的在线课程“计算机辅助设计”（主讲人：谢丽华）配套，该课程以“卓越工匠”为目标，案例丰富、讲练结合，内容包括在线讨论、互动测试、实时答疑等方面，可供读者参考学习。

本书由谢丽华、韩远飞、张云飞任主编，吕英杰任副主编，参加编写的人员还有王鑫慧、郑荣等。

由于时间仓促及作者水平有限，书中疏漏之处在所难免，敬请读者批评指正。

编 者

目　录

项目 1

NX软件的基础知识及应用

【项目案例】

（1）了解NX软件的功能特点。

（2）熟悉NX软件的工作界面、文件的基本操作。

我国古代的
绘图工具

【能力目标】

（1）能正确使用常用工具，包括点构造器、矢量构造器和基准平面构造器。

（2）能熟练掌握NX软件的操作方式，包括鼠标、快捷键、快捷菜单、窗口的操作。

【项目案例】

五角星的绘制。

NX软件是Siemens PLM Software公司推出的一个产品工程解决方案，它为用户的产品设计及加工过程提供了数字化造型和验证手段。NX软件针对用户的虚拟产品设计和工艺设计的需求，提供切实可行的解决方案。本章主要介绍NX 2312的工作界面、操作命令，以及系统参数设计的方法和NX软件中的常用工具、菜单的使用和图层设置的方法。本章内容是后续章节的基础，是学习NX软件之前必须掌握的。

1.1 任务一：初识NX软件

1.1.1 NX软件的特点

NX软件的主要特点是：采用复合建模技术，融合实体建模、曲面建模和参数化建模等多方面的技术，提供虚拟产品开发环境，使产品从设计到加工实现数据的无缝对接，从而优化了企业的产品设计与制造过程。

1.1.2 工作界面

1. NX 软件的启动方法

方法一：双击桌面上的 NX 快捷方式图标。

方法二：选择“开始”|“Siemens NX”|“用户 NX”命令，启动 NX 软件。

NX 启动界面如图 1-1 所示。在这个界面中用户可以进行文件的新建或打开操作，并且在图形窗口中解释了 NX 软件的基本概念。建议初学者阅读相关内容。

图 1-1　NX 启动界面

2. NX 操作界面

在 NX 软件启动界面的“主页”选项卡中，单击“新建”按钮，弹出“新建”对话框，选择“模型”模板，单击“确定”按钮，进入建模模块的界面。根据草图创建一个拉伸特征，如图 1-2 所示。

NX 操作界面主要由快速访问工具条、标题栏、功能区、上边框条、资源条、提示栏、状态栏、绘图区等部分组成。

1）标题栏

标题栏显示当前所进入的模块、新建文件的名称。在右边有三个按钮，分别为“最小化”按钮、“最大化”按钮及“关闭”按钮，可对 NX 软件窗口进行相应的操作。

2）快速访问工具条

快速访问工具条包含常用命令，如“保存”“撤销”“剪切”“最近使用过的命令”“切换窗口”等。

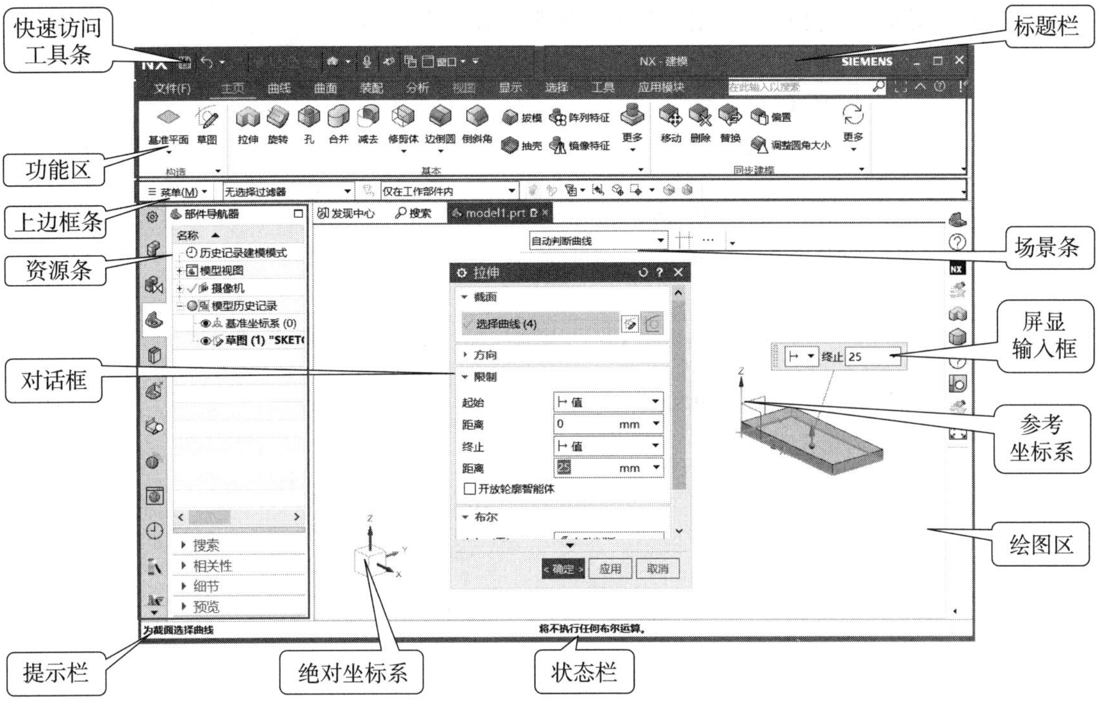

图 1-2　NX 操作界面

3）功能区

功能区将各类命令集成为选项卡和功能组的形式供用户使用。用户可以根据使用情况自行定义功能组中所显示的命令。将鼠标指针悬停在任何命令上，都将会出现与之对应的简单提示信息，如图 1-3 所示，在这些信息的帮助下，用户可以快速了解各个命令的功能。

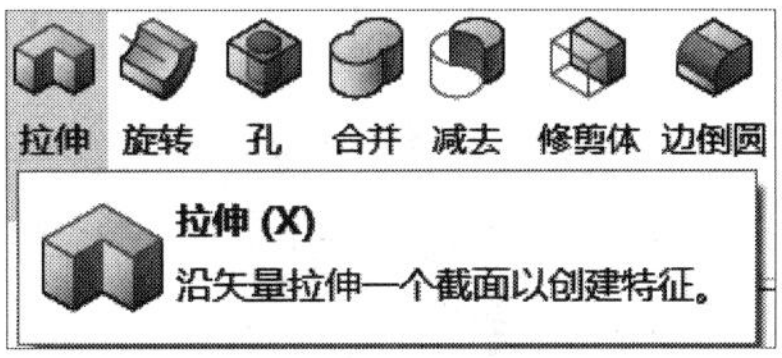

图 1-3　显示相关命令的提示信息

4）上边框条

上边框条包括“菜单”、选择组和视图组。“菜单”中包含当前模块下可以使用的命令。每一个模块对应的命令不同，用户可以根据需要选择。选择组包括过滤器、捕捉器。用户通过选择组中的相应选项可以过滤对象。视图组包括视图操作、定向视图命令、模型外观的渲染样式设置及显示 / 隐藏设置等命令。

5）资源条

资源条包括部件导航器、装配导航器、重用库、历史记录、系统艺术外观材料、角色、系统场景等。可单击左上角的设置按钮⚙，设置资源条为隐藏或悬挂状态。

6）提示栏及状态栏

提示栏及状态栏显示用户如何操作所调用的命令的提示及显示状态信息。

7）绘图区

绘图区是用户进行建模、装配、绘图、分析操作的主要区域，其中包括系统自带的工作坐标系及绝对坐标系。

8）对话框

NX 中多数命令的对话框均专注于任务，并通过自顶向下的工作流展现选项。图 1-4 所示为“拉伸”对话框。选项是成组展现的，用户可以展开或折叠组。

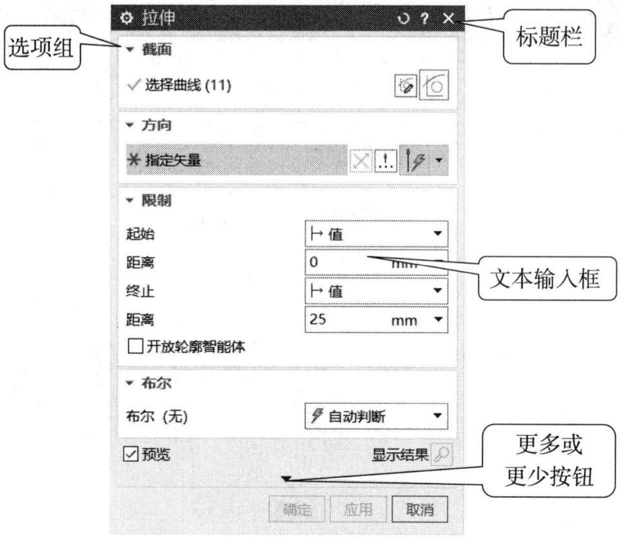

图 1-4 “拉伸”对话框

在图 1-4 中，高亮显示的组表示当前正用于执行操作的选项组。星号图标✱表示尚未选择必需的选项。当用户已作出或系统已自动判断出必需的选择时以对钩图标✔显示。单击▼按钮可查看所有选项组。单击▲按钮可查看较少的选项组。按鼠标中键（滚轮）接受默认操作并前进至下一步。

注意：“确定”和“应用”按钮仅在命令的所有必需操作均完成时才可用。单击“确定”按钮，对话框被关闭而不能继续使用。单击“应用”按钮，对话框不会被关闭，可继续执行同一命令。

9）屏显输入框

当需要在命令的对话框中为某个特征输入值时，系统会弹出屏显输入框。

1.1.3 基础应用模块

NX 软件功能强大，包括许多功能模块，涉及工业设计及制造的多个领域。它通过不同的功能模块来实现不同的功能。NX 软件目前所处的功能模块会在标题栏中给出提示。下面简要介绍几个常用模块。

1. 基本环境

NX 软件的功能模块为基本环境必备的应用模块提供支持。每个 NX 用户都必须安装这个基本环境。用户根据不同的需求，可以选择性地配置功能模块。基本环境包括打开、创建、存储等文件操作；着色、消隐、缩放等视图操作；视图布局、图层管理、绘图及绘图机队列管理等基本操作。

当用户新建文档时选择了空白的模板，就会进入 NX 软件的基本环境，其界面如图 1-5 所示。

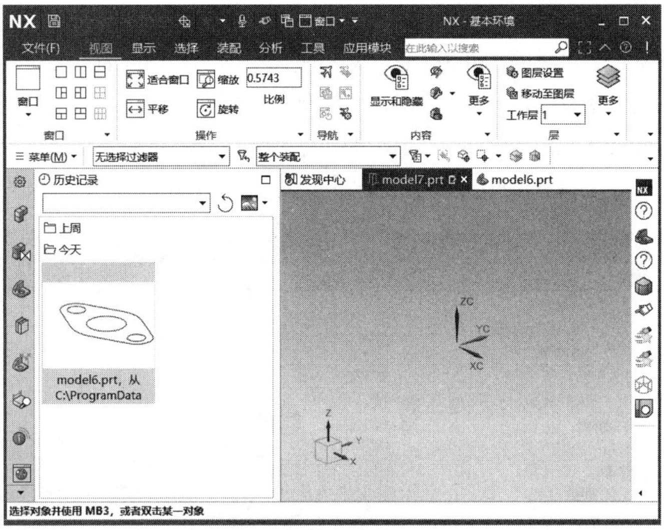

图 1-5　基本环境的界面

2. 建模模块

NX 建模模块提供了一个实体建模环境，用来快速地进行概念设计。用户可以交互式地创建和编辑部件几何体，通过向模型添加特征来创建三维模型。

该模块提供设计产品几何结构的各类工具，包括草图设计、曲线生成及编辑、标准设计特征的生成和编辑，如图 1-2 所示。

3. 装配模块

NX 装配模块提供并行的自上而下和自下而上的产品开发方法。装配模型中的零件数据是对零件本身的连接映像，保证装配模型和零件设计完全双向相关，并提高了软件操作性能，减少了存储空间的使用，零件设计修改后，装配模型中的零件会自动更新，同时可在装配模块下直接修改零件设计。单击“装配”选项卡中“基本”组的“装配”按钮，进入装配模块，其界面如图 1-6 所示。

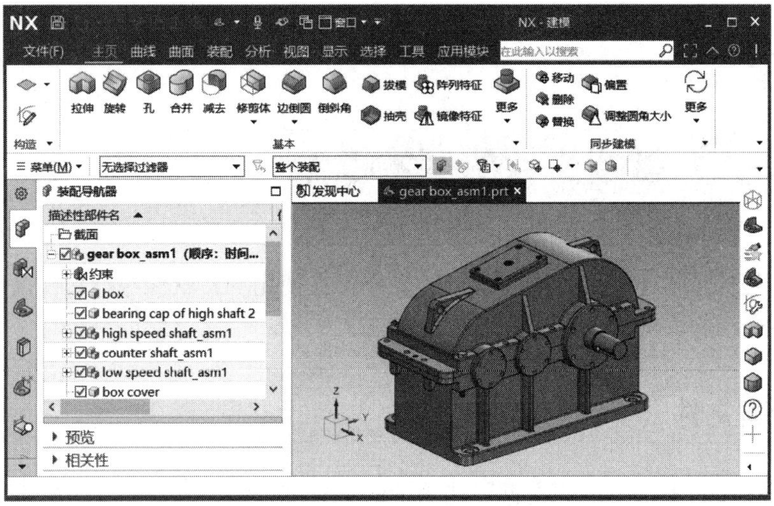

图 1-6　装配模块的界面

4. 制图模块

通过 NX 制图模块，可创建和 3D（三维）模型完全关联的 2D（二维）文档。制图模块提供了自动视图布置、剖视图、各向视图、局部放大图、局部剖视图、自动、手工尺寸标注、几何公差、表面粗糙度符号标注、标准汉字输入、视图手工编辑、装配图剖视、爆炸图、明细表自动生成等工具。制图模块的界面如图 1–7 所示。

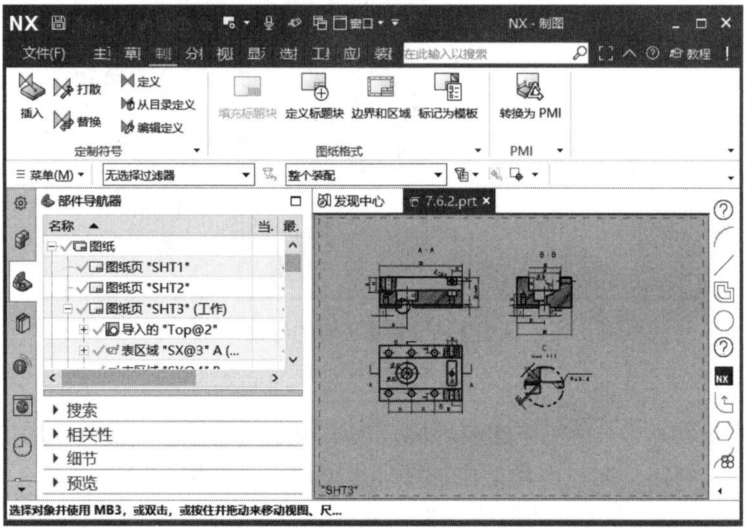

图 1–7　制图模块的界面

模块与模块之间的切换可以选择“应用模块”选项卡中的对应命令进行切换，如图 1–8 所示。

图 1–8　“应用模块”选项卡

1.2　任务二：掌握文件的基本操作

文件操作是 NX 软件中最基本和常用的操作。在使用 NX 软件进行建模前必须先创建文件。本节主要介绍文件的新建、打开和保存方法。

1.2.1　新建文件

在 NX 启动界面中，单击“主页”选项卡的“标准”组中的“新建”按钮，或选择“菜单”|“文件”|“新建”命令，或者按 Ctrl+N 快捷键，打开“新建”对话框，如图 1–9 所示。

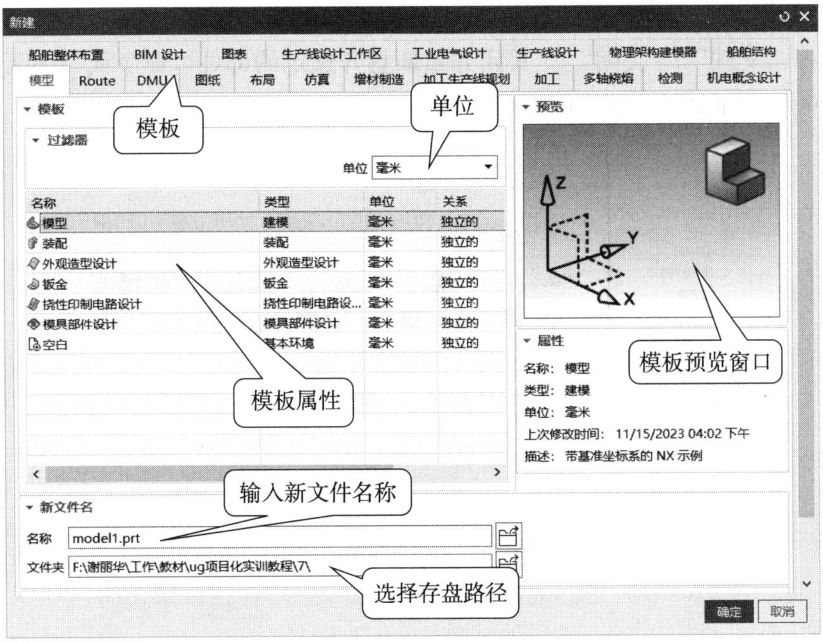

图 1-9　“新建”对话框

1. 模板的选择

在“新建”对话框中，单击所需模板类型对应的选项卡（如模型或图纸）。

“新建”对话框显示当前选定模板的默认信息。可以在预览栏和属性栏中查看信息，以确定是否选择了正确的模板。

2. 设置单位

针对某一给定单位类型显示可用的模板，“单位”下拉列表中的选项有毫米、英寸和全部，默认为毫米。

3. 设置新文件名

新建文件的名称默认使用用户在设置中定义的格式，用户也可以在“名称”文本框中重新输入文件名称。

4. 选择存盘路径

在“文件夹”文本框中可以指定新文件所在的目录。可以输入一个新目录，也可以浏览选择新目录。如果要浏览选择目录，可以单击文本框右侧的“打开”按钮以打开“选择目录”对话框。

1.2.2　打开文件

可以通过以下方法打开文件。

（1）在 NX 启动界面中，单击“主页”选项卡的“标准”组中的“打开”按钮，弹出“打开”对话框，如图 1-10 所示，从中选择文件打开（所有扩展名为 .prt 的文件都可被打开）。

（2）从资源条的“历史记录”面板中选择一个部件文件，单击打开它。

（3）将部件文件从资源浏览器或 Web 浏览器窗口拖到 NX 图形窗口中。

（4）从“文件”|“最近打开的部件”列表中选择一个部件文件打开。

（5）选择“文件”|“关闭”|“关闭并重新打开选定的部件”命令或“关闭并重新打开所有修改的部件”命令打开选定的部件文件。

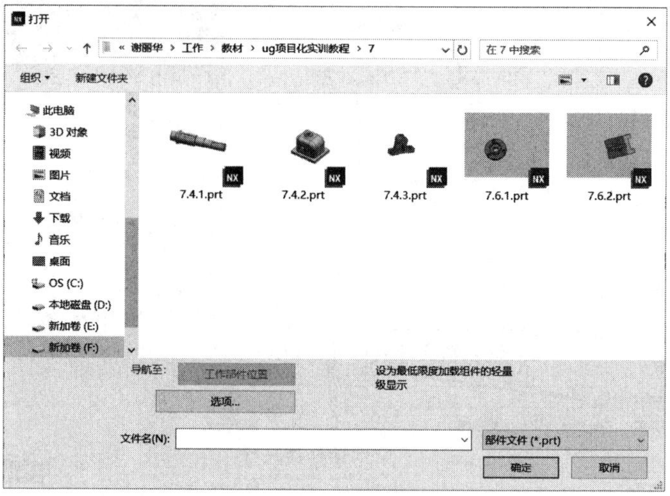

图 1-10 “打开”对话框

1.2.3 保存文件

在建模的过程中，为了防止因意外发生的数据丢失，用户通常要及时保存文件。NX 软件有以下几种保存文件的方式。

1. 直接保存

可以直接将工作部件和任何已修改的组件保存在原来的文件中。选择“文件”|“保存”命令，或者单击快速访问工具条的“保存”按钮，即可保存文件。

2. 仅保存工作部件

选择“文件”|“保存”|“仅保存工作部件”命令，只能以当前名称和当前位置保存工作部件。例如，在大的装配中仅对一个组件进行更改时，可通过该命令保存文件。

3. 另存为

选择“文件”|“保存”|“另存为”命令，可以复制工作部件，可以将副本保存到其他目录，或更改其名称。需要注意，仅限更改名称后才能将副本保存到当前目录。

4. 全部保存

选择“文件”|“保存”|“全部保存”命令，可以保存所有打开的部件和顶层装配部件，同时保存已打开但未显示的部件，但不包括部分打开的部件，如装配组件。

1.3 任务三：掌握 NX 软件的操作方式

用户与 NX 软件的交互都是通过鼠标和键盘按键来完成的，熟练使用鼠标和快捷键可以极大地提高用户的工作效率。下面介绍鼠标、快捷键、快捷菜单、快捷工具条及窗口控制的方法。

1.3.1　鼠标与键盘按键组合

在 NX 软件的操作过程中，使用鼠标与键盘按键组合可以完成很多任务，如表 1-1 所示。

表 1-1　鼠标与键盘按键组合完成的任务

图例	操作	执行任务
	单击命令或选项	通过单击对话框中的菜单或选项选择命令
	单击对象	在图形窗口中选择对象
	按住 Shift 键并单击多项	在列表框中选择连续的多项；在绘图区选择多个对象时，可取消对应对象的选择
	按住 Ctrl 键并单击多项	选择或取消选择列表框中的非连续项
	双击对象	把某个对象重新激活，再次进行默认操作
	按鼠标中键	循环完成某个命令中的所有必需步骤，然后单击“确定”或“应用”按钮
	按住 Alt 键并按鼠标中键	取消在对话框中的操作
	右击对象	显示特定对象的快捷菜单
	长按右键	显示对应位置九宫格的操作命令
	按住鼠标中键	旋转模型
	滚动鼠标中键	操作时指向需放大或缩小的部位，向前或向后滚动，可缩小或放大模型
	同时按住鼠标中键和右键，或者按住 Shift 键和鼠标中键	平移模型
	同时按住鼠标中键和左键，或者按住 Ctrl 键和鼠标中键	缩放模型

当选择对象时，如果因为多个对象重叠在一起而不方便选择，可以把鼠标指针悬停在待选对象上直到其变成快速选择光标，此时单击会出现快速选择对话框，如图 1-11 所示，可以根据用户需求快速选择对象。

图 1-11　快速选择对话框

1.3.2　快捷键

按快捷键是一种可实现快速访问的方法。表 1–2 中列出了部分常用的默认快捷键。用户也可以自行定制或更改快捷键的设置。

表 1–2　部分常用的默认快捷键

快捷键	功能	快捷键	功能
F1	查看关联的帮助（需安装帮助文件）	Alt+Enter	在标准显示和全屏显示之间切换
Home	在正三轴测图中定向几何体	Ctrl+B	隐藏所选对象
End	在正等测图中定向几何体	Ctrl+Shift+B	颠倒显示与隐藏的对象
Ctrl+Z	撤销上一步操作	Ctrl+S	保存
Ctrl+ I	查看对象信息	Ctrl+Shift+I	立即隐藏对象
Ctrl+F	使几何体的显示适合图形窗口	Ctrl+Shift+K	使选定的对象显示出来
Ctrl+W	根据类型显示或隐藏对象	Esc	取消选择或者退出当前命令

1.3.3　快捷菜单

在不同的对象上右击会弹出相应的快捷菜单。

在绘图空白区右击时弹出的快捷菜单如图 1–12 所示，在功能区空白处右击时弹出的快捷菜单如图 1–13 所示，在模型上右击时弹出的快捷菜单如图 1–14 所示。

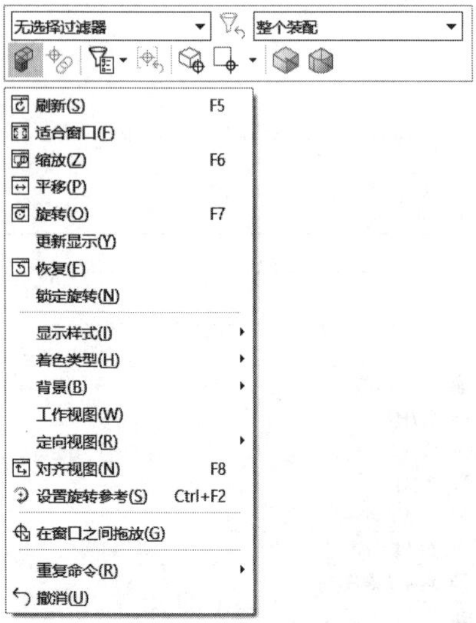

图 1–12　右击绘图空白区的快捷菜单

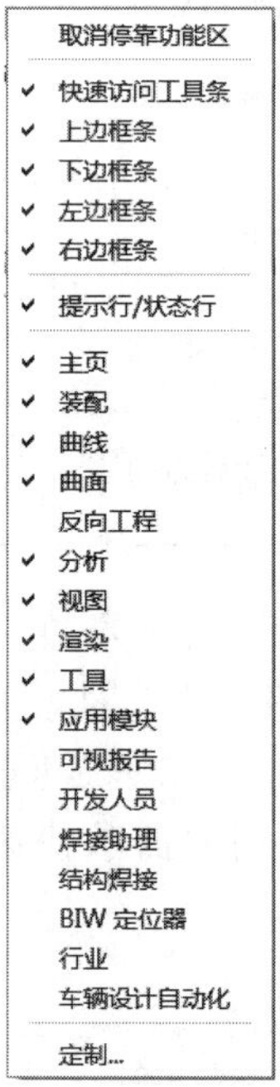

图 1–13　右击功能区空白处的快捷菜单

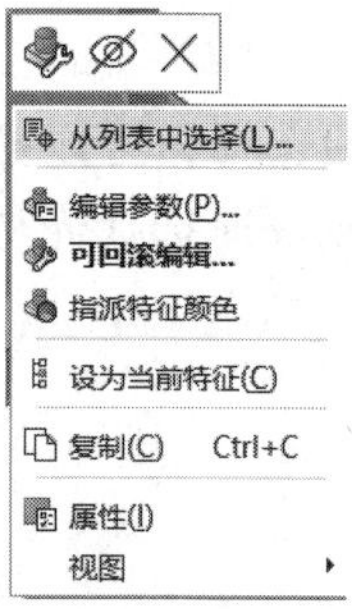

图 1–14　右击模型的快捷菜单

除右击弹出的快捷菜单以外，还有一种环绕型的快捷菜单，长按鼠标右键，将弹出这种快捷菜单。在绘图空白区长按鼠标右键弹出的快捷菜单如图 1–15 所示，在模型上长按鼠标右键弹出的快捷菜单如图 1–16 所示。

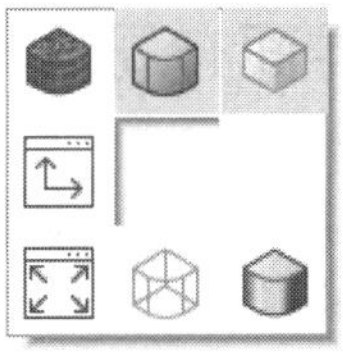

图 1–15　在绘图空白区长按鼠标右键弹出的快捷菜单

图 1–16　在模型上长按鼠标右键弹出的快捷菜单

1.3.4　快捷工具条

快捷工具条会根据所选对象列出常用的命令。如果选择同类型的一个或多个对象，快捷工具条会显示特定于选定对象类型的命令。如果选择不同类型的多个对象，快捷工具条会显示所有选定对象类型都可以使用的命令。

当没有对话框被打开时，选择图形窗口中的一个或多个对象，NX 软件将只显示快捷工具条，如图 1–17 所示；或者右击图形窗口中的一个或多个对象，NX 软件将同时显示快捷工具条和快捷菜单，如图 1–18 所示。

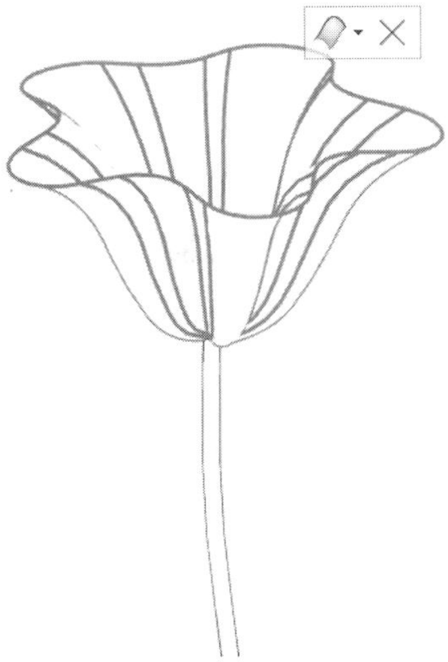

图 1–17　只显示快捷工具条

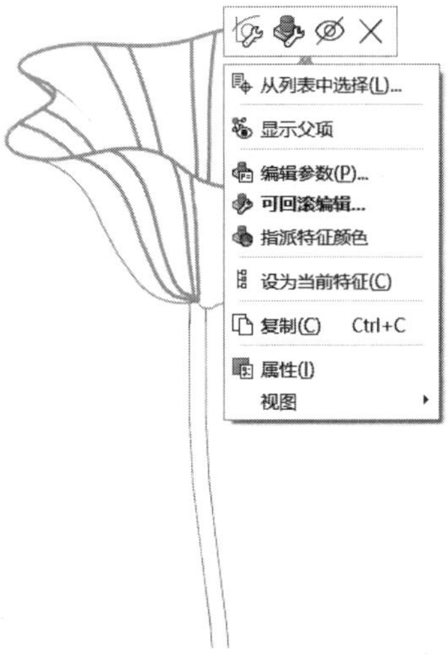

图 1–18　同时显示快捷工具条和快捷菜单

1.4　任务四：学会用户化定制

1.4.1　定制界面

在功能区空白处右击，在弹出的快捷菜单中选择“定制”命令，或者选择“菜单”|“工具”|“定制”命令，或者按 Ctrl+1 快捷键，弹出“定制”对话框，用户可以根据自己的需要定制菜单、功能区、图标大小、屏幕提示、提示行和状态行的位置、保存和加载角色等。

1.4.2 导出与导入界面布局

定制的 NX 软件界面可以导出并与他人分享。选择“菜单”|“首选项”|“用户界面”命令，或者按 Ctrl+2 快捷键，在弹出的“用户界面首选项”对话框中单击左窗格中的“角色”节点，在“操作”组中单击“新建角色”按钮，在弹出的“新建角色文件”对话框中，选择保存文件的目录，然后为 .mtx 文件输入一个文件名并单击“确定”按钮。

导入界面布局时，在“用户界面首选项”对话框中，单击左窗格中的“角色”节点，单击“加载角色”按钮，在弹出的“打开角色文件”对话框中选择要导入的 .mtx 文件并单击“确定”按钮。

1.5 任务五：掌握 NX 软件的常用工具

在 NX 软件的操作过程中，经常用到点构造器、矢量构造器和平面构造器，使用这些工具可以大大提高工作效率。

1.5.1 点构造器

点构造器也称点的工具，用于捕捉已有的点或者创建新的点。当系统提示指定点时，单击“点对话框”按钮或“点构造器”按钮，弹出“点”对话框，如图 1–19 所示。或者选择“菜单”|“插入”|“点”命令，弹出“点”对话框。在软件要求用户为某一进行中的操作指定临时点时，也会自动弹出该对话框。

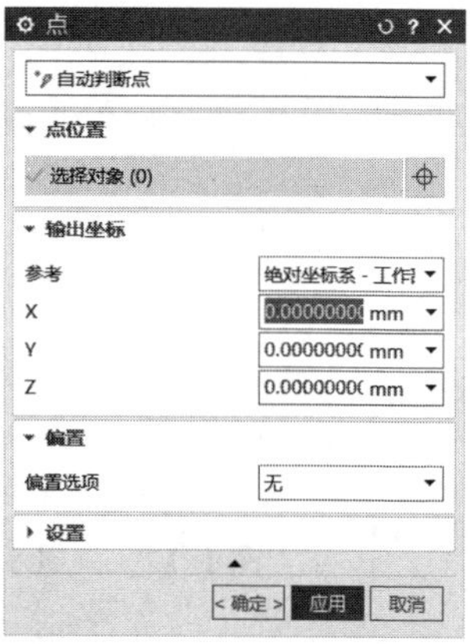

图 1–19 “点”对话框

下面介绍“点”对话框中各组的含义及用法。

1. “类型”下拉列表

从“类型”下拉列表中选择创建点的方法，或单击最常用方法的按钮。创建点的典型方法如表 1–3 所示。

表 1–3 创建点的典型方法

图标	类型	图标	类型	图标	类型
	自动判断点		光标位置		圆弧 | 椭圆上的角度
	现有点		端点		象限点
	控制点		交点		曲线 | 边上的点
	圆弧中心 | 椭圆中心 | 球心		按表达式		面上的点
	两点之间		极点		样条定义点

2. “点位置”组

“选择对象”：用于根据某个点与所选对象的关系来指定点。其可用于“自动判断点”“端点”“现有点”“控制点”“圆弧中心 / 椭圆中心 / 球心”和“象限点”等类型。

“指定光标位置”：用于根据图形窗口中光标的当前位置来指定点，只用于“光标位置”类型，如图 1–20 所示。

3. “设置”组

“关联”：勾选“关联”复选框，使该点成为关联的而不是固定的，以便它以参数关联到其父特征。关联点将作为点显示在部件导航器中。

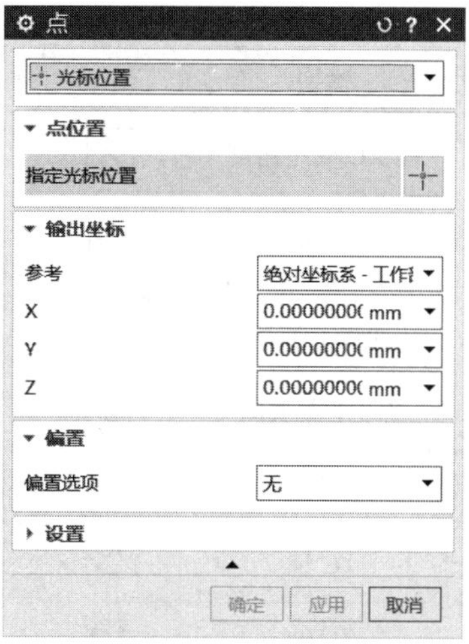

图 1–20　指定光标位置

1.5.2　矢量构造器

使用矢量构造器（也称矢量工具）可在创建或编辑对象时指定临时矢量或指定矢量方向。在相应的对话框中单击“矢量对话框”或“矢量构造器”按钮，如图 1–21 所示。或者在软件要求用户为某一进行中的操作指定方向时，“矢量”对话框会自动弹出，如图 1–22 所示。用于选择创建矢量的方法的“类型”下拉列表如图 1–23 所示。

图 1–21　“方向”组

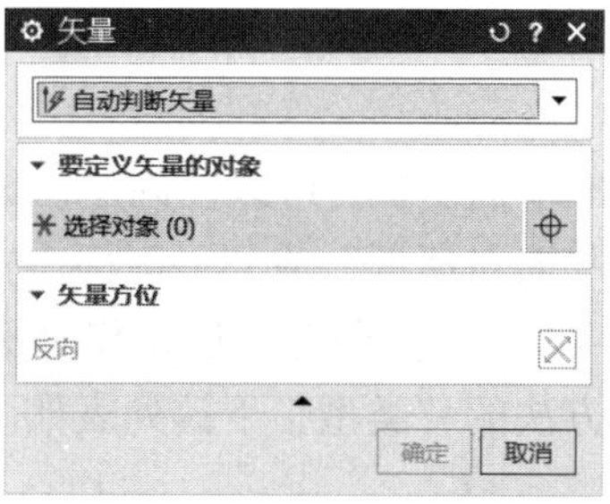

图 1–22　“矢量”对话框

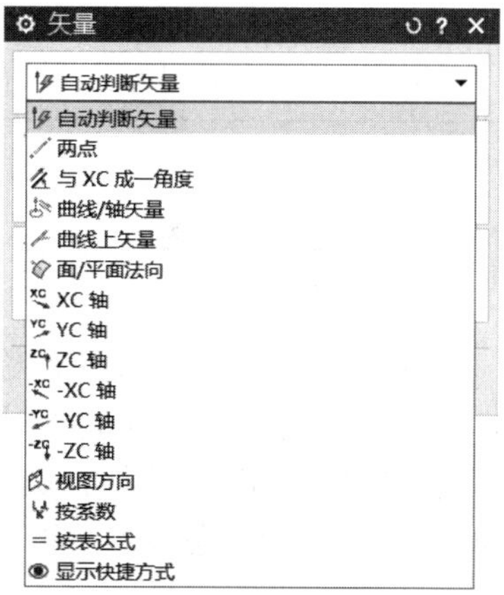

图 1–23　“矢量”对话框中的“类型”下拉列表

下面介绍“类型”下拉列表中创建矢量的方法，其说明如表 1–4 所示。

表 1–4　创建矢量的方法的说明

类型	图标	说明
自动判断的矢量		指定相对于选定几何体的矢量
两点		在任意两点之间指定一个矢量

续表

类型	图标	说明
与 *XC* 成一角度		在 *XC*–*YC* 平面中，在从 *XC* 轴成指定角度处指定一个矢量
曲线 / 轴矢量		与基准轴的轴平行的矢量，或者与曲线或边在曲线、边或圆弧起始处相切的矢量
曲线上矢量		在曲线上的任一点指定一个与曲线相切的矢量
面 / 平面法向		指定与基准面或平面的法向平行的矢量
XC 轴		指定一个与现有基准坐标系的 *XC* 轴或 *X* 轴平行的矢量
YC 轴		指定一个与现有基准坐标系的 *YC* 轴或 *Y* 轴平行的矢量
ZC 轴		指定一个与现有基准坐标系的 *ZC* 轴或 *Z* 轴平行的矢量
–*XC* 轴		指定一个与现有基准坐标系的负方向 *XC* 轴或负方向 *X* 轴平行的矢量
–*YC* 轴		指定一个与现有基准坐标系的负方向 *YC* 轴或负方向 *Y* 轴平行的矢量
–*ZC* 轴		指定一个与现有基准坐标系的负方向 *ZC* 轴或负方向 *Z* 轴平行的矢量
视图方向		指定与当前工作视图平行的矢量
按系数		按系数指定一个矢量
按表达式		使用矢量类型的表达式指定矢量

1.5.3 基准平面构造器

使用基准平面构造器（也称基准平面工具）可以在创建、编辑或镜像几何对象时指定临时平面。在相应的对话框中单击“平面对话框”或“平面构造器”按钮，如图 1–24 所示，弹出“基准平面”对话框，如图 1–25 所示。当需要创建临时平面时，该对话框有时也会自动弹出。用于选择创建基准平面的方法的“类型”下拉列表如图 1–26 所示。

图 1–24 “支持平面”组

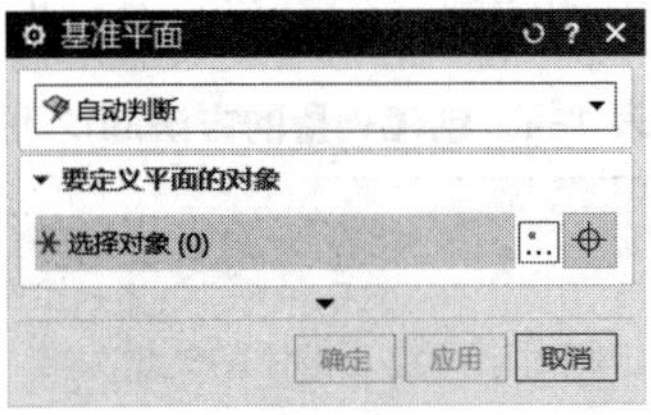

图 1–25 “基准平面”对话框

图 1–26 “基准平面”对话框中的“类型”下拉列表

下面介绍“类型”下拉列表中创建基准平面的方法，其说明如表 1–5 所示。

表 1–5　创建基准平面的方法的说明

类型	图标	说明
自动判断		根据所选的对象确定要使用的最佳创建基准平面的类型
按某一距离		创建与一个平面或其他基准平面平行且相距指定距离的基准平面
成一角度		创建一个过指定平面某个轴线并与该平面成一定角度的平面
二等分		在选定的两个平面的中间位置创建平面，这两个待选平面可以平行或相交
曲线和点		使用点、直线、平面的边、基准轴或平面的各种组合来创建平面
两直线		使用任何两条线性曲线、线性边或基准轴的组合来创建平面
相切		创建与一个非平的曲面相切的基准平面（相对于第二个所选对象）
通过对象		在所选对象的曲面法向上创建基准平面
点和方向		创建过某一点并与指定方向垂直的基准平面
曲线上		在曲线或边上的指定位置创建平面
XC–YC 平面		沿工作坐标系或绝对坐标系的 *XC–YC* 轴创建固定的基准平面
XC–ZC 平面		沿工作坐标系或绝对坐标系的 *XC–ZC* 轴创建固定的基准平面
YC–ZC 平面		沿工作坐标系或绝对坐标系的 *YC–ZC* 轴创建固定的基准平面
视图平面		创建平行于视图平面并穿过工作坐标系原点的固定基准平面
按系数		使用含 *A*、*B*、*C* 和 *D* 系数的方程在世界坐标系或绝对坐标系上创建固定的非关联基准平面：$Ax+By+Cz=D$

1.6　项目案例：五角星的绘制

本节要求绘制的五角星工程图如图 1–27 所示。

本节通过创建五角星模型，加深对 NX 软件界面、文件的基本操作（如新建、打开、保存文件）、NX 软件的操作方式（鼠标、快捷键的使用）、NX 软件常用工具等的理解。

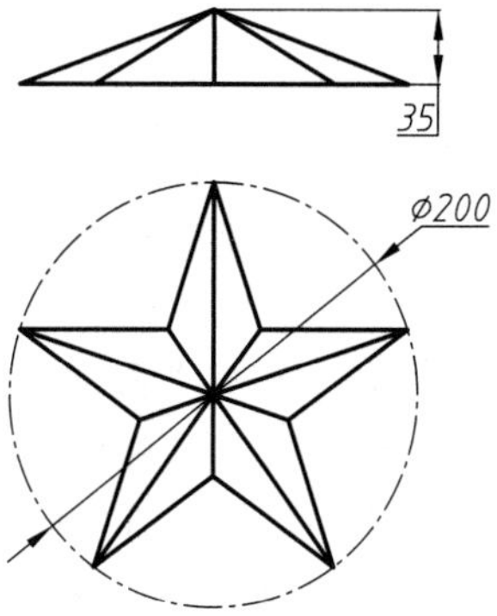

图 1–27　五角星工程图

注：本书中若无特别说明，则长度的单位默认为 mm。

1.6.1 案例一：创建五角星

1.6.1.1 设计要求

本节将通过讲解如何建立一个 NX 模型，使读者初步了解 NX 建模的基本流程。

创建五角星

1.6.1.2 设计思路

（1）利用“曲线”选项卡中的“多边形（原有）”命令绘制五边形，如图 1–28 所示。

（2）利用“曲线”选项卡中的“直线”命令绘制五角形，如图 1–29 所示。

（3）利用“曲面”选项卡中的“直纹”命令绘制五角星，如图 1–30 所示。

（4）设置外观并保存。

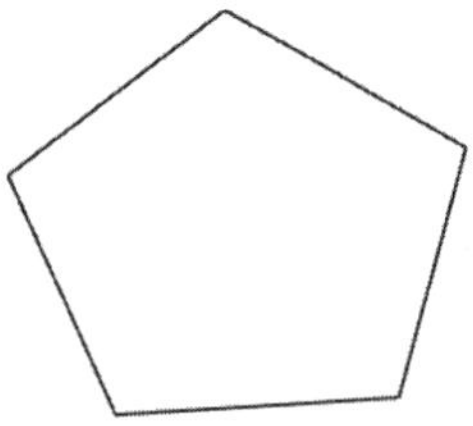

图 1–28 五边形

图 1–29 五角形

图 1–30 五角星

1.6.1.3 设计过程

1. 新建文件

在 NX 启动界面中，单击“主页”选项卡的“标准”组中的“新建”按钮，或选择“文件”|“新建”命令，或者按 Ctrl+N 快捷键，打开“新建”对话框，如图 1–9 所示，按如下步骤进行设置，最后单击“确定”按钮。

①在“模板”列表中选择“模型”。

②在“名称”文本框中输入文件名称，如“五角星 .prt”。

③单击“文件夹”文本框右侧的“打开”按钮，指定一个文件保存路径。

2. 绘制五边形

（1）定制“多边形”命令。单击“曲线”选项卡，在功能区空白处右击，弹出快捷菜单，如图 1–31 所示。选择“定制”命令，弹出“定制”对话框。单击“命令”选项卡，在“搜索”文本框中输入“多边形”，找到“多边形（原有）”命令，如图 1–32 所示。拖动该命令到“曲线”选项卡中，如图 1–33 所示，单击图 1–32 中的“关闭”按钮。这步操作就是定制选项卡中命令的方法。

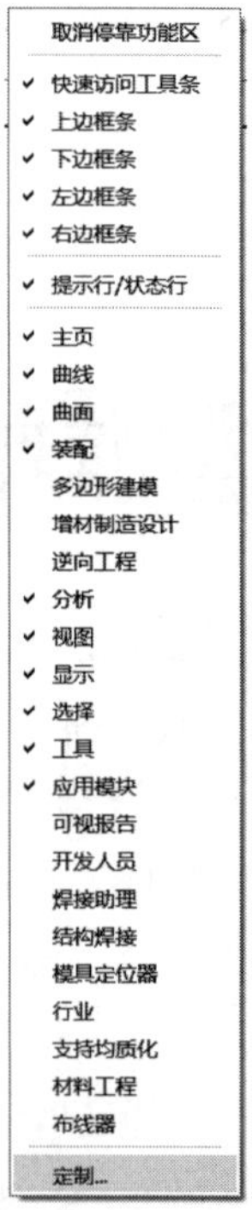

图 1–31 快捷菜单

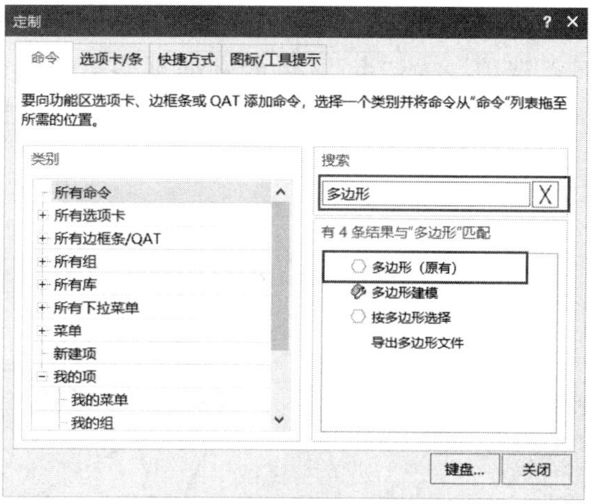

图 1-32　“定制”对话框

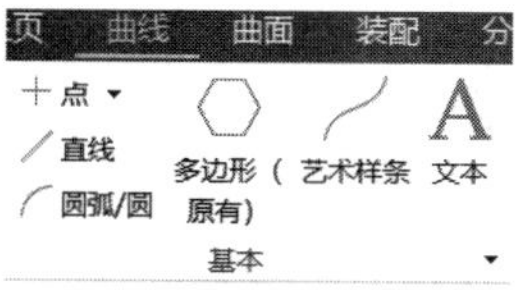

图 1-33　添加“多边形（原有）”命令至“曲线”选项卡中

（2）在“曲线”选项卡中选择“多边形（原有）”命令⬡，在弹出的“多边形”对话框的“边数”文本框中输入 5，如图 1-34 所示，单击“确定”按钮。在选择多边形创建方法对话框中单击“外接圆半径”按钮，如图 1-35 所示。在指定多边形参数对话框中设置“圆半径”为 100，如图 1-36 所示，单击“确定”按钮。在定义多边形中心点对话框中单击“确定”按钮或按鼠标中键，使用默认点（0，0，0）作为中心点，如图 1-37 所示，完成外接圆半径为 100 的五边形的绘制，效果如图 1-38 所示。需要注意，完成一次图形绘制后会自动弹出“点”对话框，此时可单击右上角的“关闭”按钮关闭该对话框。

图 1-34　输入边数

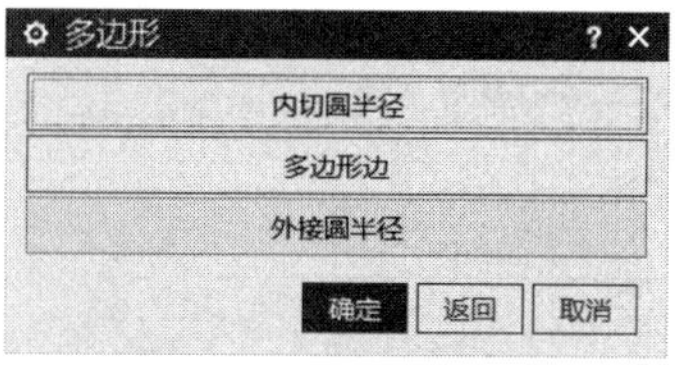

图 1-35　选择多边形创建方法

图 1-36　设置“圆半径”参数

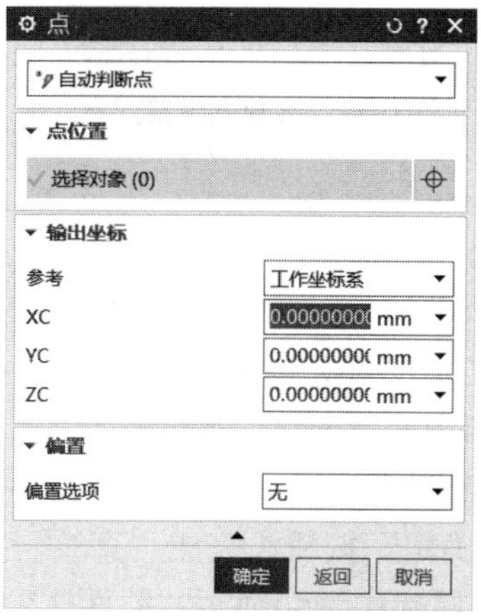

图 1-37　“点”对话框 1

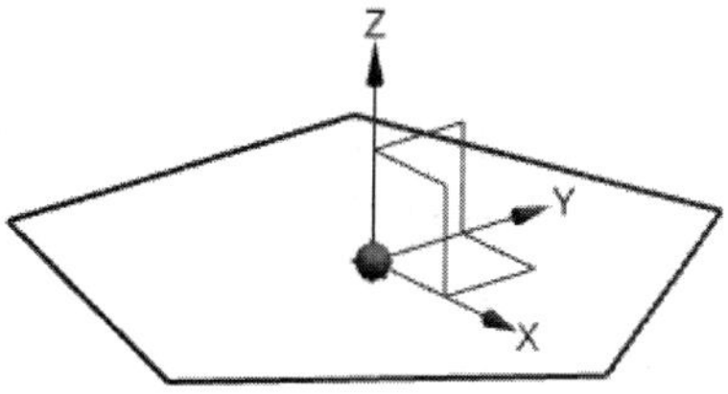

图 1-38　绘制五边形

（3）绘制直线。在“曲线”选项卡中选择“直线”命令，弹出“直线”对话框，如图 1-39 所示。设置“起点选项”和“终点选项”为“点”，再分别捕捉多边形端点，如图 1-40 所示，完成第一条直线的绘制。用同样的方法完成剩下 4 条直线的绘制，如图 1-41 所示。

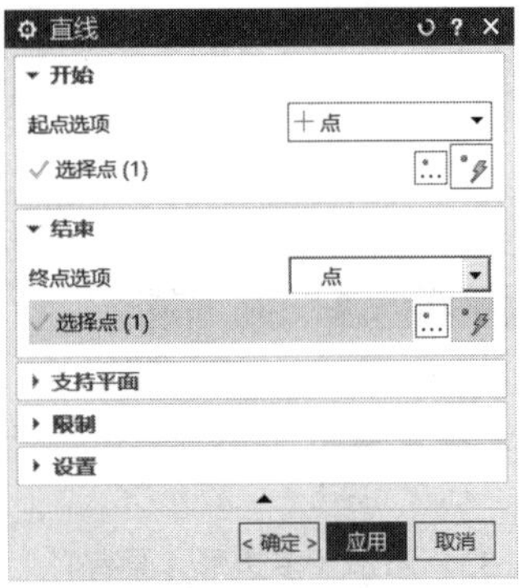

图 1-39 “直线”对话框

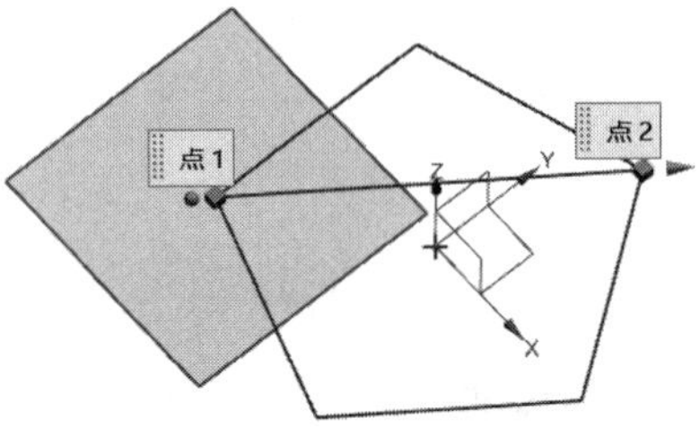

图 1-40 捕捉端点绘制直线

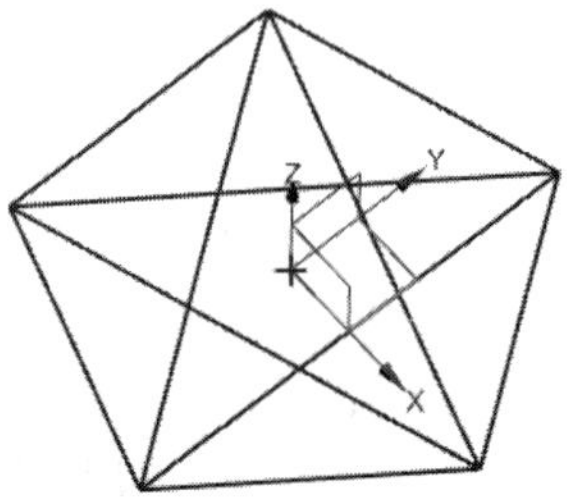

图 1-41 绘制五角星

3. 绘制五角星顶点

在“曲线”选项卡中选择“点”命令，在“点”对话框的“坐标”组中对应的 X、Y、Z 文本框中分别输入 0、0、35，如图 1-42 所示，单击“确定”按钮。完成五角星顶点的绘制，如图 1-43 所示。

图 1-42 “点”对话框 2

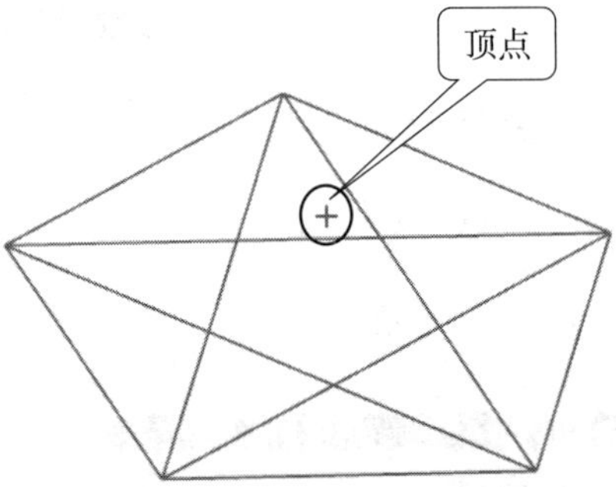

图 1-43 绘制五角星顶点

4. 绘制五角星

（1）在功能区空白处右击，弹出快捷菜单，如图 1-44 所示，勾选“曲面”命令，显示“曲面”选项卡。

（2）在“曲面”选项卡“基本”组中，单击“更多”|“直纹”按钮，如图 1-45 所示，弹出“直纹”对话框，如图 1-46 所示。在“截面 1”组中选择步骤 3 所绘制的顶点，在设置“截面 2”时，需要在绘图区上方的场景条中，单击“相交处停止”按钮，如图 1-47 所示，再选择五角星的 10 条线段，如图 1-48 所示，单击“确定”按钮，完成“直纹”操作，效果如图 1-49 所示。提示：设置完“截面 1”组后可按鼠标中键切换至“截面 2”组。按鼠标中键可实现对话框中组与组之间的切换。

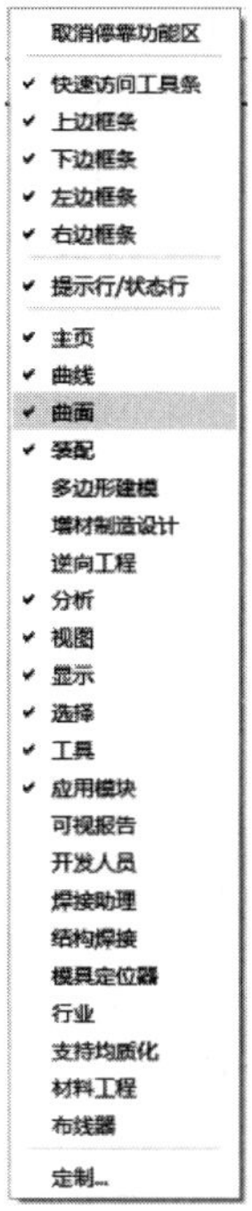

图 1-44　快捷菜单

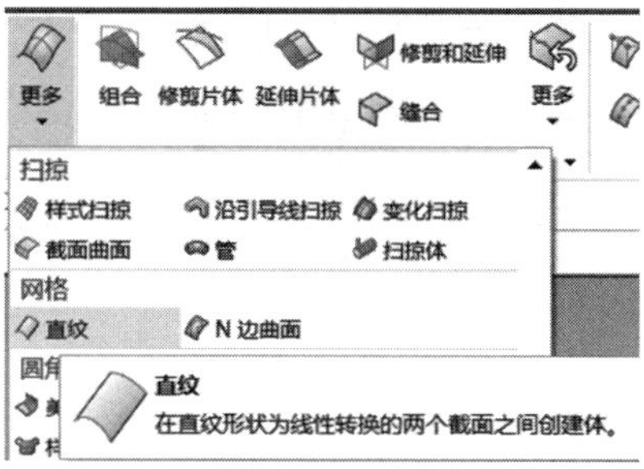

图 1-45　单击“直纹”按钮

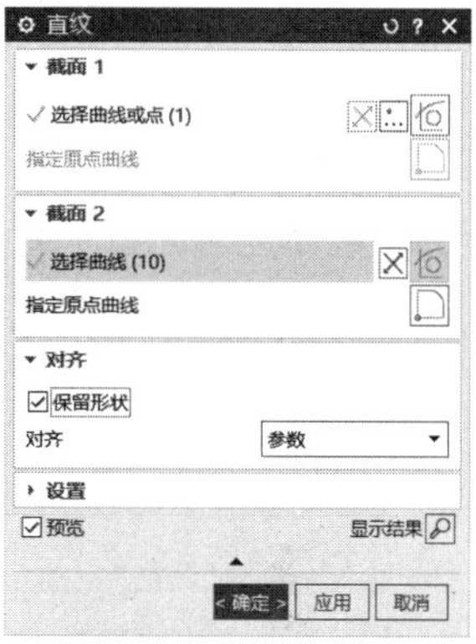

图 1-46　“直纹”对话框

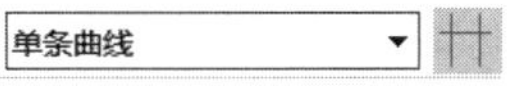

图 1-47　场景条

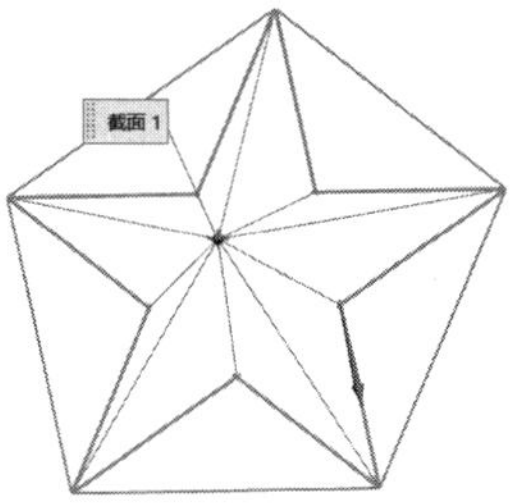

图 1-48　选择线段

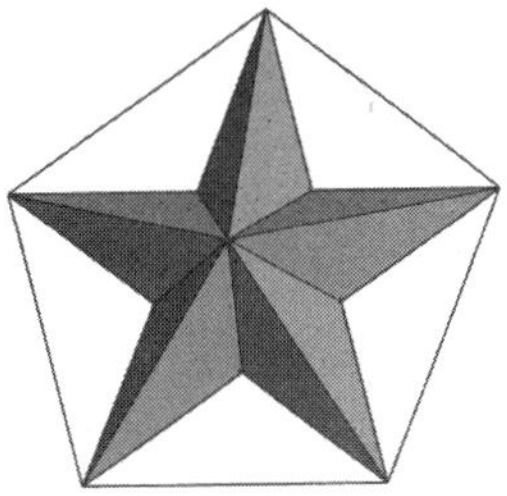

图 1-49　“直纹”操作效果

5. 完成五角星模型

（1）在“视图”选项卡中单击“显示和隐藏”按钮，或者按 Ctrl+W 快捷键，弹出“显示和隐藏”对话框，如图 1-50 所示，在“全部”类型所对应的行中单击“隐藏”按钮，在“实体”类型所对应的行中单击“显示”按钮，完成五角星模型，如图 1-51 所示。

图 1-50　“显示和隐藏”对话框

图 1-51　五角星模型

（2）单击“显示”选项卡，在“对象”组中单击“编辑对象显示”按钮，或者按 Ctrl+J 快捷键，在绘图区选择五角星，单击“确定”按钮，在如图 1-52 所示的“编辑对象显示”对话框中单击“颜色”按钮。在如图 1-53 所示的“对象颜色”对话框中选择红色，单击“确定”按钮，完成颜色设置，红色五角星如图 1-54 所示。

图 1-52 “编辑对象显示”对话框

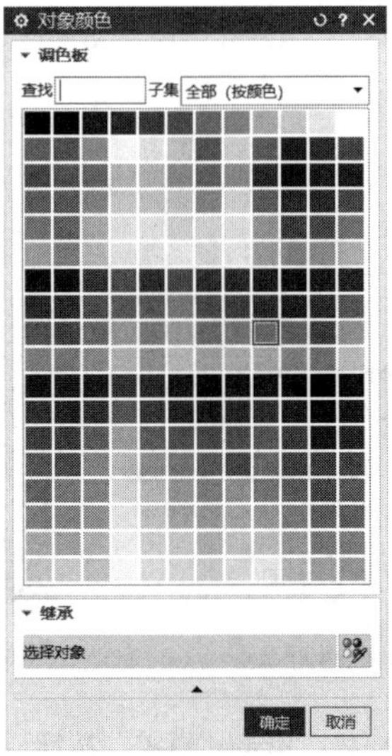

图 1-53 “对象颜色”对话框

图 1-54 红色五角星

（3）选择“文件”|“保存”命令，或者单击“保存”按钮，保存文件。

1.6.2 案例二：修改五角星的顶点

1.6.2.1 设计要求

建立零件模型的过程是建立特征和修改特征相结合的过程。NX 软件有强大而完善的特征建模工具，同样为修改特征提供了很大的便利。本节将通过讲解如何修改一个 NX 模型，使读者了解 NX 建模的修改方法。

修改五角星

1.6.2.2 设计思路

（1）激活要修改的对象。

（2）输入相关数值。

（3）完成零件修改。

1.6.2.3 设计过程

1. 修改特征尺寸值

（1）在资源条的“部件导航器”面板中或在绘图区中双击任何特征，其特征对话框将被重新弹出。

（2）在“部件导航器”面板的“模型历史记录”列表中双击“点（6）”特征，如图 1-55

所示，在弹出的“点”对话框的“Z”文本框中输入 70，如图 1-56 所示。单击“确定”按钮，修改后的五角星如图 1-57 所示。

图 1-55　“部件导航器”面板

图 1-56　“点”对话框 3

图 1-57　修改后的五角星

2. 删除特征

在“部件导航器”面板中右击相应特征，从弹出的快捷菜单中选择“删除”命令，可以将选中的特征删除。如果删除的特征与其他特征具有关联性，将弹出“通知”对话框，如图 1-58 所示，单击“确定”按钮，关联特征将同时被删除。

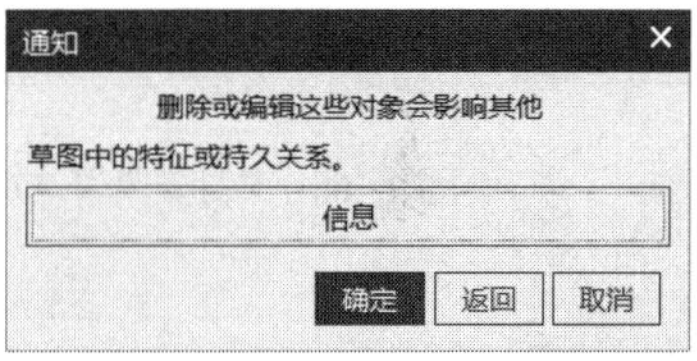

图 1-58　“通知”对话框

1.7　本章小结

本章是学习后续章节的基础，介绍了 NX 软件的启动界面与操作界面、NX 基础应用模块、文件的基本操作、NX 软件的操作方法、用户化定制和常用工具等基础知识，并通过一个简单实例进行建模练习。通过本章的学习，读者能够熟悉 NX 软件的工作界面，掌握 NX 软件的基本操作方法。

1.8　思考与练习

1. 思考题

（1）NX 软件提供了哪些基础应用模块？

（2）NX 软件的对话框有什么特点？

（3）NX 软件中鼠标和快捷键的用法有哪些？

2. 练习题

（1）根据“显示”选项卡中的“样式”下拉菜单（见图 1-59）中的不同渲染模式更改已绘制好的五角星外观，并比较其差别。

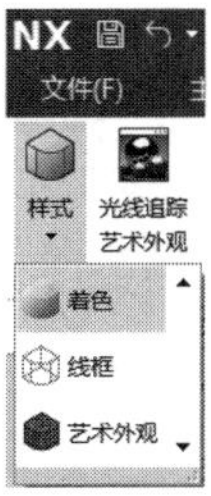

图 1-59　“样式”下拉菜单

（2）使用鼠标加键盘的组合实现视图的平移、旋转、放大。

（3）使用 NX 软件的命令及快捷键实现窗口的全屏模式与普通模式之间的切换。

（4）单击“显示”选项卡中“场景”组的“背景”按钮，“背景”下拉菜单如图 1-60 所示，设置背景为深灰色。或者选择“菜单”|“首选项”|“场景”命令，弹出“场景首选项”对话框，如图 1-61 所示，设置背景为灰色。

图 1-60 “背景”下拉菜单

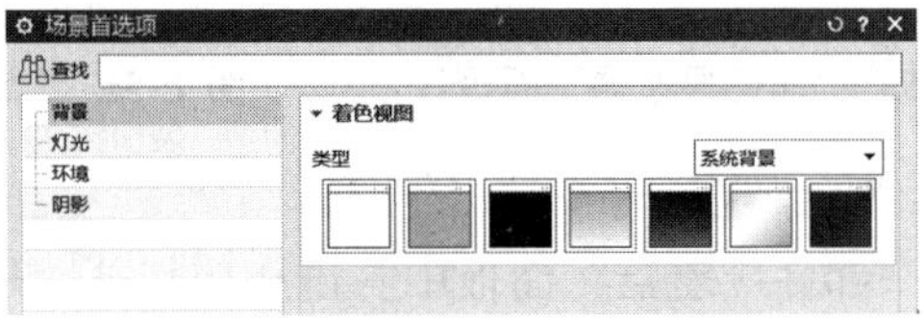

图 1-61 “场景首选项”对话框

项目 2

草图绘制的学习及应用

国产 CAD 软件的发展历程

【项目案例】

（1）了解草图绘制的基本步骤。

（2）掌握草图模块的界面及功能区。

【能力目标】

（1）能正确使用草图模块的“主页”选项卡的“草图”、“曲线”和“求解”组中的相关命令。

（2）能熟练掌握 NX 软件的草图绘制及修改的操作。

【项目案例】

5 个草图典型案例的绘制。

草图绘制是 NX 软件特征建模的一个重要功能，主要适用于截面较复杂的特征建模。指定平面的二维曲线和点的命名集合称为草图。通过扫掠、拉伸或旋转草图可以得到实体或片体，进而创建详细部件特征。旋转和拉伸是对草图生成特征的常用方法，如图 2-1 和图 2-2 所示。如果用户对草图进行了修改，相应的特征也会改变。

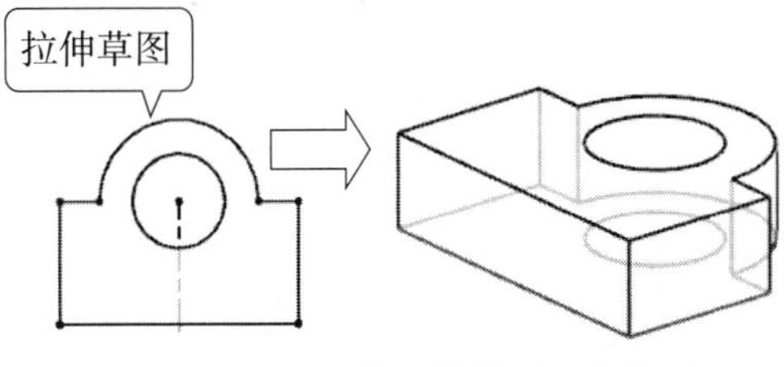

图 2-1　由二维草图拉伸到三维模型

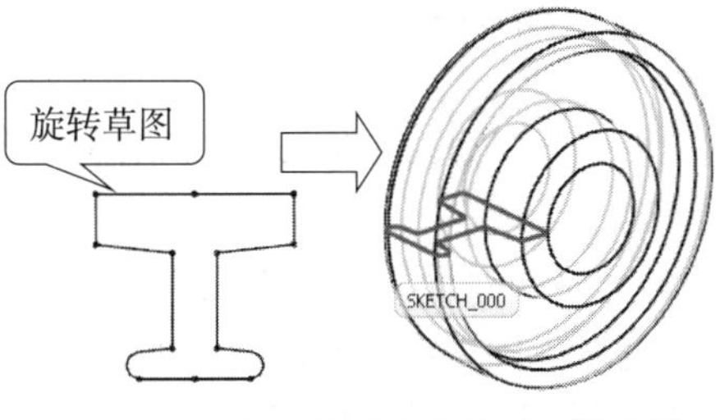

图 2-2　由二维草图旋转到三维模型

本章主要介绍 NX 软件中草图绘制的基本命令以及创建草图的方法。

2.1 任务一：学习草图的基本知识

2.1.1 草图绘制的基本步骤

（1）选择草图平面的创建类型，可以是某一平面或路径，指定草图平面的水平或竖直参考及草图原点，进入草图绘制界面。

（2）创建和绘制草图的几何图形。

（3）添加、修改或删除尺寸标注。

（4）选择“完成”命令或按 Ctrl+Q 快捷键并退出草图模块。

2.1.2 草图创建和编辑模式

1. NX 软件提供的草图创建方法

（1）选择“菜单”|“插入”|“草图”命令，进入草图模块。

（2）选择“构造”组中“草图”命令，进入草图模块。

（3）在使用如拉伸、旋转或变化扫掠等命令时，单击“绘制截面”按钮，进入草图环境。

其中第一种、第二种方法创建的草图是外部草图，可以从部件的任意位置查看和访问。使用外部草图可以保持草图可见，并使其被多个特征引用。第三种方法创建的草图为内部草图，其仅能与一个特征相互关联。在“部件导航器”面板中右击草图特征，在弹出的快捷菜单中选择相应的选项，可实现内部草图与外部草图的相互转换。

2. 编辑草图的方式

（1）在“部件导航器”面板中，右击草图特征，在弹出的快捷菜单中选择“编辑”命令，或右击相应特征，在弹出的快捷菜单中选择“编辑草图”命令。

（2）在图形窗口中，双击草图进行编辑。

2.1.3 草图平面

NX 软件提供了两种方法来绘制草图，分别为“基于平面”绘制草图和“基于路径”绘制草图。

1. “基于平面”绘制草图

“基于平面”绘制草图是在现有平面（基准面）上绘制草图，如图 2-3 所示。

2. “基于路径”绘制草图

当用户为特征（如变化扫掠）构建输入轮廓时，可以选择“基于路径”绘制草图，如图 2-4 所示。草图平面沿所指定的轨迹曲线变化且始终垂直于该曲线。

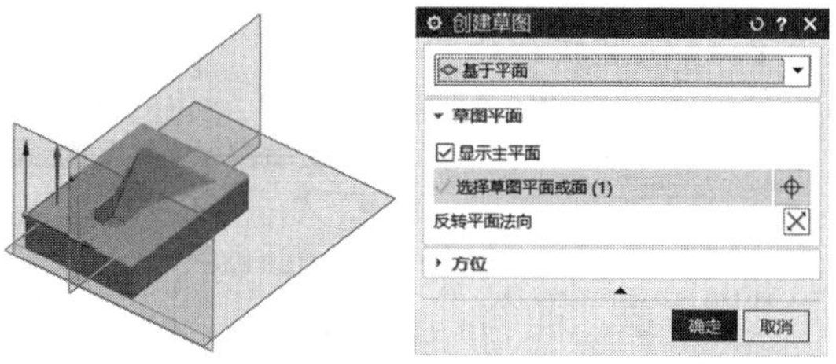

图 2-3　“基于平面”绘制草图

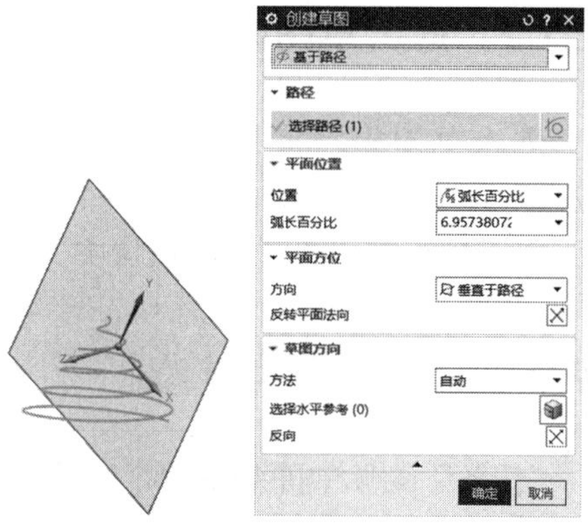

图 2-4　“基于路径”绘制草图

2.2　任务二：掌握草图模块界面及选项卡的命令

2.2.1　草图模块界面

和 NX 软件的其他模块一样，草图模块也有自己的界面，有可定制的功能区、对话框、快捷菜单及其他组件，如图 2-5 所示。

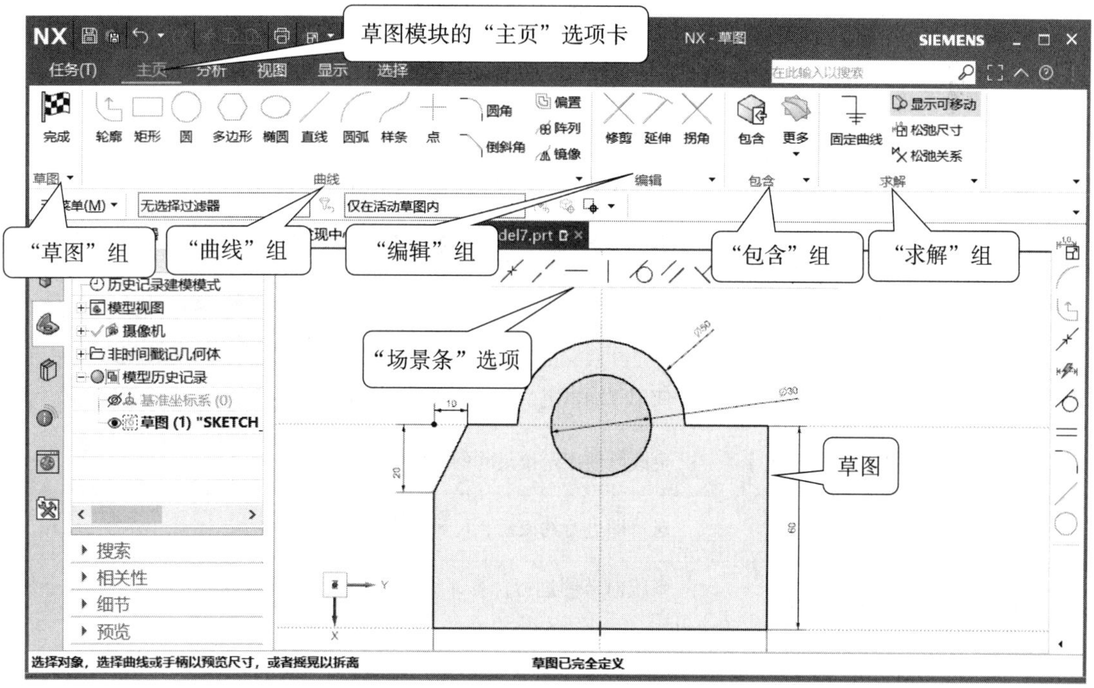

图 2-5　草图模块界面

2.2.2 退出草图模块

进入草图模块完成草图的绘制后，选择“草图”组的“完成”命令，或者选择“菜单”|“任务”|“完成草图”命令，可以退出草图模块。

在直接绘制草图或草图模块中，都可以按 Ctrl+Q 快捷键退出草图模块。

2.2.3 “任务”菜单

“任务”菜单中除基本命令以外，还包括“草图设置”命令，选择该命令，弹出“草图设置”对话框，如图 2-6 所示，可编辑活动草图的样式。利用“尺寸标签”选项，可以更改的样式有“表达式”“名称”“值”。

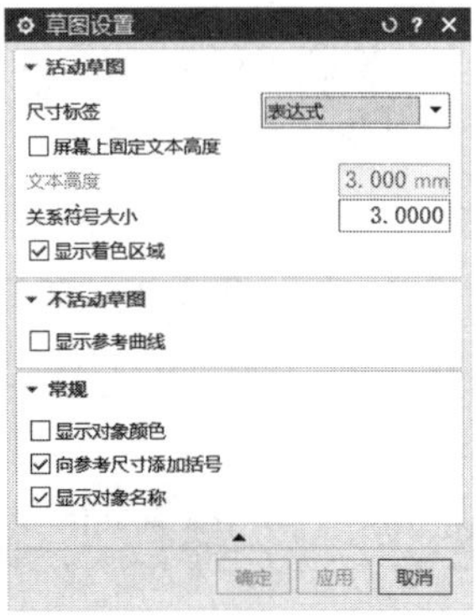

图 2-6 “草图设置”对话框

2.2.4 “主页”选项卡

“主页”选项卡中集成了“草图”、“曲线”、“编辑”、“包含”和“求解”组。每个组中命令的具体说明如表 2-1 ～表 2-5 所示。

表 2-1 “草图”组中命令的具体说明

图标	命令	说明
	完成	用于退出草图任务，等同于按 Ctrl+Q 快捷键
名称 SKETCH_000	草图名称	当前工作草图的名称，可重命名，也可从下拉列表中选择现有的草图进行编辑
	重新附着	将草图移到另一个平面或路径上，或者更改草图方位
	更新模型	草图改变后，可以更新基于草图生成的模型
	创建定位尺寸	建立草图的位置尺寸，在下拉列表中可以找到编辑、删除和重新定义定位尺寸命令
	编辑定位尺寸	使用“编辑表达式”对话框选择编辑定位尺寸
	删除定位尺寸	使用“编辑定位”对话框删除定位尺寸
	重新定义定位尺寸	更改已使用定位尺寸的几何体
	延迟评估	对草图进行约束后，可延迟进行评估
	评估草图	系统对草图进行计算评估，只有选择“延迟评估”命令后该命令才可用

表 2-2 “曲线”组中命令的具体说明

图标	命令	说明
	轮廓	以线串形式创建一系列首尾相连的直线或圆弧，快捷键为 Z 键，长按鼠标左键在直线和圆弧之间切换
	矩形	分别以“按 2 点”、“按 3 点”和“从中心”三种方法创建矩形，快捷键为 R 键
	圆	通过“圆心和直径定圆”和“三点定圆”两种方法创建圆
	多边形	创建多边形
	椭圆	根据中心点尺寸创建椭圆
	直线	根据约束自动判断来创建直线
	圆弧	通过“三点定圆弧”或“中心和端点定圆弧”的方式创建圆弧，快捷键为 A 键
	样条	通过点或极点动态创建样条
	点	在草图中创建点
	圆角	在两条或三条曲线之间创建圆角，快捷键为 F 键
	倒斜角	斜接两条草图线之间的尖角
	偏置	对草图平面上的曲线链进行偏置
	阵列	对草图内的线条按“线性”、“圆形”或“常规”阵列
	镜像	通过指定的草图直线，创建草图几何图形的镜像副本
	派生直线	在两条平行线或相交线中创建一条等分线
	二次曲线	通过指定点创建二次曲线
	槽	可围绕线性中心线创建槽
	拟合曲线	通过将曲线拟合到指定的数据点来创建样条、线、圆或椭圆
	优化曲线	清理并简化导入的曲线几何元素和点，更有效地使用迁移的 2D 数据

表 2-3 “编辑”组中命令的具体说明

图标	命令	说明
	修剪	将曲线修剪到任一方向上最近的实际交点或虚拟交点，快捷键为 T 键
	延伸	将曲线延伸到它与另一条曲线的实际交点或虚拟交点，快捷键为 E 键
	拐角	通过将两条输入曲线延伸或修剪到一个公共交点来创建拐角
	修剪关联曲线	修剪关联曲线到指定的边

表 2-4 “包含”组中命令的具体说明

图标	命令	说明
	包含	选择要包含在草图中的点、曲线、边或基准轴
	投影曲线	将草图外的曲线、边或点沿着草图平面的法线投射到草图上
	轮廓曲线	关联地将非棱柱体或面积的阴影轮廓投射到草图平面上
	相交曲线	创建一组切向连续面与草图平面相交的曲线
	交点	在指定几何体通过草图平面的位置创建一个关联点
	添加曲线	可将现有曲线和点，以及椭圆、抛物线和双曲线等二次曲线添加到活动草图中

表 2-5 “求解”组中命令的具体说明

图标	命令	说明
	固定曲线	暂时固定曲线，使其在编辑草图期间不会移动
	显示可移动	标识可以通过拖动来移动的曲线，并通过颜色叠加来显示
	松弛尺寸	允许更改尺寸的数值以使求解草图时找到更合理的关系
	松弛关系	存在许多尺寸或关系时松弛相应的关系，可以更改绘制的轮廓形状
	快速尺寸	创建尺寸标注，快捷键为 D 键；也可标注“线性尺寸”、“径向尺寸”、“角度尺寸”和“周长尺寸”
	关系查找器设置	用于设置在绘制曲线和进行编辑时草图求解器可以添加的几何约束关系
	工作区域	使草图区域内的几何体可编辑，区域外的曲线不会移动
	添加 / 移除远程查找	对于直线、圆弧和椭圆，查找不接触的几何体或者与该几何体断开连接
	旋转拖动	启用旋转拖动模式后，拖动曲线时将绕所选旋转中心旋转曲线
	创建持久关系	启用创建持久关系后，默认情况下，相关设置命令会创建持久关系
	显示持久关系	显示活动草图中的持久关系
	持久关系浏览器	使用持久关系浏览器可显示、分析或删除草图中的持久关系和尺寸
	管理对称线	使草图求解器停止在草图横轴 / 草图纵轴之间查找对称关系
	忽略关系	用于标识和选择要让求解器在未来编辑草图时忽略找到的关系

此外，在“视图”和“显示”选项卡中也有其他常用命令，其说明如表 2-6 所示。

表 2-6　其他常用命令的说明

图标	命令	说明
	定向到草图	将视图定向到草图平面，快捷键为 Shift+F8，该命令位于“视图”选项卡
	显示对象颜色	在对象首选项中指定的颜色与草图首选项颜色之间切换草图对象的显示颜色
	转换至 / 自参考对象	可将草图曲线或尺寸在活动的对象与参考的对象之间转换

2.2.5　几何约束

草图对象的几何特征用“几何约束”命令定义，其可建立两个或两个以上草图对象之间的相互几何关系。在默认设置下，绘制草图过程中系统会自动判断如表 2-7 所示的约束类型，也可以通过将一条曲线拖动到某一位置的方式来创建这些约束。

表 2-7　自动判断的约束类型（字母代表快捷键）

图标	图中符号	命令	图标	图中符号	命令	图标	图中符号	命令
	━	设为水平（H）		┃	设为竖直（V）		|	设为相切（O）
	━	水平对齐		┃	竖直对齐		//	设为平行（P）
	⊾	设为垂直（L）		=	设为共线（C）		•	设为重合（X）
	⫯	设为中点对齐（Y）		○	点在曲线上			

系统不能自动创建如表 2-8 所示的约束类型，需要通过手动添加约束类型以捕捉用户的设计意图。

表 2-8　手动创建的约束类型

图标	图中符号	命令	图标	图中符号	命令	图标	图中符号	命令
	•	同心		=	等半径		⊾	垂直于线串
	○	点在线串上		|	与线串相切		✥	非均匀比例
	⟶	曲线的斜率		◂∿▸	均匀比例		⟷	定长
	⏚	固定		⏚	完全固定			
	∡	定角		=	等长			

系统需要通过单独的草图命令创建如表 2-9 所示的约束类型。

表 2-9　专用的约束类型

图标	图中符号	命令	图标	图中符号	命令	图标	图中符号	命令
		镜像曲线		► ◄	设为对称			圆形阵列
		阵列曲线			线性阵列			常规阵列
		偏置曲线		⊣⊢	修剪关联细线			

2.3　项目案例：学习草图绘制

本节通过草图案例进一步学习草图的创建和对草图对象添加几何约束及尺寸标注等操作。草图中的活动尺寸可以驱动图形，在学习过程中要注意体会。草图绘制的基本思路为先绘制出大致轮廓，然后添加各类约束，如果产生冲突或者过约束，则使用移除约束的命令进行修改。

2.3.1　案例一：支撑座草图绘制

绘制如图 2-7 所示的支撑座几何图形的草图。

支撑座草图绘制

2.3.1.1　设计要求

该几何图形是由直线、圆弧和圆构成的。可以用“轮廓”、“圆”、“直线”与“修剪”等命令创建草图尺寸和添加草图约束，这些都是基本的绘制草图的命令，必须熟练掌握。通过本节案例的学习，进一步熟悉草图的绘制步骤。

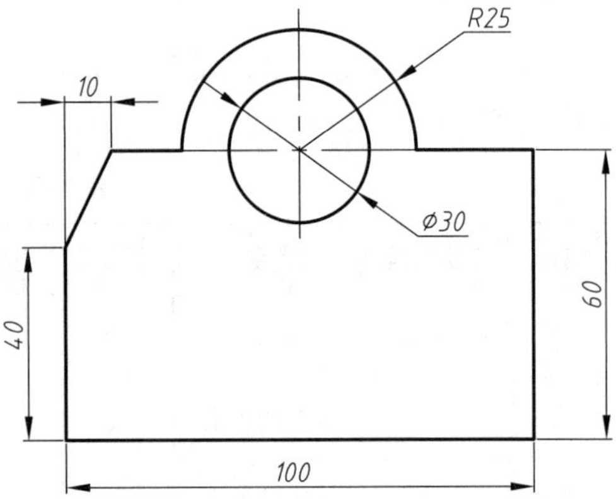

图 2-7　支撑座

2.3.1.2　设计思路

（1）绘制出一定比例的基本轮廓。

（2）对创建的草图对象添加草图约束。

（3）对创建的草图对象添加尺寸标注。

2.3.1.3　设计过程

1. 新建文件

在 NX 启动界面的“主页”选项卡中，选择“新建”命令，或选择“文件”|“新建”命令，

或者按 Ctrl+N 快捷键，打开“新建”对话框，输入文件名 2.3.1.prt，并指定一个保存路径。

2. 绘制基本轮廓

（1）选择“菜单”|“插入”|“草图”命令，在弹出的“创建草图”对话框中默认选择工作坐标系 *XY* 平面绘制草图，单击“确定”按钮进入草图环境。绘图区出现的蓝色平面即为草绘平面，红色 *X* 轴表示草图默认的水平方向。

（2）选择“主页”选项卡中“曲线”组的“轮廓”命令，绘制如图 2–8 所示的图形。长按鼠标左键，从直线切换至圆弧时会出现 4 个象限，不同的象限位置分别对应直线与圆弧相切或圆弧中心与直线重合的关系。另外，在绘图时，注意浮动对话框中的数值，不要和实际尺寸相差太大。

（3）选择“圆”命令，采用“圆心和直径定圆”的方式绘制圆，圆心捕捉上一步圆弧的圆心，如图 2–9 所示。

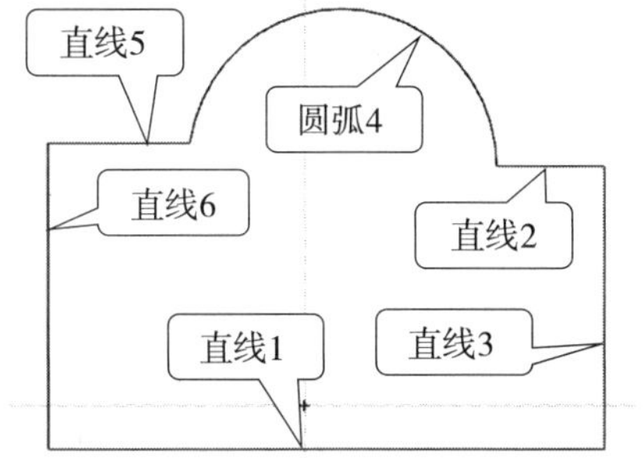

图 2–8　选择“轮廓”命令绘制图形

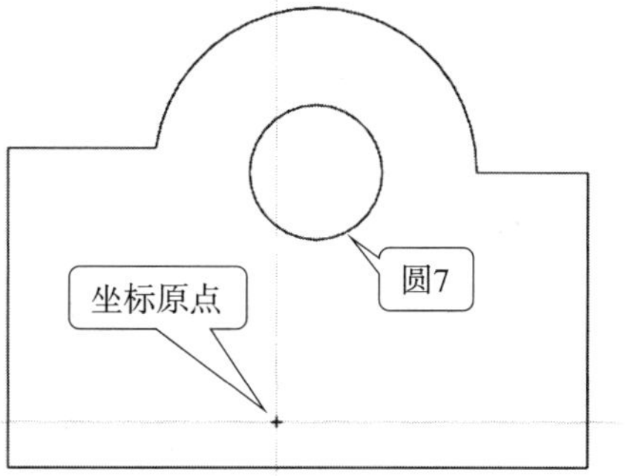

图 2–9　绘制圆

3. 添加几何约束

（1）选择坐标原点及直线 1，在场景条中，选择“设为中点对齐”命令，或者按 Y 键来添加中点对齐约束。

（2）选择直线 5 和直线 2，添加共线约束。选择圆 7 的圆心和 *Y* 轴，添加重合约束。选择圆 7 的圆心和直线 5，添加重合约束。添加几何约束后的草图如图 2–10 所示。注意，当要选择的多个对象重叠在一起时，在对象上悬停鼠标指针，可以利用“快速选择”对话框选择对象。

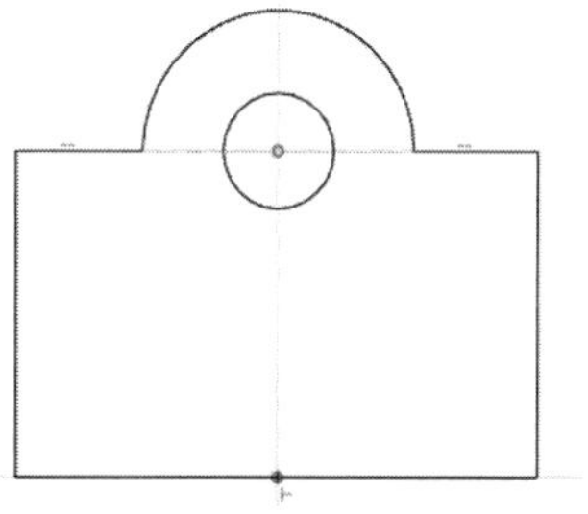

图 2–10　添加几何约束

4. 添加尺寸标注

在“主页”选择卡中，选择“快速尺寸”命令，或按 D 键，选择直线 1 标注距离尺寸为 100。也可以直接单击直线 3，再双击出现的尺寸标注，标注距离尺寸为 60。使用相关的方式，标注圆弧 4 的半径尺寸为 25。标注圆 7 的直径尺寸为 30，如图 2–11 所示。

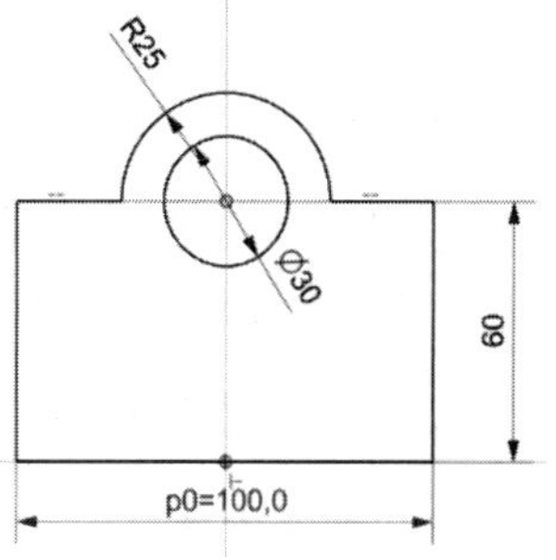

图 2–11　添加尺寸标注 1

5. 修改图形

（1）在“主页”选项卡中，选择“直线”命令，在直线 5 和直线 6 上绘制直线 8，如图 2–12 所示。注意，这里选择时约束使用“点在曲线上”。

（2）在“主页”选项卡中，选择“修剪”命令⊠，或者按 T 键，然后单击多余部分进行修剪，结果如图 2–13 所示。

（3）分别为直线 6 和直线 8 添加距离尺寸标注 40 和 10，如图 2–14 所示。

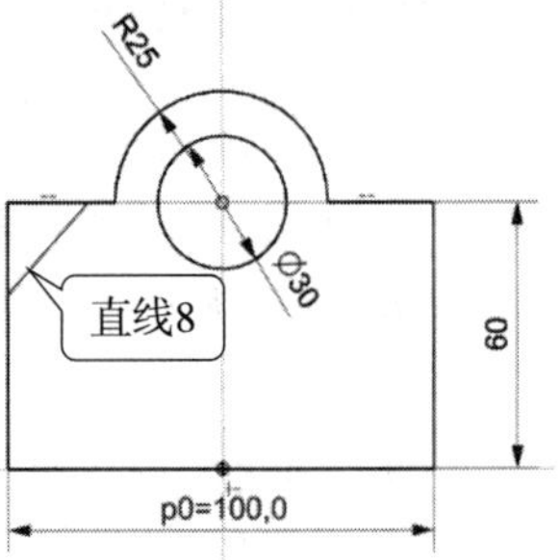

图 2–12　绘制直线 8

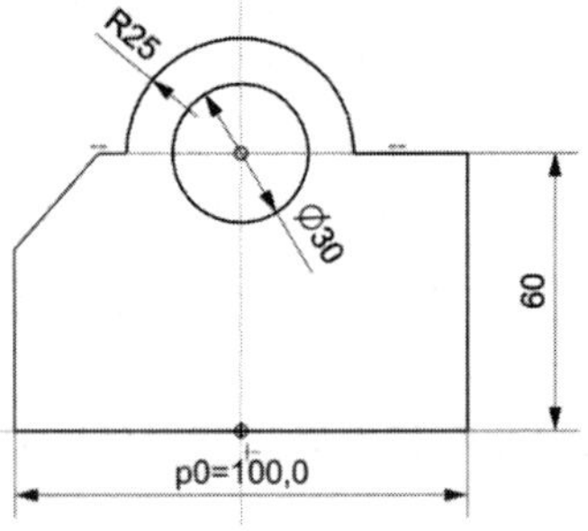

图 2–13　修剪后的图形

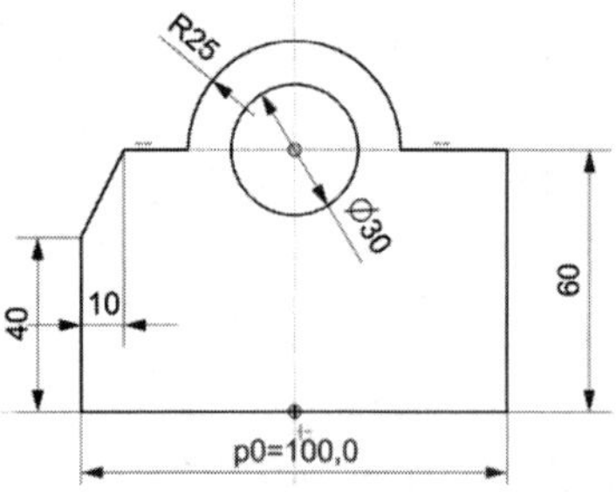

图 2–14　添加尺寸标注 2

6. 完成草图绘制

观察状态栏是否出现“草图已完全定义”的提示，如果已出现，选择“完成”命令，或者按 Ctrl+Q 快捷键，退出草图模块并保存。

2.3.2　案例二：手柄草图绘制

绘制如图 2–15 所示手柄几何图形的草图。

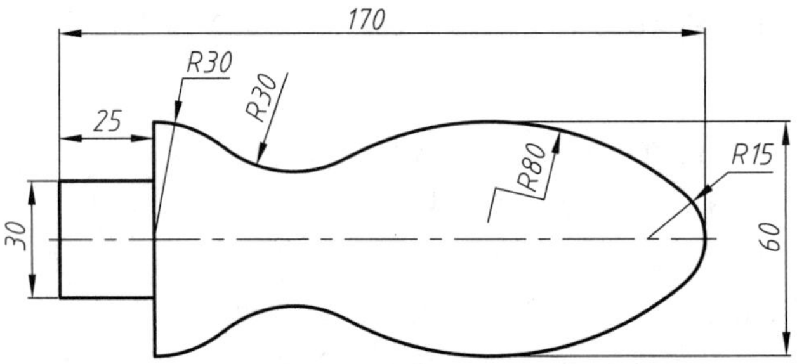

图 2–15　手柄

手柄草图绘制

2.3.2.1　设计要求

该几何图形是上下对称的图形。通过本例的学习，进一步熟悉草图的绘制步骤。

2.3.2.2　设计思路

（1）根据图形尺寸要求绘制上半部分图形并进行几何约束与尺寸标注。

（2）使用镜像曲线命令进行镜像。

2.3.2.3　设计过程

1. 新建文件

参考 2.3.1.3 节，新建文件 2.3.2.prt。

2. 绘制基本轮廓

（1）选择“菜单”|“插入”|“草图”命令，在弹出的“创建草图”对话框中默认选择工作坐标系 XY 平面绘制草图，单击“确定”按钮，进入草图模块。

（2）选择“轮廓”命令，绘制如图 2–16 所示的图形。选择直线 2 右端点及直线 3，在场景条中，选择“设为重合”命令。采用同样的方法，选择直线 3 下端点及 X 轴，添加重合约束。分别为直线 1 和直线 2 添加距离尺寸标注 15 和 25，如图 2–17 所示。

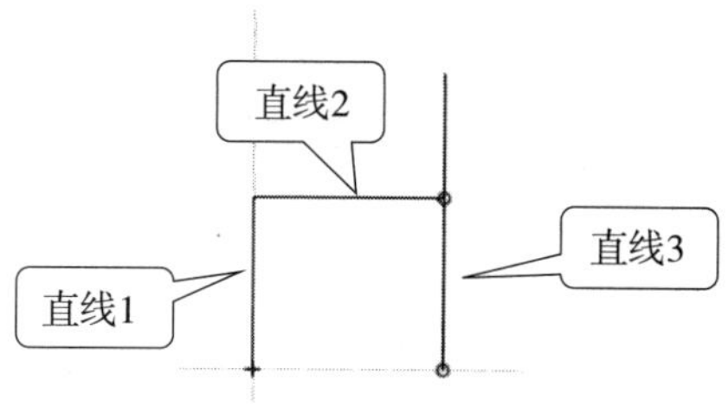

图 2–16 “轮廓”命令绘制图形

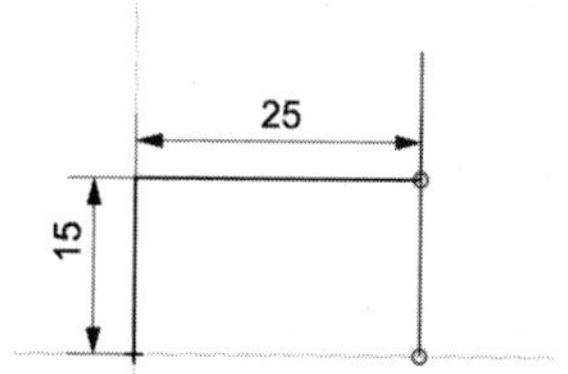

图 2–17　添加尺寸标注 3

（3）选择“圆弧”命令，采用“中心和端点定圆弧”的方式绘制圆弧 4，中心点捕捉直线 3 下端点，其中一端点捕捉直线 3 上端点。单击圆弧 4，标注其半径尺寸为 30，如图 2–18 所示。继续使用“圆弧”命令，采用“三点定圆弧”的方式绘制圆弧 5，在绘制过程中注意使圆弧 4 和圆弧 5 自动形成相切约束，并标注圆弧 5 的半径尺寸为 30，如图 2–19 所示。

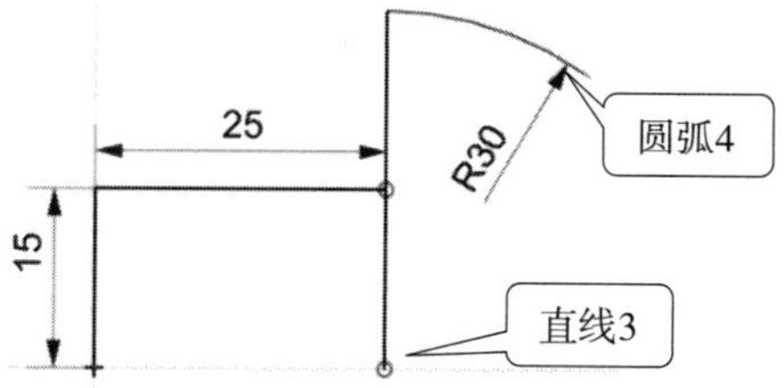

图 2–18　绘制圆弧 4

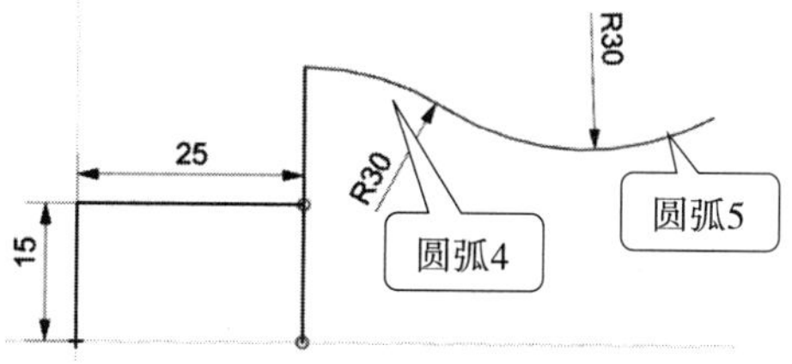

图 2–19　绘制圆弧 5

（4）继续采用“三点定圆弧”的方式绘制圆弧 6，注意使圆弧 5 和圆弧 6 自动形成相切约束，标注圆弧 6 的半径尺寸为 80，单击圆弧 6 和 X 轴，标注距离尺寸为 30，如图 2–20 所示。

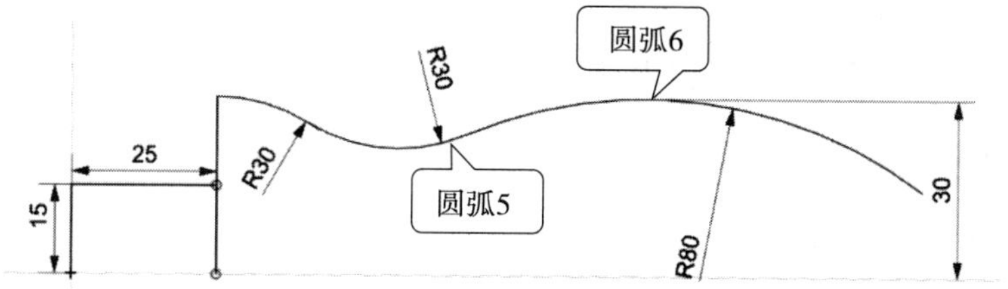

图 2–20　绘制圆弧 6

（5）继续采用“三点定圆弧”的方式绘制圆弧 7，注意使圆弧 6 和圆弧 7 自动形成相切约束。选择圆弧 7 下端点、圆心和 X 轴，添加重合约束。单击圆弧 7，标注半径尺寸为 15，单击圆弧 7 和直线 1，标注距离尺寸为 170，如图 2–21 所示。

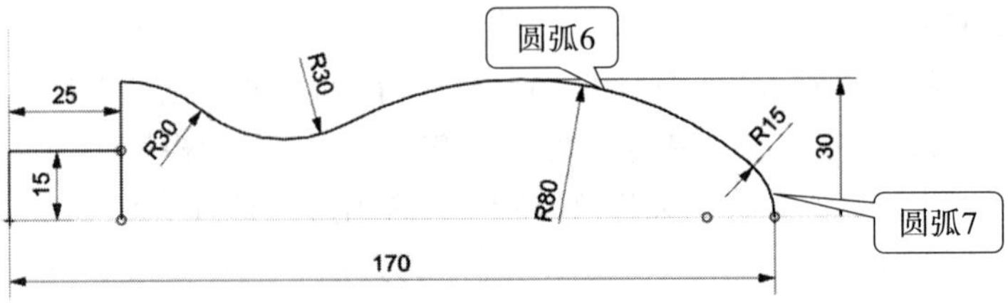

图 2-21　绘制圆弧 7

（6）选择“镜像”命令，弹出“镜像曲线”对话框，在“要镜像的曲线”组中选择已绘制好的曲线，按鼠标中键切换至“中心线”组，选择 X 轴，如图 2-22 所示，单击“确定”按钮，完成镜像，如图 2-23 所示。

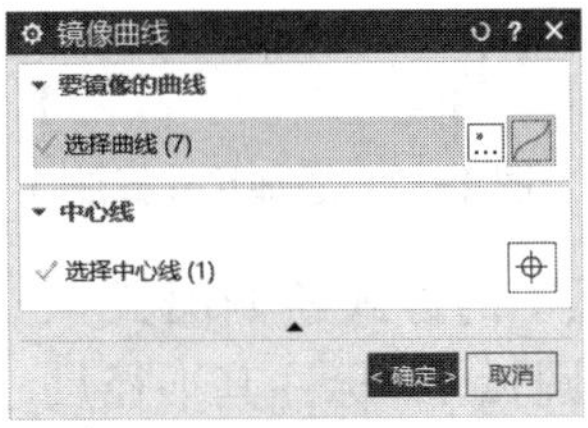

图 2-22　“镜像曲线”对话框

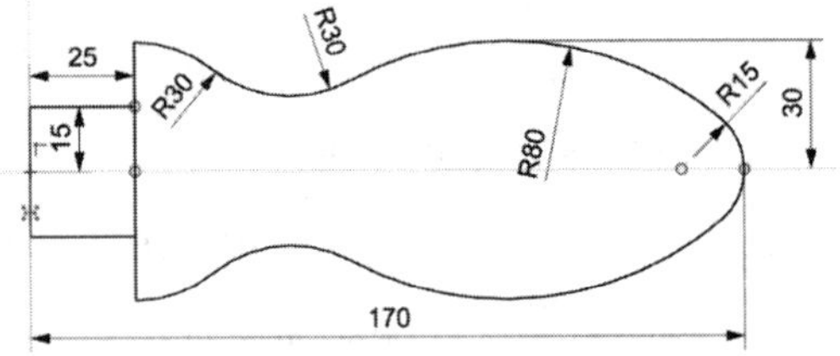

图 2-23　镜像曲线

3. 完成草图绘制

选择“完成”命令，退出草图模块并保存。

2.3.3　案例三：手轮草图绘制

绘制如图 2-24 所示手轮几何图形的草图。

手轮草图绘制

2.3.3.1　设计要求

该几何图形在外围有 3 个形状相同的凸出图形，在此案例中可运用“阵列”命令。

2.3.3.2　设计思路

（1）绘制内部两个直径分别为 20 和 36 的圆。

（2）绘制下部两斜线及圆角。

（3）使用“阵列”命令进行圆形阵列。

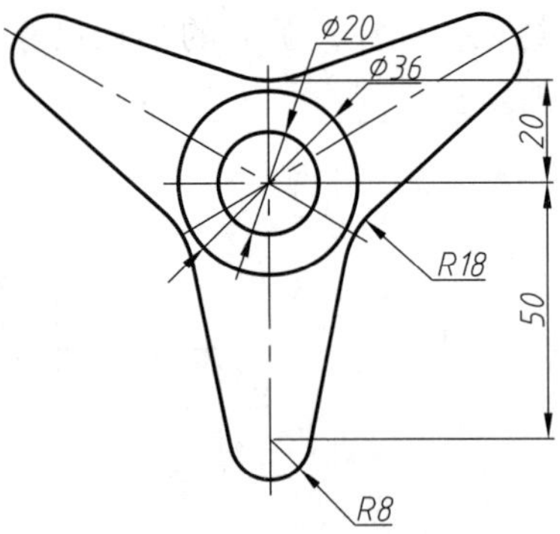

图 2-24　手轮

2.3.3.3　设计过程

1. 新建文件

参考 2.3.1.3 节，新建文件 2.3.3.prt。

2. 绘制基本轮廓

（1）选择“菜单”|“插入”|“草图”命令，进入草图模块。

（2）选择“圆”命令，采用“圆心和直径定圆”的方式，捕捉草图原点作为圆心绘制两个圆，并对两个圆分别标注直径尺寸 20 和 36，如图 2-25 所示。

（3）选择“轮廓”命令，绘制直线和圆弧，注意自动约束两对象相切。选择圆弧下端点、圆心和 Y 轴，添加重合约束，约束圆弧的圆心和端点在 Y 轴上，并标注半径尺寸为 8，单击圆弧的圆心和草图原点，标注距离尺寸为 50，如图 2-26 所示。

（4）选择“镜像”命令，弹出“镜像曲线”对话框，在“要镜像的曲线”组中选择直线和圆弧，按鼠标中键切换至“中心线”组，选择 Y 轴，单击“确定”按钮，完成镜像，如图 2-27 所示。

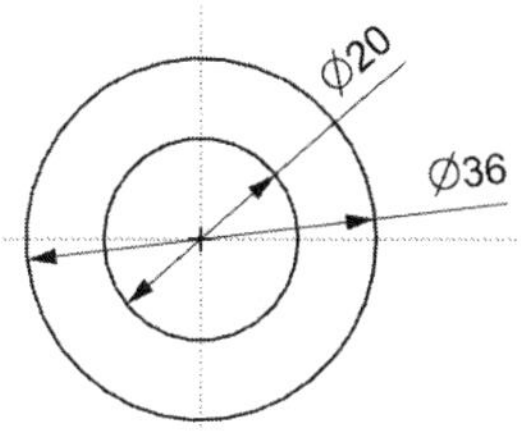

图 2-25　绘制两圆

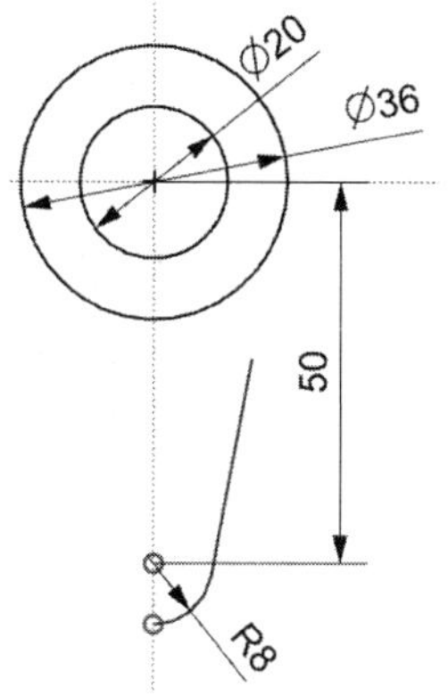

图 2-26　绘制直线和圆弧

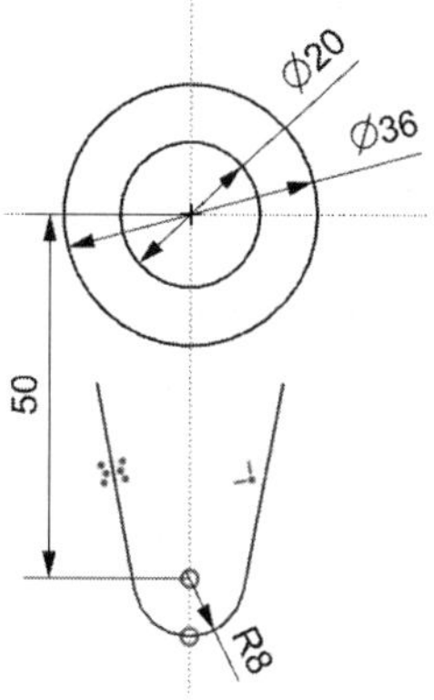

图 2-27　镜像曲线

（5）选择“阵列”命令，弹出“阵列曲线”对话框，在“要阵列的曲线”组中选择两条直线和两段圆弧，“布局”设置为“圆形”，在“指定点”选项中选择草图原点，“间距”设置为“数量和间隔”，“数量”设置为 3，“间隔角”设置为 120°，如图 2-28 所示，单击“确定”按钮，完成阵列对象，如图 2-29 所示。

（6）选择“圆角”命令，绘制三个圆角。选择三个圆角，在场景条中选择“设为相等”命令。单击圆弧，标注半径尺寸为 18，单击圆角的顶点和草图原点，标注距离尺寸为 20，再分别为圆角端点和直线端点添加重合约束、为圆角和直线添加相切约束，使草图完全约束，如图 2-30 所示。

图 2-28　“阵列曲线”对话框

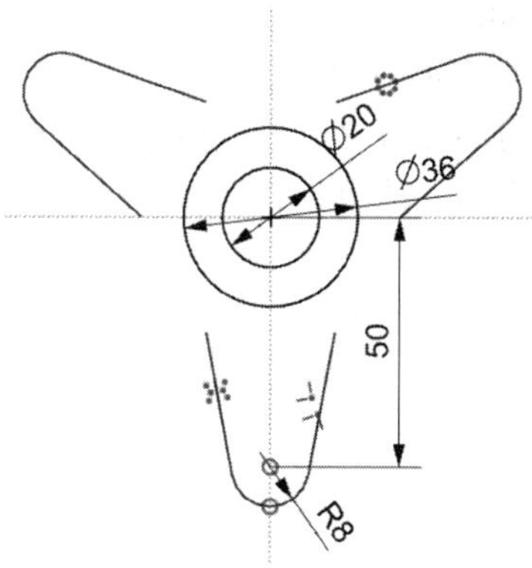

图 2-29　阵列对象

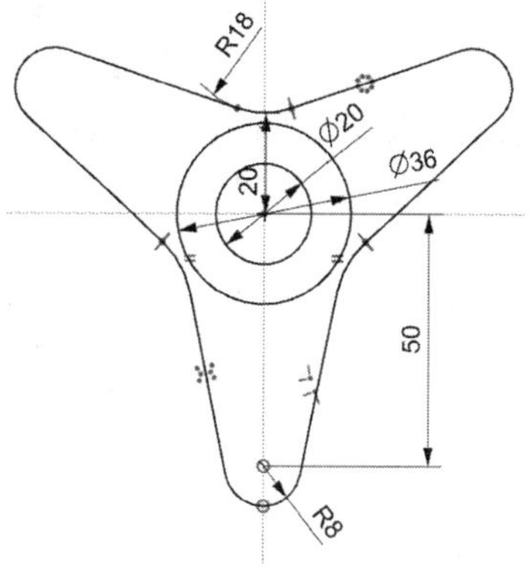

图 2-30　绘制圆角

3. 完成草图绘制

选择“完成”命令，退出草图模块并保存。

2.3.4 案例四：调节支架草图绘制

调节支架草图绘制

绘制如图 2-31 所示调节支架几何图形的草图。

2.3.4.1 设计要求

该几何图形内侧各有两个槽，外侧和内部槽有等距的关系，此案例可运用“偏置”命令绘制。

2.3.4.2 设计思路

（1）绘制 $\phi30$ 的圆和 $R30$ 的圆弧。

（2）绘制 $R55$ 和 $R50$ 的圆弧，再使用“偏置”命令绘制两个槽。

（3）使用“偏置”命令偏置出槽外侧曲线。

（4）使用“圆角”命令对曲线进行连接。

2.3.4.3 设计过程

1. 新建文件

参考 2.3.1.3 节，新建文件 2.3.4.prt。

2. 绘制基本轮廓

（1）选择“菜单”|“插入”|“草图”命令，进入草图模块。

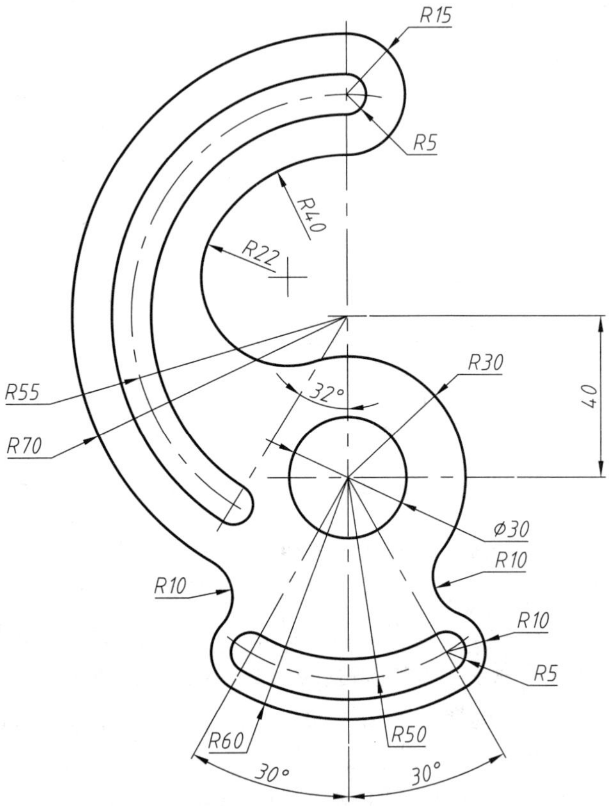

图 2-31 调节支架

（2）选择“圆”命令，采用“圆心和直径定圆”的方式，捕捉草图原点作为圆心绘制圆。单击圆，标注直径尺寸为 30，如图 2-32 所示。

（3）选择“圆弧”命令，采用“中心和端点定圆弧”的方式，捕捉草图原点作为圆心绘制圆弧。单击圆弧，标注半径尺寸为 30，如图 2-33 所示。用相同方法绘制 $R50$ 的圆弧，单击圆弧，在弹出的快捷工具条中选择“转换为参考”命令，如图 2-34 所示。

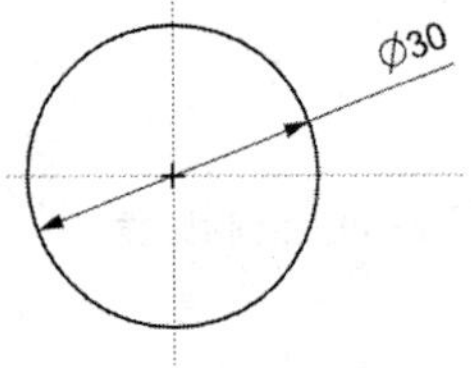

图 2-32 绘制 $\phi30$ 的圆

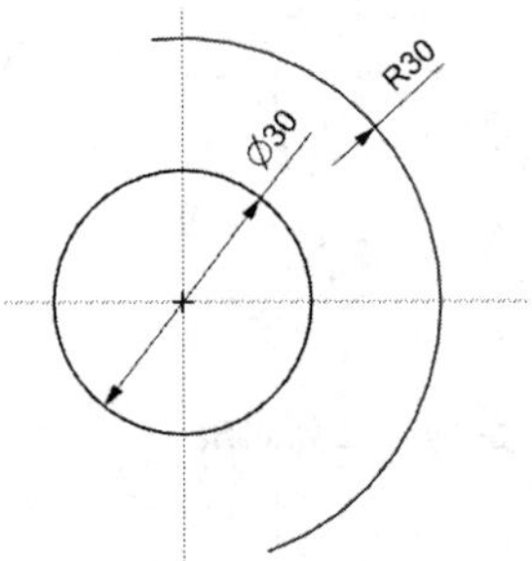

图 2-33 绘制 $R30$ 的圆弧

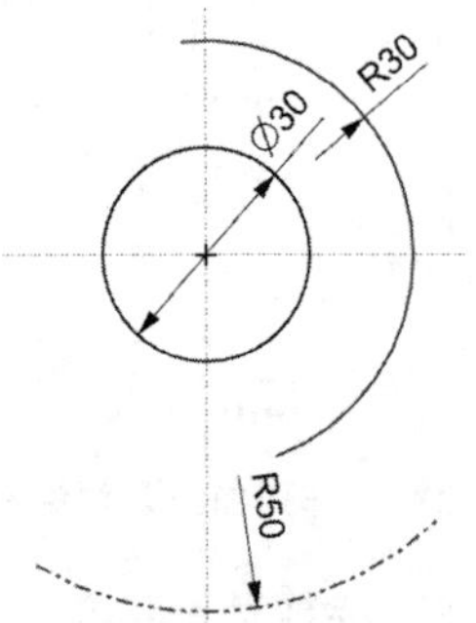

图 2-34 绘制 $R50$ 的圆弧

（4）选择“直线”命令，分别捕捉草图原点和 $R50$ 圆弧左端点作为直线两端点，并单击直线和 Y 轴，标注角度尺寸为 30°，单击直线，在弹出的快捷工具条中选择“转换为参考”命令，如图 2-35 所示。

（5）选择“镜像”命令，弹出“镜像曲线”对话框，在“要镜像的曲线”组中选择直线，“中心线”组中选择 Y 轴，单击“确定”按钮，完成镜像，选择镜像直线下端点和 $R50$ 圆弧右端点，添加重合约束，如图 2-36 所示。注意，在选择曲线时，选择意图更改为“单条曲线”。

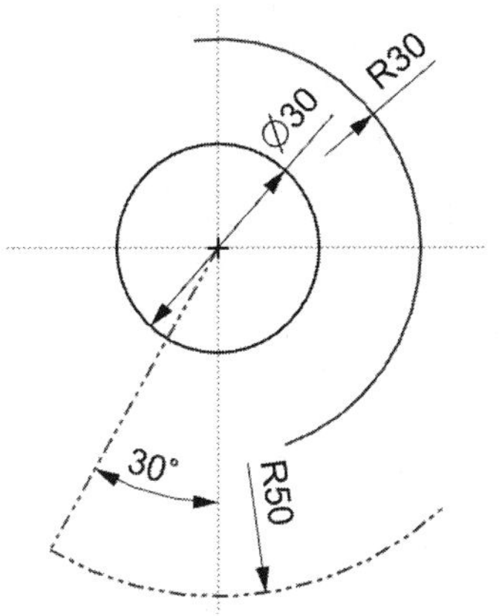

图 2-35　绘制直线

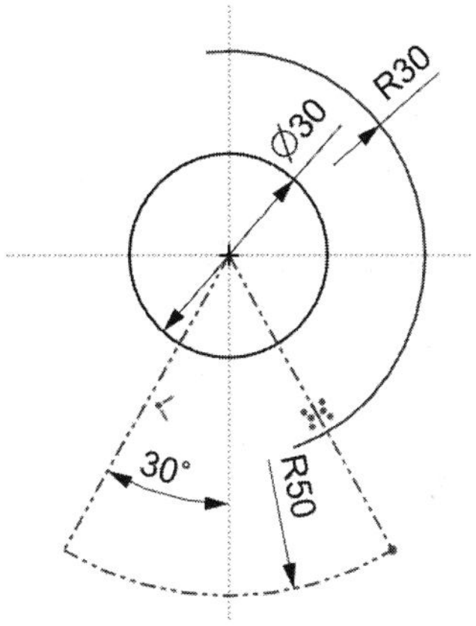

图 2-36　镜像曲线

（6）选择“偏置”命令，弹出“偏置曲线”对话框，在“要偏置的曲线”组中选择 $R50$ 圆弧，“距离”设置为 5，分别勾选“创建尺寸”和“对称偏置”复选框，“副本数”选项设置为 1，如图 2-37 所示，单击“确定”按钮，完成 $R50$ 圆弧的对称偏置，如图 2-38 所示。

（7）选择“圆弧”命令，采用“三点定圆弧”的方式，分别捕捉偏置曲线的两端点作为圆弧的两端点，自动约束到相切绘制第三点，绘制左、右两段圆弧，如图 2-39 所示。

图 2-37　“偏置曲线”对话框 1

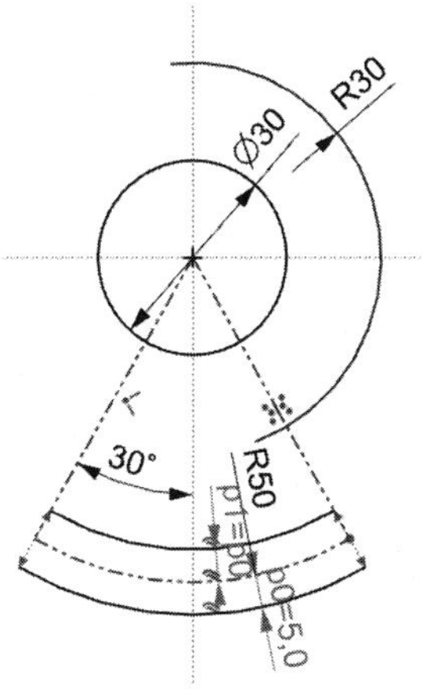

图 2-38　偏置曲线

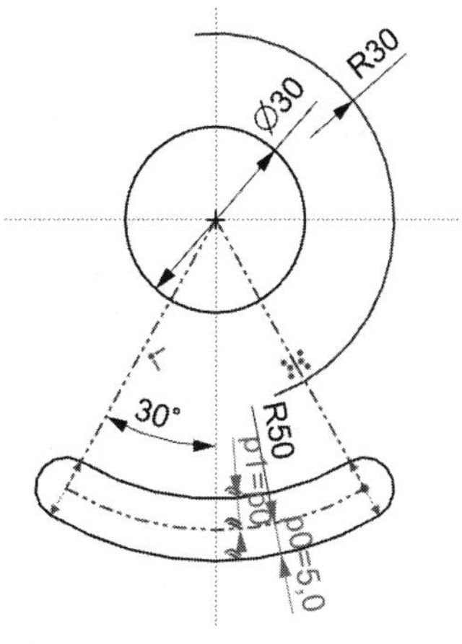

图 2-39　绘制左、右两段圆弧

（8）选择“偏置”命令，弹出“偏置曲线”对话框，在“要偏置的曲线”组中选择圆弧 1、圆弧 2、圆弧 3，“距离”设置为 5，勾选“创建尺寸”复选框，“副本数”设置为 1，如图 2-40 所示。单击“确定”按钮，完成三条曲线的偏置，如图 2-41 所示。

图 2-40 “偏置曲线”对话框 2

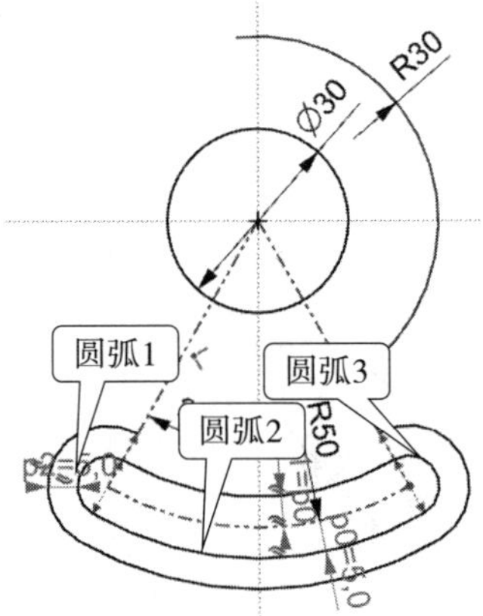

图 2-41 偏置三条曲线

（9）选择“圆弧”命令，绘制 *R*55 圆弧，选择圆弧上端点、圆心与 *Y* 轴，添加重合约束。选择“直线”命令，分别捕捉 *R*55 圆弧的圆心和下端点为直线两端点。单击圆弧，标注半径尺寸 *R*55，标注圆心与草图原点距离尺寸 40，标注直线与 *Y* 轴的角度尺寸为 32°。单击圆弧和直线，在弹出的快捷工具条中选择“转换为参考”命令，如图 2-42 所示。

（10）采用与步骤（6）和（7）相同的方法绘制偏置曲线，如图 2-43 所示。采用与步骤（8）相同的方法绘制偏置曲线，其中“距离”设置为 10，完成单侧偏置后如图 2-44 所示。

（11）选择“圆角”命令，绘制三个圆角，可通过“创建备选圆角”选项调整圆角开口方向。单击三个圆角，分别标注半径尺寸 *R*22、*R*10、*R*10，如图 2-45 所示。

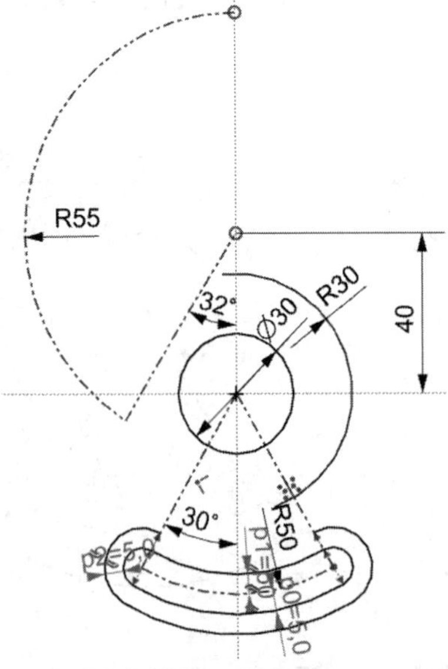

图 2-42 绘制圆弧和直线

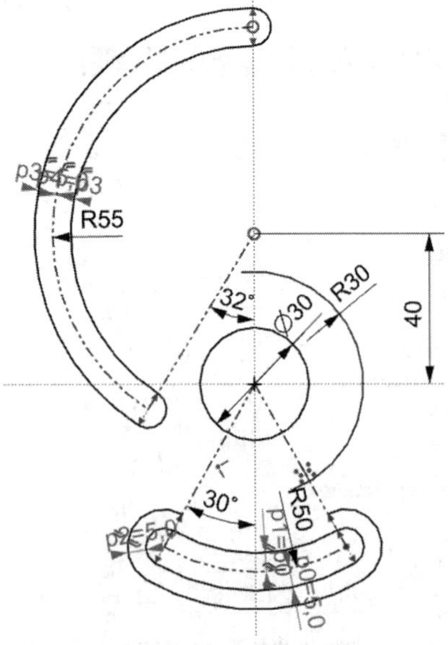

图 2-43 对称偏置曲线

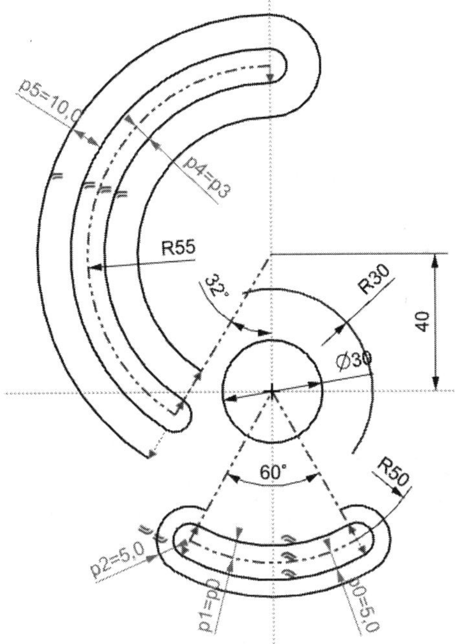

图 2-44　单侧偏置曲线

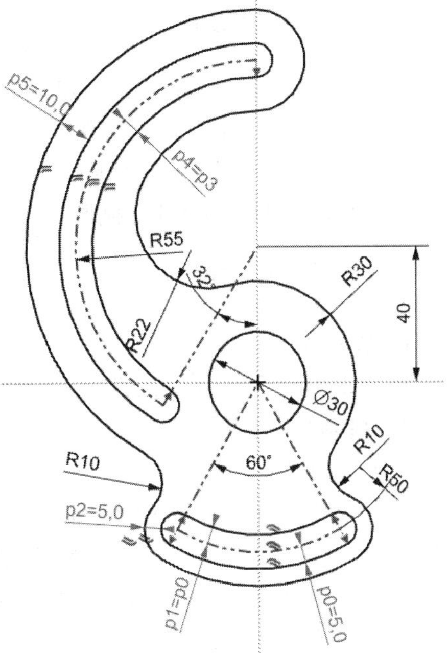

图 2-45　绘制三个圆角

3. 完成草图绘制

选择“完成”命令，退出草图模块并保存。

2.3.5　案例五：螺母锁片草图绘制

螺母锁片
草图绘制

绘制如图 2-46 所示螺母锁片几何图形的草图。

图 2-46　螺母锁片

2.3.5.1　设计要求

绘制该几何图形中的六边形、1/4 椭圆和 1/2 椭圆是本案例的难点。1/4 椭圆的圆心和 *R*20 圆弧的下端点重合，ϕ10 圆的圆心、*R*10 圆弧的左端点、1/2 椭圆的两端点及圆心、ϕ8 圆的圆心、*R*7 圆弧的两端点都和 *R*20 圆弧右侧的相切直线有重合约束关系。

2.3.5.2 设计思路

（1）绘制外接圆直径为 28 的六边形。

（2）绘制 *R*20 的圆弧及右侧相切直线。

（3）绘制 ϕ10、ϕ8 的两个圆及 *R*10、*R*7 的两段圆弧，绘制 *R*10 的圆角。

（4）绘制 1/4 椭圆和 1/2 椭圆。

2.3.5.3 设计过程

1. 新建文件

参考 2.3.1.3 节，新建文件 2.3.5.prt。

2. 绘制基本轮廓

（1）选择“菜单”|“插入”|“草图”命令，进入草图模块。

（2）选择“多边形”命令，捕捉草图原点为六边形中心，“边数”设置为 6，完成六边形的绘制。选择其中一条边，在场景条中选择“设为水平”命令⊟。单击六边形左右两个端点，标注距离尺寸为 28，如图 2–47 所示。

（3）选择“圆弧”命令，采用“中心和端点定圆弧”的方式，捕捉草图原点作为圆心绘制圆弧，约束圆弧上端点、下端点与 *Y* 轴为重合约束，标注半径尺寸为 *R*20，如图 2–48 所示。

（4）选择“直线”命令，捕捉 *R*20 圆弧的下端点为直线起点，绘制第二点时自动约束与圆弧相切，如图 2–49 所示。

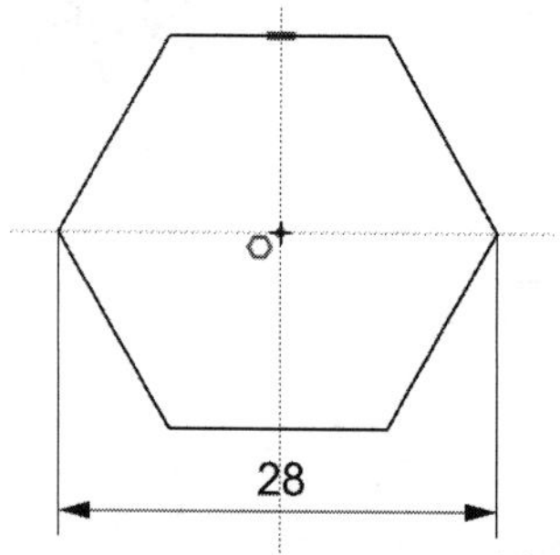

图 2–47　绘制六边形

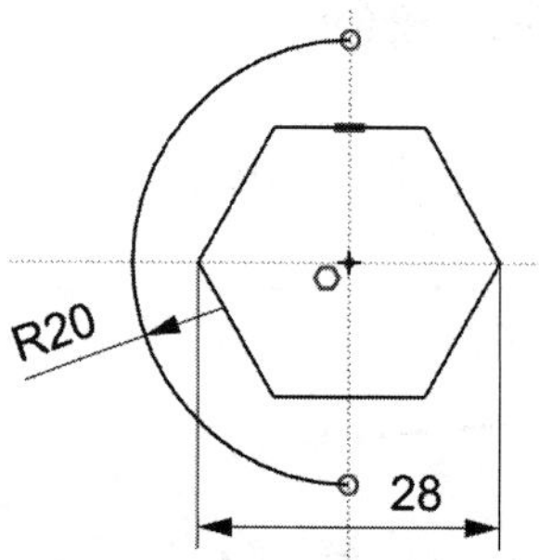

图 2–48　绘制圆弧

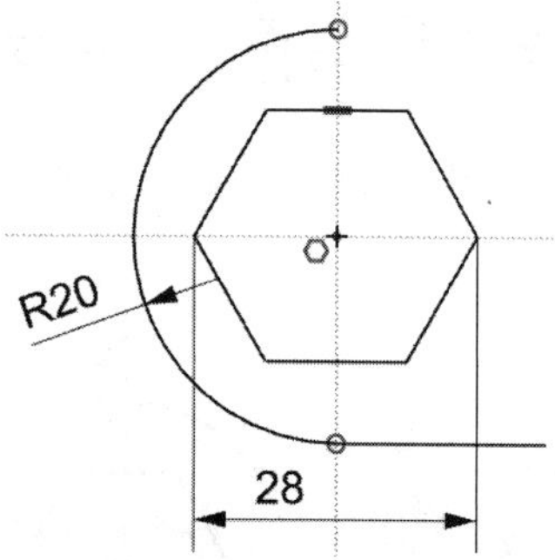

图 2–49　绘制直线

（5）选择“圆”命令，绘制两个圆。单击“圆弧”命令，分别捕捉两个圆的圆心为圆弧的圆心绘制两段圆弧。单击绘制好的两个圆分别标注直径尺寸为 ϕ10、ϕ8，单击绘制好的两段圆弧，分别标注半径尺寸为 *R*10 和 *R*7，标注与六边形中心的距离尺寸分别为 30 和 140。分别选择 ϕ10 和 ϕ8 两个圆的圆心、*R*10 圆弧的右端点、*R*7 圆弧的左右两端点、步骤（4）绘制的直线，在场景条中选择“设为重合”命令，添加重合约束，如图 2–50 所示。

（6）单击“圆角”命令，选择直线和 *R*10 圆弧的左端绘制圆角。单击圆角，标注半径尺寸为 *R*10，如图 2–51 所示。

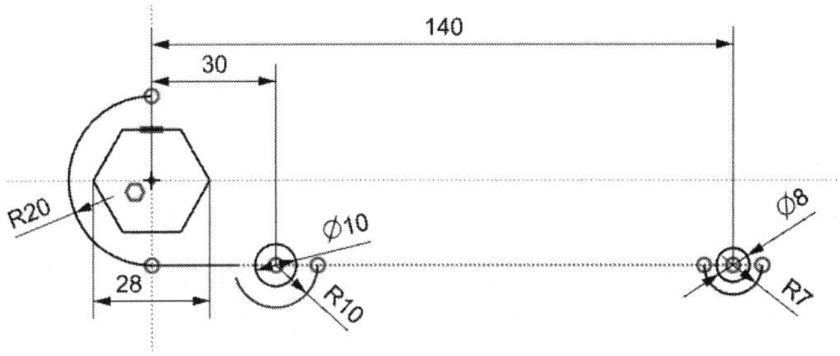

图 2-50　绘制两个圆和两个圆弧并添加重合约束

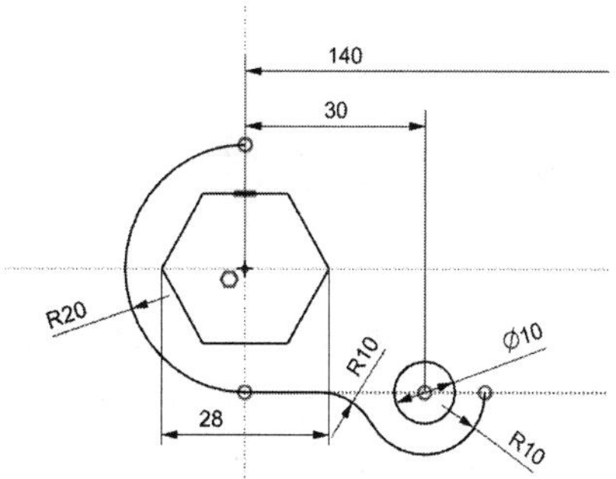

图 2-51　绘制圆角

（7）选择“椭圆”命令，弹出“椭圆”对话框，在“限制”组中取消勾选“封闭”复选框，“起始角”设置为 0°，“终止角”设置为 90°，如图 2-52 所示。约束椭圆圆心与 *R*20 圆弧下端点重合、椭圆左端点与 *R*20 圆弧上端点重合、椭圆右端点与 *R*7 圆弧右端点重合，如图 2-53 所示。

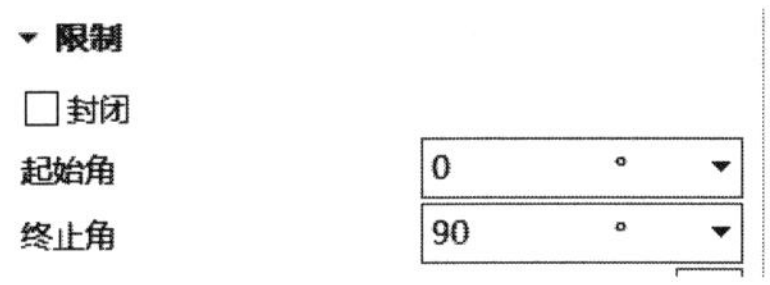

图 2-52　“椭圆”对话框中的“限制”组 1

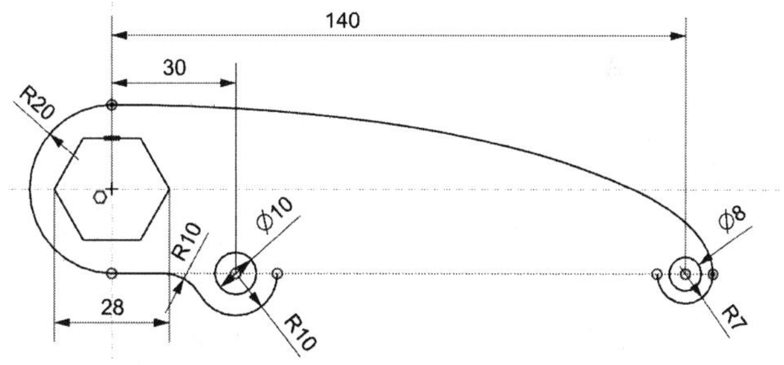

图 2-53　绘制 1/4 椭圆

（8）选择“椭圆”命令，弹出“椭圆”对话框，在“限制”组中取消勾选“封闭”复选框，“起始角”设置为 0°，“终止角”设置为 180°，如图 2-54 所示。约束椭圆圆心与直线重合、椭圆左端点与 *R*10 圆弧右端点重合、椭圆右端点与 *R*7 圆弧左端点重合、*R*10 圆弧与椭圆相切，标注短半轴距离尺寸为 16，如图 2-55 所示。

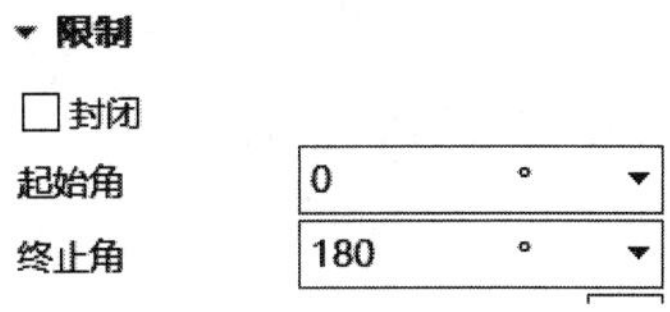

图 2-54　“椭圆”对话框中的“限制”组 2

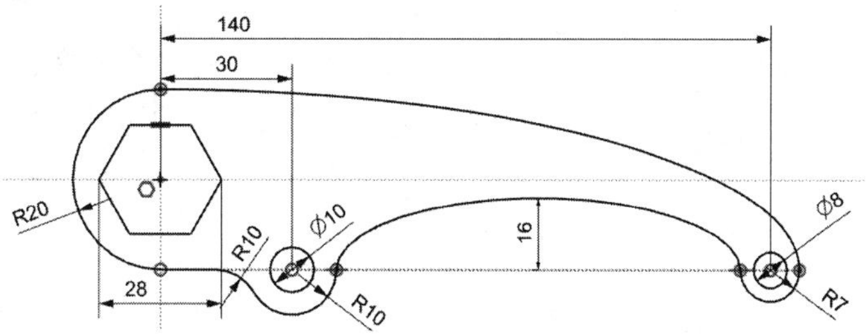

图 2-55　绘制 1/2 椭圆

3. 完成草图绘制

选择“完成”命令，退出草图模块并保存。

2.4 本章小结

本章主要讲述了草图的基本知识和基本几何体的草图绘制工具，以及设置草图约束的一些基本命令，通过案例的练习可以更好地掌握本章的内容。在后面章节的实体建模中，需要将草图与特征建模结合起来。一般情况下，用户都是先利用草图功能创建出模型的截面图形，再利用拉伸、旋转等命令完成实体特征的创建。

草图是进行实体建模的基础。草图不是工程图，不需要绘制很复杂的图形。草图的参数化特性使其容易被编辑，这为今后的设计提供了帮助。

2.5 思考与练习

1. 思考题

（1）绘制草图的步骤是什么?

（2）什么是内部草图和外部草图？它们之间有什么相同点及不同点？如何实现相互转换?

（3）草图的约束分为哪些类型？各起到什么作用?

2. 练习题

绘制如图 2-56 ～图 2-67 所示几何图形的草图，创建必要的几何约束和尺寸标注，使草图轮廓完全约束，并保存文件。

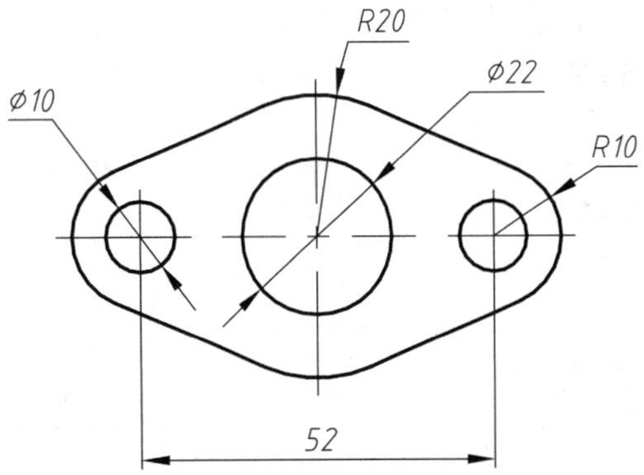

图 2-56　练习题 1

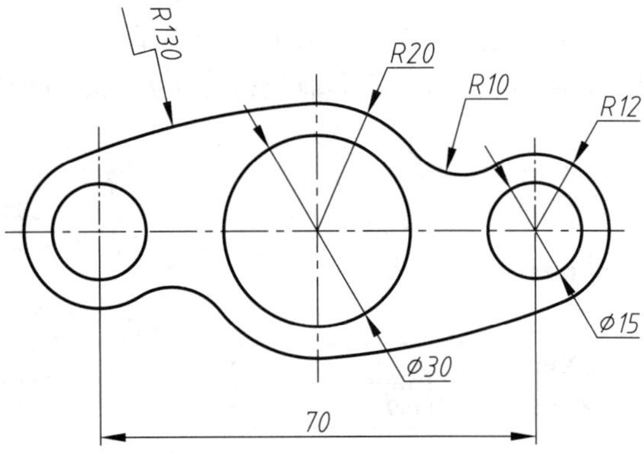

图 2-57　练习题 2

练习题 1

练习题 2

练习题 3

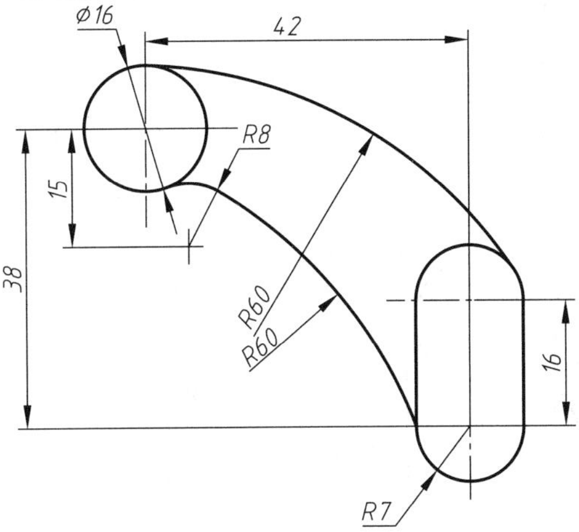

图 2-58　练习题 3

练习题 4

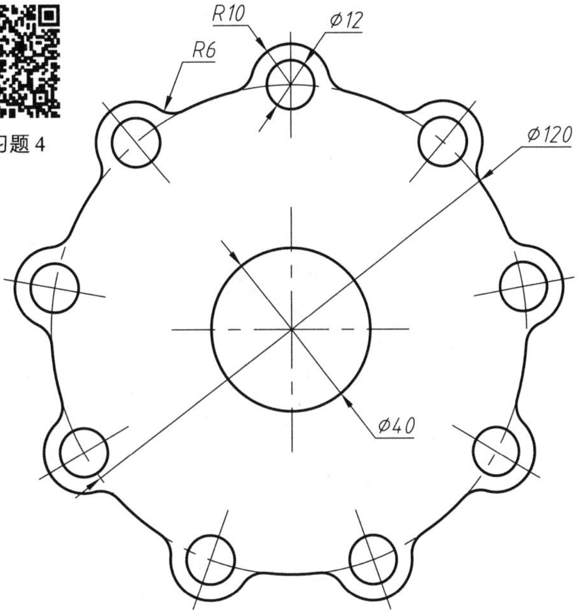

图 2-59　练习题 4

练习题 5

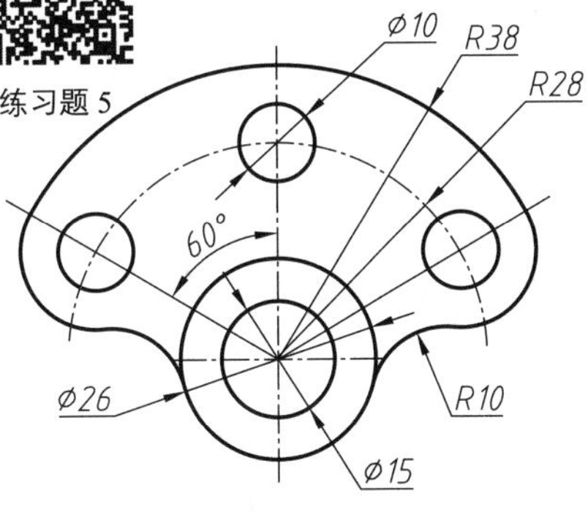

图 2-60　练习题 5

练习题 6

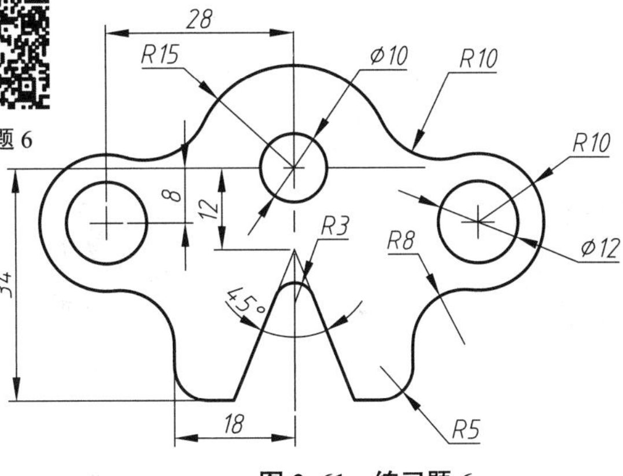

图 2-61　练习题 6

练习题 7

练习题 8

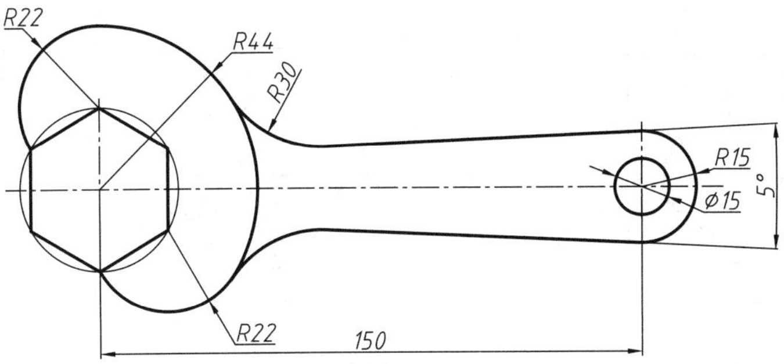

图 2-62　练习题 7

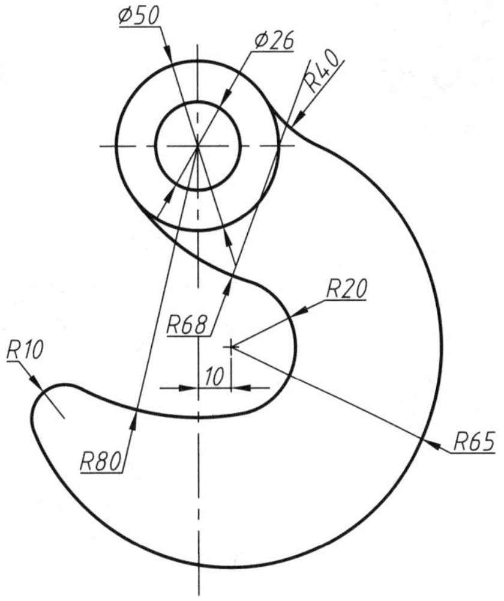

图 2-63　练习题 8

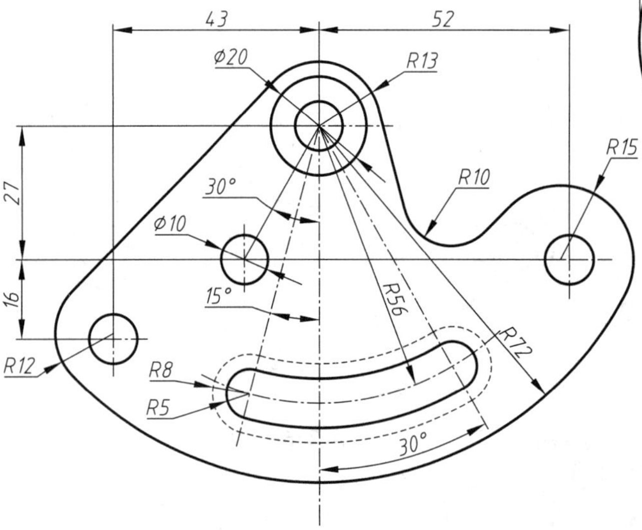

图 2-64　练习题 9

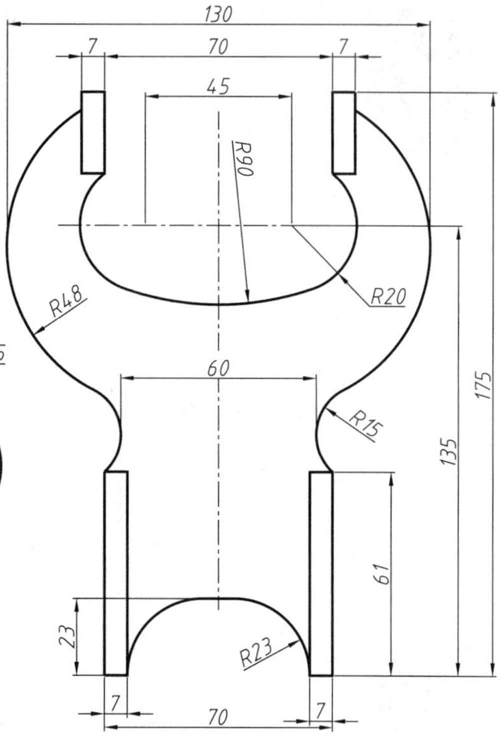

图 2-65　练习题 10

练习题 9

练习题 10

练习题 11

练习题 12

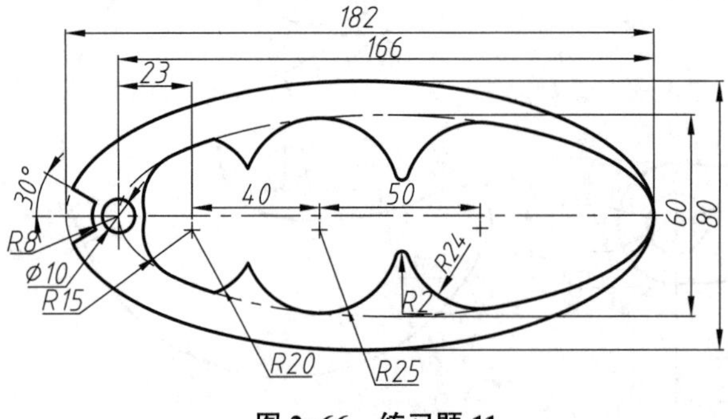

图 2-66　练习题 11

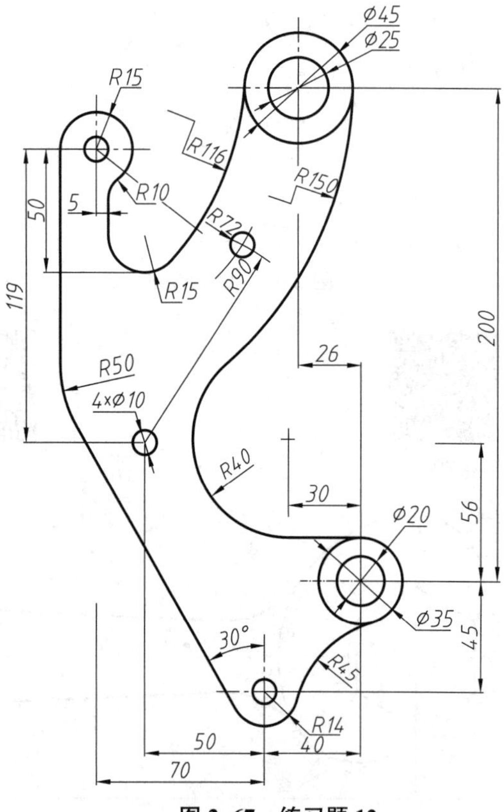

图 2-67　练习题 12

项 目 3

曲线绘制的学习及应用

赵学田与他的制图九字诀

【项目案例】

（1）了解绘制三维框架的基本步骤。

（2）掌握建模模块中“曲线”选项卡的典型命令。

【能力目标】

（1）能熟练使用建模模块中“曲线”选项卡的相关命令，完成三维框架的搭建。

（2）能正确使用曲线编辑工具对曲线进行编辑。

【项目案例】

5个曲线绘制案例的讲解。

利用NX软件的曲线功能，可完成三维模型中空间曲线的建立和编辑。NX软件的曲线功能在其建模模块中应用得非常广泛。有些实体需要通过曲线的拉伸、旋转等操作构造，也可以用曲线创建曲面进行复杂实体造型。通过本章的学习，读者能够掌握绘制曲线及编辑曲线的方法。

3.1 任务一：学习曲线的基本知识

建模模块的曲线同草图一样都可以构建出用于旋转、拉伸等相关特征操作的基础图形，两者既有共同点，又有区别：①草图中的曲线被严格地限定在一个平面上，建模模块中的曲线是三维的；②建模模块中的曲线不能用几何约束和尺寸标注来定义；③建模模块中的曲线可以是非关联的、非参数化的，而草图中的曲线都是参数化的。

“曲线”选项卡中除“构造”组以外，还包括“基本”组、“派生”组、“编辑”组，如

图 3-1 所示，它们组成了曲线的基本知识，下面分别对它们进行介绍。

图 3-1 “曲线”选项卡

3.1.1 “基本”组

曲线命令主要用于生成点、直线、圆、椭圆等基本曲线，其命令都集成在“基本”组中，如图 3-1 所示，或者选择“菜单”|“插入”|“曲线”命令，打开“曲线”菜单，如图 3-2 所示。“曲线”菜单中命令的具体说明如表 3-1 所示。

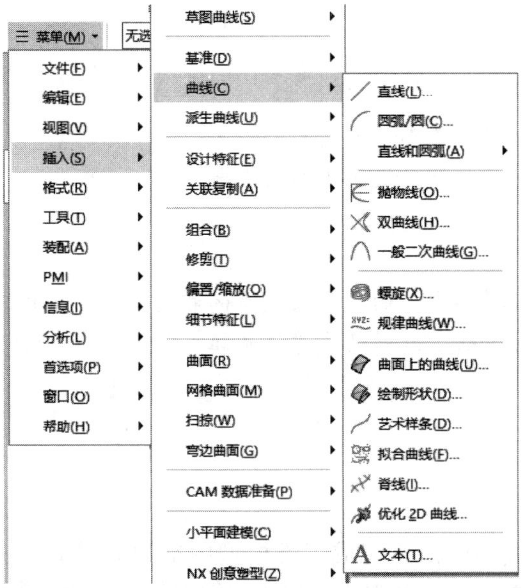

图 3-2 “曲线”菜单

表 3-1 “曲线”菜单中命令的具体说明

图标	命令	说明
	直线	创建直线
	圆弧 / 圆	创建关联的圆弧及圆特征，所获取的圆弧类型取决于组合的约束类型
	抛物线	创建抛物线，构造的默认抛物线的对称轴平行于 *XC* 轴
	双曲线	创建双曲线
	一般二次曲线	创建二次截面曲线

续表

图标	命令	说明
	螺旋	沿矢量或脊线指定螺旋样条
	规律曲线	使用规律函数创建样条，规律样条由一组 X、Y 及 Z 分量定义，必须指定每个分量的规律
	曲面上的曲线	直接在一个或多个曲面上创建曲面样条
	绘制形状	绘制 3D 手绘多边形曲线或形状，从而进行概念设计
	艺术样条	用两个或三个尺寸交互创建关联或非关联样条
	拟合曲线	将二次曲线或样条拟合到指定数据点来创建曲线
	脊线	创建垂直于选定平面的脊线
	优化 2D 曲线	用于清理并简化导入的曲线的几何元素和点
	文本	用于根据本地 Windows 字体库中的 TrueType 字体生成曲线

3.1.2 “派生”组

除了根据基本的曲线命令直接绘制曲线以外，还可以根据已有的曲线派生出新的曲线。这些曲线命令都集成在“派生”组中，如图 3-1 所示，或者选择“菜单”|“插入”|“派生曲线”命令，打开“派生曲线”菜单，如图 3-3 所示。“派生曲线”菜单中命令的具体说明如表 3-2 所示。

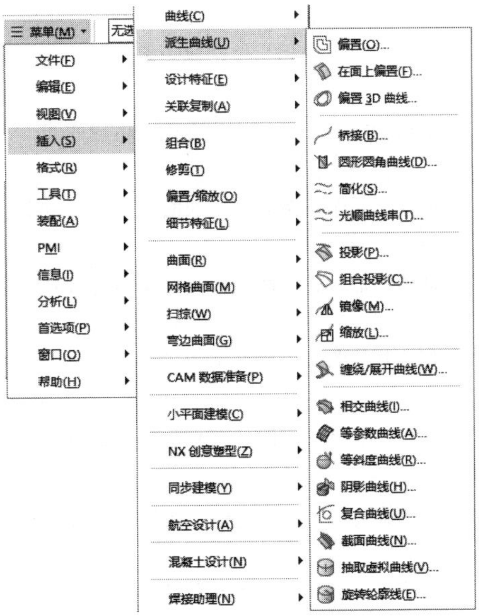

图 3-3　“派生曲线”菜单

表 3-2 “派生曲线”菜单中命令的具体说明

图标	命令	说明
	偏置	在距现有直线、圆弧、二次曲线、样条和边的一定距离处创建曲线
	在面上偏置	可根据曲面上的相连边或曲线，在一个或多个面上创建偏置曲线
	偏置 3D 曲线	在同指定方向垂直的方向上，按指定距离偏置三维曲线或边
	桥接	通过可选光顺性约束连接两个对象的曲线
	圆形圆角曲线	在两条 3D 曲线或边链之间创建光滑的圆角曲线
	简化	由曲线串（最多可选择 512 条曲线）上创建一个由最佳拟合直线和圆弧组成的线串
	光顺曲线串	从各种曲线创建连续截面
	投影	将曲线、边和点投影到面、小平面化的体和基准平面上
	组合投影	在两条投影曲线的相交处创建一条曲线
	镜像	透过基准平面或平的曲面创建镜像曲线特征
	缩放	修改所选择的作为一个组的曲线的大小
	缠绕 / 展开曲线	将曲线从一个平面缠绕到一个圆锥面或圆柱面上，或从圆锥面或圆柱面展开到一个平面上
	相交曲线	在两组对象的相交处创建一条曲线
	等参数曲线	沿着给定的 *U*/*V* 线方向在面上生成曲线
	等斜度曲线	创建相对于参考方向与曲面成定角的曲线
	阴影曲线	从体中抽取轮廓曲线，或将体的阴影曲线投影到其他几何体
	复合曲线	创建其他曲线或边的关联复制
	截面曲线	在指定的平面与体、面或曲线之间创建相交几何体
	抽取虚拟曲线	从面旋转轴、倒圆的中心线和圆角面的虚拟交线创建曲线
	旋转轮廓线	创建一个或多个体的轮廓线。将为指定的旋转轴创建轮廓线，可将其另存为曲线特征

3.1.3 “编辑”组

编辑曲线命令集成在“编辑”组中，如图 3-1 所示，或者选择“菜单”|“编辑”|“曲线”命令，打开“曲线”菜单，如图 3-4 所示。有些命令没有显示出来，可以通过选择“定制”命令让它们显示出来。“编辑”组的“曲线”菜单中命令的具体说明如表 3-3 所示。

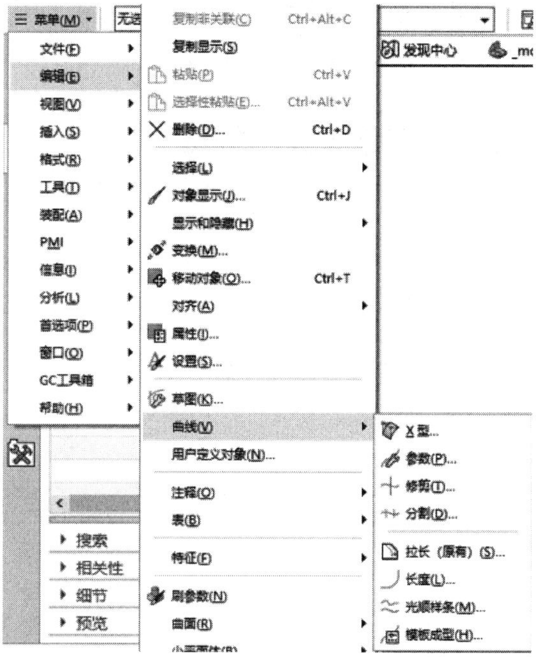

图 3-4 “编辑”组的“曲线”菜单

表 3-3 “编辑”组的“曲线”菜单中命令的具体说明

图标	命令	说明
	X 型	用于动态控制极点位置，以编辑曲面或样条曲线
	参数	用于在适合选定曲线的类型的创建对话框中编辑曲线
	修剪	用于修剪或延伸曲线，可以指定修剪过的曲线与其输入参数相关联
	分割	用于将曲线分割为一连串同样的分段（线到线、圆弧到圆弧）
	拉长（原有）	用于移动几何对象，拉长或缩短选中的直线
	长度	根据给定的曲线长度增量或曲线总长来延伸或修剪曲线
	光顺样条	通过最小化曲率大小或曲率变化来移除样条中的小缺陷
	模板成型	从样条的当前形状变换样条，以与模板样条的形状特性相匹配，同时保留原始样条的起点与终点

3.2 项目案例：学习绘制曲线

利用草图模块可以绘制产品的平面草图，本章讲解莲蓬外观三维框架、含椭圆平面框架、不规则体三维框架的搭建等。在讲解过程中不仅使用了草图功能，还利用“圆弧 / 圆”“艺术样条”等曲线及相关命令来完成框架的搭建。

3.2.1 案例一：莲蓬外观三维框架的构建

莲蓬外观三维框架的构建

3.2.1.1 设计要求

使用“圆弧 / 圆”“多边形”“移动对象”等命令，绘制如图 3-5 所示的莲蓬外观三维框架。

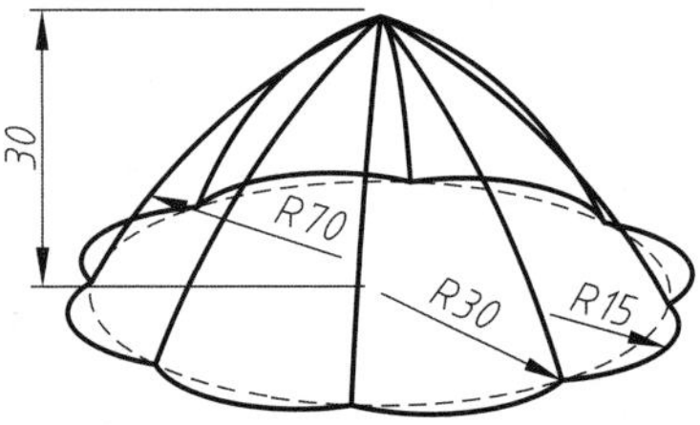

图 3-5 莲蓬外观三维框架

3.2.1.2 设计思路

（1）绘制上表面花形。

（2）绘制莲蓬框架。

3.2.1.3 设计过程

1. 新建文件

在 NX 启动界面的“主页”选项卡中，选择“新建”命令，打开“新建”对话框，输入文件名 3.2.1.prt，并指定一个保存路径。

2. 绘制上表面花形

（1）绘制八边形。选择“菜单”|“插入”|“草图”命令，默认选择 *XY* 平面作为草绘平面。在“主页”选项卡中选择“曲线”|“更多”|“多边形”命令，打开如图 3-6 所示的“多边形”对话框，“指定点”设置为坐标原点，“边数”设置为 8，“大小”设置为“外接圆半径”，勾选“半径”复选框，并将“半径”设置为 30，“旋转”设置为 0° ，单击“关闭”按钮，再选择“完成”命令，得到如图 3-7 所示的正八边形。

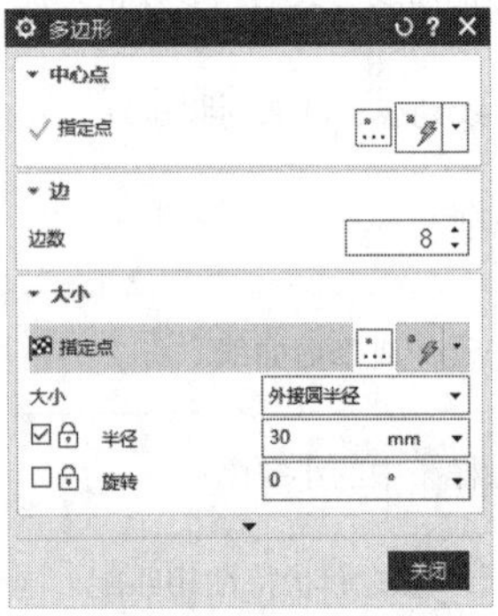

图 3-6 “多边形”对话框

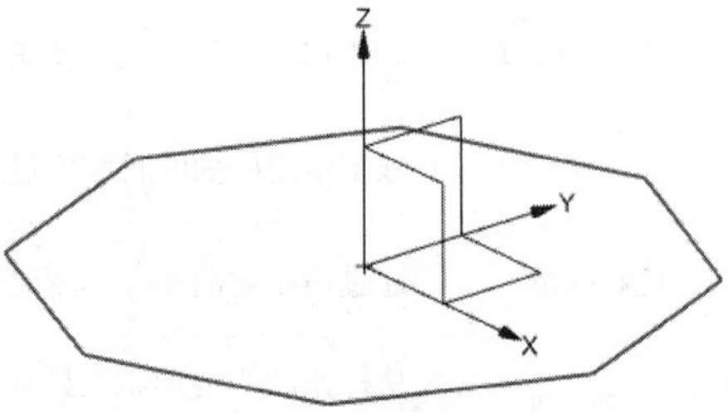

图 3-7 正八边形

（2）绘制如图 3–8 所示的圆弧 1。选择“曲线”选项卡中的“圆弧 / 圆”命令，弹出“圆弧 / 圆”对话框，选择“三点画圆弧”方式，单击“点 1”和“点 2”，“半径”设置为 15，单击“限制”组中的“补弧”按钮和“设置”组中的“备选解”按钮，使绘制的圆弧与图 3–8 中的形状和位置相同，单击“确定”按钮，得到如图 3–8 所示的圆弧。

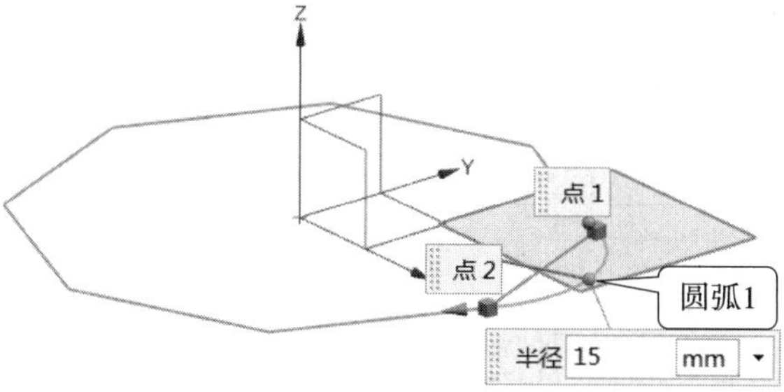

图 3–8　绘制圆弧 1

3. 完成莲蓬框架

（1）绘制如图 3–9 所示的圆弧 2。选择“曲线”选项卡中的“圆弧 / 圆”命令，弹出“圆弧 / 圆”对话框，选择“三点画圆弧”方式，在“起点”组中单击“点对话框”按钮，弹出“点”对话框，输入点的坐标（0, 0, 30），单击“确定”按钮，在“端点”组中选择“点 2”，在“支持平面”组中，设置“平面选项”为“选择平面”，并选择 *XZ* 平面。在“大小”组中将“半径”设置为 70，单击“限制”组中的“补弧”按钮和“设置”组中的“备选解”按钮，使绘制的圆弧与图 3–9 中的形状和位置相同，单击“确定”按钮，如图 3–10 所示，完成圆弧 2 的绘制。

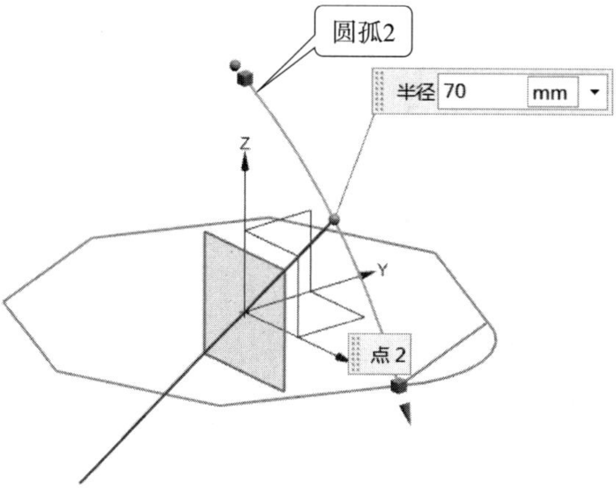

图 3–9　绘制圆弧 2

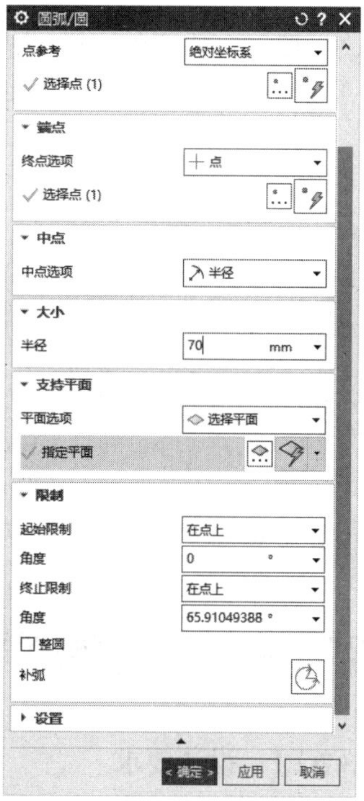

图 3–10　“圆弧 / 圆”对话框

（2）选择“菜单”|“编辑”|“移动对象”命令，或者按 Ctrl+T 快捷键，弹出“移动对象”对话框，如图 3-11 所示，在“对象”组中选择已经绘制好的两段圆弧，“ Motion ”选项设置为“角度”，“指定矢量”选项设置为 Z 轴，“角度”设置为 360° ，在“结果”组中选中“复制原先的”单选按钮，“距离 / 角度分割”选项设置为 8，“非关联副本数”选项设置为 7，单击“确定”按钮，得到如图 3-12 所示的图形。

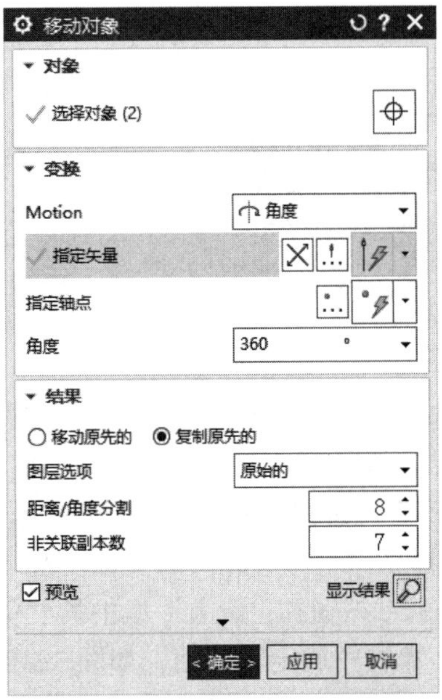

图 3-11 “移动对象”对话框

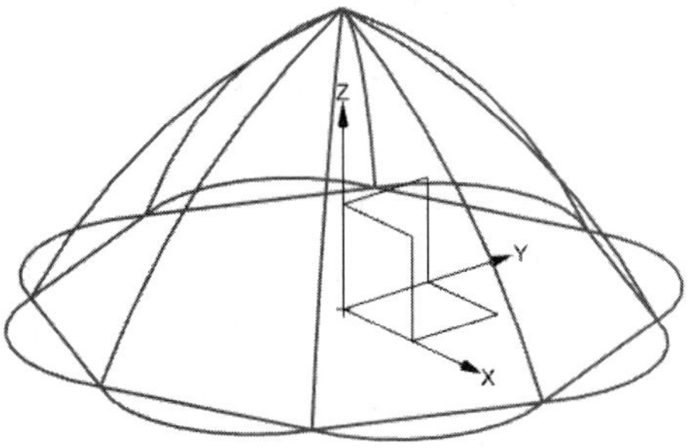

图 3-12 莲蓬图形

（3）隐藏不需要的图线。选择如图 3-12 所示正八边形的 8 个边，按 Ctrl+B 快捷键将其隐藏，从而得到莲蓬外观三维框架，如图 3-13 所示。

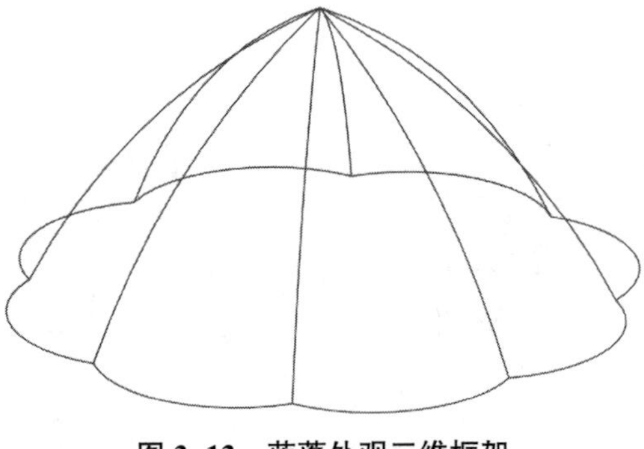

图 3-13 莲蓬外观三维框架

3.2.2 案例二：含椭圆平面框架的构建

3.2.2.1 设计要求

使用“椭圆”“圆”“直线”等命令，绘制如图 3-14 所示的含椭圆平面框架。

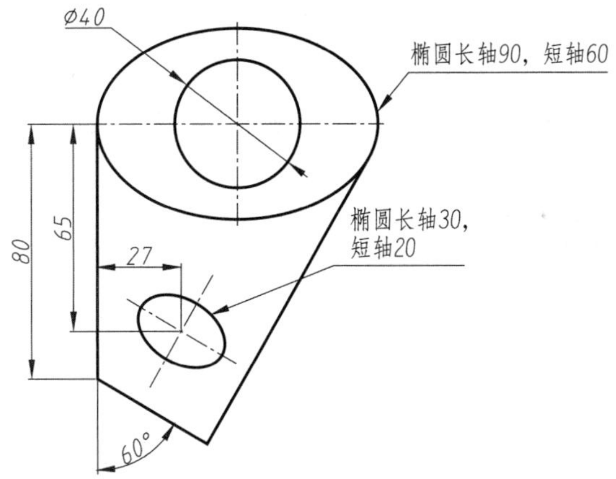

含椭圆平面框架的创建

图 3-14　含椭圆平面框架

3.2.2.2　设计思路

（1）绘制大椭圆及圆。

（2）根据相切等几何约束绘制直线。

（3）绘制旋转的小椭圆。

3.2.2.3　设计过程

1. 新建文件

参考 3.2.1.3 节，新建文件 3.2.2.prt。

2. 绘制图形

（1）绘制椭圆 1。选择“菜单”|“插入”|“草图”命令，默认选择 *XY* 平面作为草绘平面。在“主页”选项卡中选择“曲线”|“更多”|“椭圆”命令，弹出“椭圆”对话框，在“中心”组中单击“点对话框”按钮，弹出“点”对话框，输入坐标（0，0，0），单击“确定”按钮，返回“椭圆”对话框，“大半径”设置为 45，“小半径”设置为 30，其他使用默认值，如图 3-15 所示，单击“确定”按钮，再选择“完成”命令，完成椭圆 1 的绘制，如图 3-16 所示。

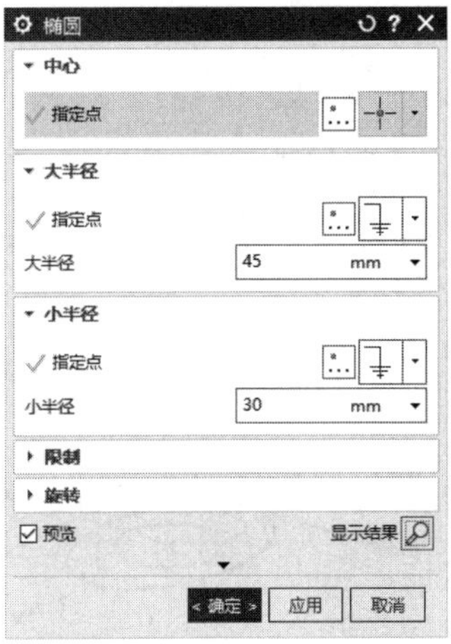

图 3-15　“椭圆”对话框 1

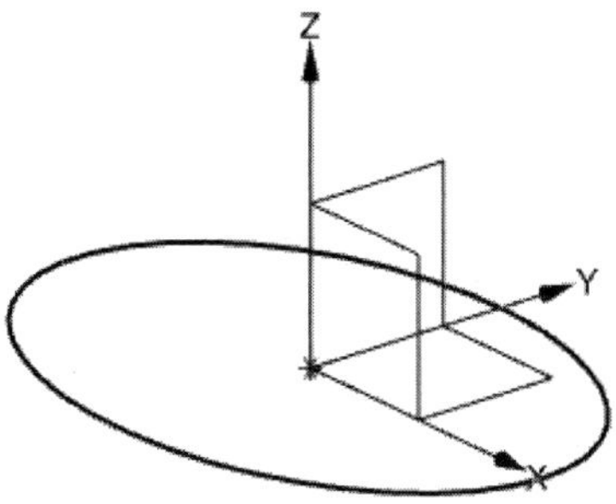

图 3-16　绘制椭圆 1

（2）绘制圆。选择“菜单”|“插入”|“曲线”|“圆弧 / 圆”命令，弹出“圆弧 / 圆”对话框，选择“从中心开始的圆弧 / 圆”方式，在“中心点”组选择坐标点（0，0，0），“终点选项”设置为“半径”，“半径”设置为 20，在“限制”组中勾选“整圆”复选框，如图 3–17 所示，单击“确定”按钮完成圆的绘制，如图 3–18 所示。

图 3–17 “圆弧 / 圆”对话框

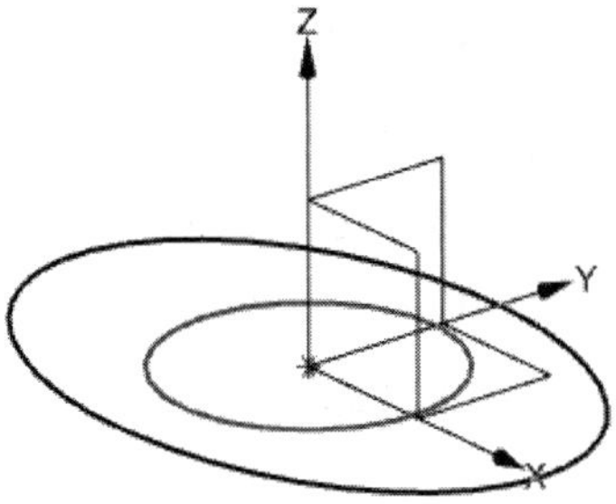

图 3–18 绘制圆

（3）绘制直线 1。选择“菜单”|“插入”|“曲线”|“直线”命令，弹出“直线”对话框，在“开始”组中捕捉椭圆的左端点，“终点选项”设置为“ YC 沿 YC”，“终止限制”设置为“值”，“距离”为 –80，如图 3–19 所示，单击“确定”按钮，完成直线 1 的绘制，如图 3–20 所示。

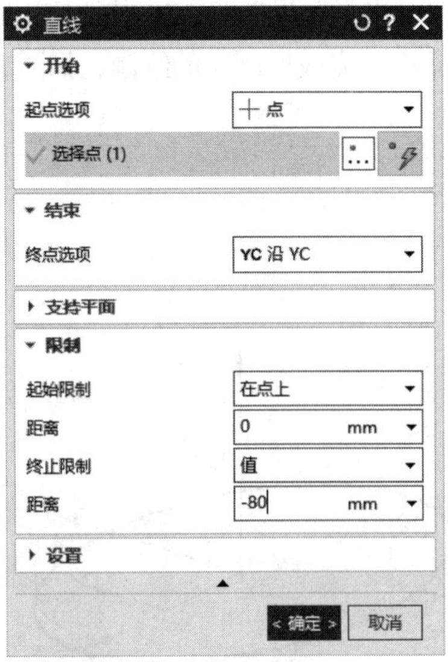

图 3–19 “直线”对话框 1

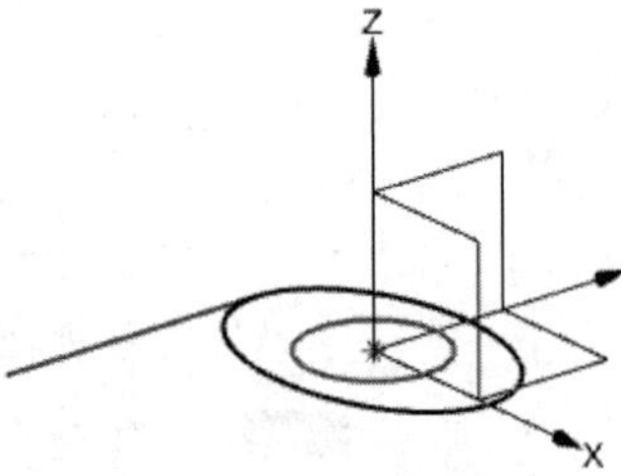

图 3–20 绘制直线 1

（4）绘制直线 2。选择“直线”命令，弹出“直线”对话框，在“开始”组中选择直线 1 的终点，“终点选项”设置为“成一角度”，“选择对象”选项中选择直线 1，“角度”设置为 60°，如图 3-21 所示，单击“确定”按钮，完成直线 2 的绘制，如图 3-22 所示。

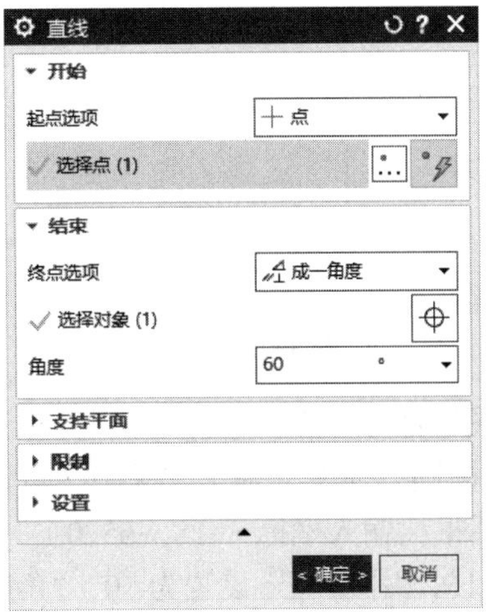

图 3-21　“直线”对话框 2

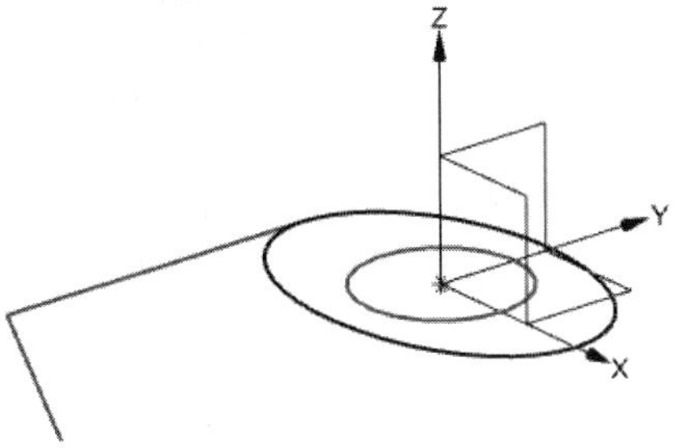

图 3-22　绘制直线 2

（5）绘制直线 3。选择“直线”命令，弹出“直线”对话框，“起点选项”设置为“相切”，“选择对象”选项中选择椭圆 1，“终点选项”设置为“成一角度”，“选择对象”选项中选择直线 2，“角度”设置为 90°，“终止限制”设置为“直至选定”，“选择对象”选项中选择直线 2，如图 3-23 所示，单击“确定”按钮，完成直线 3 的绘制，如图 3-24 所示。

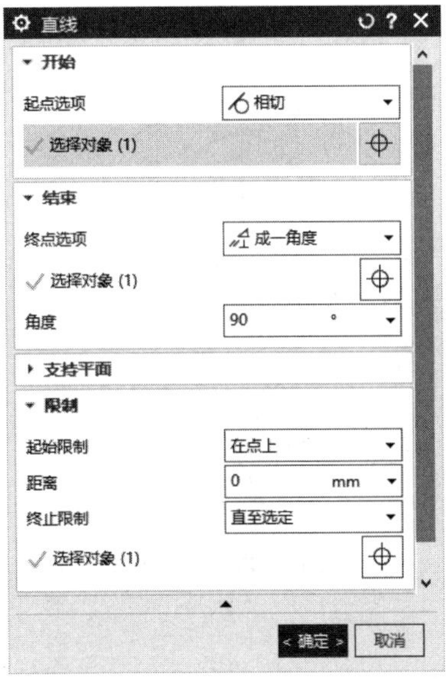

图 3-23　“直线”对话框 3

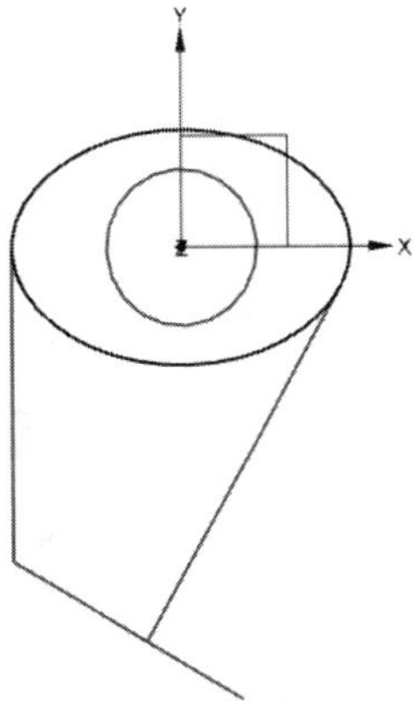

图 3-24　绘制直线 3

（6）修剪直线 2。选择“菜单”|“编辑”|“曲线”|“修剪”命令，弹出“修剪曲线”对话框，在“要修剪的曲线”组中选择直线 2 的左端，在“边界对象”组中选择直线 3，如图 3-25 所示，单击“确定”按钮，完成直线 2 的修剪，如图 3-26 所示。

图 3-25 “修剪曲线”对话框

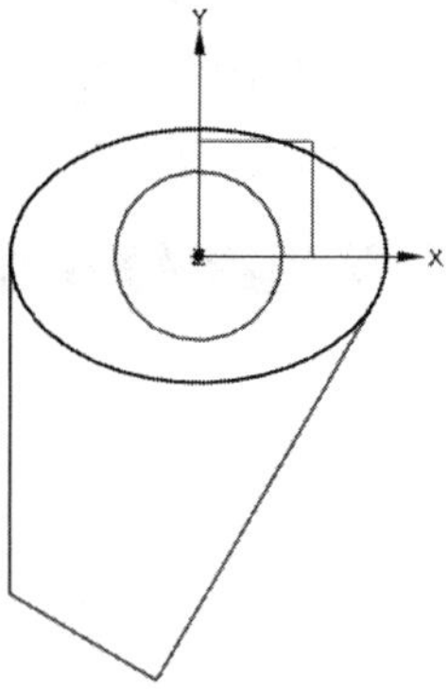

图 3-26 修剪直线 2

（7）绘制椭圆 2。选择“菜单”|“插入”|“草图”命令，默认选择 *XY* 平面作为草绘平面。在“主页”选项卡中选择“曲线”|“更多”|“椭圆”命令，弹出“椭圆”对话框，在“中心”组中单击“点对话框”按钮，弹出“点”对话框，输入坐标（-18,-65,0），单击“确定”按钮，返回“椭圆”对话框，“大半径”设置为 15，“小半径”设置为 10，“角度”设置为 -30°，其他采用默认值，如图 3-27 所示，单击“确定”按钮，再选择“完成”命令，完成椭圆 2 的绘制，如图 3-28 所示。

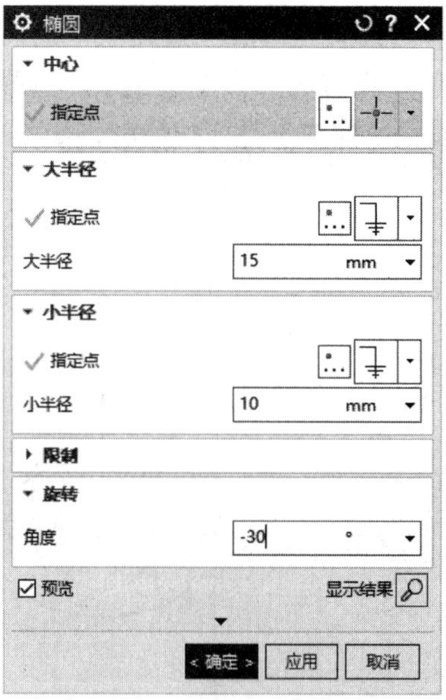

图 3-27 “椭圆”对话框 2

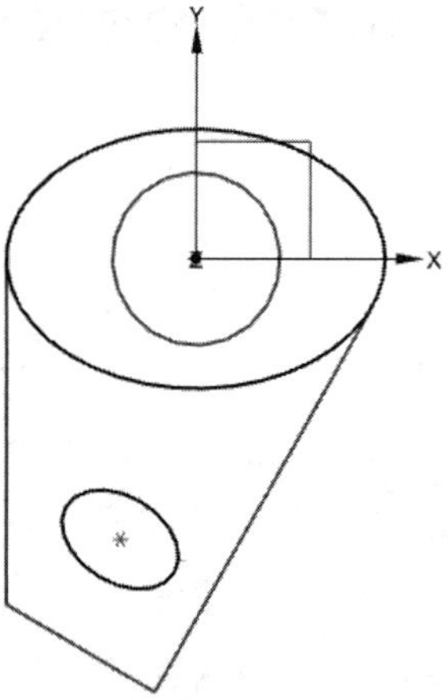

图 3-28 绘制椭圆 2

3.2.3 案例三：不规则体三维框架的构建

3.2.3.1 设计要求

使用“圆弧 / 圆”“矩形”等命令，绘制如图 3-29 所示的不规则体三维框架。

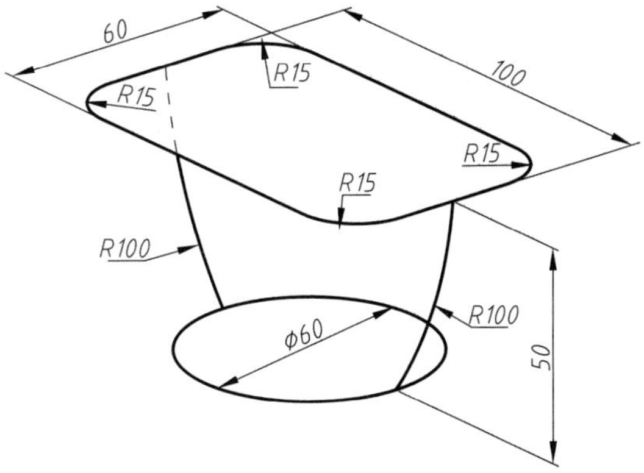

不规则体三维框架的构建

图 3-29　不规则体三维框架

3.2.3.2　设计思路

（1）绘制下表面圆和上表面矩形。

（2）绘制两个圆弧。

3.2.3.3　设计过程

1. 新建文件

参考 3.2.1.3 节，新建文件 3.2.3.prt。

2. 绘制上、下表面

（1）绘制 ϕ60 的圆。选择“菜单”|“插入”|“曲线”|“圆弧 / 圆”命令，弹出“圆弧 / 圆”对话框，如图 3-30 所示，选择“从中心开始的圆弧 / 圆”方式，在“中心点”组中捕捉基准坐标原点，“平面选项”设置为“选择平面”，选择 *XC*–*YC* 平面为绘图平面，“半径”设置为 30，在“限制”组中勾选“整圆”复选框，单击“确定”按钮，绘制的 ϕ60 的下表面圆如图 3-31 所示。

图 3-30　“圆弧 / 圆”对话框

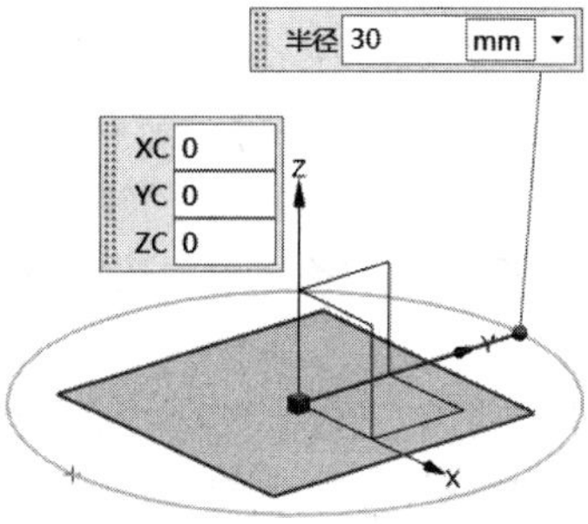

图 3-31　ϕ60 的下表面圆

（2）创建基准平面。选择“菜单”|“插入”|“基准”|“基准平面”命令，弹出“基准平面”对话框，选择“按某一距离”方式，在“平面参考”组中选择 *XY* 平面，“距离”设置为 50，如图 3-32 所示，单击“确定”按钮，完成如图 3-33 所示的基准平面。

图 3-32 “基准平面”对话框

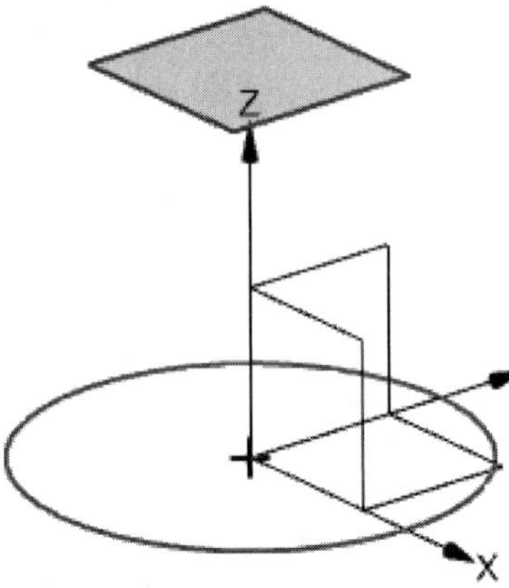

图 3-33 基准平面

（3）绘制 100×60 的上表面矩形。选择“菜单”|“插入”|“草图”命令，选择步骤（2）中创建的基准平面作为草绘平面。选择“主页”选项卡中的“矩形”命令□，参考项目 2，绘制如图 3-34 所示的草图矩形，选择“完成”命令，得到如图 3-35 所示的上表面矩形。

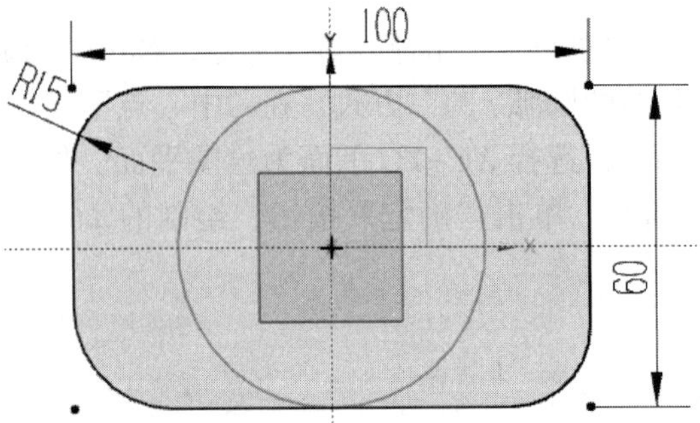

图 3-34 草图矩形

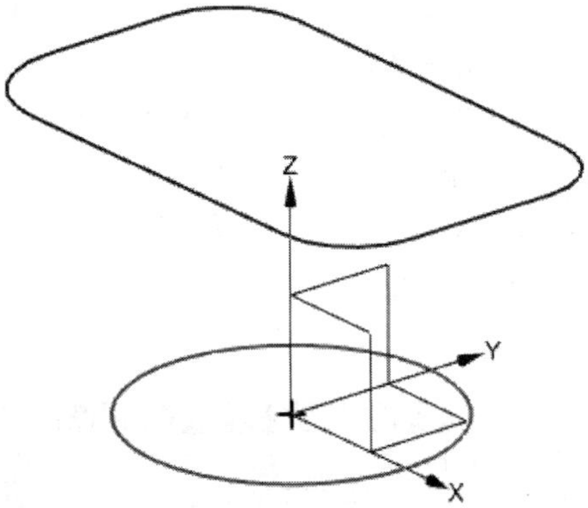

图 3-35 100×60 的上表面矩形

3. 绘制两段圆弧

（1）选择“菜单”|“插入”|“曲线”|“圆弧 / 圆”命令，弹出“圆弧 / 圆”对话框，选择“三点画圆弧”方式，在场景条中打开“中点”和“象限点”开关，在“起点”组中捕捉如图 3-36 所示的“点 1”，在“端点”组中捕捉“点 2”，“平面选项”设置为“选择平面”，选择 *XC-ZC* 平面为绘图平面，“半径”设置为 100，“限制”组中取消勾选“整圆”复选框，单击“补弧”按钮和“备选解”按钮进行调整，以确保得到所需的圆弧，单击“确定”按钮，得到 *R*100 的圆弧。

（2）镜像圆弧。选择“菜单”|“插入”|“派生曲线”|“镜像”命令，弹出“镜像曲线”对话框，在“曲线”组中选择 *R*100 的圆弧，在“镜像平面”组中选择 *ZY* 平面，单击“确定”按钮，得到如图 3-37 所示的镜像圆弧。

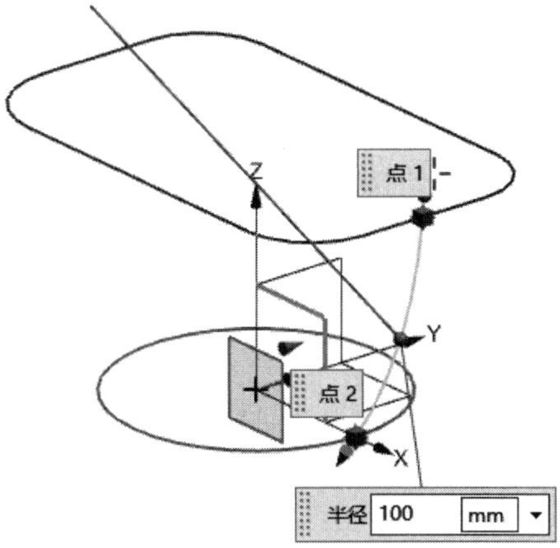

图 3-36　绘制 *R*100 的圆弧

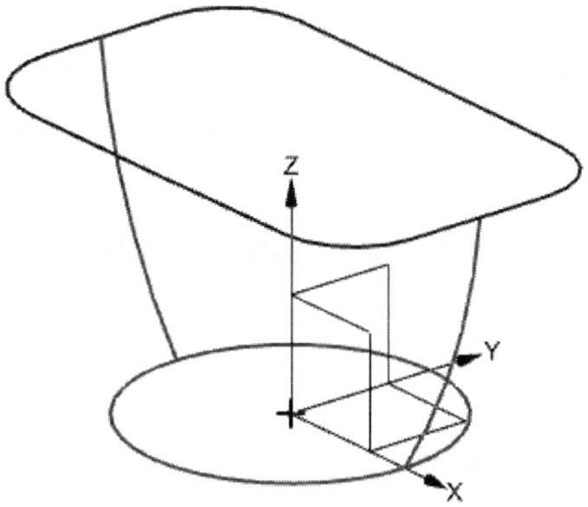

图 3-37　镜像圆弧

（3）保存并退出。

3.2.4　案例四：花瓶三维框架的构建

3.2.4.1　设计要求

使用“圆”“椭圆”“艺术样条”“镜像”命令，绘制如图 3-38 所示的花瓶三维框架。

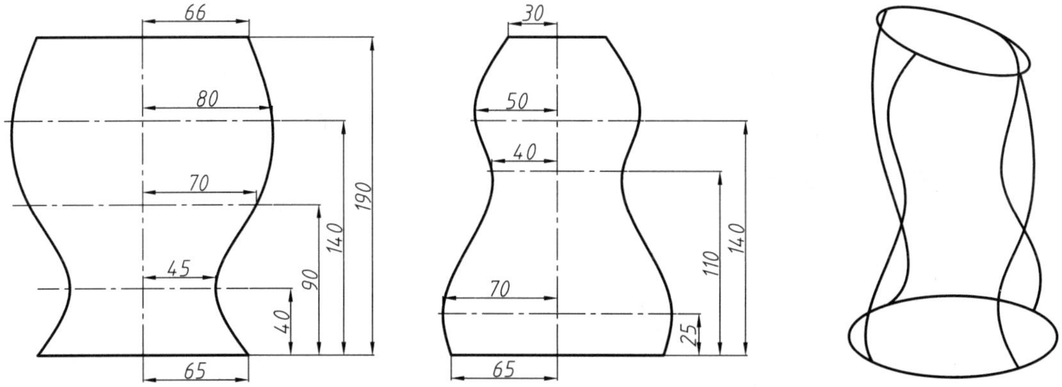

图 3-38　花瓶三维框架

3.2.4.2　设计思路

（1）绘制下、上两个椭圆。

（2）根据象限点及点坐标绘制样条曲线。

（3）镜像曲线。

花瓶三维框架的构建

3.2.4.3　设计过程

1. 新建文件

参考 3.2.1.3 节，新建文件 3.2.4.prt。

2. 绘制圆及椭圆

（1）绘制圆。选择“菜单”|“插入”|“曲线”|“圆弧 / 圆”命令，弹出“圆弧 / 圆”对话框。选择“从中心开始的圆弧 / 圆”方式，在“中心点”组中选择坐标原点，在“支持平面”组中选择 *XC-YC* 平面，“半径”设置为 65，在“限制”组中勾选“整圆”复选框，如图 3-39 所示，单击“确定”按钮，绘制的圆 1 如图 3-40 所示。

图 3-39 “圆弧 / 圆”对话框

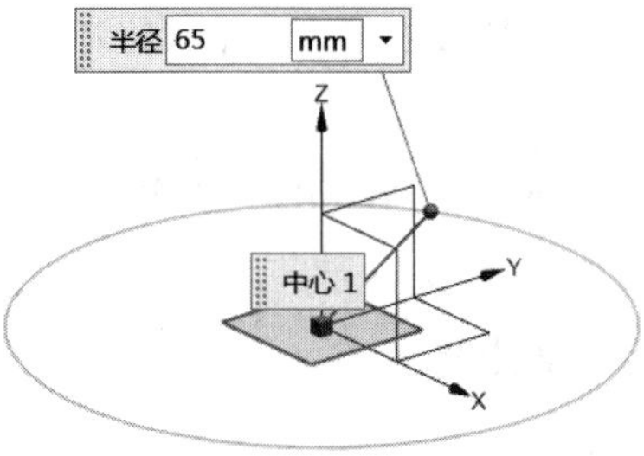

图 3-40 绘制圆 1

（2）创建基准平面。选择“菜单”|“插入”|“基准”|“基准平面”命令，弹出“基准平面”对话框，如图 3-41 所示，选择“按某一距离”方式，在“平面参考”组中选择 *XY* 平面，“距离”设置为 190，单击“确定”按钮，完成如图 3-42 所示的基准平面。

图 3-41 “基准平面”对话框

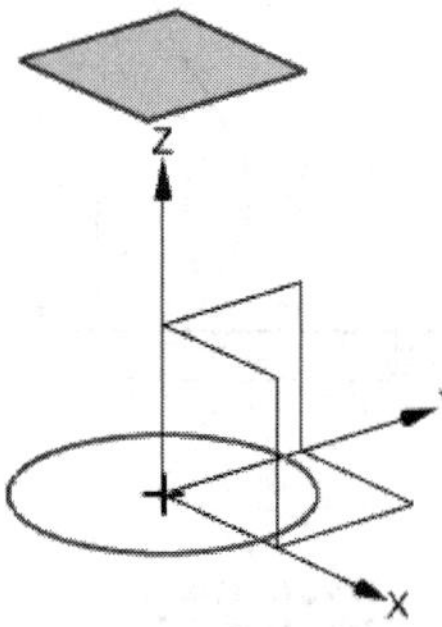

图 3-42 基准平面

（3）绘制椭圆。选择“菜单”|“插入”|“草图”命令，选择步骤（2）中创建的基准平面作为草绘平面。在“主页”选项卡中选择“曲线”|“更多”|“椭圆”命令，弹出“椭圆”对话框，单击“中心”组中的“点对话框”按钮，弹出“点”对话框，输入坐标（0，0，0），单击“确定”按钮，返回“椭圆”对话框，“大半径”设置为 66，“小半径”设置为 30，在“限制”组中勾选“封闭”复选框，其他使用默认值，如图 3-43 所示，单击“确定”按钮，再选择“完成”命令，绘制的椭圆如图 3-44 所示。

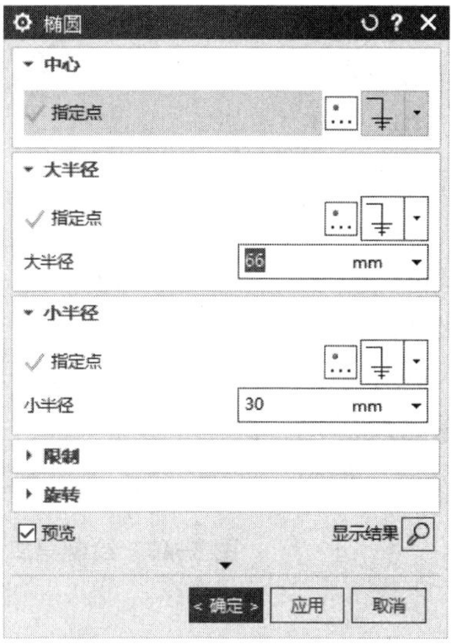

图 3-43　“椭圆”对话框

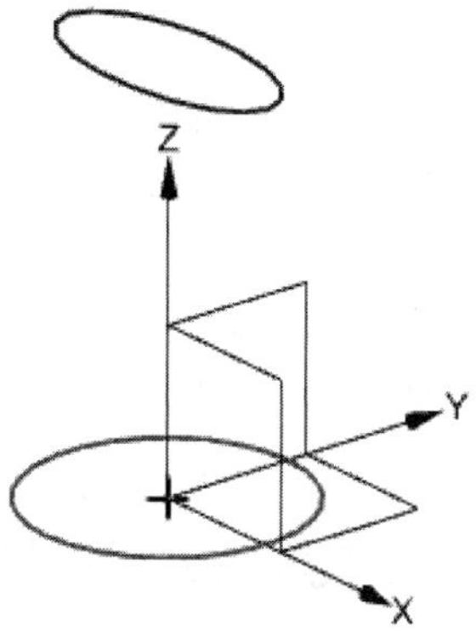

图 3-44　绘制椭圆

3. 绘制四条样条曲线

（1）绘制两条样条曲线。选择“菜单”|“插入”|“曲线”|“艺术样条”命令，弹出“艺术样条”对话框，采用“通过点”的方法，“次数”设置为 3，在“绘图平面”组中选择 *ZC–XC* 平面，如图 3–45 所示，在“点位置”组中，第一点捕捉椭圆右端点，第二点单击“点构造器”按钮，弹出“点”对话框，输入坐标（80，0，140），单击“确定”按钮，用相同的方法设置第三个“点”坐标为（70，0，90），单击“确定”按钮，用相同的方法设置第四个“点”坐标为（45,0,40），第五点捕捉圆的右端点，单击“确定”按钮，得到第一条样条曲线，如图 3–46 所示。

图 3-45　“艺术样条”对话框

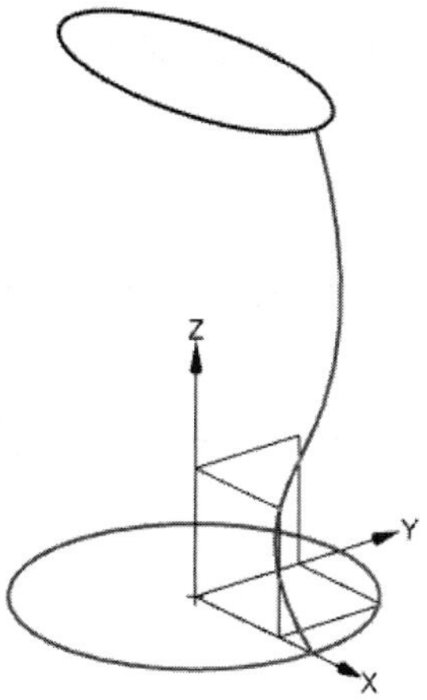

图 3-46　绘制第一条样条曲线

（2）用相同的方法绘制第二条样条曲线，其中在“绘图平面”组中选择 *YC–ZC* 平面，在“点位置”组中第一点捕捉椭圆上端点，中间三点的坐标分别为（0，50，140）、（0，40，110）和（0，70，25），最后一点捕捉圆的上端点，得到第二条样条曲线，如图 3–47 所示。

（3）使用“镜像”命令绘制对称的另外两条样条曲线。选择“菜单”|“插入”|“派生曲线”|“镜像”命令，弹出如图 3–48 所示的“镜像曲线”对话框，单击如图 3–47 所示的样条曲线 1，选择 *YZ* 平面为对称平面，得到第一条镜像曲线。用相同的方法单击样条曲线 2，选择 *XZ* 平面为对称平面，得到第二条镜像曲线，如图 3–49 所示。

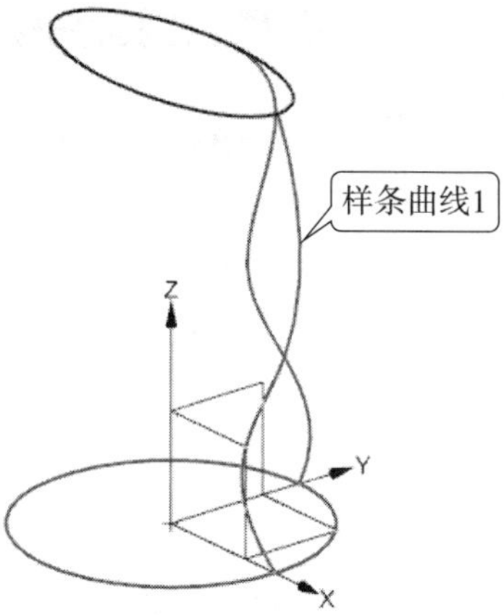

图 3–47　绘制第二条样条曲线

图 3–48　“镜像曲线”对话框

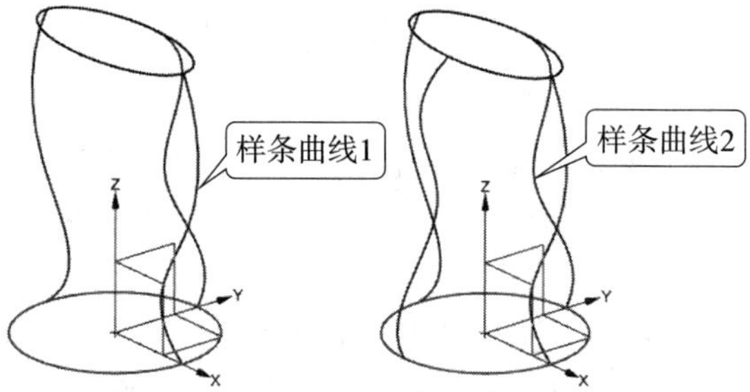

图 3–49　使用“镜像”命令绘制对称的两条曲线

（4）保存并退出。

3.2.5　案例五：鱼缸三维框架的构建

3.2.5.1　设计要求

使用“表达式”“规律曲线”“圆”“艺术样条”“镜像”等命令，绘制如图 3–50 所示的鱼缸三维框架。

图 3–50　鱼缸三维框架

3.2.5.2　设计思路

（1）输入表达式，绘制规律曲线。

（2）绘制 $\phi48$、$\phi30$、$\phi60$ 的圆。

（3）根据交点命令得到样条曲线对应的点，绘制样条曲线，并镜像曲线。

鱼缸三维框架的构建

3.2.5.3　设计过程

1. 新建文件

参考 3.2.1.3 节，新建文件 3.2.5.prt。

2. 绘制规律曲线

（1）输入表达式。选择“菜单”|“工具”|“实用工具”|“表达式”命令，弹出“表达式”对话框，参考图 3-50 中的曲线表达式的前后顺序，分别在“名称”和“公式”文本框中输入表达式，单击“应用”按钮，结果如图 3-51 所示。

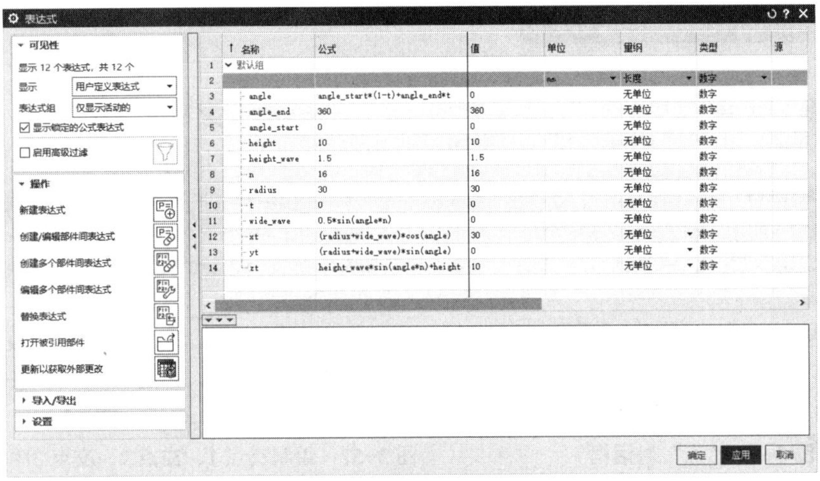

图 3-51　“表达式”对话框

（2）绘制规律曲线。选择“菜单”|“插入”|“曲线”|“规律曲线”命令，弹出“规律曲线”对话框，单击“确定”按钮，得到如图 3-52 所示的规律曲线。

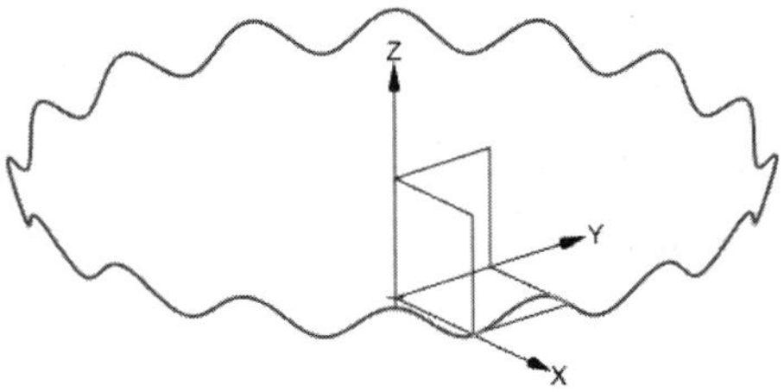

图 3-52　绘制规律曲线

3. 绘制 $\phi48$、$\phi30$、$\phi60$ 的圆

（1）选择“菜单”|“插入”|“曲线”|“圆弧/圆”命令，弹出“圆弧/圆”对话框，选择“从中心开始的圆弧/圆”方式，在“中心点”组中捕捉基准坐标原点，在“支持平面”组中，设置“平面选项”为“选择平面”，选择 *XC-YC* 平面为绘图平面，“半径”设置为 24，在“限制”组中勾选“整圆”复选框，单击“确定”按钮，绘制如图 3-53 所示的 $\phi48$ 的圆。

（2）用同样的方法绘制 $\phi30$、$\phi60$ 的圆。其中 $\phi30$ 圆的“支持平面”选择 *XC-YC* 面并设置“距离”为 −20，$\phi60$ 圆的“支持平面”选择 *XC-YC* 面并设置“距离”为 −8。结果如图 3-54、图 3-55 所示。

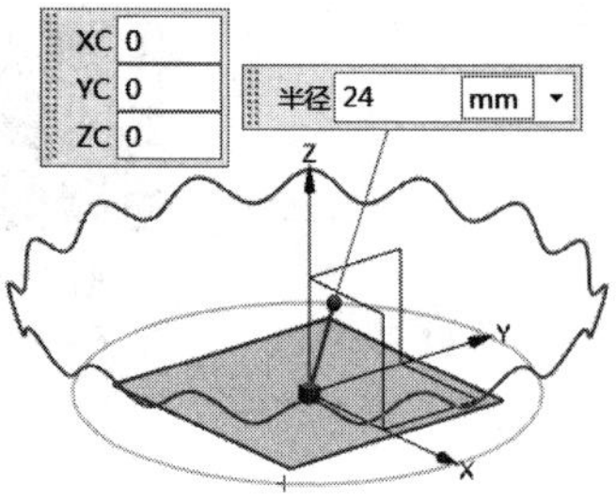

图 3-53 绘制 ϕ48 的圆

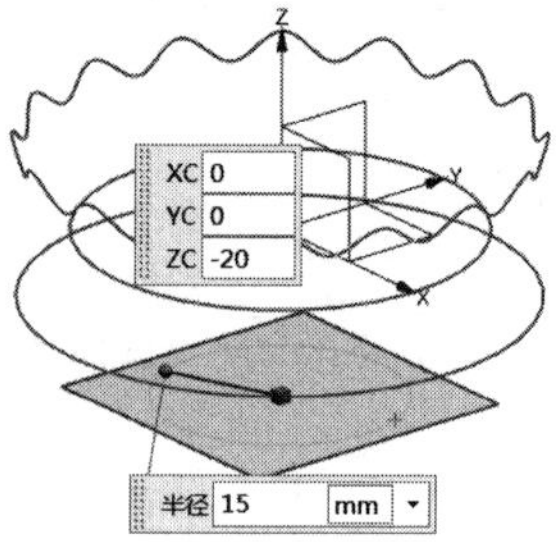

图 3-54 绘制 ϕ30 的圆

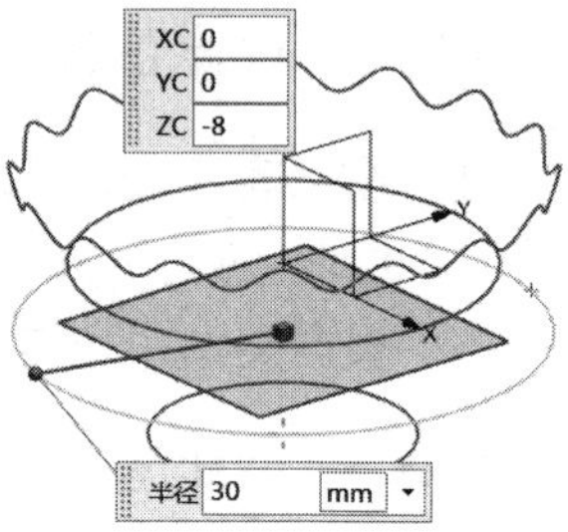

图 3-55 绘制 ϕ60 的圆

4. 绘制样条曲线

（1）绘制样条曲线的通过点。选择“菜单”|“插入”|“基准”|“点”命令，弹出“点”对话框，如图 3-56 所示，选择“交点”方式，在“曲线、曲面或平面”组中选择 *XZ* 平面，在“要相交的曲线”组中选择绘制的规律曲线，单击“应用”按钮，得到交点 1。重复操作，在“要相交的曲线”组中分别选择 ϕ48、ϕ60、ϕ30 的圆，得到交点 2、交点 3、交点 4，如图 3-57 所示。

图 3-56 “点”对话框

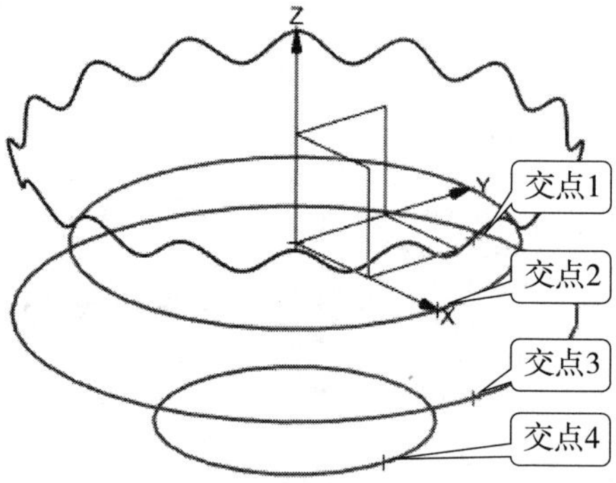

图 3-57 绘制交点 1、交点 2、交点 3 和交点 4

（2）绘制样条曲线。选择“菜单”|“插入”|“曲线”|“艺术样条”命令，采用“通过点”的方法，在“点位置”组中依次选择交点 1、交点 2、交点 3、交点 4，在“绘图平面”组中选择 *ZC*-*XC* 平面，单击“确定”按钮，得到如图 3-58 所示的样条曲线。选择“菜单”|“插入”|“派生曲线”|“镜像”命令，在“曲线”组中选择样条曲线，选择 *YZ* 平面为对称平面，得到镜像曲线，如图 3-59 所示。

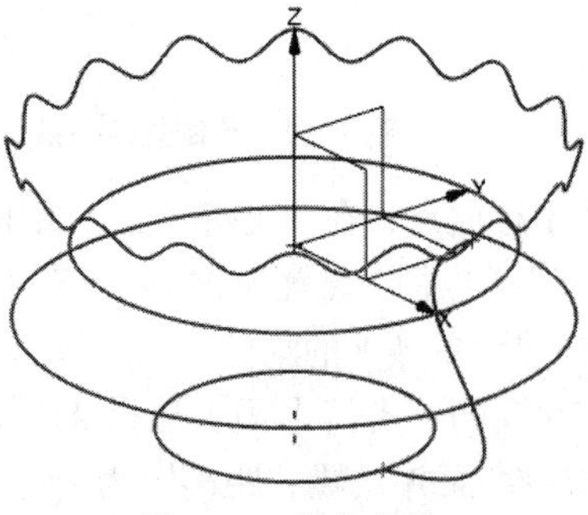

图 3-58 样条曲线

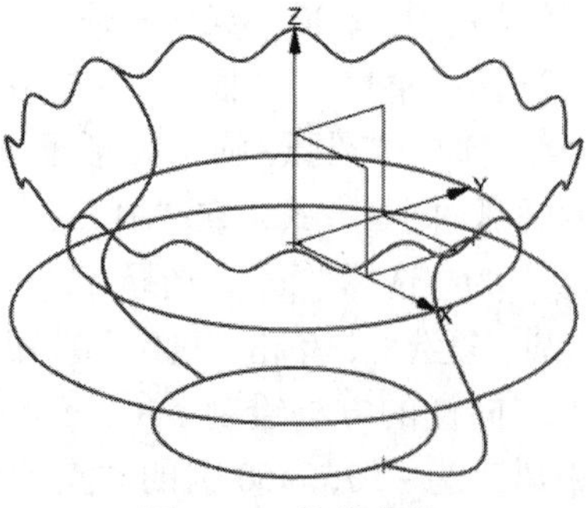

图 3-59 镜像曲线

（3）保存并退出。

3.3　本章小结

本章主要讲述了 NX 建模中有关曲线的命令，包括“直线”、“圆弧 / 圆”和“规律曲线”等命令。通过莲蓬和不规则体三维框架的搭建等案例讲述了曲线的综合应用，为后续学习实体造型和曲面造型打下了基础。通过本章的学习，读者应重点掌握各个曲线生成命令的使用方法，并通过曲线编辑命令对曲线进行编辑。

3.4　思考与练习

1. 思考题

（1）如何定制“曲线”选项卡？

（2）“直线”命令与“直线和圆弧”命令的区别是什么？

（3）在应用“缠绕 / 展开曲线”命令时，其对话框中的“平面”指的是什么？

2. 练习题

绘制如图 3-60 ～图 3-66 所示的三维框架。

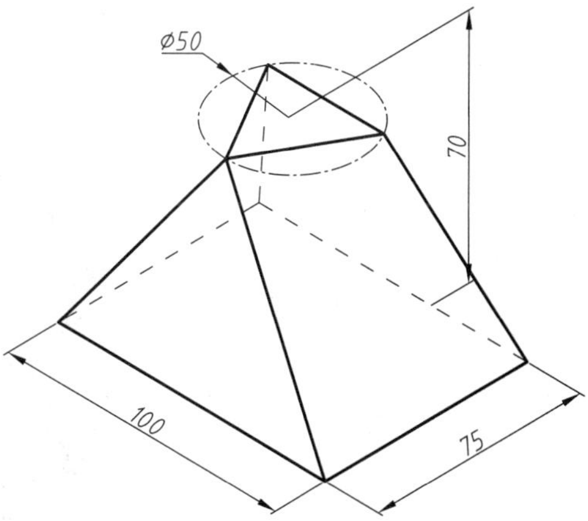

图 3-60　练习题 1

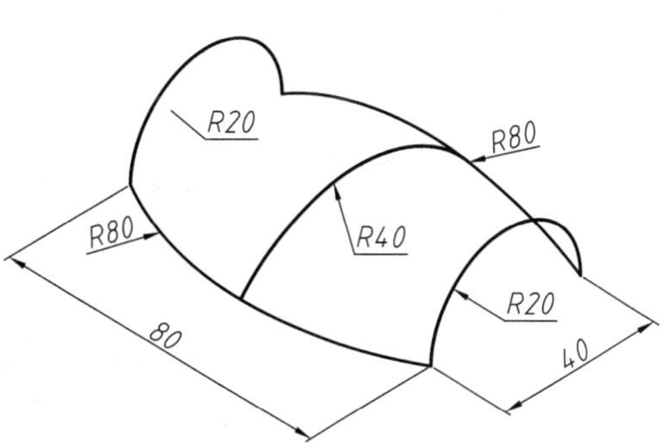

图 3-61　练习题 2

练习题 1

练习题 2

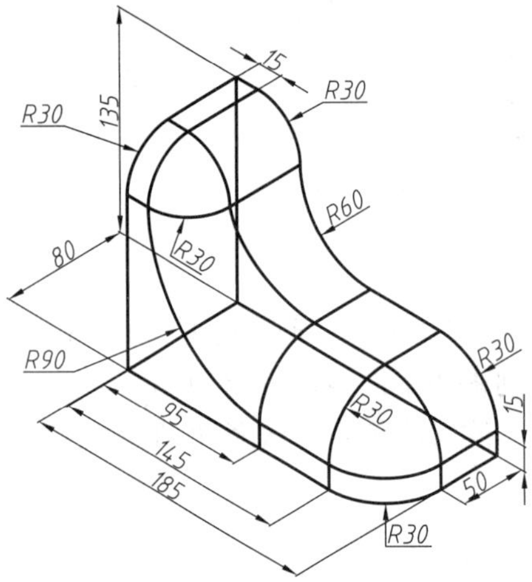

图 3-62　练习题 3

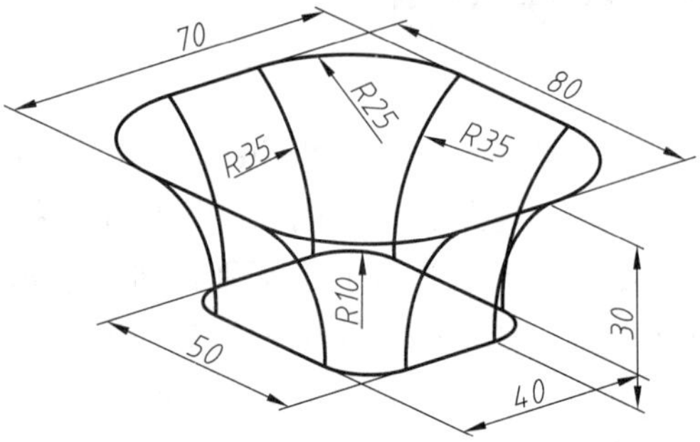

图 3-63　练习题 4

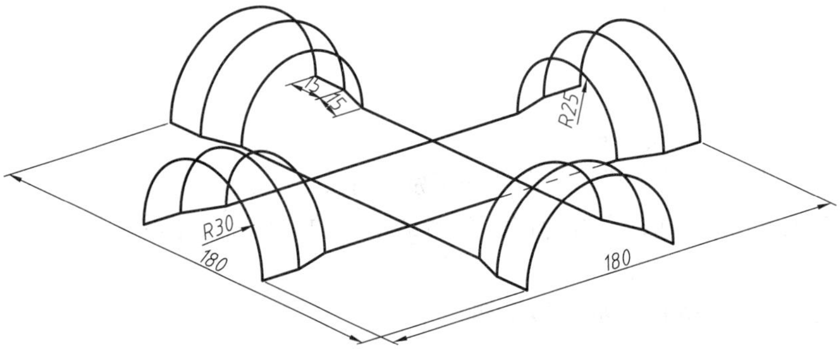

图 3-64　练习题 5

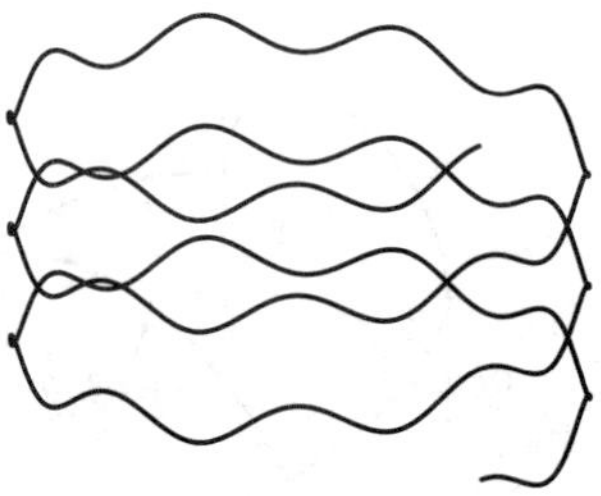

碟形弹簧 半径$r=15$，螺距$p=6$，圈数$n=3$
UG表达式：
r=15
p=6
n=3
t=0
theta=t×360
xt=r×cos(theta×n)
yt=r×sin(theta×n)
zt=cos(theta×n^3)+p×n×t

图 3-65　练习题 6

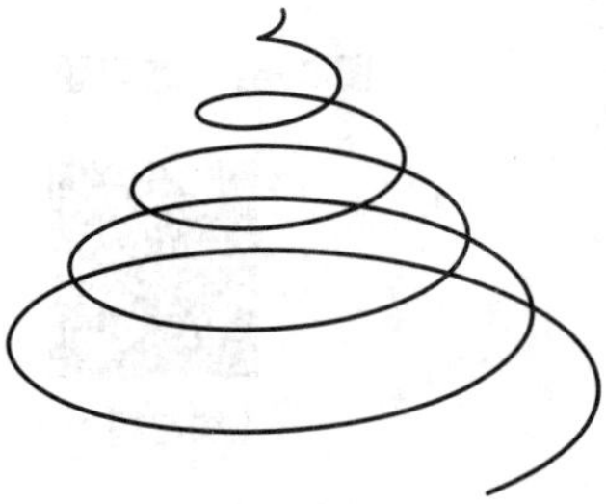

圆锥螺旋线底圆半径$r=20$，螺距$p=5$，圈数$n=5$
UG表达式：
r=20×(1-t)
p=5
n=5
theta=t×360
xt=r×cos(theta×n)
yt=r×sin(theta×n)
zt=p×n×t

图 3-66　练习题 7

练习题 3

练习题 4

练习题 5

练习题 6

练习题 7

项目 4

学会实体建模及特征编辑

【项目案例】

（1）了解实体的三维建模过程。

（2）掌握设计特征、细节特征等典型命令。

我国古代齿轮的应用

【能力目标】

（1）能正确使用基准工具建立基准轴、基准平面、基准坐标系。

（2）能熟练应用设计特征、编辑特征中的相关命令进行三维建模。

【项目案例】

5 个实体建模案例。

NX 软件的实体建模功能十分强大，继承了传统意义上的线、面、体造型的特点，能够迅速地创建二维和三维模型，并且无论是概念设计还是详细设计中都可以灵活运用实体建模功能。实体建模工具是 NX 软件的核心，其采用基于特征和约束的建模方法，功能强大、操作简便，并具有交互创建和编辑复杂三维模型的能力。通过本章的学习，读者可熟练掌握特征建模的方法，并且能够快速进行概念设计和详细设计。

4.1 任务一：掌握实体建模基本知识

实体建模具有如下特点。

（1）NX 软件可以利用草图工具创建二维截面的轮廓曲线，然后通过拉伸、旋转或者扫掠等操作得到实体。这样得到的实体具有参数化设计的特点，一旦改变二维草图中的轮廓曲线，实体特征会自动更新。

（2）特征建模提供了很多标准设计特征的数据库，如长方体、圆柱体、圆锥体、球体、管体、孔、圆形凸台、型腔、凸垫和键槽等，建立这些标准设计特征时，输入标准设计特征的参数即可得到模型，方便快捷，从而提高了建模速度。

（3）在 NX 软件中建立的模型可以直接应用到 NX 软件的二维工程图、装配、加工、机构分析和有限元分析中，并保持关联性。例如，在工程图上，利用草图中的相应选项，可从三维模型中提取尺寸、公差等信息标注在工程图上，当编辑三维模型时，工程图尺寸会自动更新。

（4）NX 软件提供了特征操作和特征修改功能，可以对三维模型进行各种操作，如倒角、抽壳、创建螺纹、比例缩放、剪裁和分割等，从而简化了实体特征的建模过程。

（5）NX 软件可以对创建的三维模型进行渲染和修饰，如着色和消隐，方便用户观察模型。此外，还可以从实体特征中提取几何特性和物理特性，用于几何计算和物理特性分析。

4.1.1 设计特征

特征命令包括“基准工具”“设计特征”“细节特征”“关联复制”“编辑特征”等，它们都集成在建模模块的“主页”选项卡的“构造”和“基本”组中，如图 4-1 所示，有些命令没有显示出来，可以通过“定制”让它们显示出来。选择“菜单”|“插入”|“设计特征”命令，该菜单中命令的具体说明如表 4-1 所示。

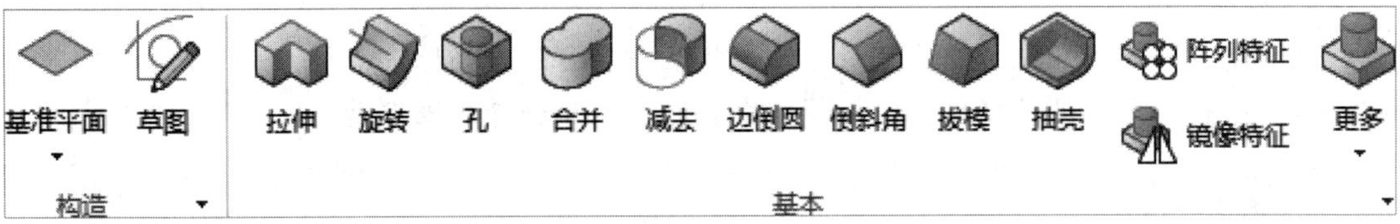

图 4-1 特征命令

表 4-1 “设计特征”菜单中命令的具体说明

图标	命令	说明
	拉伸	创建实体或片体，方法是选择曲线、边、面、草图或曲线特征的一部分并将它们延伸一段线性距离
	旋转	绕轴旋转截面曲线来创建圆形或部分圆形特征
	块	创建基本块实体，块与其定位对象相关联
	圆柱	创建基本圆柱形实体，圆柱体与其定位对象相关联
	圆锥	创建基本圆锥形实体，圆锥体与其定位对象相关联
	球	创建基本球形实体，球体与其定位对象相关联
	隐式建模	隐式建模模块提供了一组命令，可使用隐式表示来创建模型

续表

图标	命令	说明
	孔	在部件或装配中添加孔特征
	凸起	在现有实体上创建凸起
	偏置凸起	在片体曲面上生成相对简单的线性凸起
	槽	在实体上创建一个槽
	筋板	通过拉伸相交的平截面将薄壁筋板或筋板网格添加到实体中
	轮廓筋板	拉伸垂直于一个或多个面的一组曲线或边
	螺纹	在圆柱面上创建符号螺纹或详细螺纹

4.1.2　细节特征

选择“菜单”|“插入”|“细节特征”命令，该菜单中命令的具体说明如表 4-2 所示。

表 4-2　“细节特征”菜单中命令的具体说明

图标	名称	说明
	边倒圆	在两个面之间对边倒圆
	面倒圆	在两组或三组面之间添加相切和曲率连续的圆角面
	样式倒圆	对片体和实体中的面链倒圆
	美学面倒圆	创建引人注目的圆角，同时保持曲面的工程要求和约束
	桥接曲面	创建片体以连接两个面
	倒圆拐角	在倒圆面或近似倒圆面结合或交互的位置轻松创建高质量的替换曲面
	样式拐角	在三个相交曲面与一个或多个基本面的投影相交处创建质量一流的拐角
	倒斜角	斜接一个或多个体的边
	拔模	通过更改相对于脱模方向的角度来修改面
	拔模体	将拔模添加到分型面的两侧并使之匹配，并使用材料填充底切区域

4.1.3 基准工具

选择“菜单”|“插入”|“基准”命令，该菜单中命令的具体说明如表 4-3 所示。

表 4-3 “基准”菜单中命令的具体说明

图标	命令	说明
	基准平面	创建平面参考特征
	基准轴	定义线性参考对象
	基准坐标系	创建包含一组参考对象的坐标系
	点	创建点对象
	点集	创建一组对应于现有几何体的点
	基准平面栅格	将栅格直接放置在基准平面上或基准坐标系的平面上
	光栅图像	可将光栅图像以 TIFF、JPEG 或 PNG 格式导入 NX 软件

4.1.4 编辑特征工具

选择“菜单”|“编辑”|“特征”命令，该菜单中部分命令的具体说明如表 4-4 所示。

表 4-4 “特征”菜单中部分命令的具体说明

图标	命令	说明
	编辑参数	通过编辑参数对模型中的特征作出更改
	编辑位置	通过编辑特征的定位尺寸来移动特征
	移动	将非关联的特征移到新位置

4.2 任务二：创建基准特征

项目 3 介绍的曲线相对简单，是在系统默认的基准平面和基准轴中绘制的。若要创建较复杂的三维模型，仅依靠系统提供的基准平面和基准轴是不够的，用户还需要根据实际情况构建新的基准平面和基准轴。下面就介绍如何创建基准平面、基准轴及基准坐标系。

4.2.1　基准平面

选择“构造”组中的“基准平面”命令或者选择“菜单”|“插入”|“基准”|“基准平面”命令，弹出“基准平面”对话框，如图 4-2 所示。“基准平面”对话框中提供了 15 种创建基准平面的方式，如图 4-3 所示。

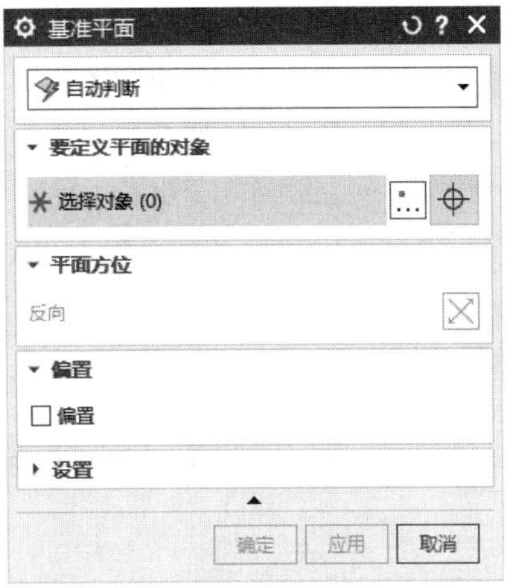

图 4-2　“基准平面”对话框 1

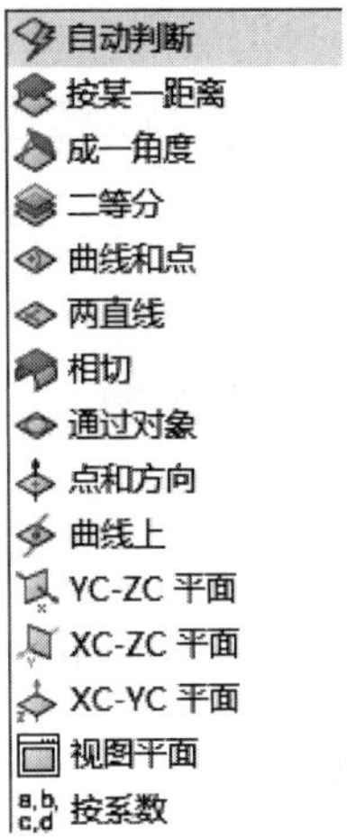

图 4-3　“基准平面”类型的下拉列表

【例 4-1】　在长方体上利用“点和方向”方式创建基准平面。

设计思路：通过选择一个参考点和一个参考矢量，创建通过该点并垂直于所选矢量的基准平面。

选择“插入”|“基准”|“基准平面”命令，弹出如图 4-4 所示的“基准平面”对话框，选择“点和方向”方式，NX 绘图窗口左下角的提示栏提示选择点。

选择长方体的一条边的中点作为参考点，长方体将变成如图 4-5 (a) 所示的状态。

接受系统自动生成的矢量方向，单击“确定”或“应用”按钮，创建经过该边中点且与该边垂直的基准平面，结果如图 4-5 (b) 所示。

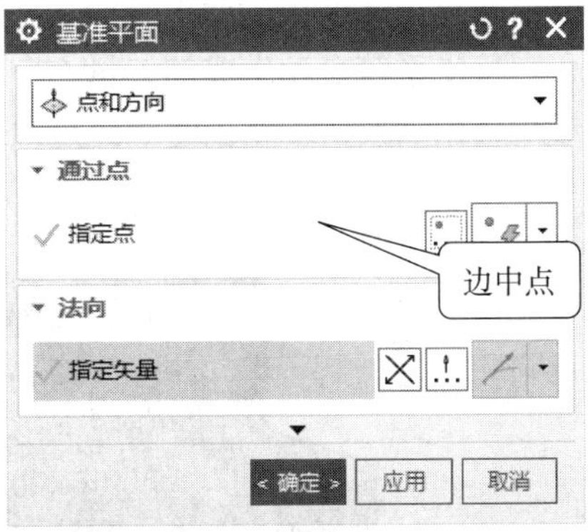

图 4-4　“基准平面”对话框 2

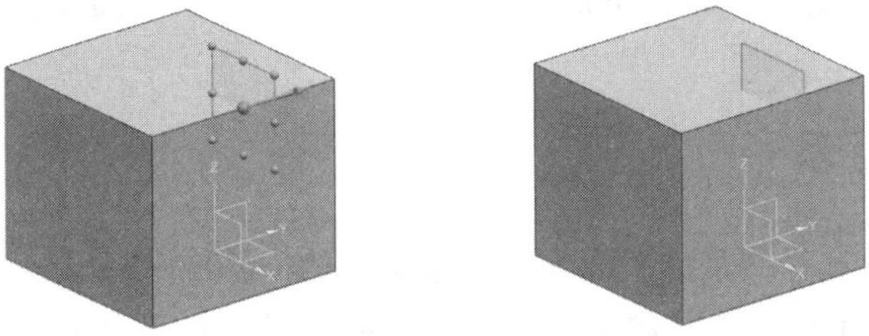

(a)　　(b)

图 4-5　在长方体上创建基准平面

4.2.2 基准轴

在“构造”组中选择“基准平面”下拉菜单中的“基准轴”命令或者选择“插入”|“基准”|“基准轴”命令，弹出如图 4-6 的“基准轴”对话框。在该对话框中选择“自动判断”方式，弹出如图 4-7 所示的下拉列表，其中提供了 9 种创建基准平面的方式，即“自动判断”“交点”“曲线 / 面轴”“曲线上矢量”“点和方向”“两点”等。

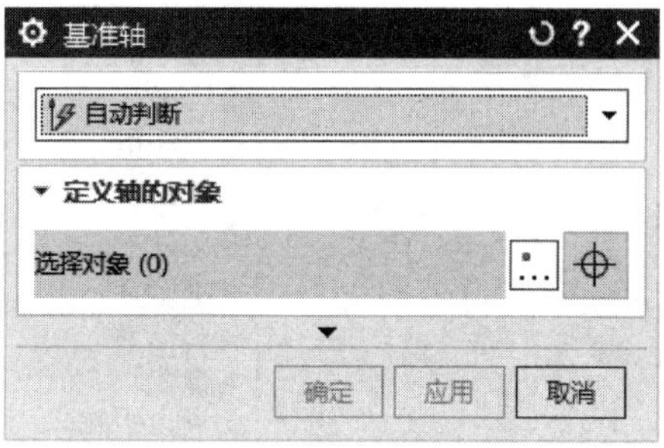

图 4-6 “基准轴”对话框

图 4-7 “基准轴”类型的下拉列表

【例 4-2】 利用“交点”方式创建基准轴。

选择“插入”|“基准”|“基准轴”命令，在如图 4-6 所示的“基准轴”对话框中选择“交点”方式，NX 绘图窗口左下角的提示栏提示选择点。

选择图 4-8 中的面 1 和面 2 作为参考对象。

接受系统自动生成的矢量方向，也可以单击“反向”按钮改变轴的方向，单击“确定”或“应用”按钮，就创建了经过两个面的交点的基准轴，结果如图 4-9 所示。

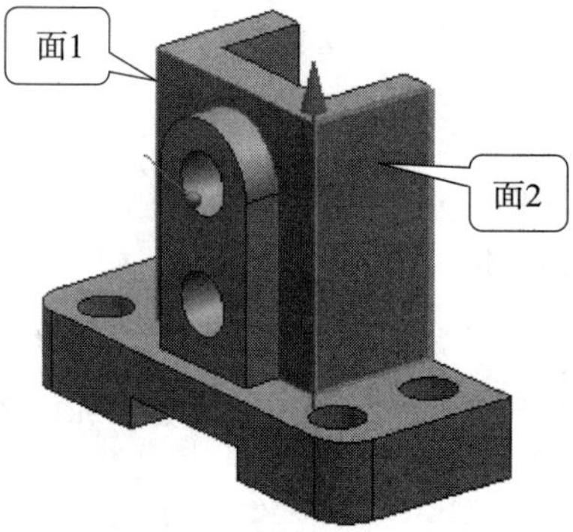

图 4-8 选择立体的两个面

图 4-9 在立体上创建基准轴

4.2.3 基准坐标系

在“构造”组中选择“基准平面”下拉菜单中的“基准坐标系”命令或者选择“插入”|“基准”|“基准坐标系”命令，弹出如图 4-10 所示的“基准坐标系”对话框。该对话框中提供了多种创建基准坐标系的方式，即“自动判断”“原点，X 点，Y 点”“三平面”“X 轴，Y 轴，原点”等，如图 4-11 所示，利用该对话框可构造基准坐标系。

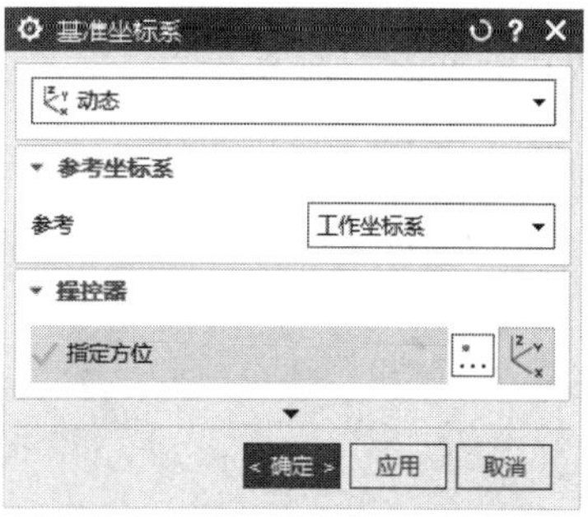

图 4-10　“基准坐标系”对话框

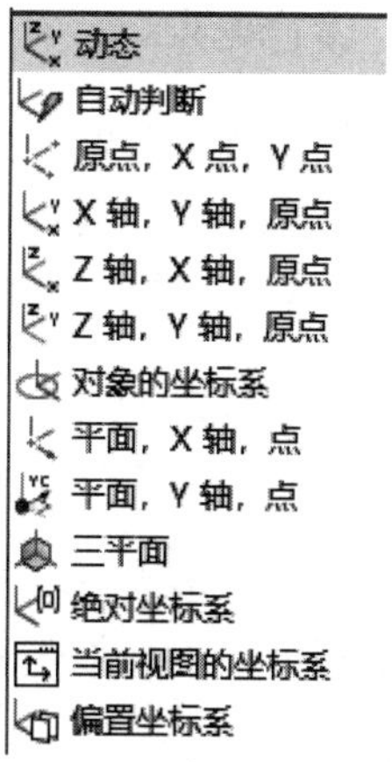

图 4-11　“基准坐标系”类型的下拉列表

4.3　项目案例：学习相关实体建模工具

为了更好地掌握实体建模的方法，本节将通过一些案例来讲解如何建立三维模型。实体建模的基本思路为先绘制草图，然后根据已有的曲线添加特征，并对特征执行相关操作。

4.3.1　案例一：止挡块设计

绘制如图 4-12 所示止挡块的三维模型。

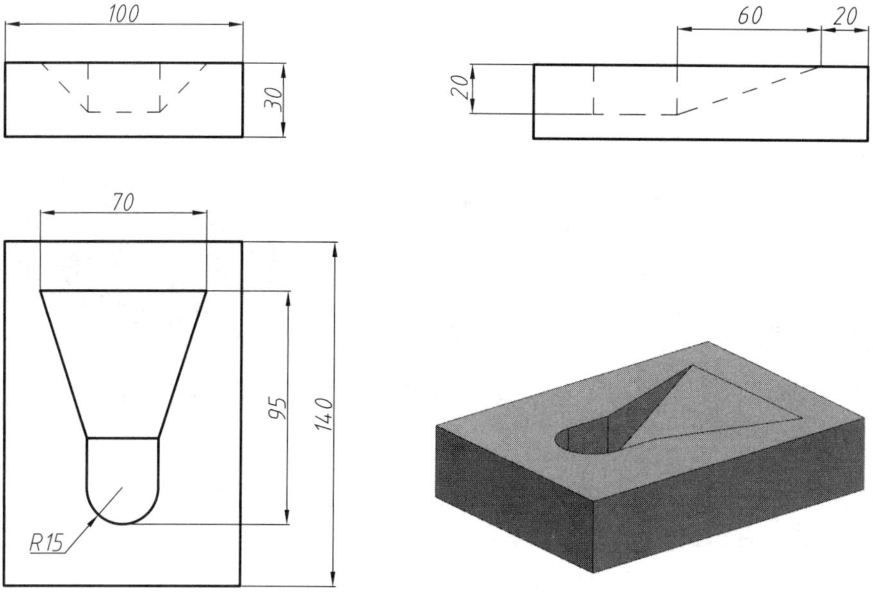

图 4-12　止挡块

止挡块设计

4.3.1. 设计要求

此止挡块三维模型可分为三部分：长方体基本体、等腰梯形去除部分和半圆去除部分。绘制该模型的难点在于等腰梯形去除部分的下部是一个斜面，可利用“基准平面”命令先创建这样一个斜面。本案例主要用到“块”“拉伸”“基准平面”命令。

4.3.1.2 设计思路

（1）创建长方体。

（2）利用草图绘制去除部分的图形。

（3）对草图不同区域进行拉伸和切除。

4.3.1.3 设计过程

1. 新建文件

在 NX 启动界面的“主页”选项卡中，选择“新建”命令，或选择“文件”|“新建”命令，或者按 Ctrl+N 快捷键，弹出“新建”对话框，输入文件名 4.3.1.prt 并指定一个保存路径。

2. 绘制长方体

选择“菜单”|“插入”|“设计特征”|“块”命令，在弹出的“块”对话框中设置“长度”“宽度”“高度”分别为 100、140、30，如图 4–13 所示，在“原点”组中，单击“点对话框”按钮，在弹出的“点”对话框中，输入坐标（–50，0，0），如图 4–14 所示，单击“确定”按钮，创建如图 4–15 所示的长方体。

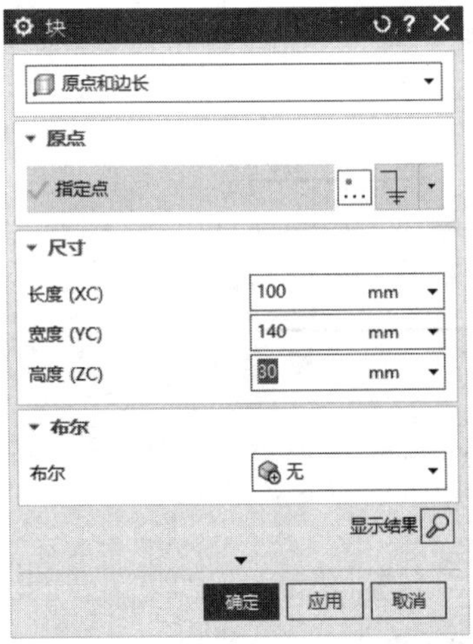

图 4–13 “块”对话框

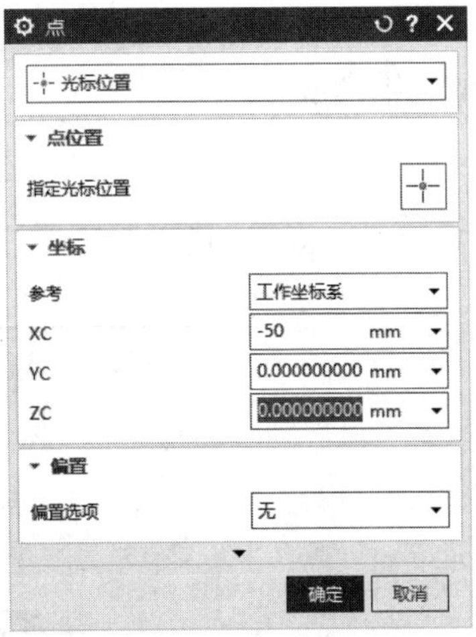

图 4–14 “点”对话框

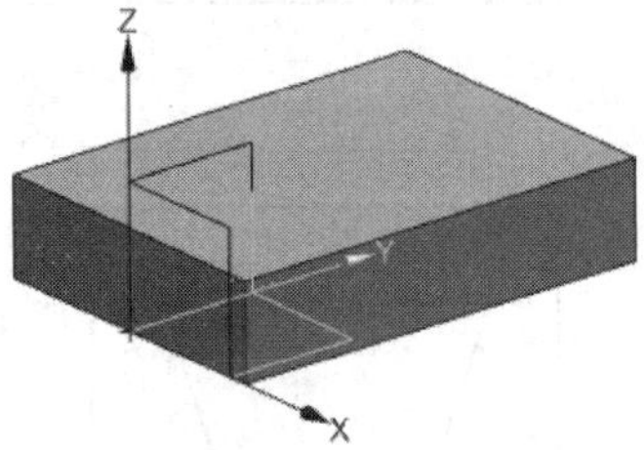

图 4–15 创建 100×140×30 的长方体

3. 创建顶部凹槽

（1）选择长方体的上表面作为草图平面，定义短边中点为草图原点，如图 4–16 所示。参考项目 2，绘制如图 4–17 所示的草图。

（2）选择“菜单”|“插入”|“设计特征”|“拉伸”命令，弹出“拉伸”对话框，如图 4–18 所示。选择如图 4–19 所示的 4 条曲线为拉伸的“截面”，在“方向”组中选择“–ZC

轴”，将起始“距离”设置为 0，将结束“距离”设置为 20，单击“确定”按钮，完成半圆立体的拉伸，如图 4-20 所示。

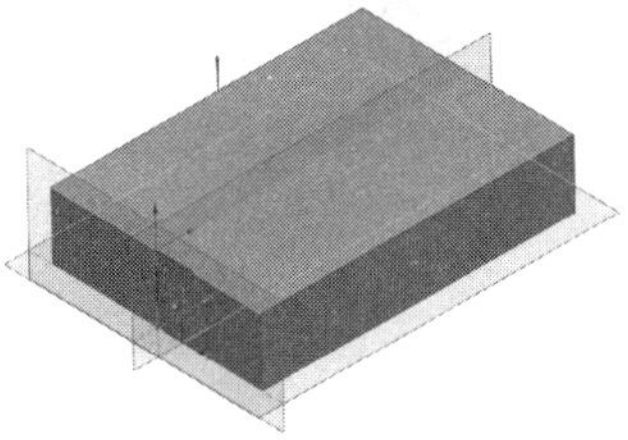

图 4-16　选择上表面为草图平面

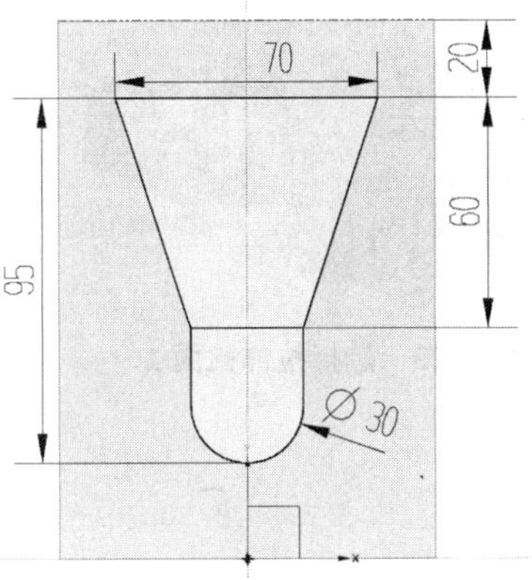

图 4-17　草图

图 4-18　“拉伸”对话框 1

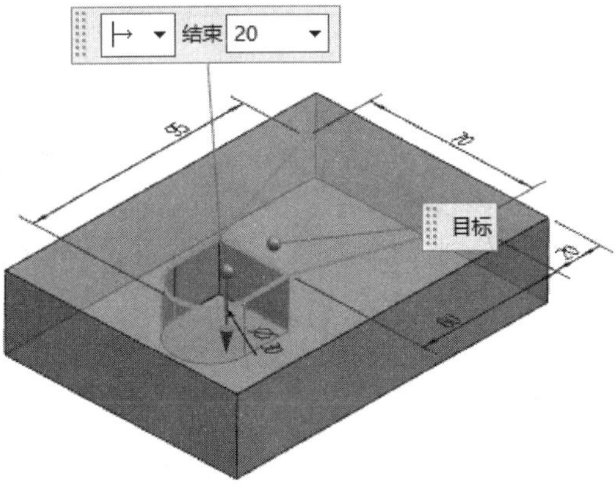

图 4-19　选择拉伸截面 1

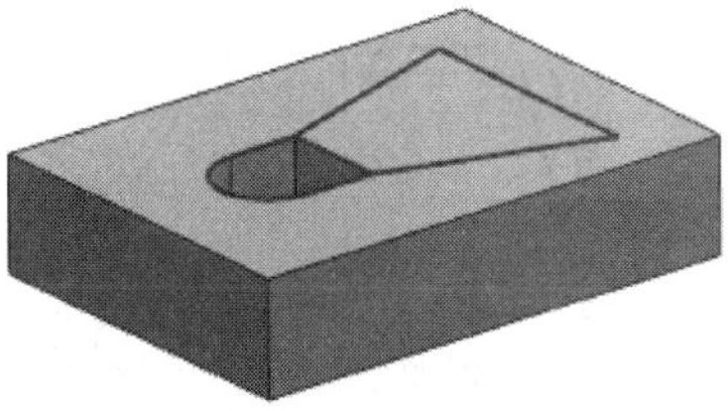

图 4-20　完成半圆立体的拉伸

（3）选择“菜单”|“插入”|“基准”|“基准平面”命令，弹出“基准平面”对话框，选择边 1 和边 2，创建如图 4-21 所示的基准平面。

（4）选择“菜单”|“插入”|“设计特征”|“拉伸”命令，弹出“拉伸”对话框，如图 4-22 所示。选择如图 4-23 所示的梯形为拉伸的“截面”，在“方向”组中选择“-ZC 轴”，将起始“距离”设置为 0，将“终止”选项设置为“直至选定”并选择图 4-21 中的基准平面，单击“确定”按钮，完成梯形立体的拉伸，如图 4-24 所示。

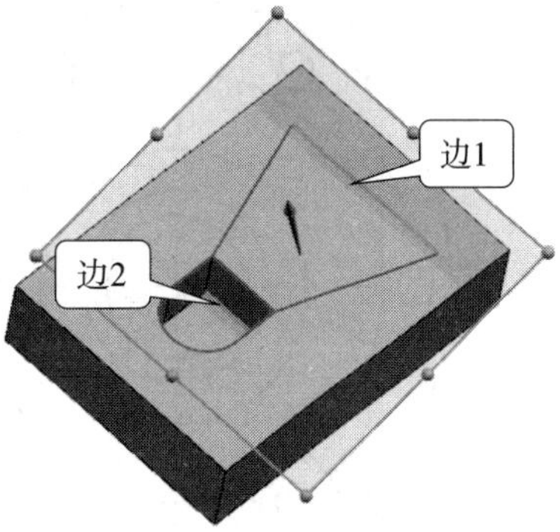

图 4-21　创建基准平面

图 4-22 “拉伸”对话框 2

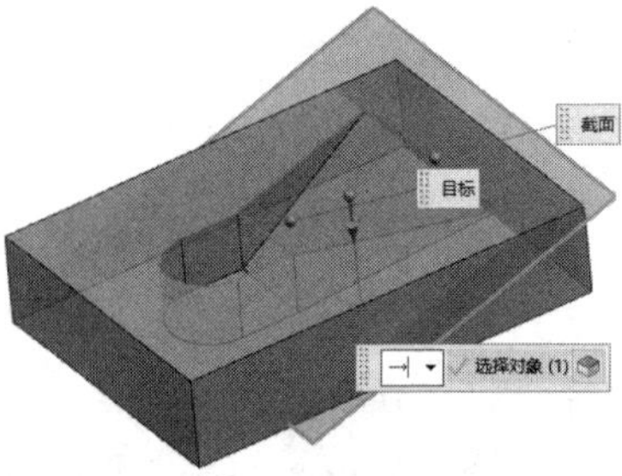

图 4-23 选择拉伸截面 2

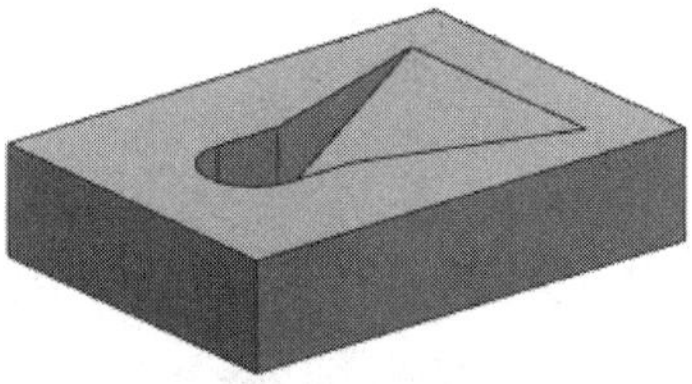

图 4-24 完成梯形立体的拉伸

（5）保存文件并退出。

4.3.2 案例二：阀门外壳设计

绘制如图 4-25 所示阀门外壳的三维模型。

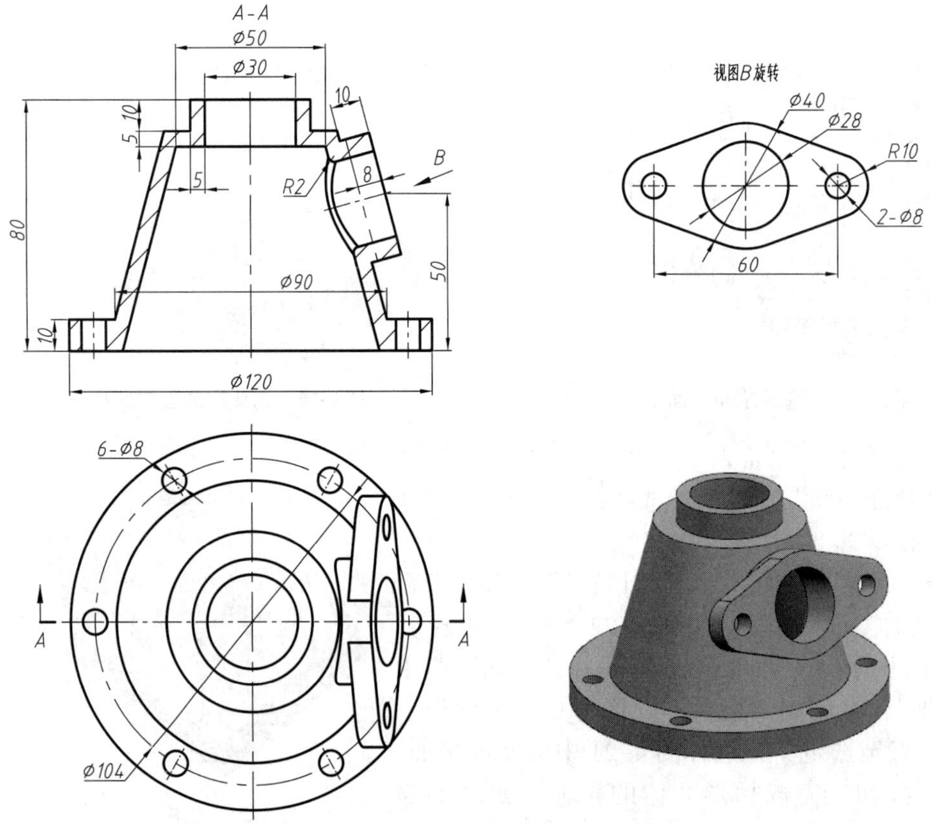

阀门外壳设计

图 4-25 阀门外壳

4.3.2.1　设计要求

该三维模型可分解为两部分：主体部分和法兰部分。主体部分可用“旋转”命令完成，法兰部分可用“拉伸”命令完成。绘制该模型的难点在于确定法兰部分的草图所在平面，建模中还用到了“孔”命令。

4.3.2.2　设计思路

（1）创建主体部分。

（2）创建法兰部分。

（3）设计安装孔。

（4）修饰细节。

4.3.2.3　设计过程

1. 新建文件

参考 4.3.1.3 节，新建文件 4.3.2.prt。

2. 创建主体部分

（1）选择 *XZ* 平面作为草绘平面，绘制如图 4–26 所示的草图。

（2）选择“菜单”|“插入”|“设计特征”|“旋转”命令，弹出“旋转”对话框，如图 4–27 所示。选择图 4–26 的草图为旋转的“截面”，将“轴”组中的“指定矢量”设置为“Z 轴”，起始“角度”设置为 0°，结束“角度”设置为 360°，单击“确定”按钮，旋转结果如图 4–28 所示。

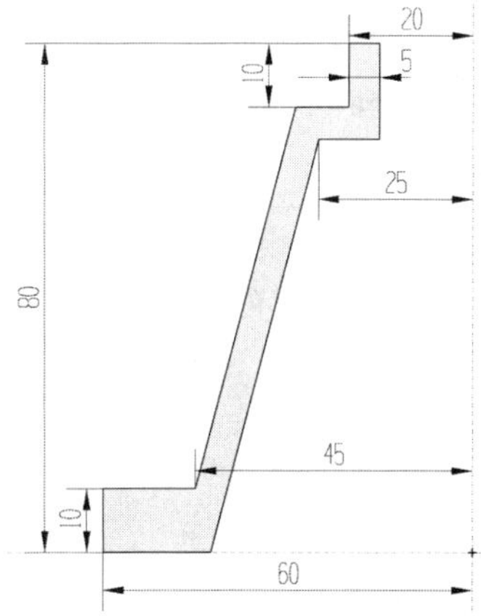

图 4–26　草图

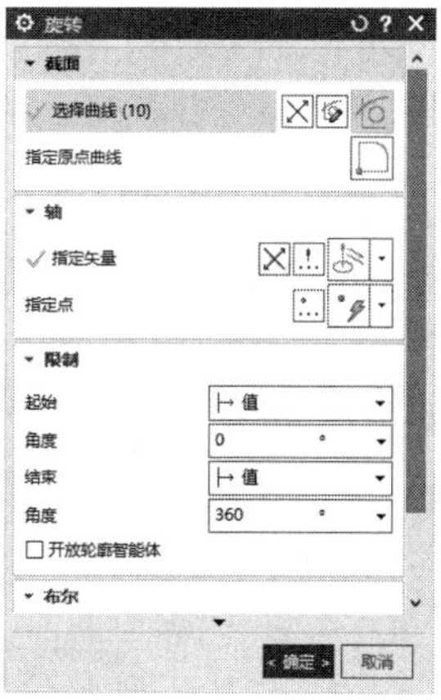

图 4–27　“旋转”对话框

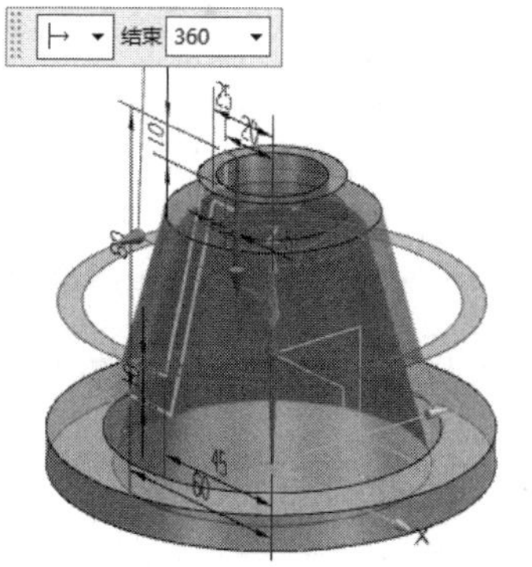

图 4–28　旋转结果

3. 创建法兰

（1）选择 *XZ* 平面作为草绘平面，在“草图”模块的“主页”选择卡的“包含”组中，选择“更多”|“相交曲线”命令，创建直线 1，使用“直线”命令绘制直线 2，并标注尺寸，如图 4–29 所示。

（2）选择“草图”命令，弹出“创建草图”对话框，如图 4–30 所示，使用“基于路径”方式，在“路径”组中选择距离尺寸为 10 的直线，“弧长百分比”设置为 0。“选择水平参考”设置为 *Y* 轴，如图 4-31 所示，单击“确定”按钮，绘制如图 4-32 所示的法兰草图。

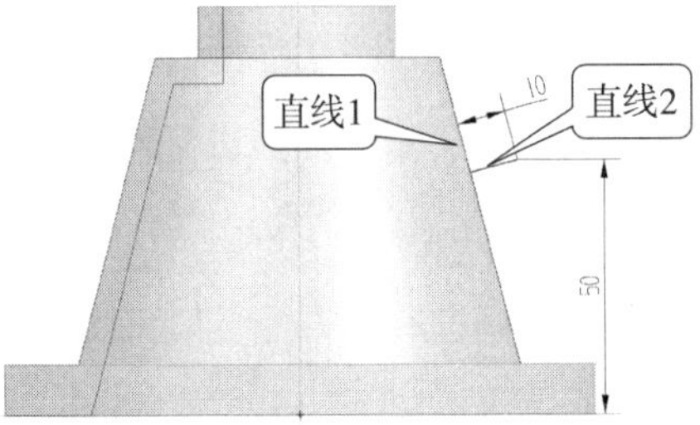

图 4-29　绘制草图

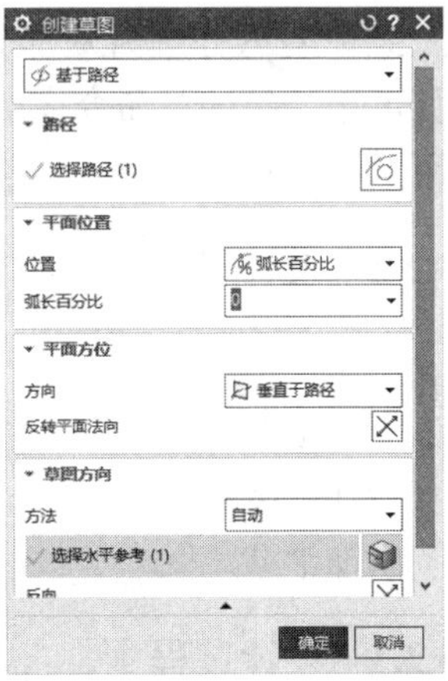

图 4-30　“创建草图”对话框

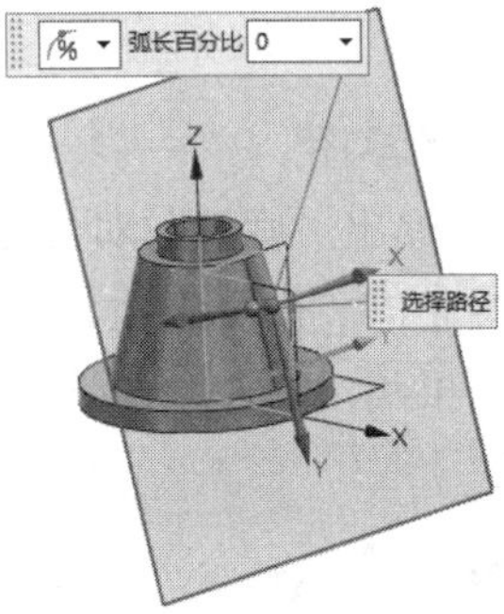

图 4-31　“基于路径”绘制草图

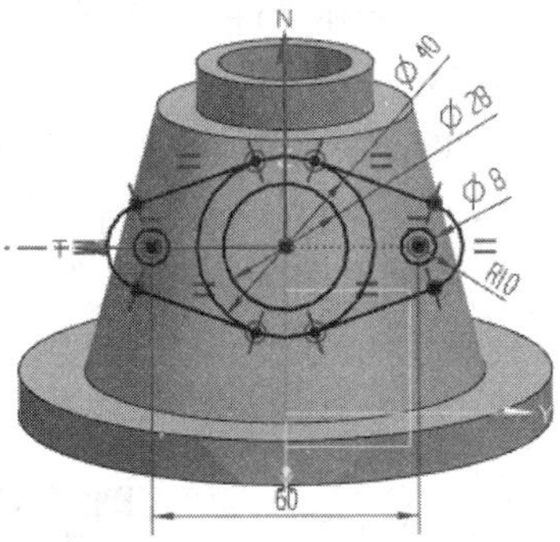

图 4-32　绘制法兰草图

（3）选择“菜单”|“插入”|“设计特征”|“拉伸”命令，弹出“拉伸”对话框，如图 4-33 所示，在“截面”组中选择 $\phi 28$ 与 $\phi 40$ 的圆，“方向”组采用系统默认设置，在“限制”组中，起始“距离”设置为 0，“结束”设置为“直至下一个”，“布尔”设置为“合并”，单击“确定”按钮，圆柱体的拉伸结果如图 4-34 所示。

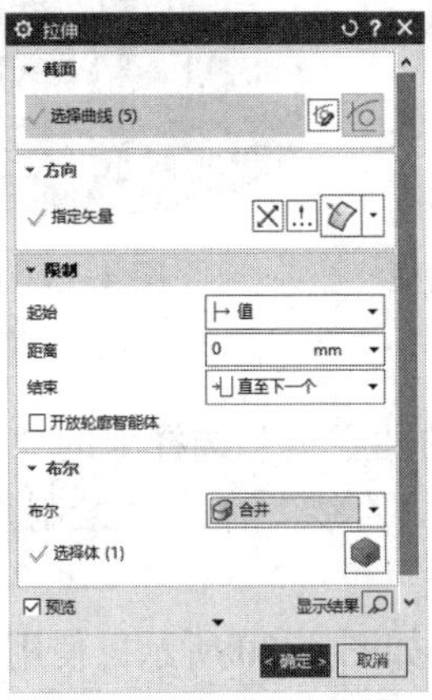

图 4-33　“拉伸”对话框

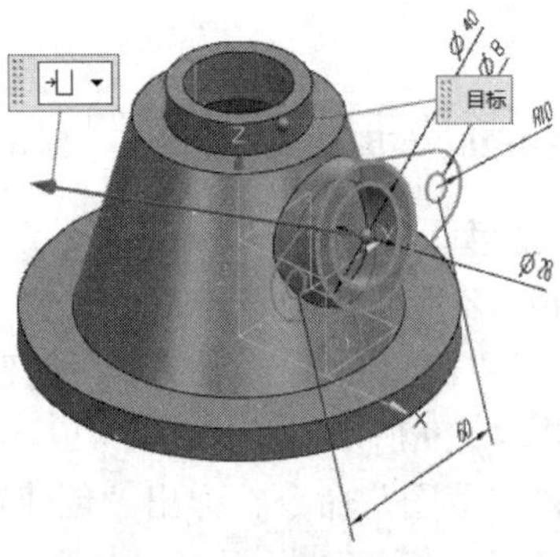

图 4-34　圆柱体的拉伸结果

（4）选择“菜单”|“插入”|“设计特征”|“拉伸”命令，弹出“拉伸”对话框，“截面”组选择法兰凸缘部分，“方向”组采用系统默认设置，在“限制”组中，起始“距离”设置为 0，结束“距离”设置为 8，“布尔”设置为“合并”，单击“确定”按钮，法兰凸缘部分的拉伸结果如图 4–35 所示。继续使用“拉伸”命令，其中“截面”组中选择 ϕ28 的圆，在“限制”组中，起始“距离”设置为 0，结束“距离”设置为 48，“布尔”设置为“减去”，单击“确定”按钮，法兰的拉伸结果如图 4–36 所示。

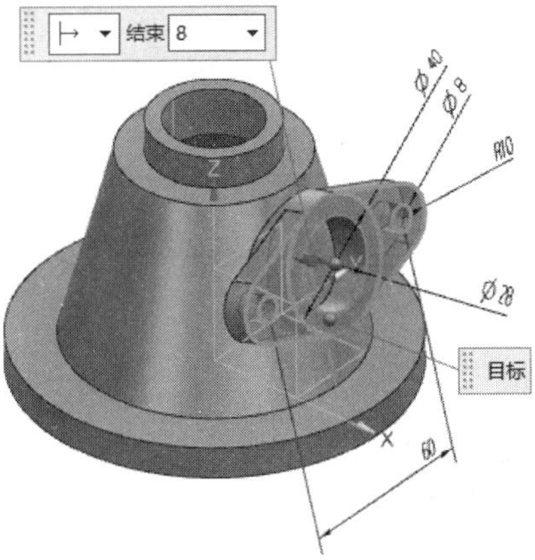

图 4–35　法兰凸缘部分的拉伸结果

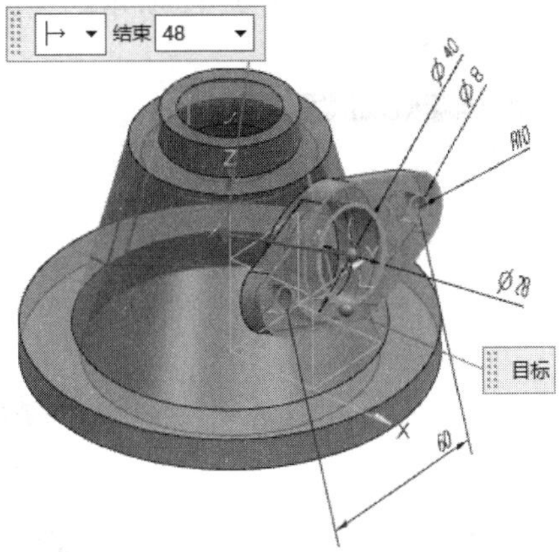

图 4–36　法兰的拉伸结果

4. 创建孔

（1）在建模模块的“主页”选项卡的“基本”组中，选择“孔”命令，弹出“孔”对话框，如图 4–37 所示，在“位置”组中选择凸缘表面，绘制点，孔位置草图如图 4–38 所示。使用“简单”方式，“孔径”设置为 8，“深度限制”设置为“直至下一个”，其他选项使用系统默认设置，单击“确定”按钮，绘制孔，如图 4–39 所示。

图 4–37　“孔”对话框

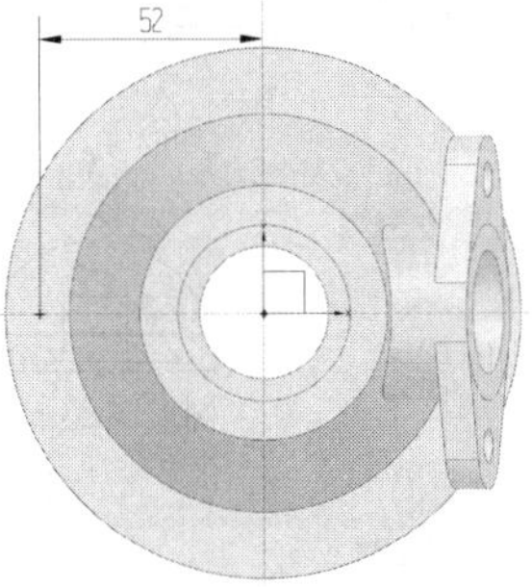

图 4–38　孔位置草图

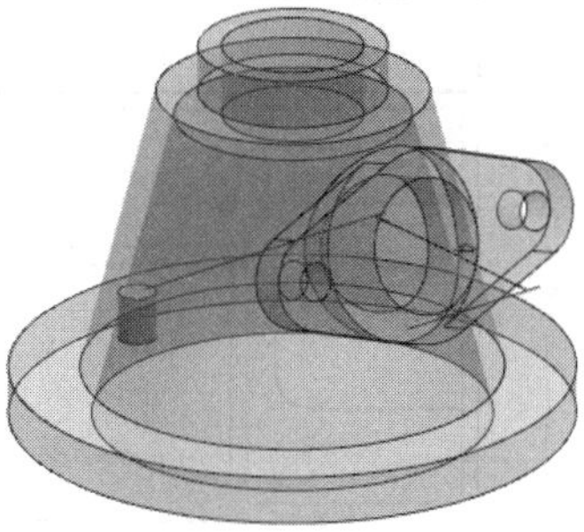

图 4–39　绘制孔

（2）在建模模块的“主页”选项卡的“基本”组中，选择“阵列特征”命令，弹出“阵列特征”对话框，如图 4–40 所示，“选择特征”设置为“孔”，“布局”设置为“圆形”，“指定矢量”设置为“ZC 轴”，“数量”设置为 6，“间隔角”设置为 360°，单击“确定”按钮，阵列孔如图 4–41 所示。

5. 边倒圆

（1）在建模模块的“主页”选项卡的“基本”组中，选择“边倒圆”命令，弹出“边倒圆”对话框，选择如图 4–42 所示的边进行倒圆，“半径 1”设置为 2。

（2）保存并退出。

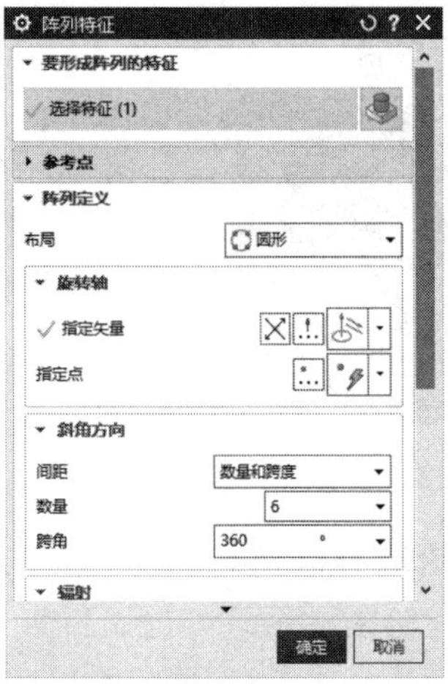

图 4–40 “阵列特征”对话框

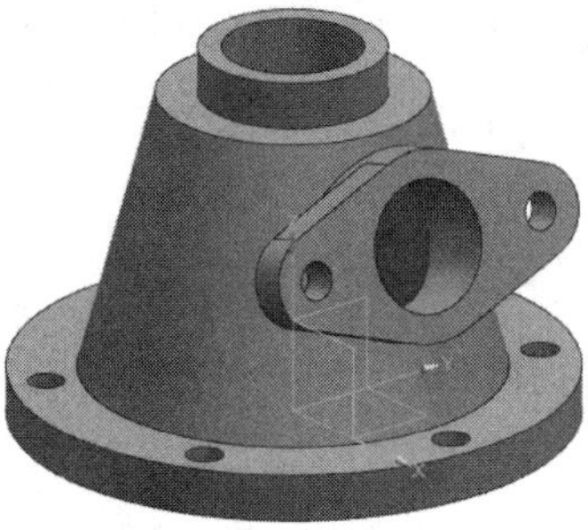

图 4–41 阵列孔

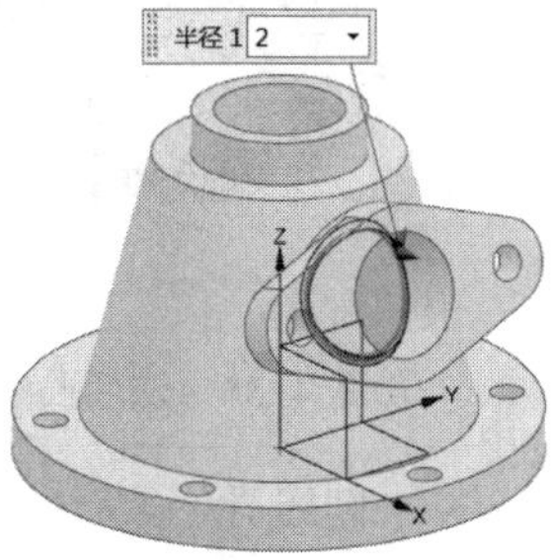

图 4–42 边倒圆

4.3.3 案例三：机壳设计

绘制如图 4–43 所示机壳的三维模型。

机壳设计

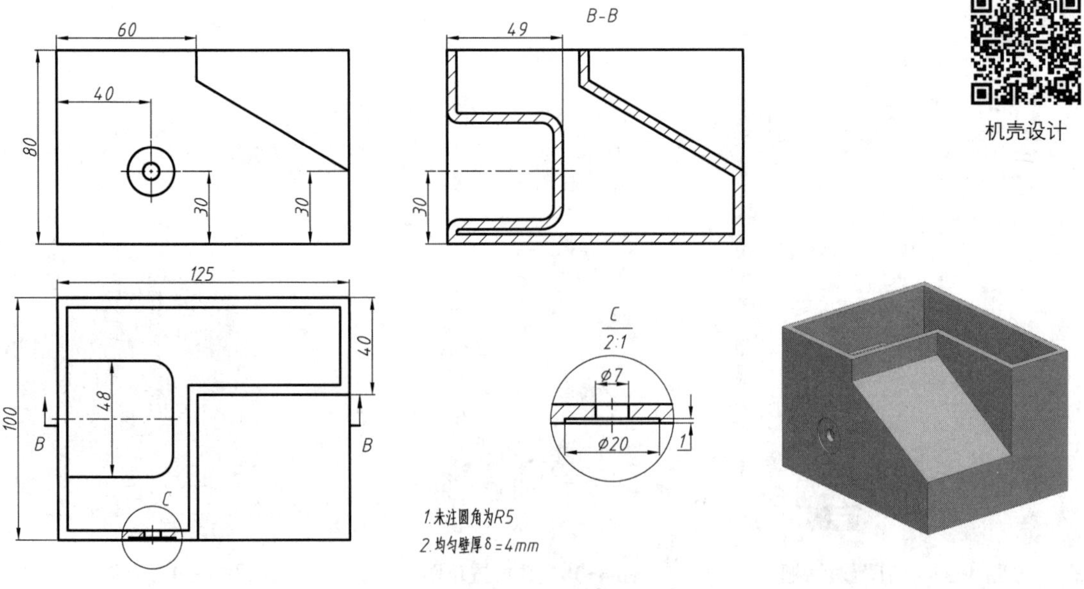

图 4–43 机壳

4.3.3.1　设计要求

机壳为箱体类零件，需用“抽壳”命令来生成有壁厚的零件。箱壁上有一个沉头孔，可用“孔”命令完成。绘制该模型的难点是需要在外形绘制完成后使用“抽壳”命令。

4.3.3.2　设计思路

（1）创建基本外形。
（2）完成箱体设计。
（3）生成沉头孔。

4.3.3.3　设计过程

1. 新建文件

参考 4.3.1.3 节，新建文件 4.3.3.prt。

2. 创建基本外形

（1）选择“菜单”|“插入”|“设计特征”|“块”命令，在弹出的“块”对话框中设置“长度”“宽度”“高度”分别为 125、100、80，单击“确定”按钮，绘制长方体，如图 4-44 所示。

（2）在建模模块的“主页”选项卡中选择“草图”命令，选择 *XZ* 平面为草绘平面，绘制如图 4-45 所示的草图。

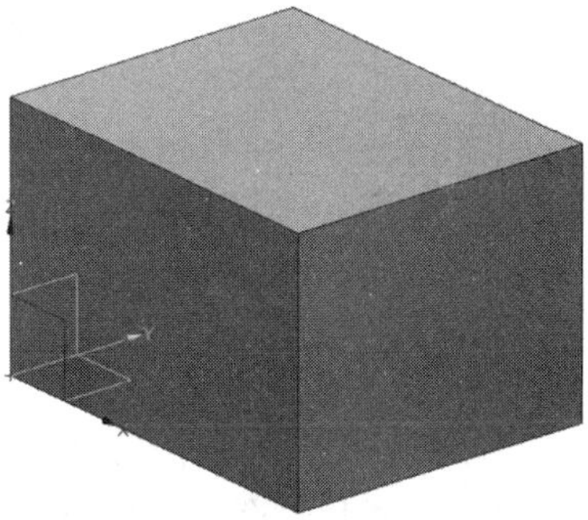

图 4-44　绘制 125×100×80 的长方体

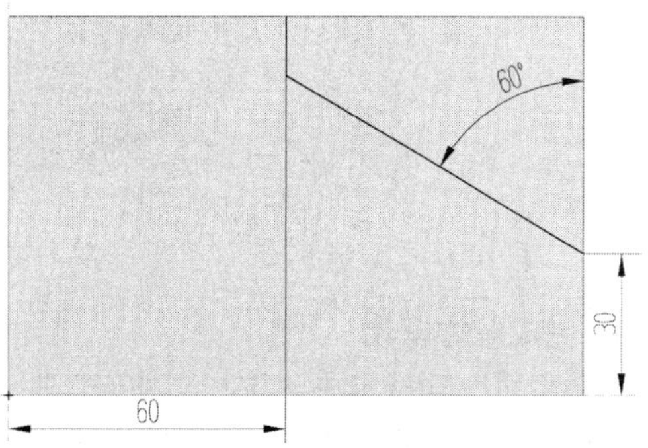

图 4-45　绘制草图 1

（3）在“主页”选项卡中，选择“基本”|“拉伸”命令，弹出“拉伸”对话框，在“截面”组中选择如图 4-46 所示的梯形平面，起始“距离”设置为 0，结束“距离”设置为 60，“布尔”设置为“减去”。单击“确定”按钮，完成拉伸。注意，选择“截面”时，选择意图为“单条曲线”。

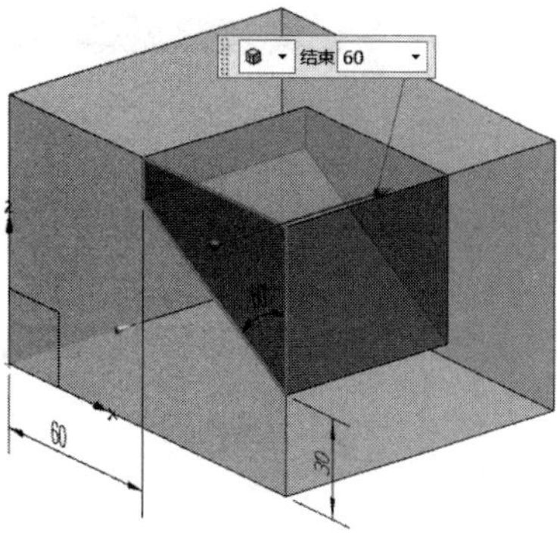

图 4-46　拉伸减去 1

（4）在“主页”选项卡中，选择“构造”|“草图”命令，选择 *YZ* 平面为草绘平面，“草图原点”设置为下边线中点，绘制如图 4-47 所示的草图。

（5）在“主页”选项卡中，选择“基本”|“拉伸”命

令，弹出“拉伸”对话框，在“截面”组中选择如图 4-48 所示的草图平面，起始“距离”设置为 0，结束“距离”设置为 45，“布尔”设置为“减去”。单击“确定”按钮，完成拉伸。

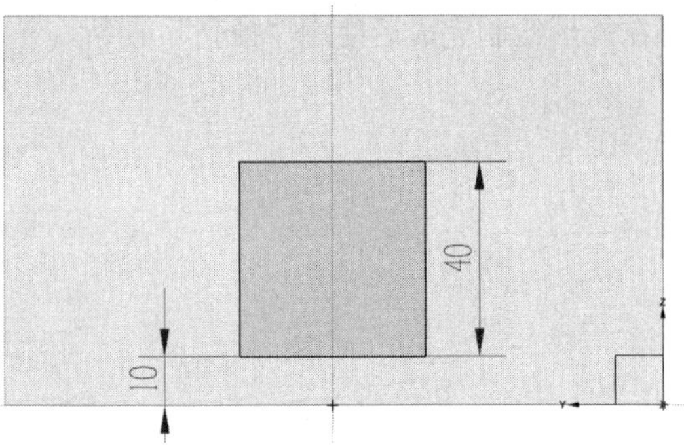

图 4-47　绘制草图 2

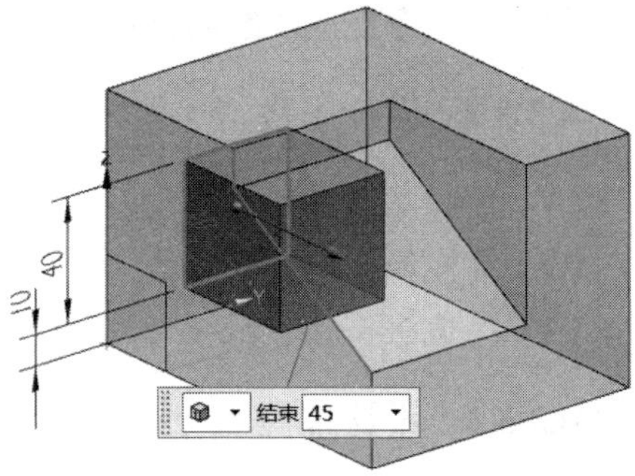

图 4-48　拉伸减去 2

（6）在“主页”选项卡中，选择“基本”|“边倒圆”命令，在弹出的“边倒圆”对话框中，选择如图 4-49 所示的 12 条边倒圆，边倒圆的半径设置为 5，单击“确定”按钮。

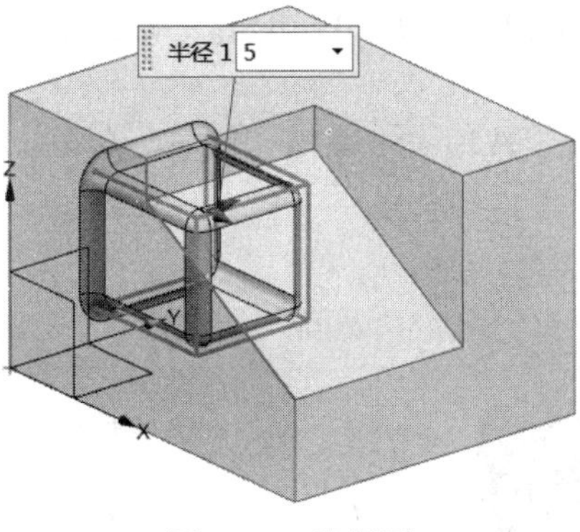

图 4-49　边倒圆

3. 完成箱体设计

在“主页”选择卡中，选择“抽壳”命令，弹出“抽壳”对话框，如图 4-50 所示，选择“开放”方式，在“面”组中选择上表面，“厚度”设置为 4，单击“确定”按钮，完成抽壳，结果如图 4-51 所示。

图 4-50　“抽壳”对话框

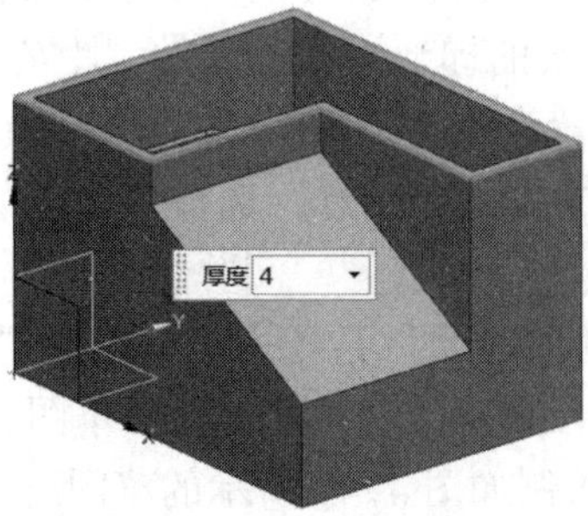

图 4-51　抽壳结果

4. 创建沉头孔

（1）在“主页”选项卡中，选择“孔”命令，弹出“孔”对话框，在“位置”组中选择 *XZ* 平面，绘制点，孔位置草图如图 4-52 所示，使用“沉头”方式，“孔大小”设置为“定制”，“孔径”设置为 7，“沉头直径”设置为 20，“沉头限制”设置为“值”，“沉头深度”设置为 1，“深度限制”设置为“直至下一个”，如图 4-53 所示，其他选项使用系统默认设置。单击“确定”按钮，绘制孔的结果如图 4-54 所示。

（2）保存并退出。

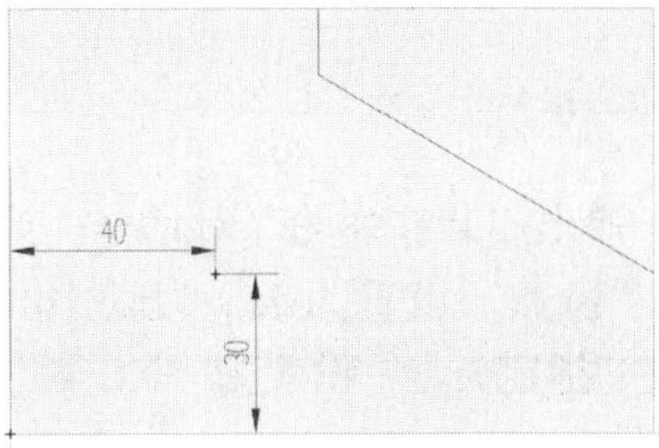

图 4-52　孔位置草图

图 4-53　“孔”对话框

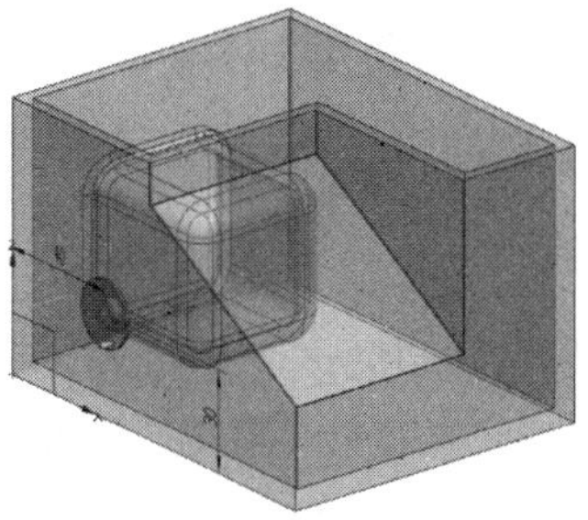

图 4-54　绘制孔

4.3.4　案例四：传动齿轮设计

绘制如图 4-55 所示传动齿轮的三维模型。

传动齿轮设计

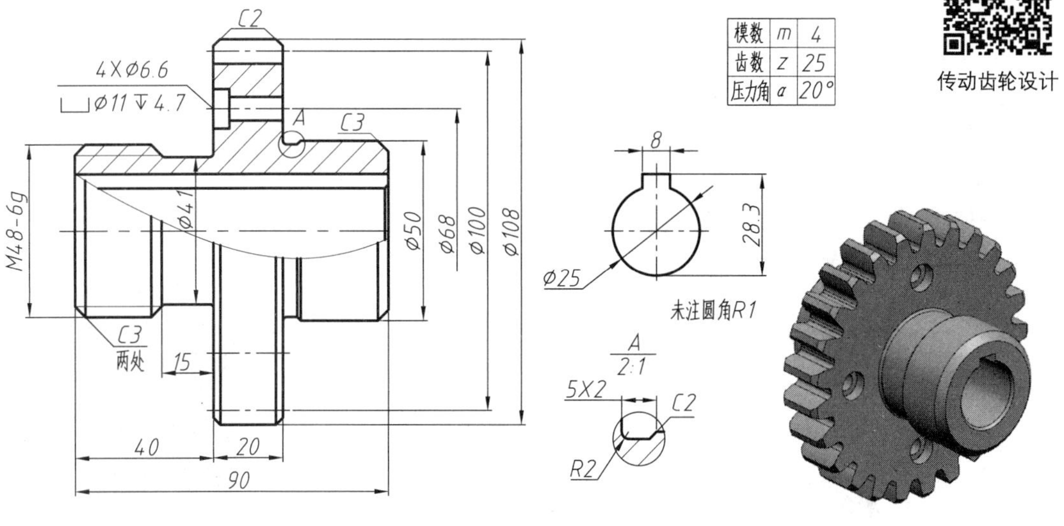

图 4-55　传动齿轮

4.3.4.1 设计要求

该传动齿轮的结构分为 4 部分：齿轮部分可由“齿轮”选项卡中的齿轮命令完成，左右侧的支撑轴可由“圆柱”命令完成，中心的轮毂部分由“拉伸”命令完成，4 个沉头孔由“孔”命令完成。此外还用到了“螺纹”“矩形槽”“倒斜角”“圆角”等命令。

4.3.4.2 设计思路

（1）创建主体齿轮部分。
（2）创建左右两侧的支撑轴部分。
（3）创建轮毂部分。
（4）打孔、创建螺纹及修饰细节。

4.3.4.3 设计过程

1. 新建文件

参考 4.3.1.3 节，新建文件 4.3.4.prt。

2. 创建齿轮

选择“GC 工具箱”选项卡中的“圆柱齿轮”命令，弹出“圆柱齿轮”对话框，如图 4-56 所示，使用“外正齿轮”方式，“模数”设置为 4，“齿数”设置为 25，“压力角”设置为 20°，“齿宽”设置为 20，“加工方法”设置为“滚齿”，“指定矢量”设置为“XC 轴”，如图 4-57 所示，单击“确定”按钮，绘制的齿轮如图 4-58 所示。

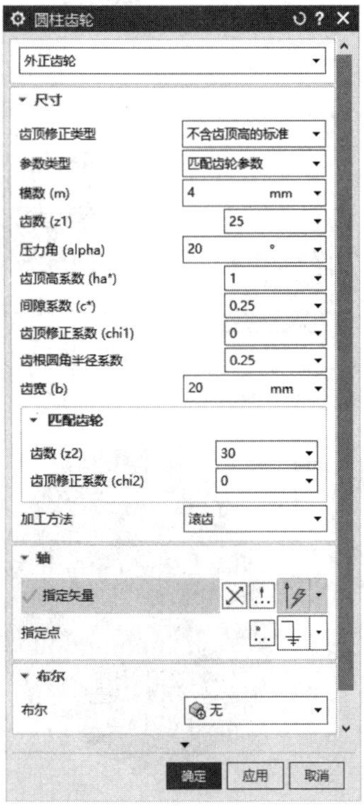

图 4-56 “圆柱齿轮”对话框

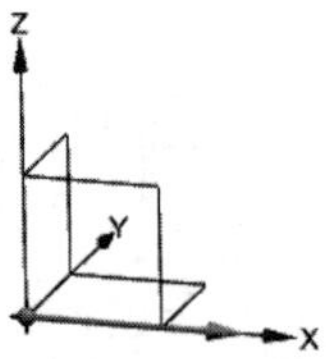

图 4-57 “指定矢量”设置为 *XC* 轴

图 4-58 齿轮

3. 创建轴

（1）绘制右侧轴。选择“菜单”|“插入”|“设计特征”|“圆柱”命令，弹出“圆柱”对话框，如图 4-59 所示，使用“轴、直径和高度”方式，“指定矢量”设置为“XC 轴”，“指定点”设置为坐标（20，0，0），“直径”设置为 50，“高度”设置为 30，“布尔”设置为“合并”，单击“确定”按钮，得到如图 4-60 所示的右侧轴。

（2）绘制左侧轴。重复步骤（1）的操作，“圆柱”对话框如图 4-61 所示，“指定矢量”设置为“ -XC 轴”，“指定点”设置为坐标（0，0，0），“直径”设置为 48，“高度”设置为 40，“布尔”设置为“合并”，单击“确定”按钮，得到如图 4-62 所示的左侧轴。

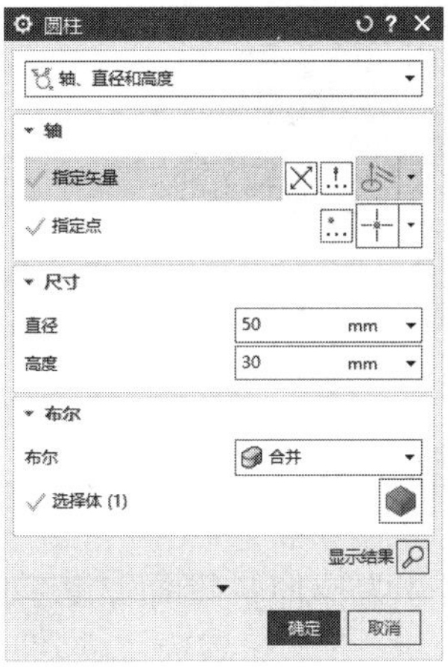

图 4-59　“圆柱”对话框 1

图 4-60　右侧轴

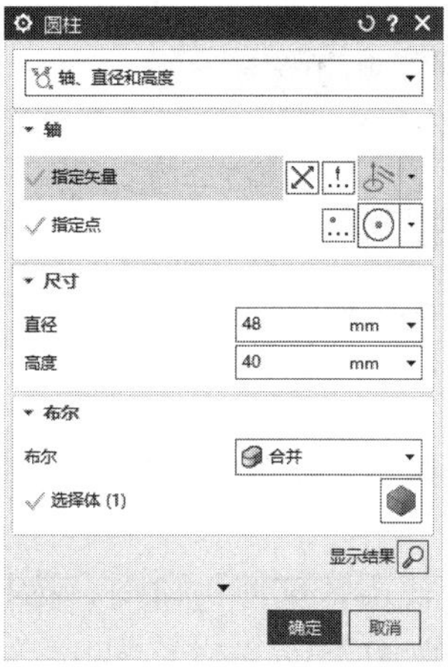

图 4-61　“圆柱”对话框 2

图 4-62　左侧轴

（3）创建槽 1。选择“菜单”|“插入”|“设计特征”|“槽”命令，弹出“槽”对话框，如图 4-63 所示，截面类型选择“矩形”槽，单击“确定”按钮，选择 $\phi50$ 圆柱表面，弹出“矩形槽”对话框，如图 4-64 所示，“槽直径”设置为 48，“宽度”设置为 5，单击“确定”按钮，“目标边”设置为圆柱左侧边缘，“工具边”设置为创建的圆柱槽左侧边缘，在如图 4-65 所示的“创建表达式”对话框中，输入定位尺寸 0，单击“确定”按钮，得到如图 4-66 所示的槽 1。

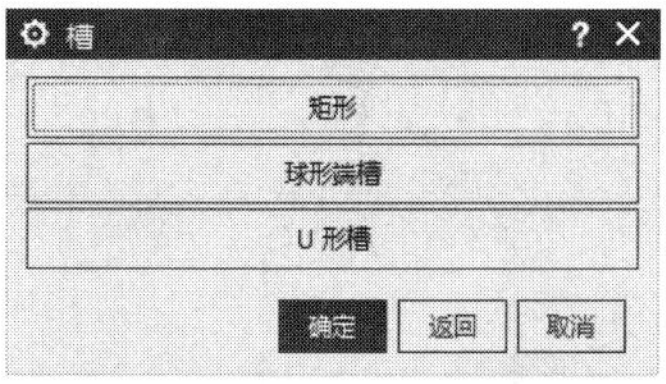

图 4-63　“槽”对话框

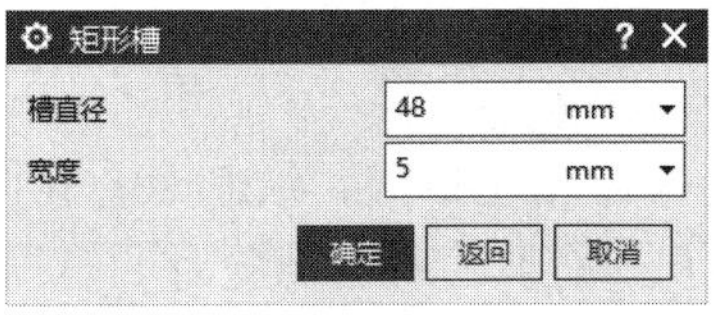

图 4-64　“矩形槽”对话框 1

图 4-65　“创建表达式”对话框

图 4-66　槽 1

（4）创建槽 2。重复步骤（3）的操作，选择 ϕ48 圆柱表面，弹出“矩形槽”对话框，如图 4-67 所示，“槽直径”设置为 41，“宽度”设置为 15，单击“确定”按钮，“目标边”设置为圆柱右侧边缘，“工具边”设置为创建的圆柱槽右侧边缘，输入定位尺寸 0，单击“确定”按钮，得到如图 4-68 所示的槽 2。

图 4-67 “矩形槽”对话框 2

图 4-68 槽 2

4. 创建轮毂

（1）绘制草图。使用“草图”命令，选择轴的右端面作为草图平面，绘制如图 4-69 所示的草图。

（2）拉伸减去。使用“拉伸”命令，选择图 4-69 所示的草图作为拉伸“截面”，方向设置为“-XC 轴”，起始“距离”设置为 0，“结束”设置为“贯通”，“布尔”设置为“减去”，拉伸结果如图 4-70 所示。

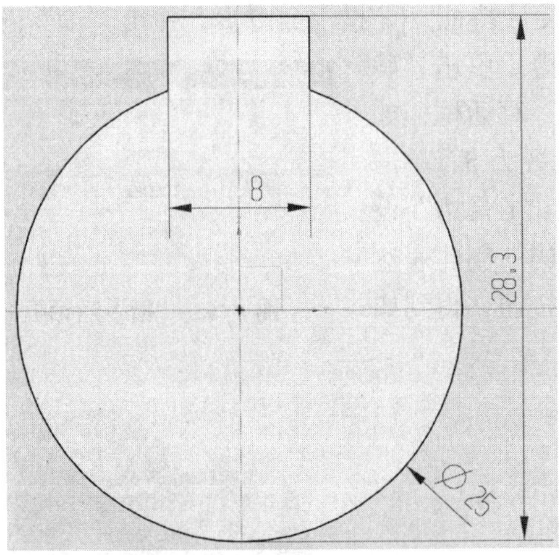

图 4-69 绘制草图

图 4-70 拉伸结果

5. 创建孔

（1）创建沉头孔。使用“孔”命令，在“位置”组中选择齿轮左平面，绘制点，孔圆心草图如图 4-71 所示。使用“沉头”方式，“孔径”设置为 6.6，“沉头直径”设置为 11，“沉头深度”设置为 4.7，“深度限制”设置为“贯通体”，如图 4-72 所示，其他选项使用系统默认值，绘制的沉头孔如图 4-73 所示。

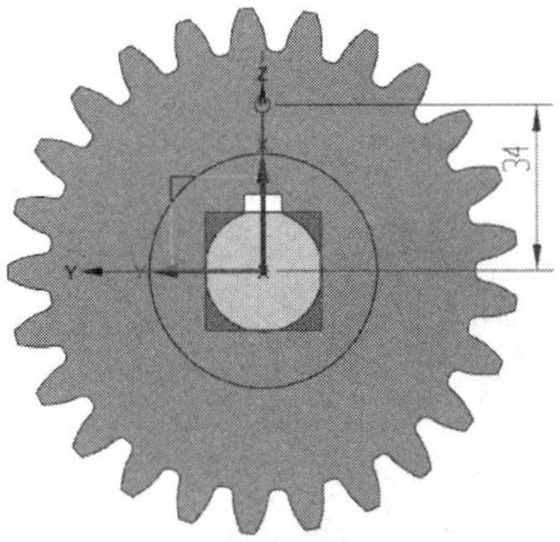

图 4-71　孔圆心草图

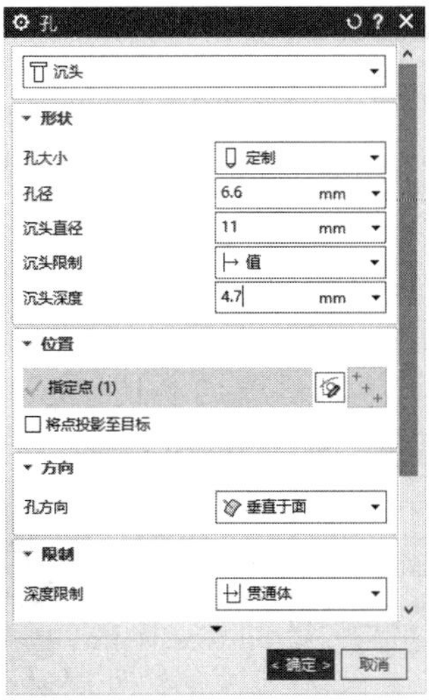

图 4-72　“孔”对话框

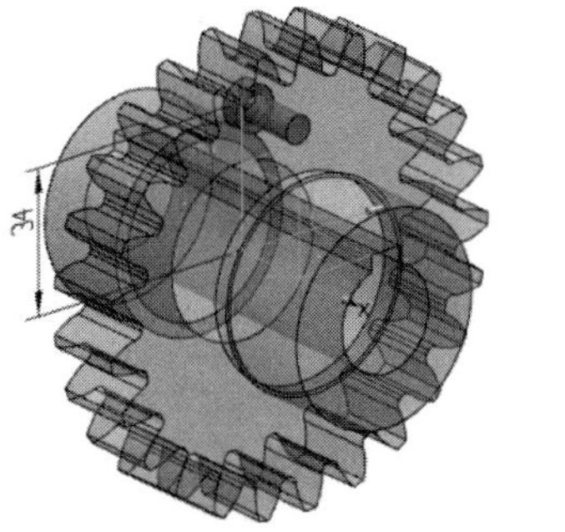

图 4-73　沉头孔

（2）阵列孔。使用“阵列特征”命令，弹出“阵列特征”对话框，“选择特征”设置为“孔”，“布局”设置为“圆形”，“指定矢量”设置“XC 轴”，“数量”设置为 4，“间隔角”设置为 360°。阵列孔如图 4-74 所示。

图 4-74　阵列孔

6. 细节修饰

（1）倒斜角。使用“倒斜角”命令，分别对相应边倒斜角，“横截面”设置为“对称”，“距离”分别设置为 3、2、1，倒斜角的结果分别如图 4-75 ～图 4-77 所示。

（2）边倒圆。使用“边倒圆”命令，选择对应边，“半径 1”设置为 1，边倒圆结果如图 4-78 所示。

图 4-75　*C*3 斜角

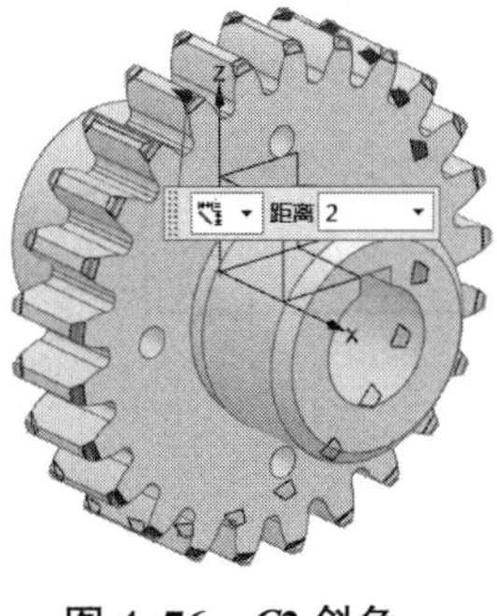

图 4-76　*C*2 斜角

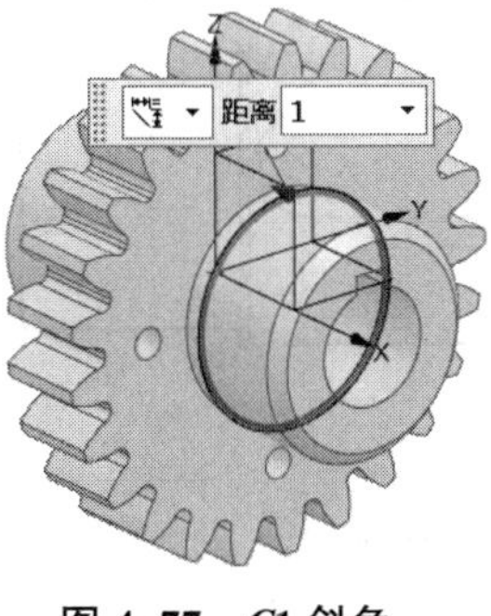

图 4-77　*C*1 斜角

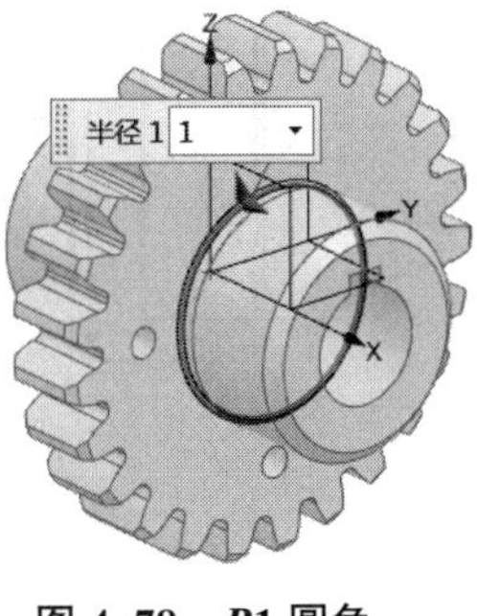

图 4-78　*R*1 圆角

7. 创建螺纹

选择“菜单”|“插入”|“设计特征”|“螺纹”命令，弹出“螺纹”对话框，如图 4-79 所示，使用“详细”方式，在“面”组中选择 $\phi 48$ 圆柱表面，在“起点”组中选择圆柱左端面，“螺纹限制”设置为“完整”，其他选项使用系统默认值，单击“确定”按钮，创建如图 4-80 所示的螺纹，完成齿轮的创建并保存。

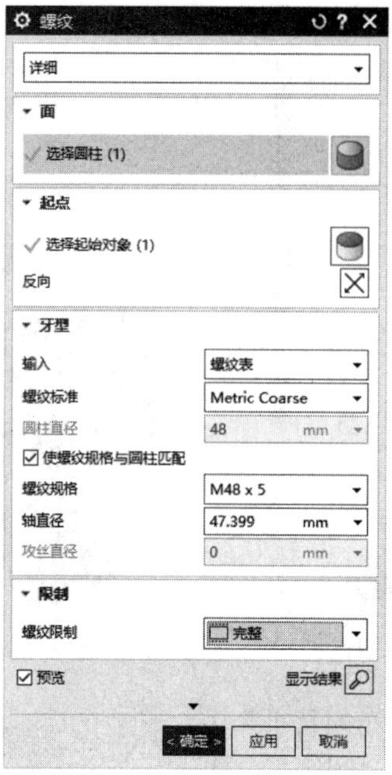

图 4-79 “螺纹”对话框

图 4-80 螺纹

4.3.5 案例五：传动轴设计

传动轴设计

绘制如图 4-81 所示传动轴的三维模型。

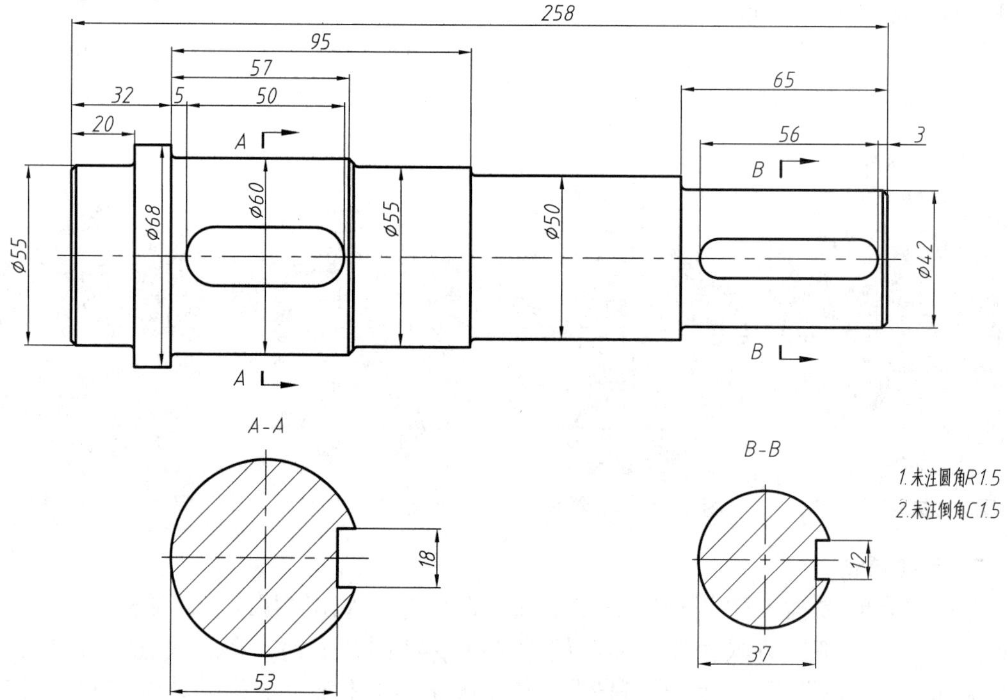

图 4-81 传动轴

4.3.5.1　设计要求

该实体模型由 3 部分组成：主体部分的 6 个轴段，可用“圆柱”命令完成；2 个键槽，可用“键槽”命令完成；修饰细节，可用“边倒圆”和“倒斜角”命令完成。

4.3.5.2　设计思路

（1）使用“圆柱”命令完成 6 个轴段的设计。
（2）使用“键槽”命令完成 2 个键槽的设计。
（3）使用“边倒圆”和“倒斜角”命令完成细节修饰。

4.3.5.3　设计过程

1. 新建文件

参考 4.3.1.3 节，新建文件 4.3.5.prt。

2. 绘制主体部分

（1）绘制轴段 1。选择“菜单”|“插入”|“设计特征”|“圆柱”命令，弹出“圆柱”对话框，如图 4-82 所示，使用“轴、直径和高度”方式，“指定矢量”设置为“XC 轴”，“指定点”设置为坐标（0，0，0），“直径”设置为 68，“高度”设置为 12，单击“确定”按钮，得到如图 4-83 所示的轴段 1。

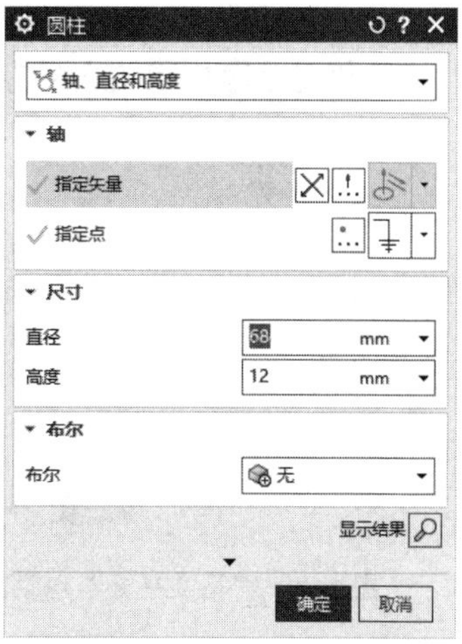

图 4-82　“圆柱”对话框

（2）绘制轴段 2。继续使用“圆柱”命令，在“轴”组中选择轴段 1 右侧外圆，“直径”设置为 60，“高度”设置为 58，“布尔”设置为“合并”，单击“确定”按钮，得到如图 4-84 所示的轴段 2。用相同的方法，根据图 4-81 中的尺寸值依次绘制轴段 3、轴段 4、轴段 5 和轴段 6，分别如图 4-85 ～图 4-88 所示。

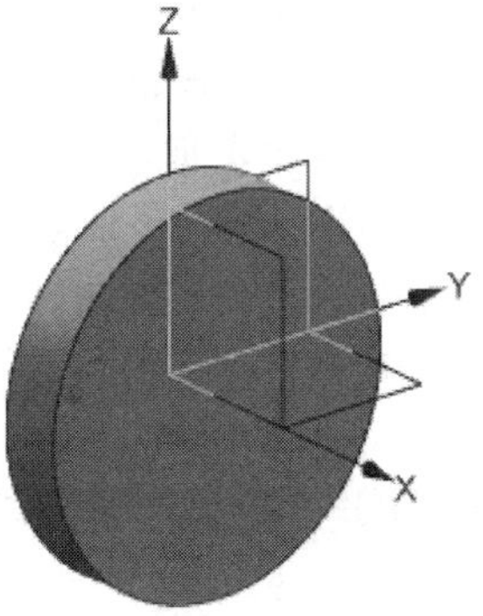

图 4-83　轴段 1

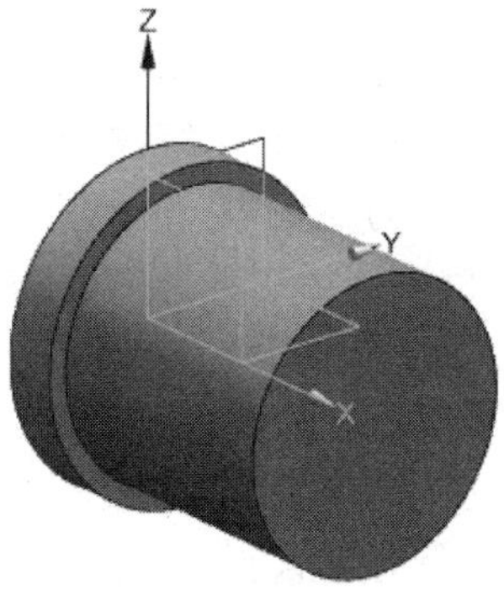

图 4-84　轴段 2

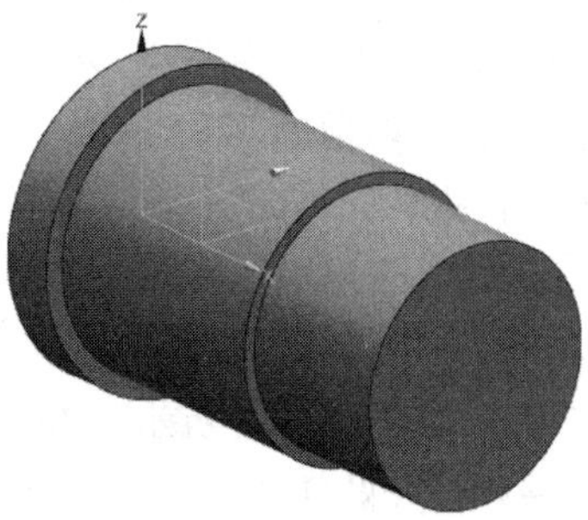

图 4-85　轴段 3

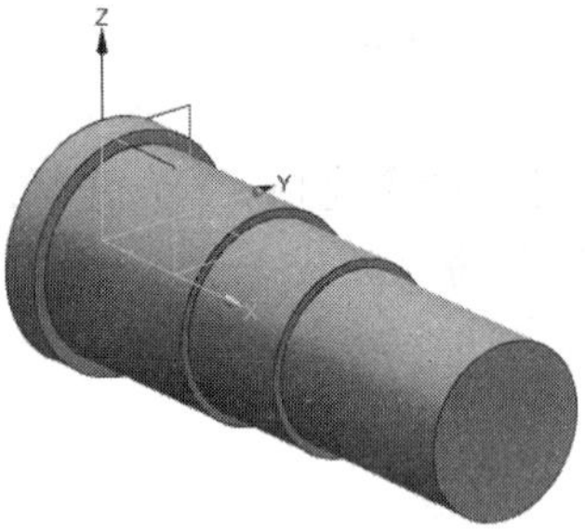

图 4-86　轴段 4

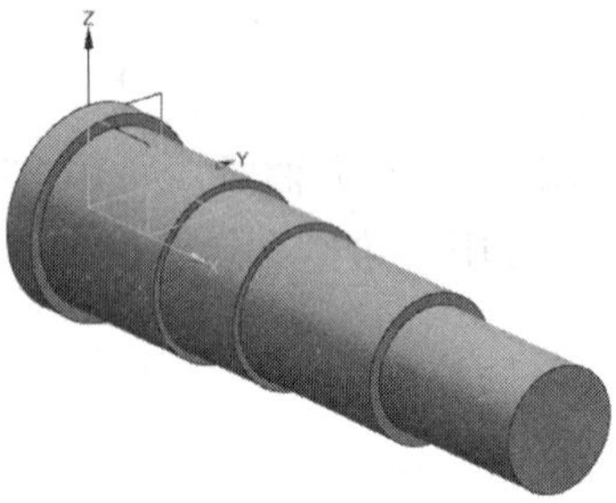

图 4-87　轴段 5

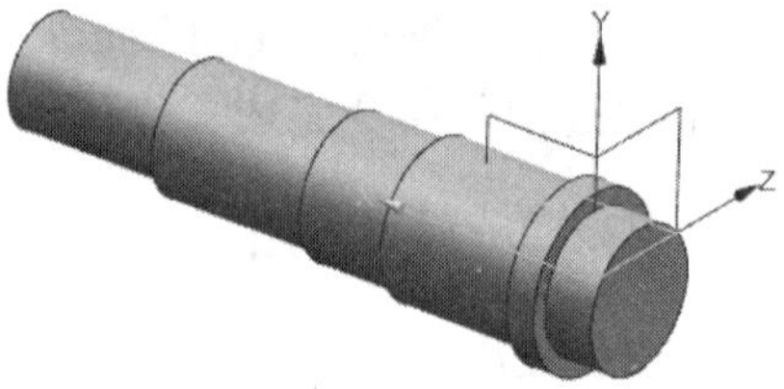

图 4-88　轴段 6

3. 绘制键槽

（1）创建基准平面 1、基准平面 2。选择“基准平面”命令，弹出“基准平面”对话框，如图 4-89 所示，在“要定义平面的对象”组中选择 *XY* 平面，“距离”设置为 23，创建基准平面 1，如图 4-90 所示。用相同的方法，创建基准平面 2，其中“距离”设置为 16，如图 4-91 所示。

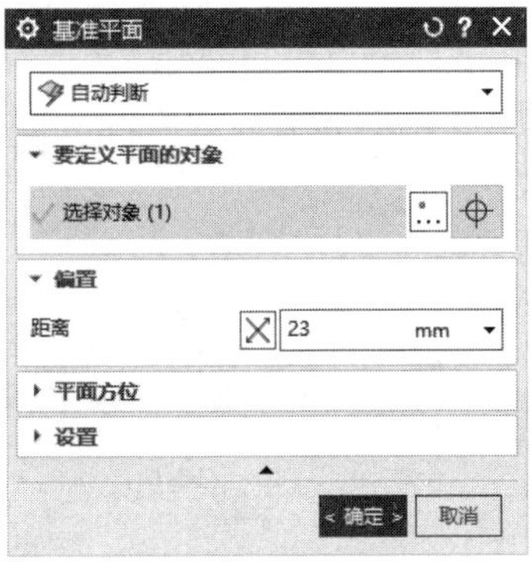

图 4-89　“基准平面”对话框

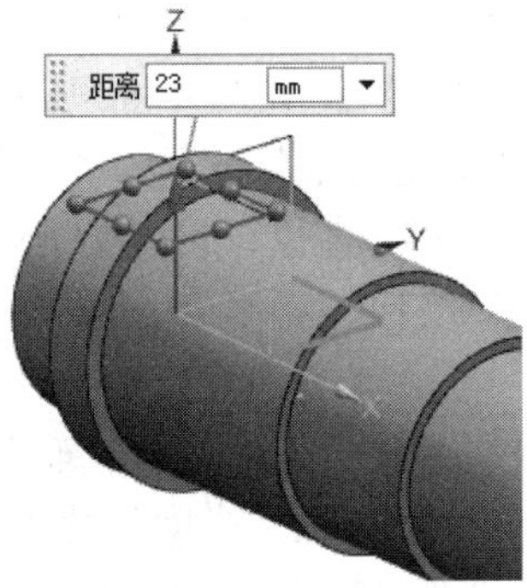

图 4-90　基准平面 1

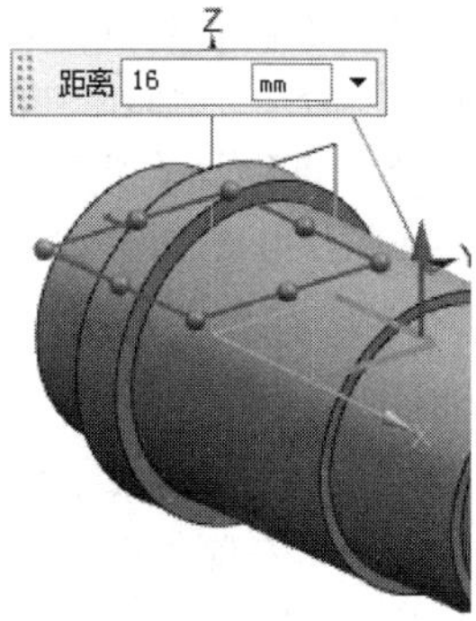

图 4-91　基准平面 2

（2）创建键槽 1 和键槽 2。在搜索栏输入“键槽”，找到并选择“键槽（原有）”命令，打开“键槽”对话框，如图 4-92 所示，选中“矩形槽”单选按钮，单击“确定”按钮，打开“矩形键槽”对话框，如图 4-93 所示，单击“基准平面”按钮，选择基准平面 1，根据实际情况，继续单击“翻转默认侧”按钮，如图 4-94 所示。在“水平参考”对话框中单击“基准轴”按钮，如图 4-95 所示，在“选择对象”对话框（见图 4-96）中选择 *X* 轴，在“矩形键槽”参数对话框中将“长度”设置为 50，将“宽度”设置为 18，将“深度”设置为 7，如图 4-97 所示，在“定位”对话框中选择“垂直”，如图 4-98 所示，在目标边“垂直的”对话框中（见图 4-99）选择 *Y* 轴，工具边“垂直的”对话框如图 4-100 所示，选择如图 4-101 所示的键槽上表面左侧圆弧，在“设置圆弧的位置”对话框中单击“相切点”按钮，如图 4-102 所示，在“创建表达式”对话框中设置距离为 −17，如图 4-103 所示，单击“确定”按钮，得到如图 4-104 所示的键槽 1。用同样的方法绘制键槽 2，在“矩形键槽”参数对话框中将“长度”设置为 56，将“宽度”设置为 12，将“深度”设置为 5，如图 4-105 所示，在“创建表达式”对话框中设置距离为 −179，如图 4-106 所示，绘制键槽 2，如图 4-107 所示。

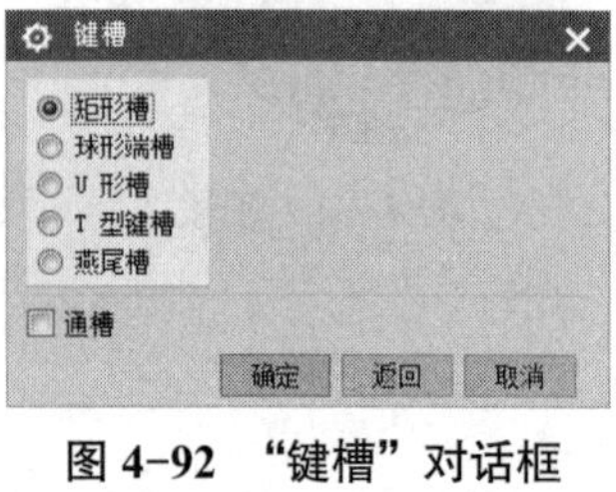

图 4-92　“键槽”对话框

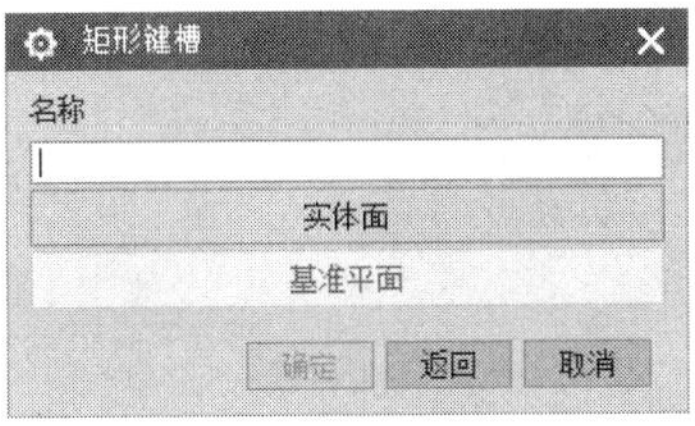

图 4-93　“矩形键槽”对话框

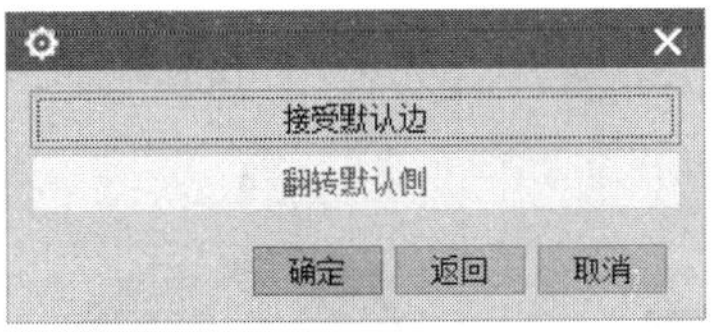

图 4-94　矩形槽放置侧对话框

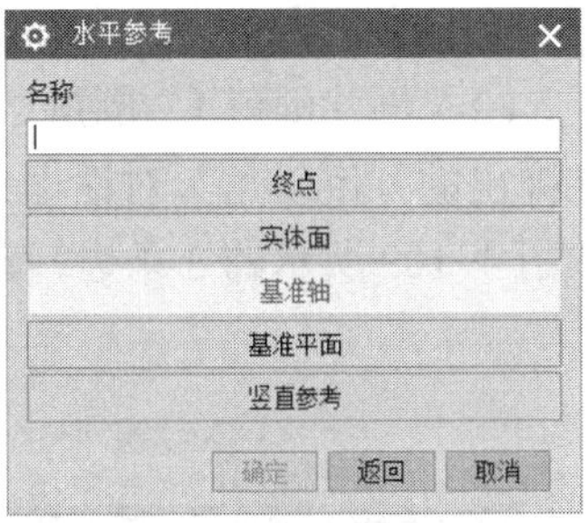

图 4-95　“水平参考”对话框

图 4-96　“选择对象”对话框

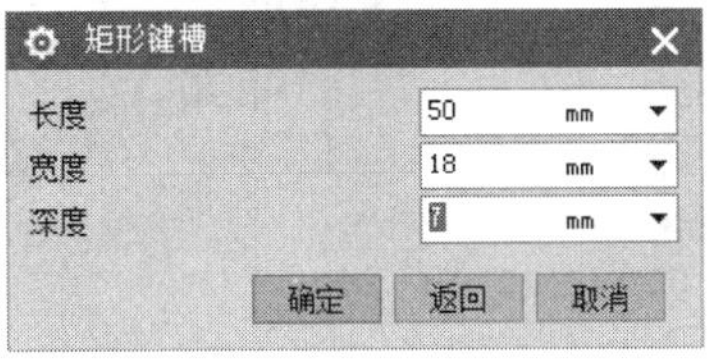

图 4-97　“矩形键槽”参数对话框

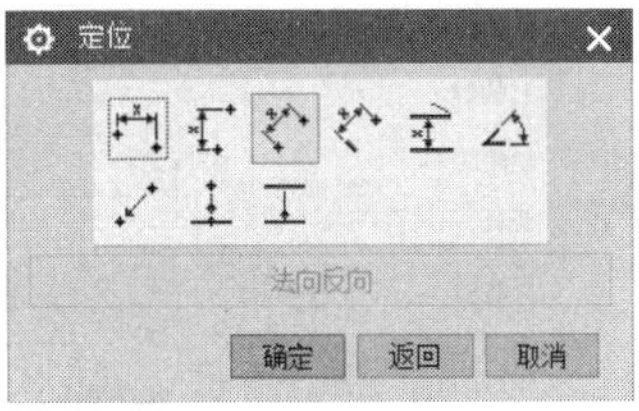

图 4-98　“定位”对话框

图 4-99　目标边“垂直的”对话框

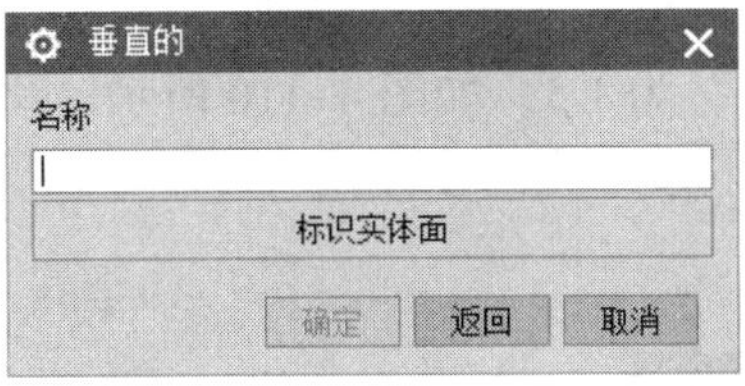

图 4-100　工具边“垂直的”对话框

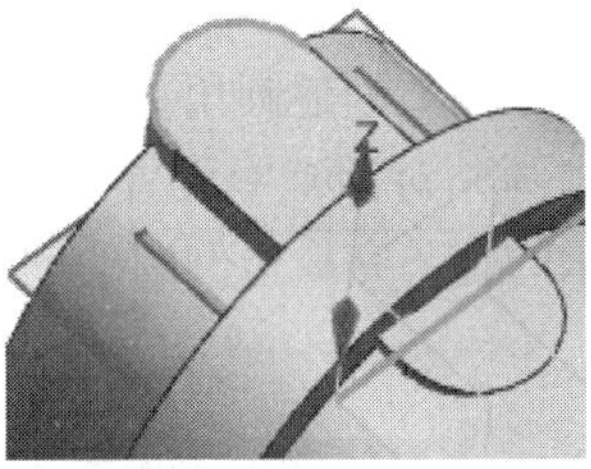

图 4-101　键槽预览

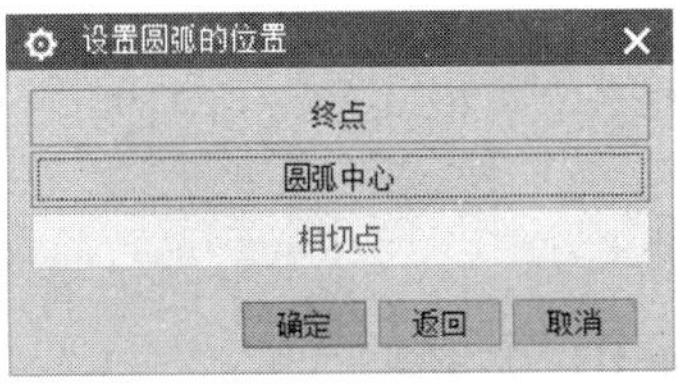

图 4-102　“设置圆弧的位置”对话框

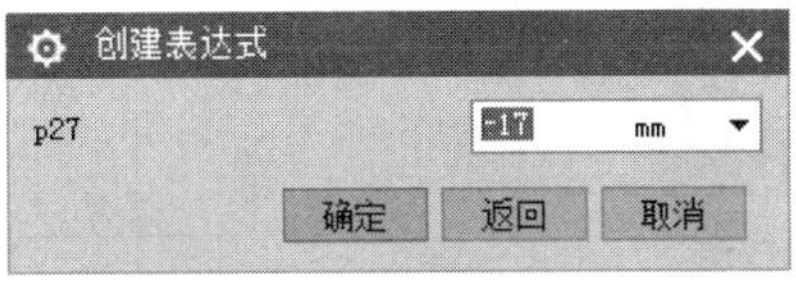

图 4-103　“创建表达式”对话框

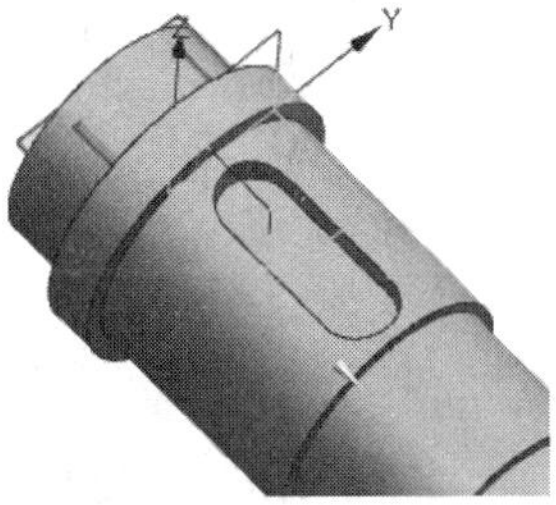

图 4-104　键槽 1

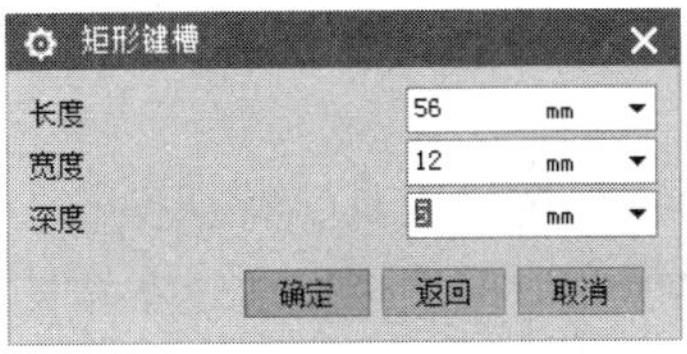

图 4-105　键槽 2 参数对话框

图 4-106　键槽 2 定位表达式

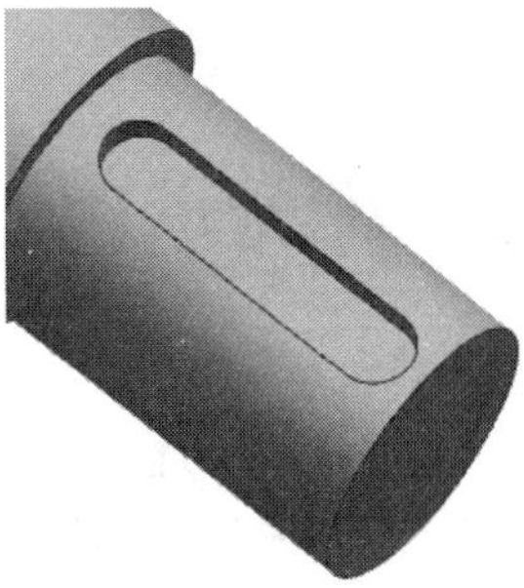

图 4-107　键槽 2

4. 细节修饰

（1）创建倒角 1、倒角 2、倒角 3。选择“菜单”|“插入”|“细节特征”|“倒斜角”命令，在弹出的“倒斜角”对话框中设置“距离”为 1.5，如图 4-108 所示，将“选择边”设置为如图 4-109 所示的 3 条边，单击“确定”按钮，完成倒斜角的创建。

图 4-108 “倒斜角”对话框

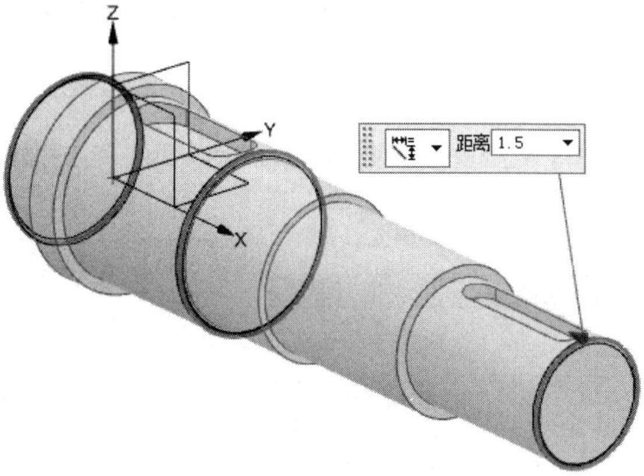

图 4-109 对 3 条边倒斜角

（2）创建圆角。选择“菜单”|“插入”|“细节特征”|“边倒圆”命令，在弹出的“边倒圆”对话框中设置“距离”为 1.5，如图 4-110 所示，将“选择边”设置为如图 4-111 所示的边，完成边倒圆的创建。

图 4-110 “边倒圆”对话框

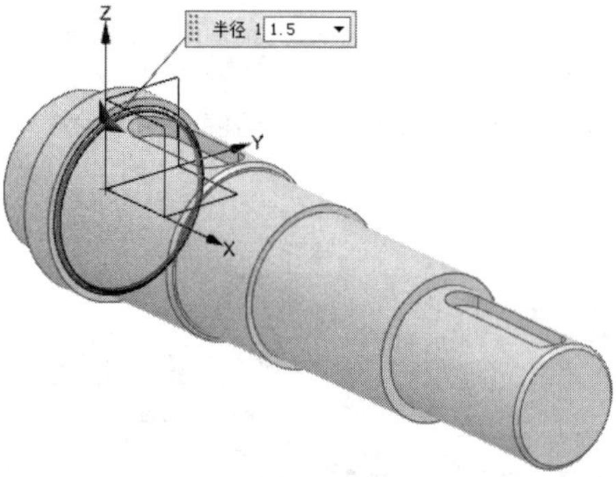

图 4-111 边倒圆

（3）保存并退出。

4.4 本章小结

本章主要讲述了 NX 实体建模的基本知识、基于曲线的特征建模工具、特征操作、编辑特征等。通过止挡块、阀门外壳等综合案例讲述了实体建模命令的使用。通过本章的学习，读者可以重点掌握拉伸、旋转等命令的使用方法，并通过特征操作、编辑特征等命令对基本特征进行编辑。

4.5　思考与练习

1. 思考题

（1）NX 软件提供了几种创建基准平面的方法？

（2）可通过 NX 软件创建的设计特征和细节特征有哪些？

2. 练习题

使用特征建模方法，创建如图 4-112 ～图 4-119 所示的三维模型。

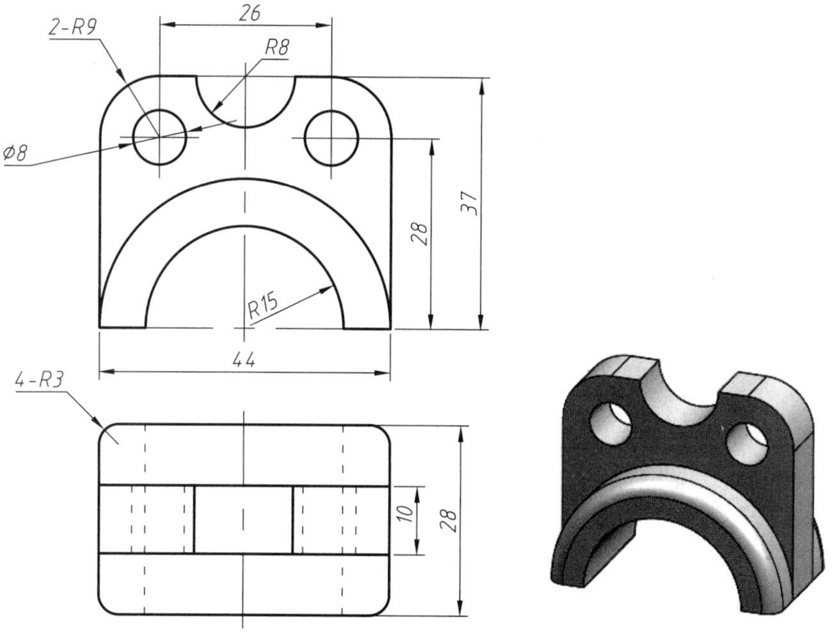

图 4-112　练习题 1

练习题 1

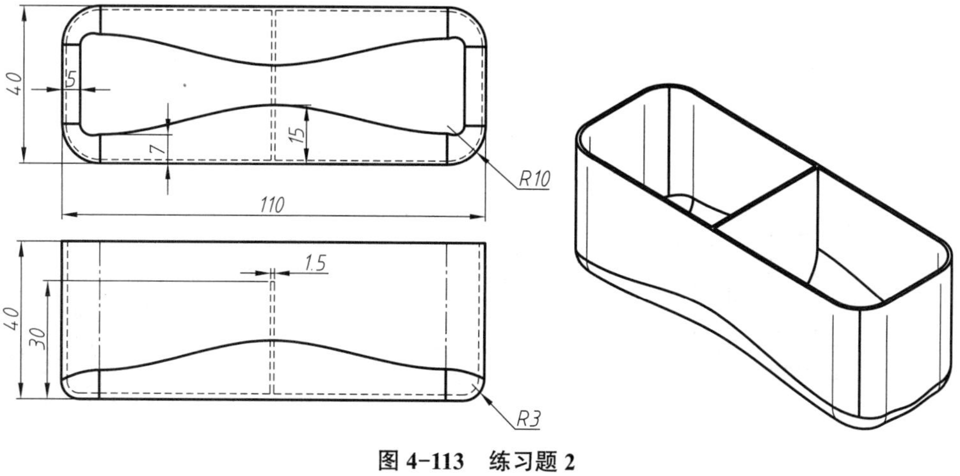

图 4-113　练习题 2

练习题 2

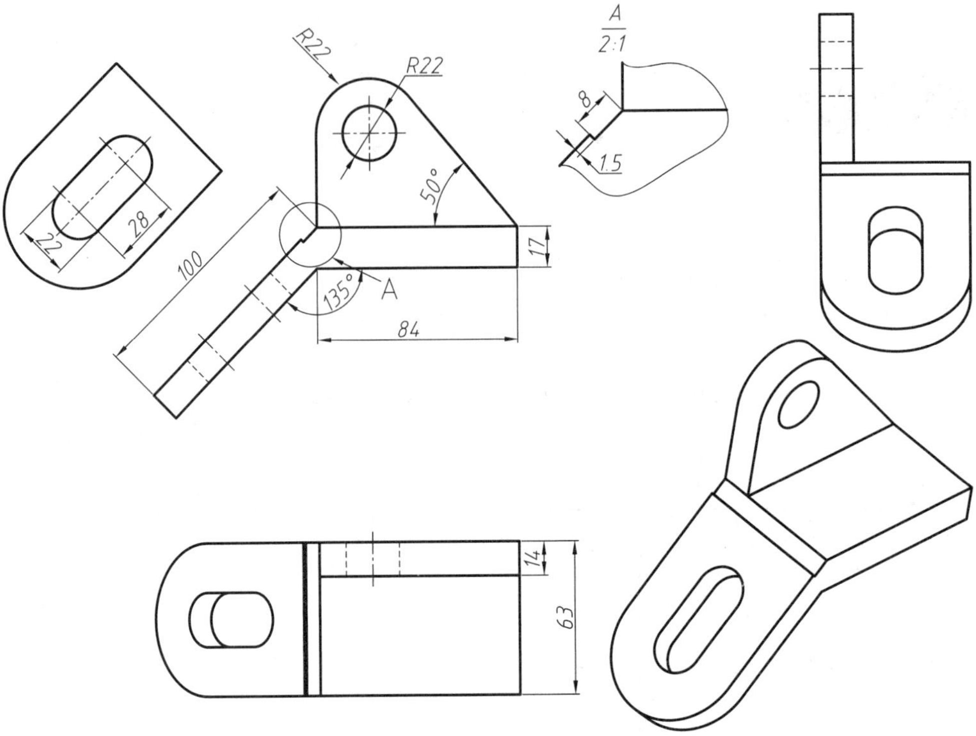

图 4-114　练习题 3

练习题 3

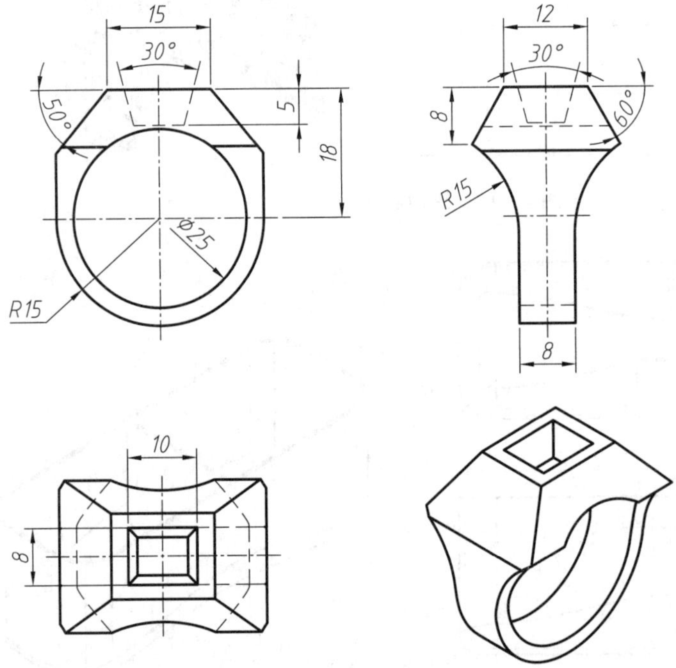

图 4-115　练习题 4

练习题 4

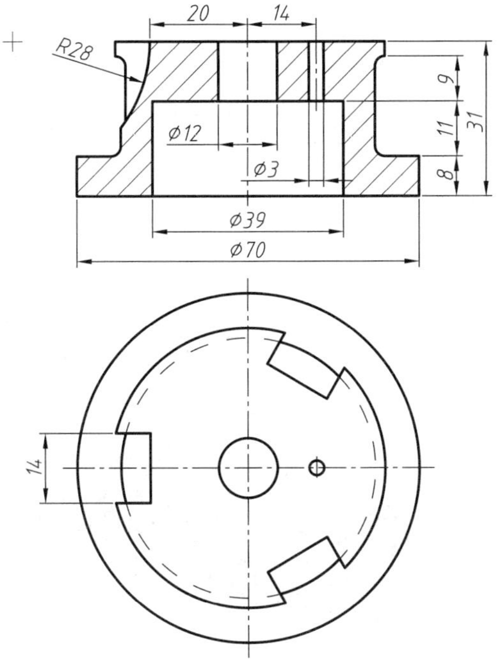

图 4-116　练习题 5

练习题 5

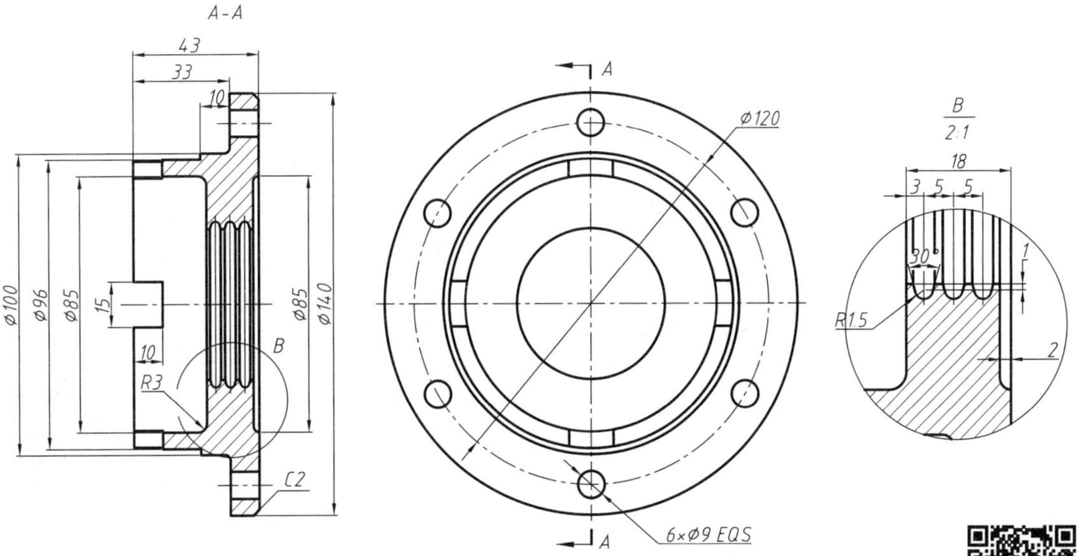

图 4-117　练习题 6

练习题 6

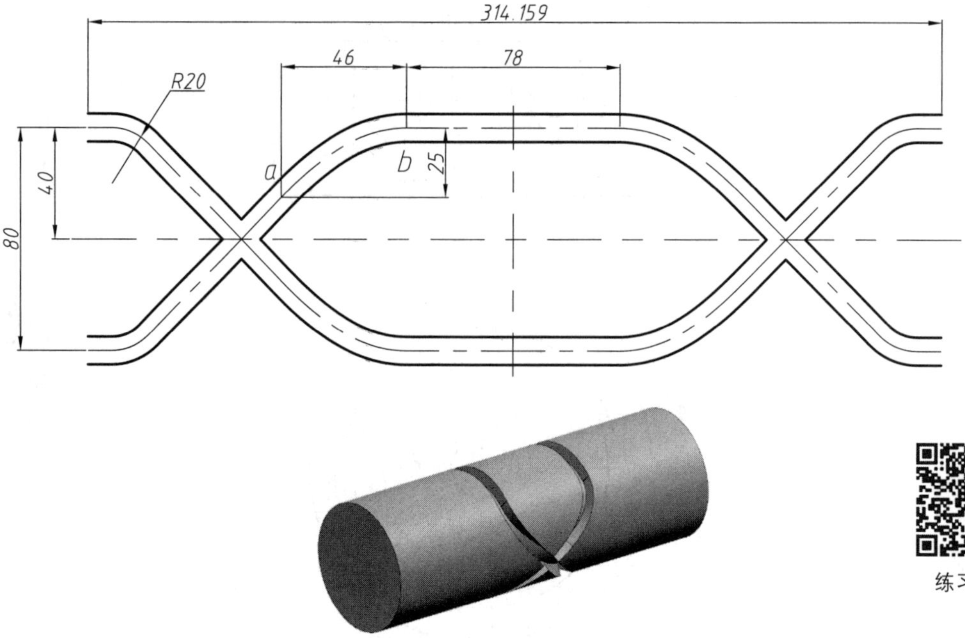

练习题 7

图 4-118 练习题 7

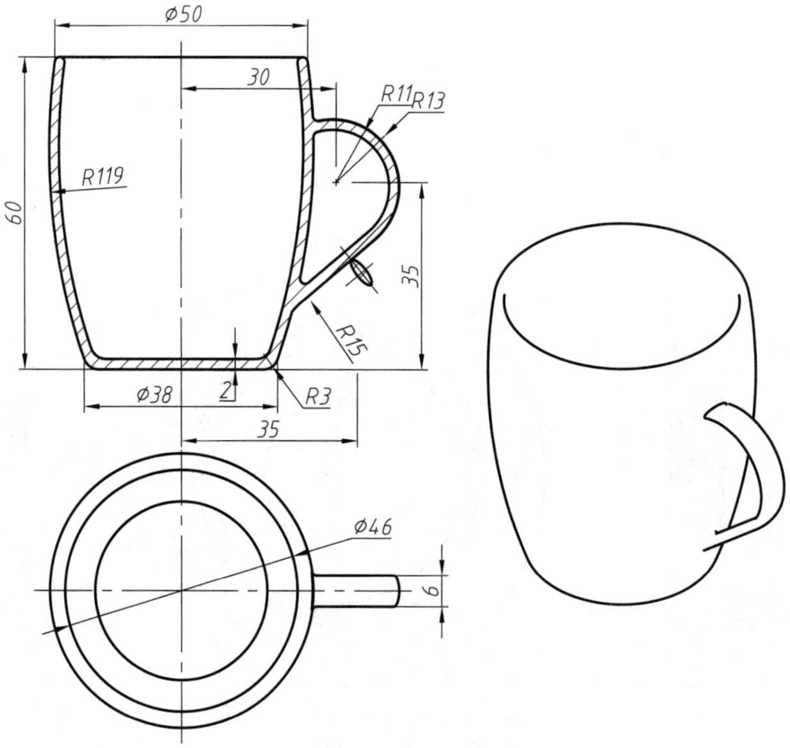

练习题 8

图 4-119 练习题 8

项 目 5

学会曲面建模

奎表和赤道式日晷

【项目案例】

（1）了解曲面建模的基本步骤。

（2）掌握曲面建模的常用命令及使用方法。

【能力目标】

（1）能正确使用曲面建模和曲面编辑工具。

（2）能熟练掌握“通过曲线网格”“扫掠”“偏置曲面”等命令。

【项目案例】

4 个曲面建模案例。

本章主要介绍 NX 软件中曲面模型的创建和编辑。曲面建模不同于实体建模，它不是完全参数化的特征。相对于实体建模，曲面建模功能强大，可以绘制形状复杂的光顺曲面。用户可以使用曲面建模绘制标准建模无法实现的模型，它既可以生成曲面，也可以生成实体。通过本章的学习，读者能够掌握曲面模型的创建及编辑方法。

5.1 任务一：掌握曲面建模基本知识

一般来说，创建曲面都是从曲线开始的。可以通过点创建的曲线来创建曲面，也可以通过抽取或使用视图区已有的特征边缘线创建曲面。创建曲面的一般过程如下。

（1）可以用测量得到的点创建曲线，也可以从光栅图形中勾勒出所需曲线。

（2）根据创建的曲线，使用“通过曲线组”“直纹”“通过曲线网格”“扫掠”等命令，创建产品的主体或者大面积的曲面。

（3）使用“桥接面”“一般二次曲线”“N 边曲面”命令，对前面创建的曲面进行过渡连接、编辑或者光顺处理，最终得到完整的产品模型。

“曲面”选项卡包括“基本”组、“编辑”组等，下面分别对它们展开介绍。

5.1.1 “基本”组

曲面命令是根据已有的点、线等生成曲面的命令。基本曲面命令都集成在“曲面”选项卡的“基本”组中，如图 5-1 所示，或者选择“菜单”|“插入”|“曲面”命令或“插入”|“网格曲面”命令或“插入”|“扫掠”命令或“插入”|“弯边曲面”命令，其菜单如图 5-2 所示。“基本”组中部分命令的具体说明如表 5-1 所示。

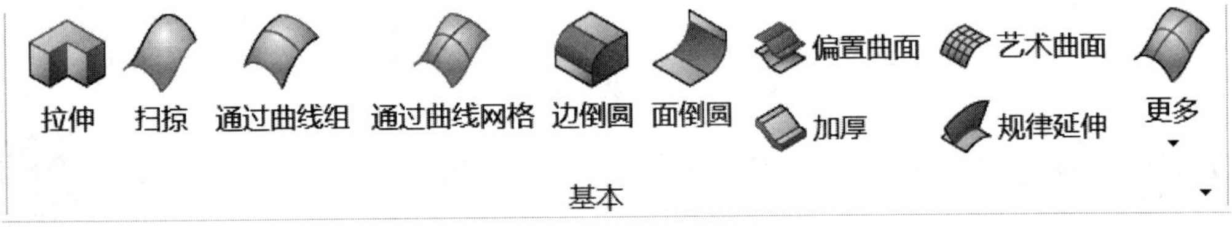

图 5-1 “基本”组

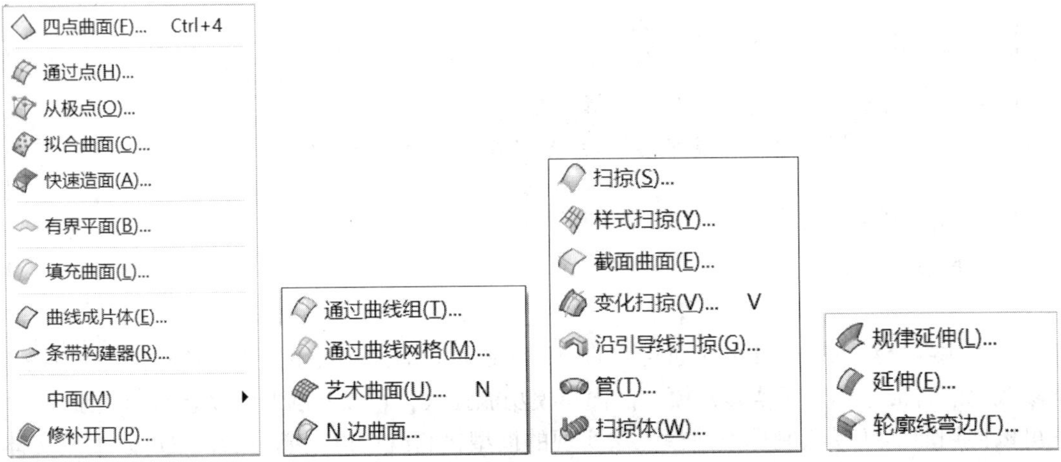

（a）“曲面”菜单　（b）“网格曲面”菜单　（c）“扫掠”菜单　（d）“弯边曲面”菜单

图 5-2 曲面命令的相关菜单

表 5-1 “基本”组中部分命令的具体说明

图标	命令	说明
	四点曲面	可通过 4 个点来创建一个平面
	通过点	通过矩形阵列点创建曲面
	从极点	用定义曲面极点的矩形阵列点创建曲面

续表

图标	命令	说明
	拟合曲面	在逆向工程工作流中将曲面拟合到小平面体、曲线特征或组（点集或点组）
	快速造面	从小平面体创建曲面模型
	有界平面	创建由一组端点相连的平面曲线封闭的平面片体
	填充曲面	根据一组边界曲线或边创建曲面
	曲线成片体	通过曲线组创建片体
	条带构建器	在输入轮廓和偏置轮廓之间构建片体
	修补开口	创建片体，将开口插入一组面中
	直纹	在直纹形状为线性过渡的两个截面之间创建体
	通过曲线组	通过多个截面创建体，直纹形状改变以穿过各截面
	通过曲线网格	通过一个方向的截面网格和另一方向的引导线创建体
	艺术曲面	用任意数量的截面和引导线串创建曲面
	N 边曲面	创建由一组端点相连的曲线封闭而成的曲面
	扫掠	通过沿一条、两条或三条引导线串扫掠一个或多个截面来创建实体或片体
	样式扫掠	通过沿一条或两条引导线串扫掠一组截面线串来开发一流质量的自由形状曲面
	截面曲面	使用二次曲线构造方法来创建通过曲线或边的截面的曲面
	变化扫掠	通过沿路径扫掠横截面（截面的形状沿该路径变化）来创建体
	规律延伸	根据距离规律及延伸的角度来延伸现有的曲面或片体
	延伸	在曲面边或拐角处创建延伸曲面片体

5.1.2 “编辑”组

编辑曲面命令集成在“曲面”选项卡的“编辑”组中，如图 5-3 所示，或者选择“菜单”|“编辑”|“曲面”命令，其菜单如图 5-4 所示。“编辑”|“曲面”菜单中命令的具体说明如表 5-2 所示。

图 5-3 “编辑”组

图 5-4 “编辑”|“曲面”菜单

表 5-2 “编辑”|“曲面”菜单中命令的具体说明

图标	命令	说明
	X 型	编辑样条和曲面的极点与普通点
	I 型	通过编辑等参数曲线来动态修改曲面
	匹配边	修改曲面，使其与参考对象的共有边界几何连续
	边对称	在逆向工程工作流中将曲面拟合到小平面体、曲线特征或组（点集或点组）
	修复曲面	修复与片体和实体中已导入或已导出数据关联的几何体
	展平和成形	从一个或多个体将三维面以及相关的曲线和点展开至二维平面
	整体变形	使用由函数、曲线或曲面定义的规律使曲面变形
	全局变形	修改现有的产品设计，以适应下游设计或生产工艺约束（如 CAE 分析或物理试用）中的更改
	剪断曲面	在指定的边界几何体上分割曲面或剪断一部分曲面
	扩大	更改未修剪的片体或面的大小

续表

图标	命令	说明
	替换边	修改或替换片体的现有边界
	更改边	通过不同的方法修改 B 曲面的边
	剪断为补片	在未修剪的 B 曲面上将面分割成几个与曲面的补片定义对应的单独片体或从原始片体中删除一个或多个补片
	局部取消修剪和延伸	对片体的单个曲面进行延伸、修剪或取消修剪
	整修面	改进面的外观，同时保留原先几何体的紧公差
	次数	更改体的次数
	刚度	通过更改体的次数来修改其形状
	光顺极点	通过计算选定极点对于周围曲面的恰当位置来修改极点分布
	法向反向	反转片体的曲面法向
	U 向 /V 向	修改不属于某特征的 B 曲面的 U 和 V 方向

5.2　任务二：学习曲面案例

5.1 节已经介绍了曲面建模的基本知识、创建曲面的命令、编辑曲面的命令等，在学完这些知识的基础上，接下来通过“水果梨”“电风扇叶片”等 4 个案例讲解使用曲面工具建模的过程，以进一步巩固本章所学命令的使用方法。

5.2.1　案例一：水果梨

5.2.1.1　设计要求

使用草图、曲面的相关命令，绘制如图 5-5 所示的水果梨。

水果梨

图 5-5　水果梨

5.2.1.2　设计思路

（1）绘制水果梨的三维框架，如图 5-6 所示。
（2）绘制水果梨的主体部分，如图 5-7 所示。

（3）绘制水果梨的柄部分，如图 5–8 所示。

（4）修饰细节。

（5）着色渲染。

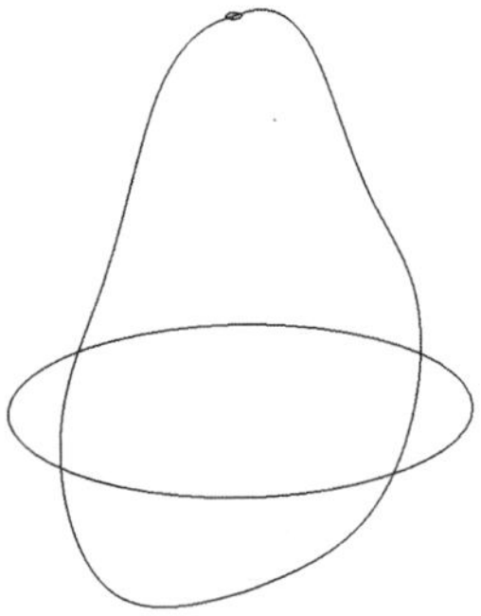

图 5–6　水果梨的三维框架

图 5–7　水果梨的主体部分

图 5–8　水果梨的柄部分

5.2.1.3　设计过程

1. 新建文件

在 NX 启动界面的“主页”选项卡中，选择“新建”命令，打开“新建”对话框，输入文件名 5.2.1.prt，并指定一个保存路径。

2. 绘制水果梨的线性框架

（1）选择“菜单”|“插入”|“草图曲线”|“圆”命令，选择 *XY* 平面作为草绘的基准平面，绘制 $\phi 3$ 的圆，如图 5–9 所示，选择“完成”命令，退出草图模块。

（2）选择“菜单”|“插入”|“基准”|“基准平面”命令，弹出“基准平面”对话框，如图 5–10 所示，使用“按某一距离”方式，选择 *XY* 平面作为“平面参考”，创建距离 *XY* 平面 –70 mm 的基准平面，如图 5–11 所示。

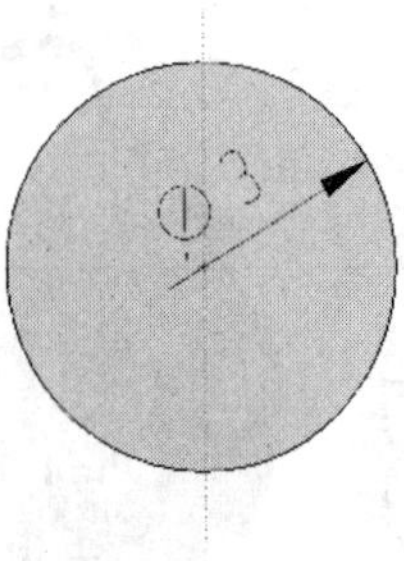

图 5–9　绘制圆 1

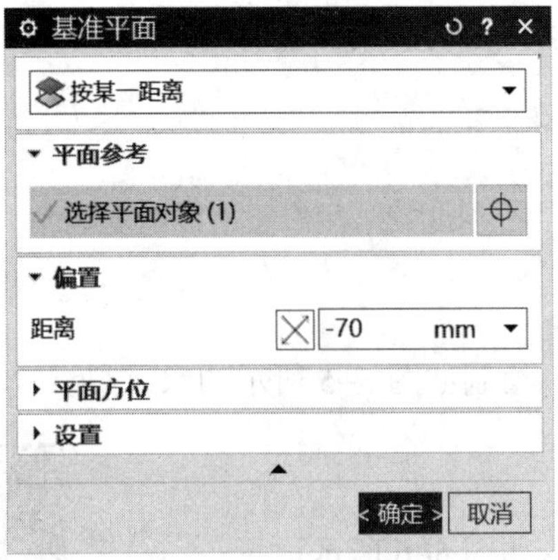

图 5–10　“基准平面”对话框

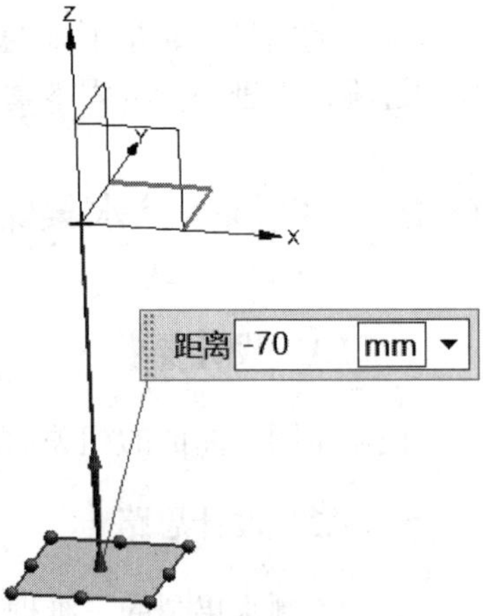

图 5–11　创建基准平面

（3）重复步骤（1），在步骤（2）所创建的基准平面上绘制 $\phi80$ 的圆，如图 5-12 所示。

（4）选择“菜单”|“插入”|“曲线”|“艺术样条”命令，选择 *YZ* 平面作为草绘的基准平面，绘制如图 5-13 所示的样条曲线，使用“镜像”命令，绘制如图 5-14 所示的镜像曲线。

（5）完成如图 5-15 所示的水果梨主体的三维框架的搭建。

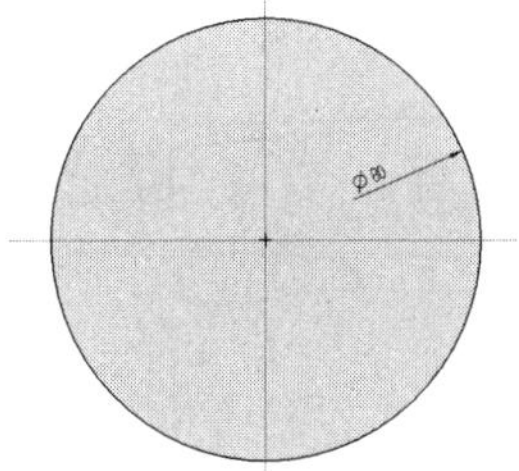

图 5-12　绘制圆 2

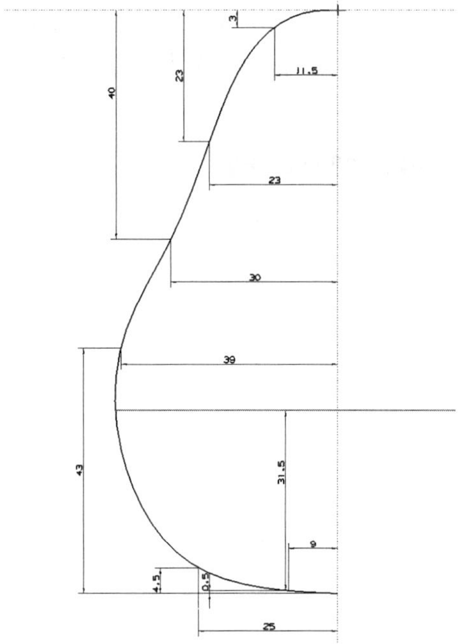

图 5-13　绘制样条曲线

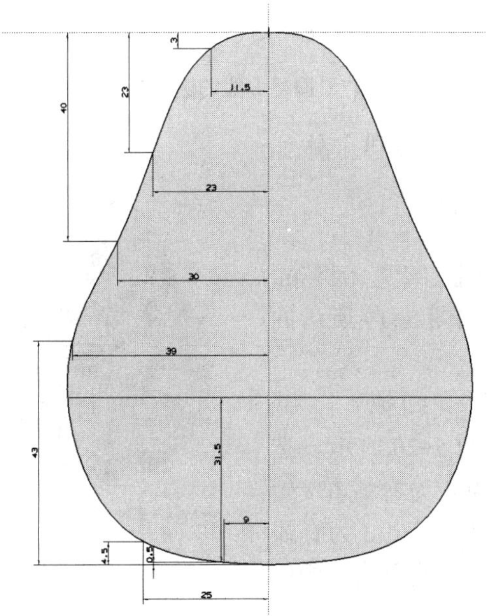

图 5-14　绘制镜像曲线

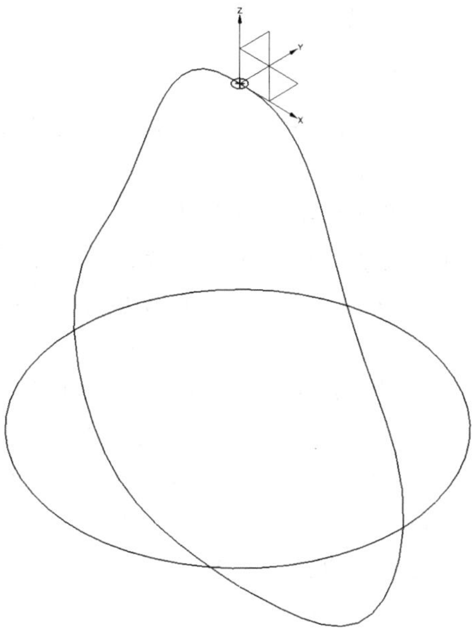

图 5-15　水果梨主体的三维框架

3. 绘制水果梨的主体部分

（1）选择“菜单”|“插入”|“网格曲面”|“通过曲线网格”命令，弹出“通过曲线网格”对话框，如图 5-16 所示。选择曲线网格中的主曲线与交叉曲线时需注意，二者在某些情况下是不可互换的。创建的曲面如果发生变形，可以改变主曲线的顺序进行曲面调整。

（2）选择 $\phi 3$ 的圆作为“主曲线 1”，$\phi 80$ 的圆作为“主曲线 2”，样条曲线底部端点作为“主曲线 3”，选择样条曲线作为“交叉曲线 1”，选择镜像曲线作为“交叉曲线 2”，如图 5-17 所示。

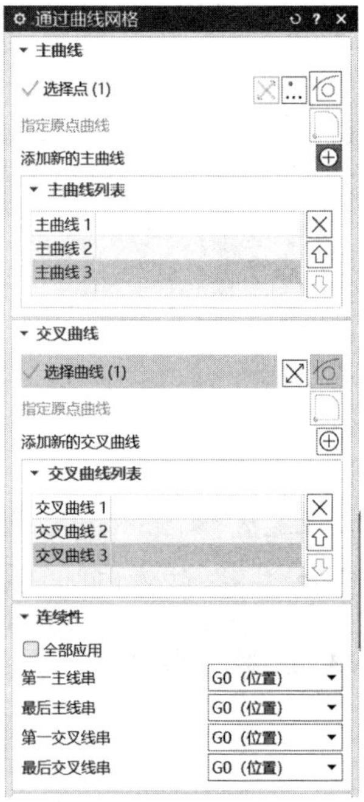

图 5-16 “通过曲线网格”对话框

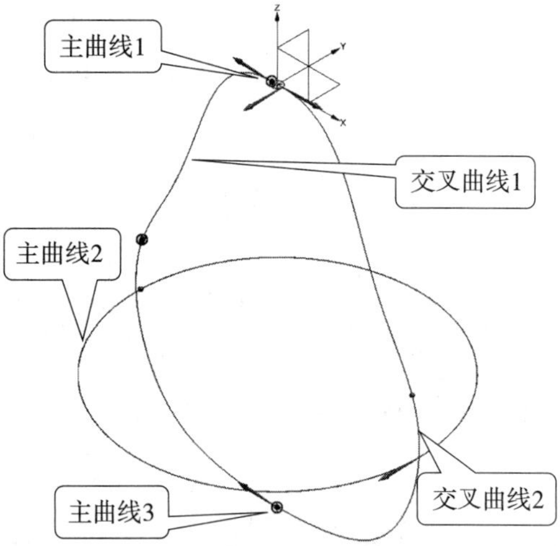

图 5-17 网格曲线的选择

（3）单击“确定”按钮，完成曲面的创建，水果梨主体如图 5-18 所示。

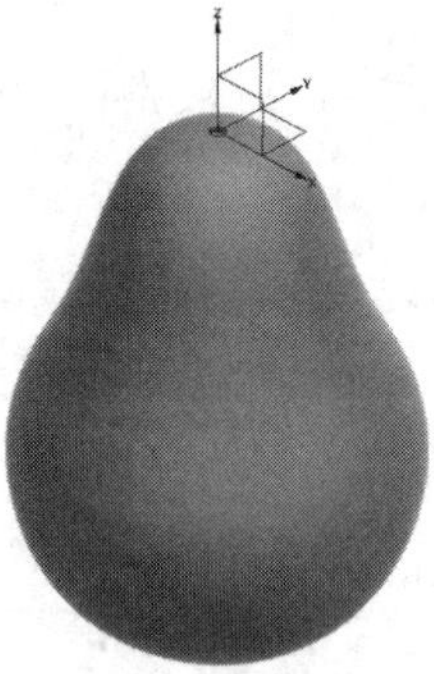

图 5-18 水果梨主体

4. 绘制水果梨的柄部分

（1）创建曲线。选择“菜单”|“插入”|“草图”|“艺术样条”命令，选择 *XZ* 平面作为草绘的基准平面，绘制如图 5-19 所示的样条曲线。

（2）生成柄实体，选择“菜单”|“插入”|“扫掠”|“截面曲面”命令，弹出“截面曲面”对话框，如图 5-20 所示。选择样条曲线为“引导线”及“脊线”，分别指定点 1 为脊线 0% 处且“直径”为 2，点 2 为脊线 50% 处且“直径”为 1，点 3 为脊线 100% 处且“直径”为 1.5，单击“确定”按钮，完成截面曲面的创建，如图 5-21 所示。

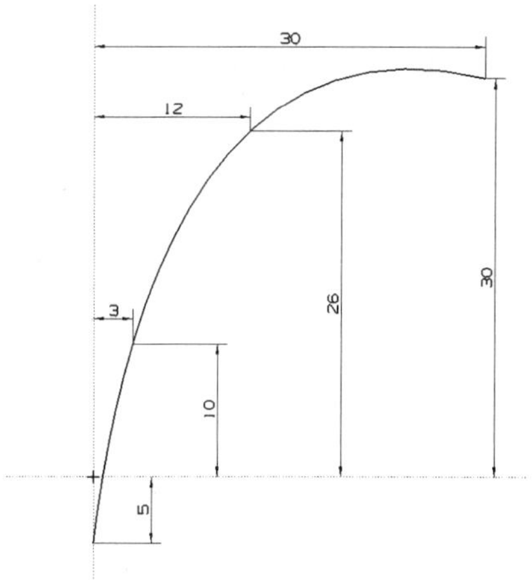

图 5-19　水果梨柄样条曲线

图 5-20　“截面曲面”对话框

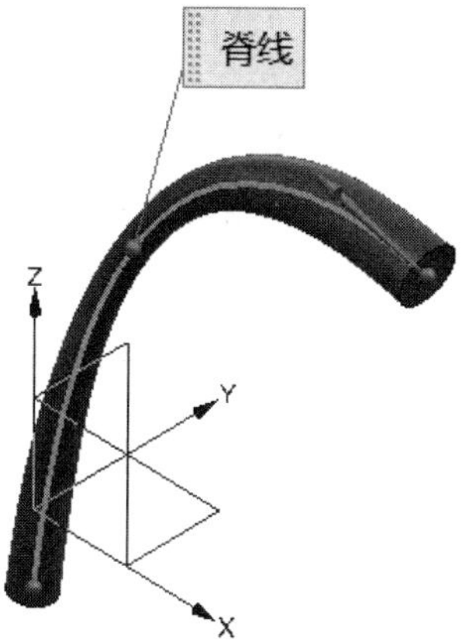

图 5-21　创建截面曲面

5. 修饰细节

（1）选择“菜单”|“插入”|“组合”|“合并”命令，弹出“合并”对话框，分别选择主体部分为“目标”，柄部分为“工具”，如图 5-22 所示。

（2）添加边倒圆特征。选择“菜单”|“插入”|“细节特征”|“边倒圆”命令，弹出“边倒圆”对话框。选择如图 5-23 所示的边，输入圆角半径为 1。

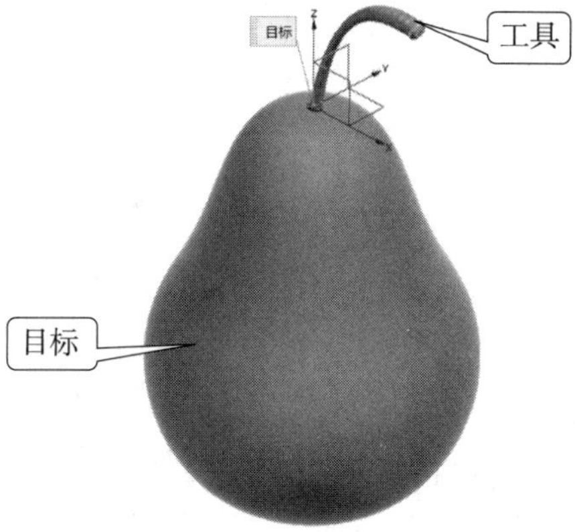

图 5-22　合并

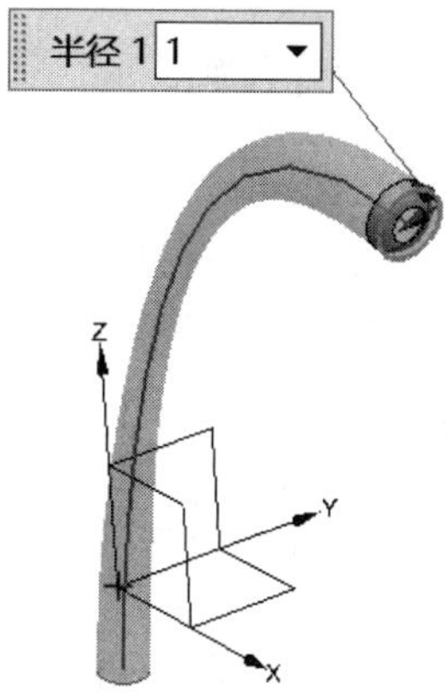

图 5-23　添加边倒圆特征

6. 渲染

（1）选择“菜单”|“编辑”|“对象显示”命令，将“类型过滤器”更改为“面”，改变主体及柄的颜色，效果如图 5-24 所示，完成水果梨的建模。

（2）保存并退出。

图 5-24　水果梨的最终效果

5.2.2　案例二：电风扇叶片

5.2.2.1　设计要求

使用“草图”“扫掠”“移动对象”等命令，绘制如图 5-25 所示的电风扇叶片。

5.2.2.2　设计思路

（1）绘制风扇叶的支撑部分，如图 5-26 所示。

（2）使用“扫掠”命令，绘制电风扇的扇叶部分，如图 5-27 所示。

（3）使用“移动对象”命令生成其余的扇叶并求和。

电风扇叶片

图 5-25　电风扇叶片

图 5-26　支撑部分

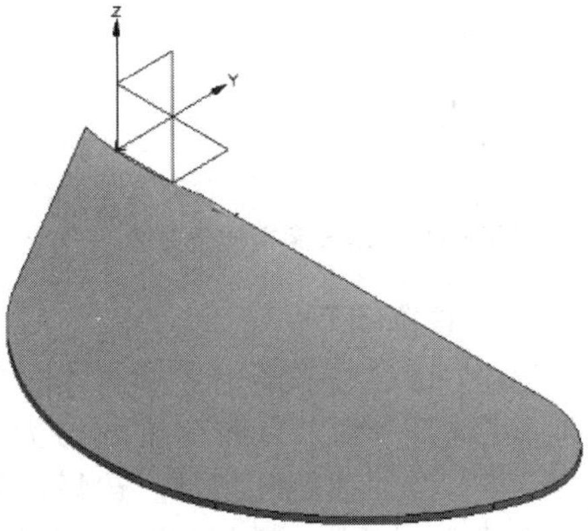

图 5-27　扇叶部分

5.2.2.3　设计过程

1. 新建文件

参考 5.2.1.3 节，新建文件 5.2.2.prt。

2. 绘制中心的支撑部分

（1）绘制草图。选择“菜单”|“插入”|“草图”命令，选择 *XY* 平面作为草绘的基准平面，绘制如图 5-28 所示的草图。

（2）拉伸。选择“菜单”|“插入”|“设计特征”|“拉伸”命令，弹出“拉伸”对话框，如图 5-29 所示。更改选择意图为“区域边界曲线”，选择草图作为“截面”，“方向”为默认方向，在“限制”组中开始、结束“距离”分别设置为 -5 及 35，单击“确定”按钮，得到如图 5-30 所示的拉伸图形。

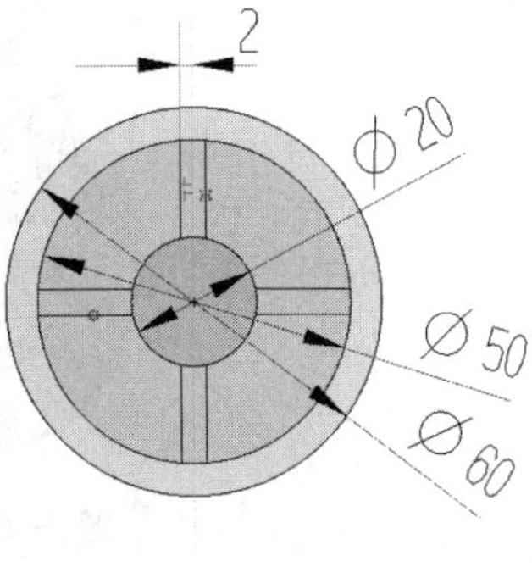

图 5-28　绘制草图 1

图 5-29 “拉伸”对话框 1

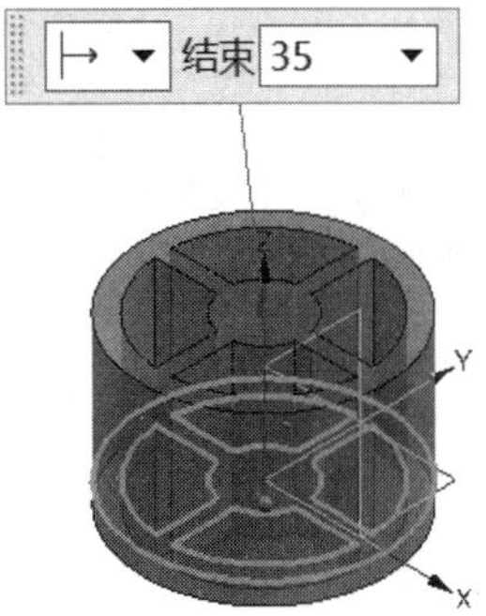

图 5-30 拉伸图形 1

3. 绘制扇叶

（1）绘制螺旋线。选择“菜单”|“插入”|“曲线”|“螺旋”命令，弹出“螺旋”对话框，如图 5-31 所示。在“方位”组中选择 Z 轴为正方向，在“大小”组中选中“直径”单选按钮，“规律类型”设置为“恒定”，“值”设置为 58，在“螺距”组中“规律类型”设置为“恒定”，“值”设置为 150，在“长度”组中“方法”设置为“圈数”，“圈数”设置为 0.2，在“设置”组中“旋转方向”设置为“左手”，其他选项为系统默认值，单击“确定”按钮，绘制的螺旋线如图 5-32 所示。

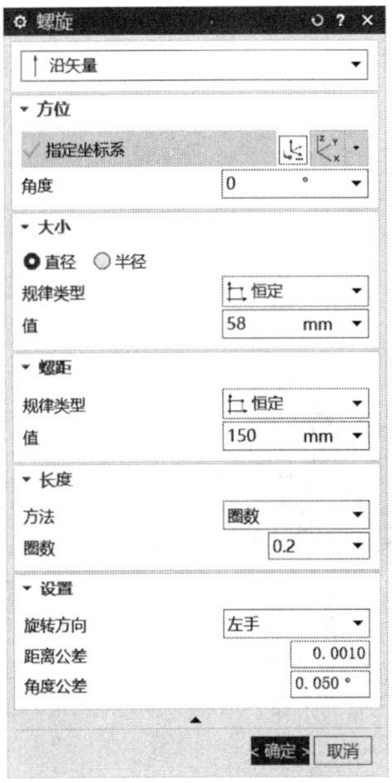

图 5-31 “螺旋”对话框

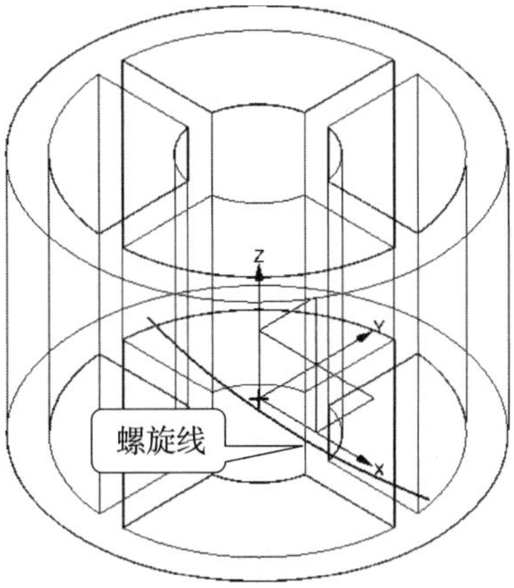

图 5-32 绘制螺旋线

（2）绘制直线。选择“菜单”|“插入”|“曲线”|“直线”命令，弹出“直线”对话框，如图 5-33 所示。“起点选项”设置为螺旋线在 *X* 轴上的端点，“终点选项”设置为“XC 沿 XC”，在“限制”组中，“起始限制”设置为“在点上”，“距离”设置为 0，“终止限制”设置为“值”，“距离”设置为 150，单击“确定”按钮，绘制的直线如图 5-34 所示。

图 5-33 “直线”对话框

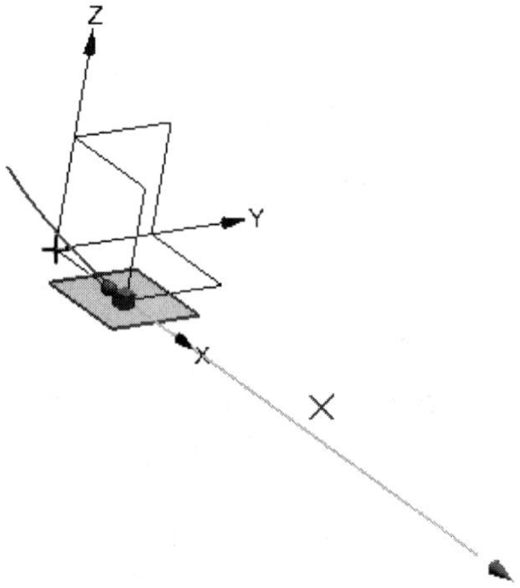

图 5-34 绘制直线

（3）扫掠特征。选择“菜单”|“插入”|“扫掠”|“扫掠”命令，弹出“扫掠面”对话框，如图 5-35 所示。在“截面”组中选择绘制的直线，在“引导线”组中选择绘制的螺旋线，在“截面选项”组中，“定位方法”的“方向”设置为“面的法向”，选择拉伸的外圆柱面，其他选项为系统默认值，单击“确定”按钮，得到如图 5-36 所示的扫掠图形。

图 5-35 “扫掠面”对话框

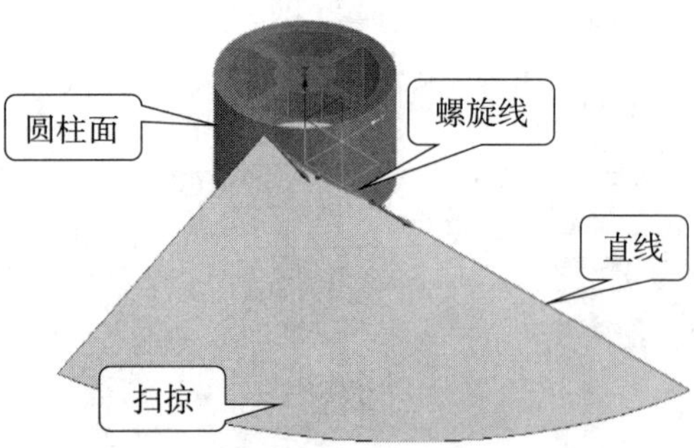

图 5-36 扫掠图形

（4）加厚。选择“菜单”|“插入”|“偏置 / 缩放”|“加厚”命令，弹出“加厚”对话框，如图 5-37 所示。在“面”组中选择扫掠得到的曲面，在“厚度”组中，“偏置 1”设置为 1，“偏置 2”设置为 -1，单击“确定”按钮，得到的加厚体如图 5-38 所示。

图 5-37　“加厚”对话框

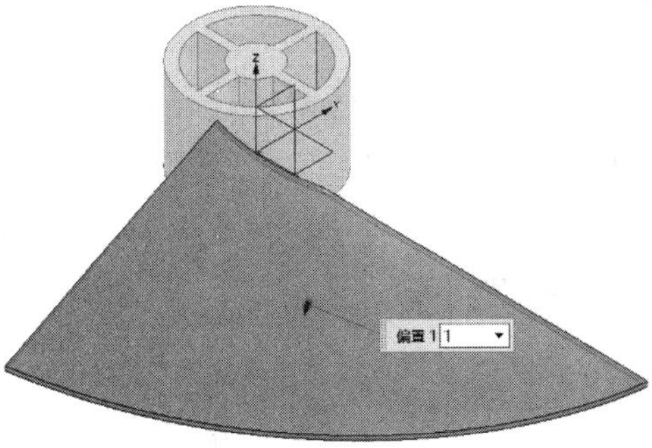

图 5-38　加厚体

（5）绘制草图。选择“菜单”|“插入”|“草图”命令，选择拉伸的上表面作为草绘的基准平面，绘制如图 5-39 所示的草图。

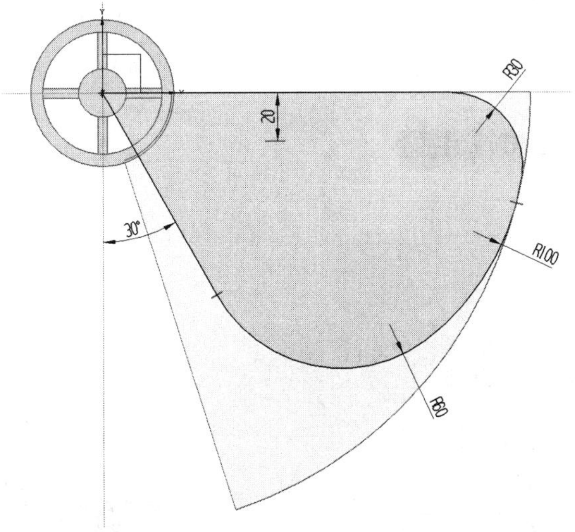

图 5-39　绘制草图 2

（6）拉伸。选择“菜单”|“插入”|“设计特征”|“拉伸”命令，弹出“拉伸”对话框，如图 5-40 所示。选择图 5-39 中的草图作为“截面”，在“方向”组中选择 Z 轴为正方向，在“限制”组中开始、结束“距离”分别设置为 0 及 40，“布尔”设置为“相交”，选择加厚特征为求交集的对象，单击“确定”按钮，得到如图 5-41 所示的拉伸图形。

（7）生成副本。选择“菜单”|“编辑”|“移动对象”命令，弹出“移动对象”对话框，如图 5-42 所示，在“对象”组中选择上一步拉伸的形体，在“变换”组中，“Motion”设

置为“角度”，“指定矢量”设置为“ ZC 轴”，“指定轴点”设置为坐标原点，“角度”设置为 90°，在“结果”组中，选中“复制原先的”单选按钮，“距离 / 角度分割”设置为 1，“非关联副本数”设置为 3，单击“确定”按钮，得到如图 5-43 所示的扇叶的副本。

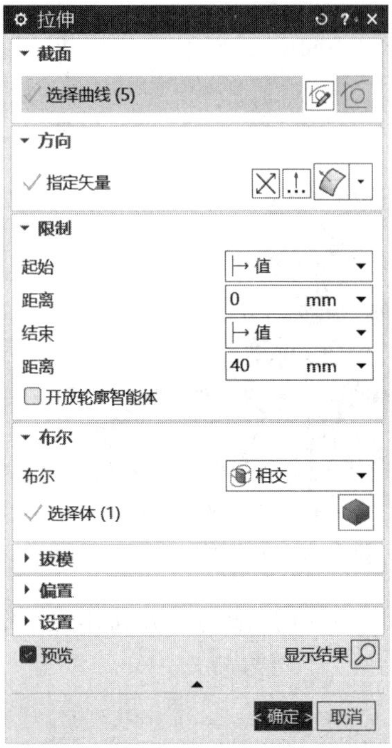

图 5-40 “拉伸”对话框 2

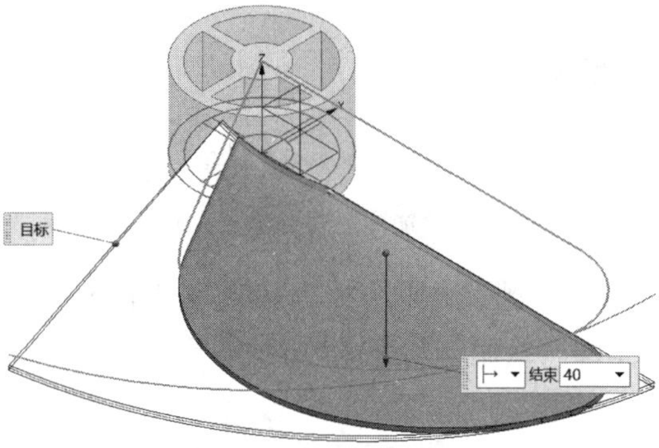

图 5-41 拉伸图形 2

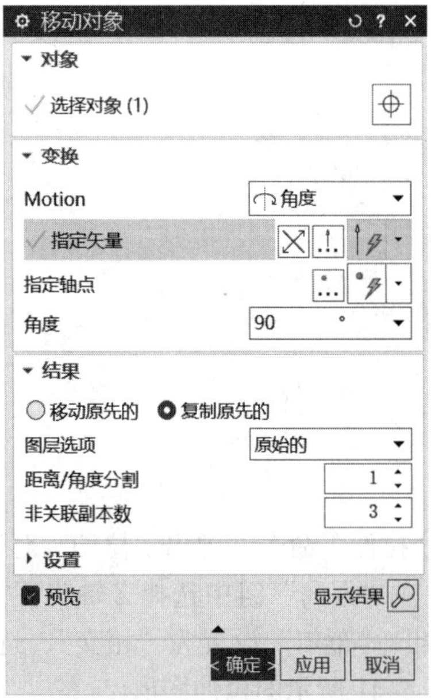

图 5-42 “移动对象”对话框

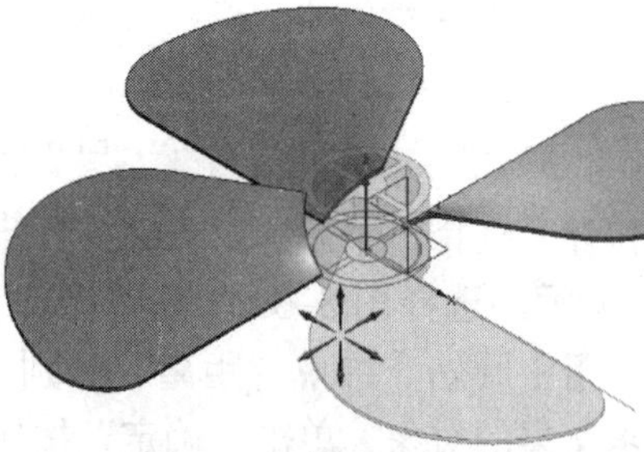

图 5-43 扇叶的副本

（8）求和。选择“菜单”|“插入”|“组合”|“合并”命令，弹出“合并”对话框，如

图 5-44 所示，在“目标”组中选择中心的支撑体，在“工具”组中选择 4 个扇叶，单击“确定”按钮，得到如图 5-45 所示的合并结果。

图 5-44 “合并”对话框

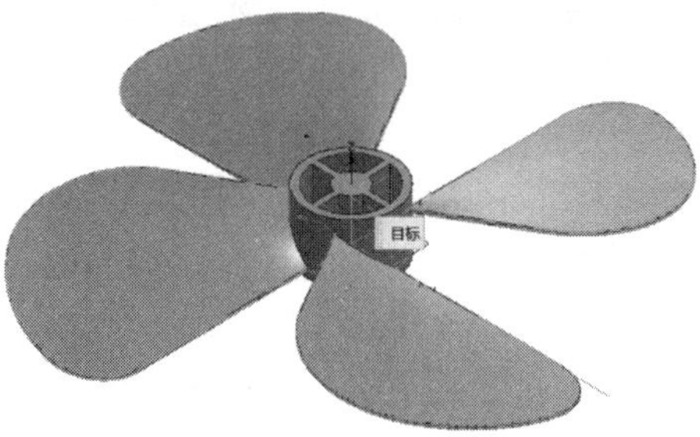

图 5-45 合并结果

（9）保存并退出。

5.2.3 案例三：花朵

5.2.3.1 设计要求

使用“草图”“扫掠”等命令，绘制如图 5-46 所示的花朵。

图 5-46 花朵

5.2.3.2 设计思路

（1）绘制花朵的主体框架，如图 5-47 所示。

（2）使用“扫掠”命令完成花朵的造型，如图 5-48 所示。

（3）建立花茎框架，如图 5-49 所示，并根据花茎框架使用“管”命令完成花茎的造型。

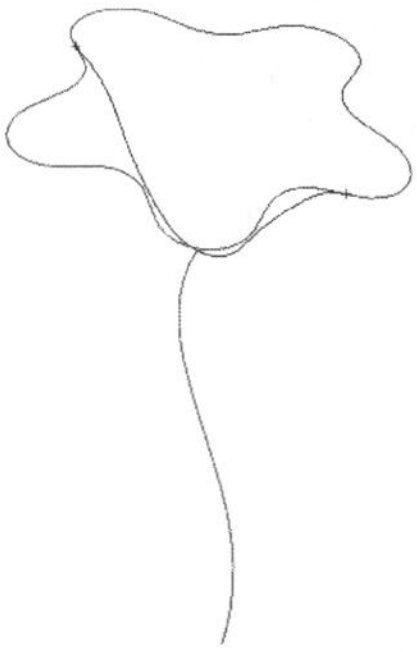

图 5-47 花朵的主体框架

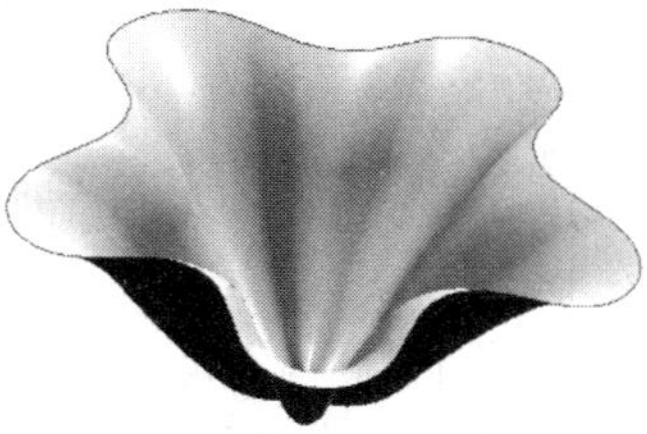

图 5-48 花朵的造型

图 5-49 花茎框架

5.2.3.3 设计过程

花朵

1. 新建文件

参考 5.2.1.3 节，新建文件 5.2.3.prt。

2. 绘制花朵的主体框架

（1）绘制球体。选择“菜单”|“插入”|“设计特征”|“球”命令，弹出“球”对话框，如图 5-50 所示，“直径”设置为 100，单击“确定”按钮，得到如图 5-51 所示的球体。

图 5-50 “球”对话框

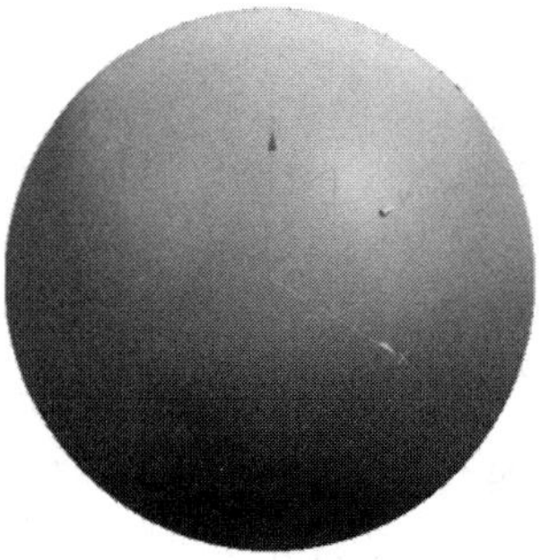

图 5-51 绘制球体

（2）修剪球体。选择“菜单”|“插入”|“修剪”|“修剪体”命令，弹出“修剪体”对话框，如图 5-52 所示，在“目标”组中选择球体，在“工具”组中选择 *XY* 平面，单击“确定”按钮，得到如图 5-53 所示的半球体。

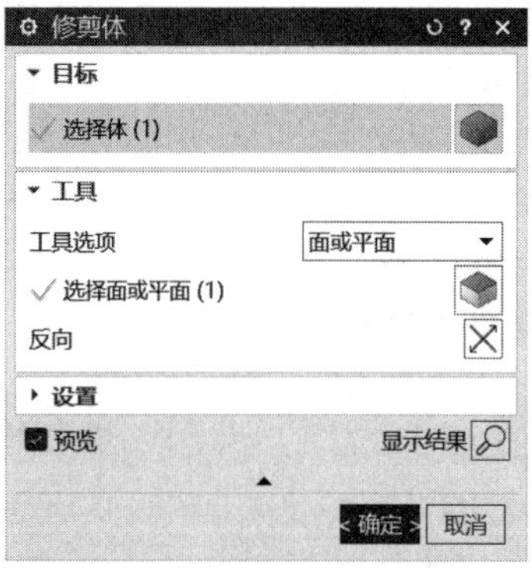

图 5-52 “修剪体”对话框

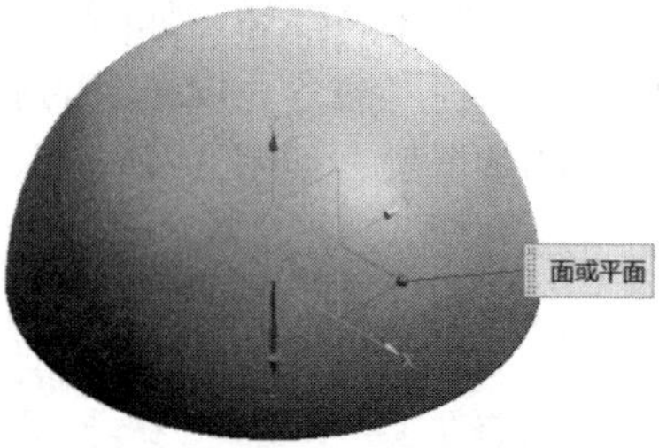

图 5-53 修剪后的半球体

（3）创建花瓣草图。选择“菜单”|“插入”|“草图”命令，选择 *XY* 平面作为草绘的基准平面，绘制如图 5-54 所示的花瓣草图。

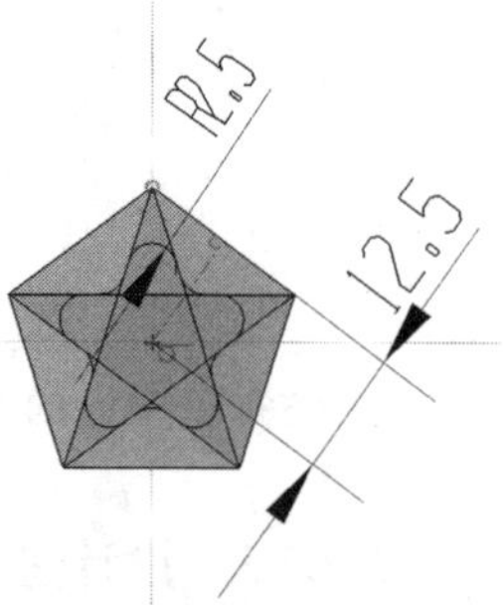

图 5-54 绘制花瓣草图

（4）投影曲线。选择“菜单”|“插入”|“派生曲线”|“投影”命令，弹出如图 5-55 所示的“投影曲线”对话框，选择花瓣形状作为“要投影的曲线或点”，选择半球体作为“要投影的对象”，“指定矢量”设置为“ZC 轴”，单击“确定”按钮，得到如图 5-56 所示的投影曲线。注意，这里选择意图为“相交处停止”。

（5）创建花茎草图。选择“菜单”|“插入”|“草图”命令，选择 *XZ* 平面作为草绘的基准平面，绘制如图 5-57 所示的花茎草图。

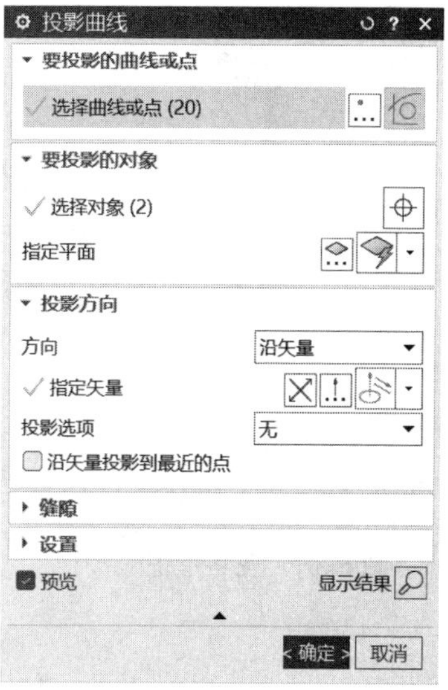

图 5-55　“投影曲线”对话框

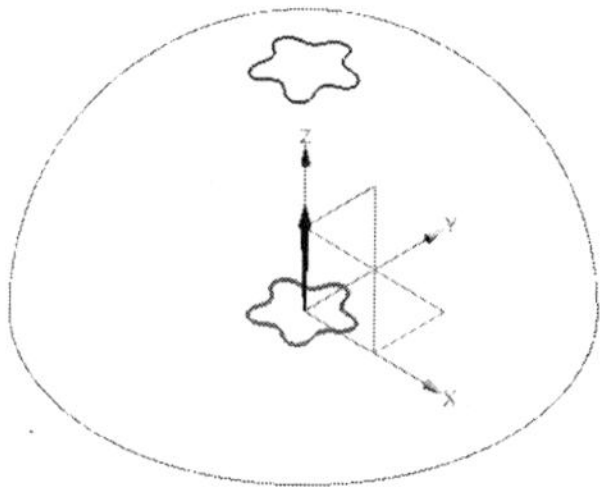

图 5-56　投影曲线

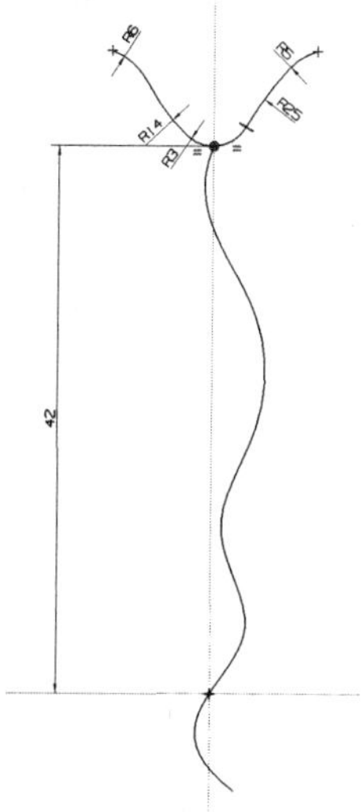

图 5-57　绘制花茎草图

3. 完成花朵造型

选择“菜单”|“插入”|“扫掠”|“扫掠”命令，弹出如图 5-58 所示的“扫掠面”对话框，选择图 5-56 所示的投影曲线作为“截面”，依次选择 *R*6、*R*14、*R*3 的圆弧作为“引导 1”，选择 *R*5、*R*25 的圆弧作为“引导 2”，单击“确定”按钮，得到如图 5-59 所示的花朵造型。

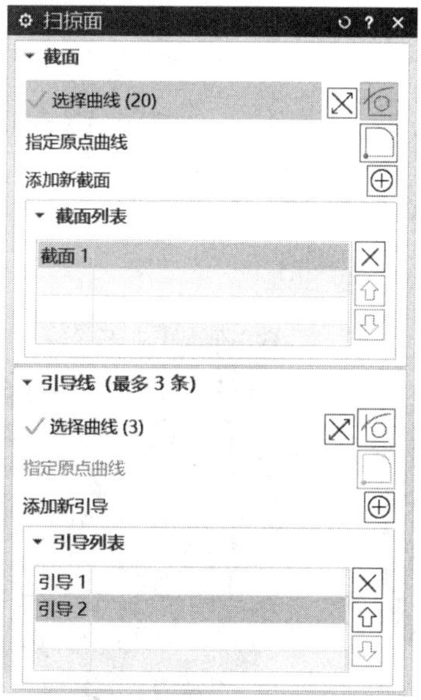

图 5-58　“扫掠面”对话框

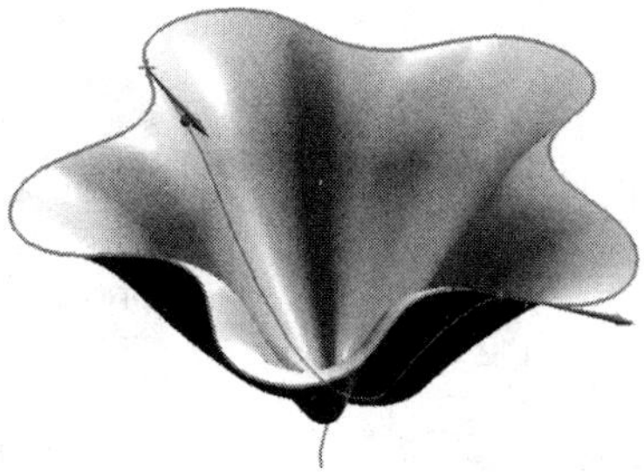

图 5-59　扫掠的花朵造型

4. 完成花茎造型

选择“菜单”|“插入”|“扫掠”|“管”命令，弹出如图 5-60 所示的“管”对话框，“外径”设置为 0.6，“内径”设置为 0，选择花茎样条曲线作为“路径”，单击“确定”按钮，得到如图 5-61 所示的花茎造型并保存。

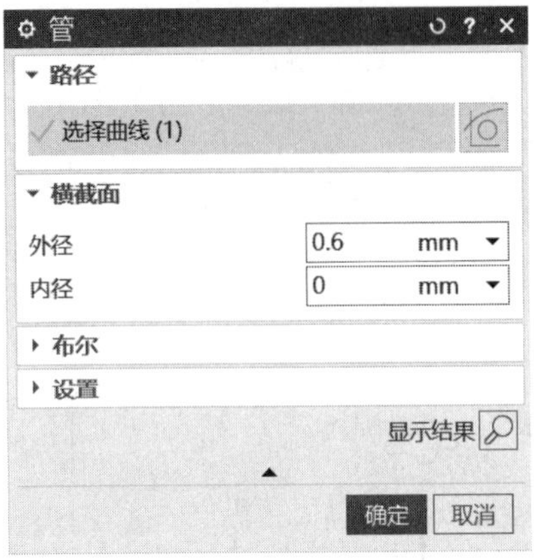

图 5-60 “管”对话框

图 5-61 花茎造型

5.2.4 案例四：水壶

5.2.4.1 设计要求

使用“草图”“扫掠”等命令，绘制如图 5-62 所示的水壶。

图 5-62 水壶

5.2.4.2 设计思路

（1）绘制水壶的壶体，如图 5-63 所示。

（2）使用“沿引导线扫掠”命令绘制水壶的把手，如图 5-64 所示。

（3）使用“扫掠”命令绘制水壶的壶嘴，如图 5-65 所示。

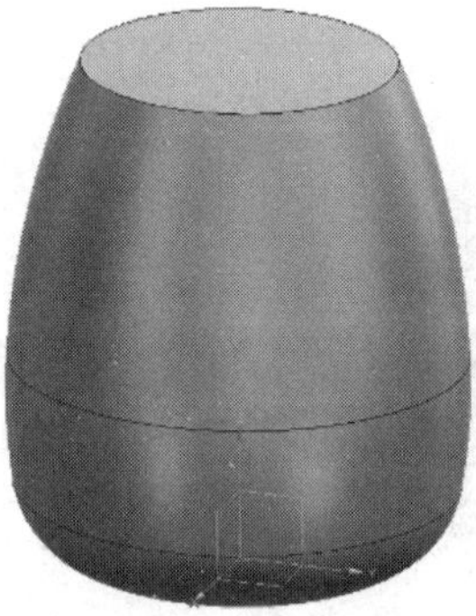

图 5-63 壶体

图 5-64 把手

图 5-65 壶嘴

5.2.4.3 设计过程

1. 新建文件

参考 5.2.1.3 节，新建文件 5.2.4.prt。

2. 绘制水壶的壶体

（1）选择“菜单”|“插入”|“草图”命令，选择 *YZ* 平面作为草绘的基准平面，绘制如图 5-66 所示的壶体草图。

（2）旋转。选择“菜单”|“插入”|“设计特征”|“旋转”命令，弹出“旋转”对话框，在“截面”组中选择壶体草图，在“轴”组中自动选择 *Z* 轴，单击“确定”按钮，得到如图 5-67 所示的壶体。

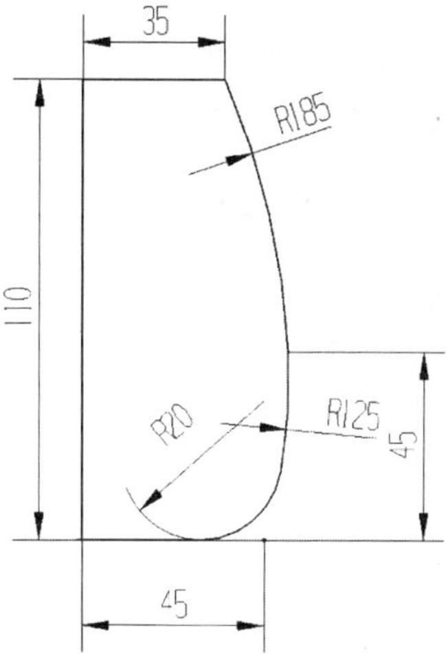

图 5-66　壶体草图

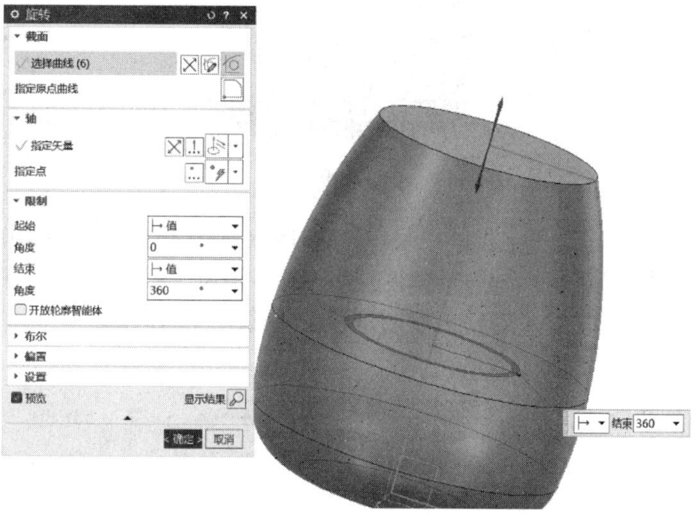

图 5-67　绘制壶体

3. 绘制水壶的把手

（1）选择“菜单”|“插入”|“草图”命令，选择 *YZ* 平面作为草绘的基准平面，绘制如图 5-68 所示的把手草图 1。

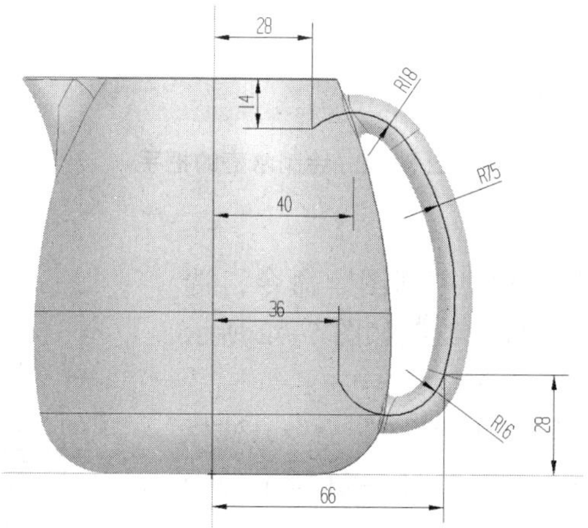

图 5-68　把手草图 1

（2）选择“菜单”|“插入”|“草图”命令，使用“基于路径”方式，在“路径”组中选择把手草图 1，“弧长百分比”设置为 0，如图 5-69 所示。在此草图上绘制如图 5-70 所示的椭圆，即把手草图 2。

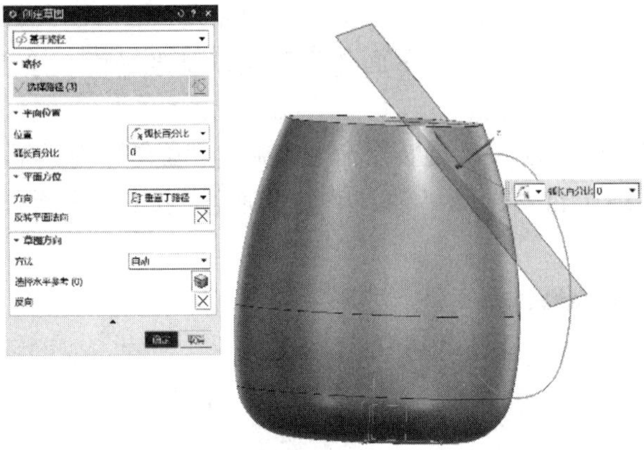

图 5-69 绘制草图

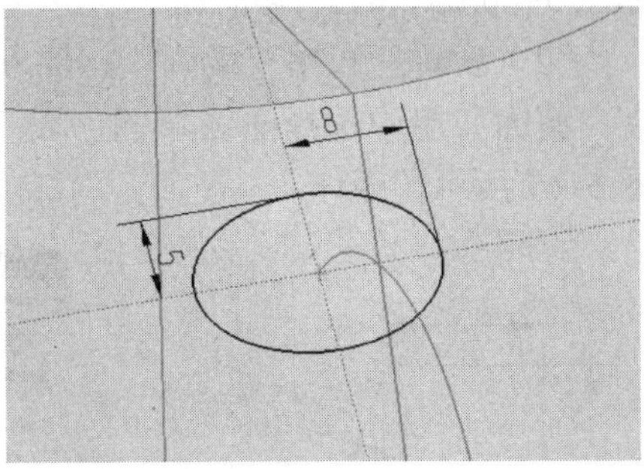

图 5-70 把手草图 2

（3）扫掠。选择“菜单”|“插入”|“扫掠”|“沿引导线扫掠”命令，弹出“沿引导线扫掠”对话框，选择把手草图 2 作为“截面”，选择把手草图 1 作为“引导线”，单击“确定”按钮，得到水壶的把手，如图 5-71 所示。

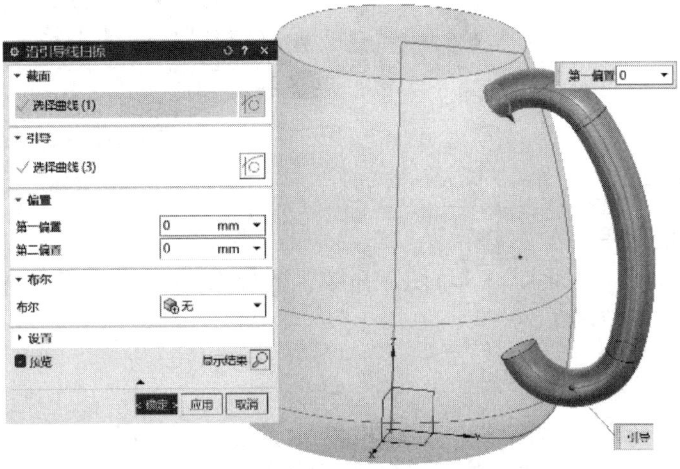

图 5-71 绘制水壶的把手

4. 绘制水壶的壶嘴

（1）选择“菜单”|“插入”|“草图”命令，选择 *YZ* 平面作为草绘的基准平面，绘制如图 5-72 所示的壶嘴草图 1。

（2）选择“菜单”|“插入”|“草图”命令，选择水壶上表面作为草绘平面，绘制如图 5-73 所示的壶嘴草图 2。

（3）扫掠。选择“菜单”|“插入”|“扫掠”|“扫掠”命令，弹出“扫掠面”对话框，选择壶嘴草图 2 作为“截面”，选择壶嘴草图 1 作为“引导线”，绘制水壶壶嘴，如图 5-74 所示。

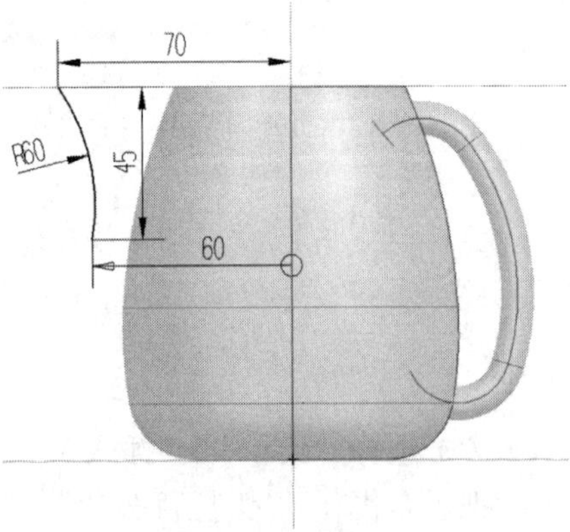

图 5-72 壶嘴草图 1

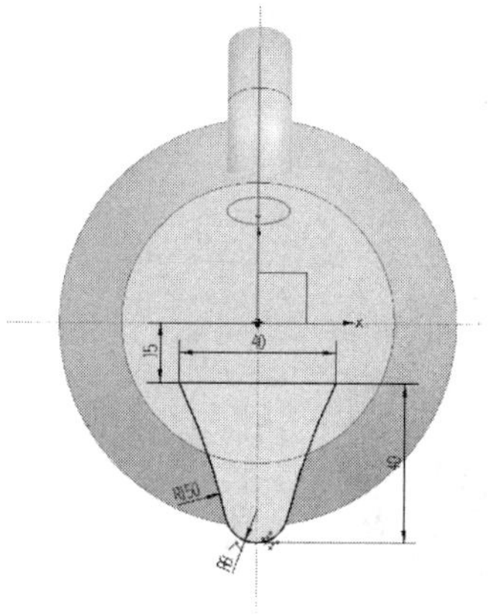

图 5-73 壶嘴草图 2

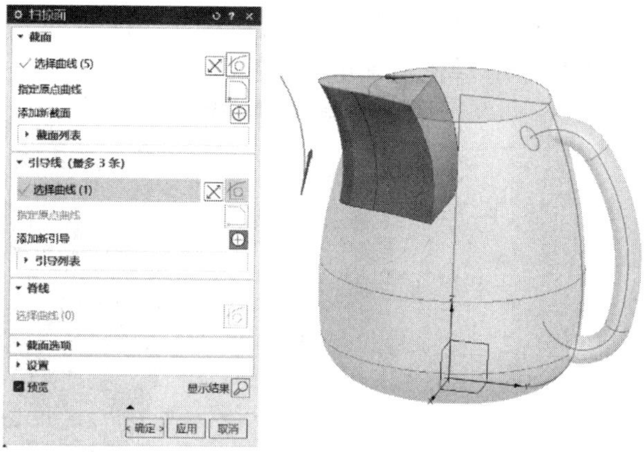

图 5-74 绘制水壶壶嘴

5. 细节修饰

（1）合并。选择“菜单”|“插入”|“组合”|“合并”命令，选择壶嘴为“目标体”，壶体为“工具”，单击“确定”按钮，合并结果如图 5-75 所示。

图 5-75 合并结果 1

（2）抽壳。选择“菜单”|“插入”|“偏置 / 缩放”|“抽壳”命令，选择水壶上表面，设置“厚度”为 1，单击“确定”按钮，抽壳结果如图 5-76 所示。

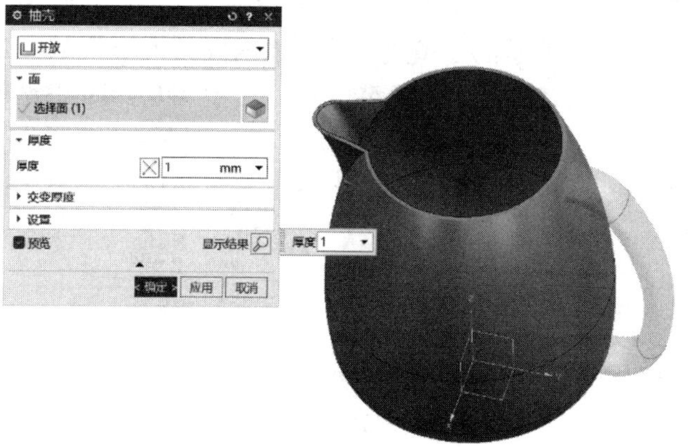

图 5-76 抽壳结果

（3）合并。选择“菜单”|“插入”|“组合”|“合并”命令，选择把手为“目标体”，壶体为“工具”，单击“确定”按钮，合并结果如图 5-77 所示。

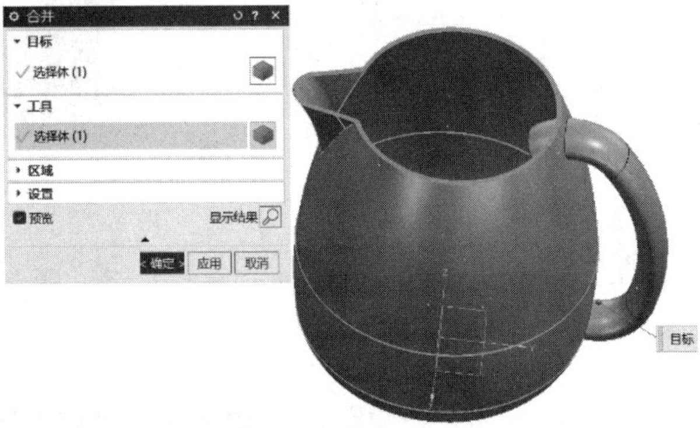

图 5-77　合并结果 2

（4）删除面。选择“菜单”|“插入”|“同步建模”|“删除面”命令，删除壶体内侧上方多余的把手面，如图 5-78 所示。用同样的方式，删除壶体内侧下方多余的把手面。

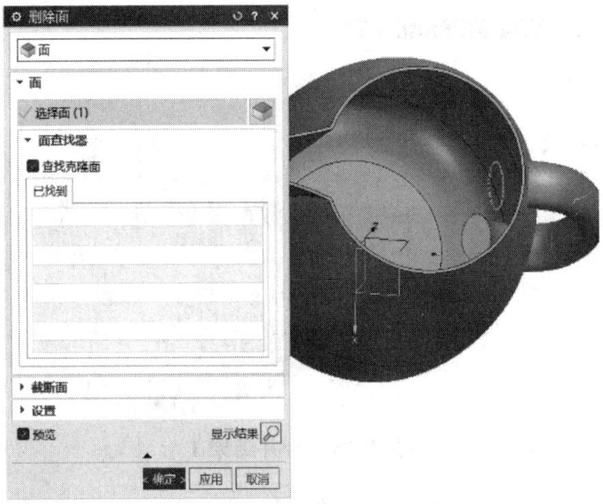

图 5-78　删除面

（5）倒圆角。选择“菜单”|“插入”|“细节特征”|“边倒圆”命令，弹出“边倒圆”对话框。分别选择如图 5-79 所示的 3 条边，分别输入圆角大小为 10、2、0.5。

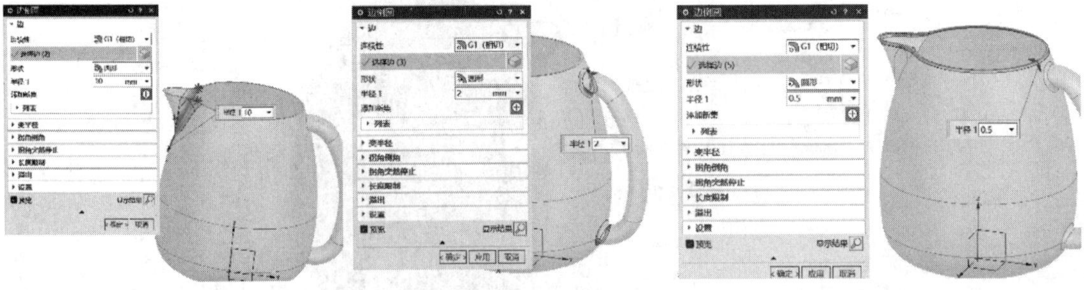

图 5-79　倒圆角

（6）保存并退出。

5.3　本章小结

本章主要讲述了 NX 软件中曲面建模的基本知识、曲面建模工具、曲面编辑工具，并通过水果梨、电风扇叶片、花朵、水壶建模的案例讲述了曲面建模命令的综合应用。通过本章的学习，读者应重点掌握“通过曲线网格”“扫掠”“偏置曲面”等命令的使用方法，并通过“修剪”“分割”“扩大曲面”“修剪和延伸”等命令对曲面特征进行编辑。

5.4　思考与练习

1. 思考题

（1）“通过曲线组”和“通过曲线网格”命令有什么异同点？

（2）简述“N 边曲面”命令的操作方法。

2. 练习题

使用曲面建模方法，创建如图 5-80 ～图 5 ～ 87 所示的三维模型。

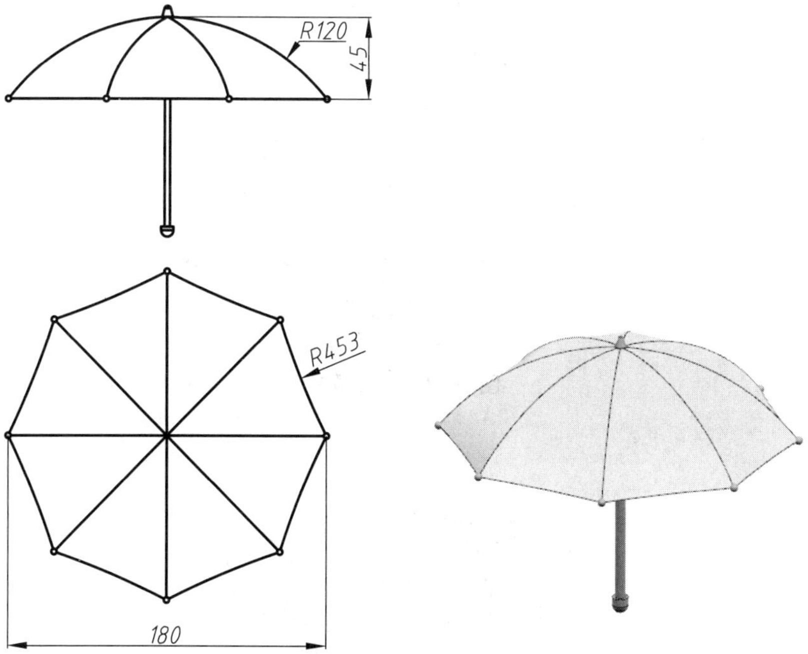

图 5-80　练习题 1

练习题 1

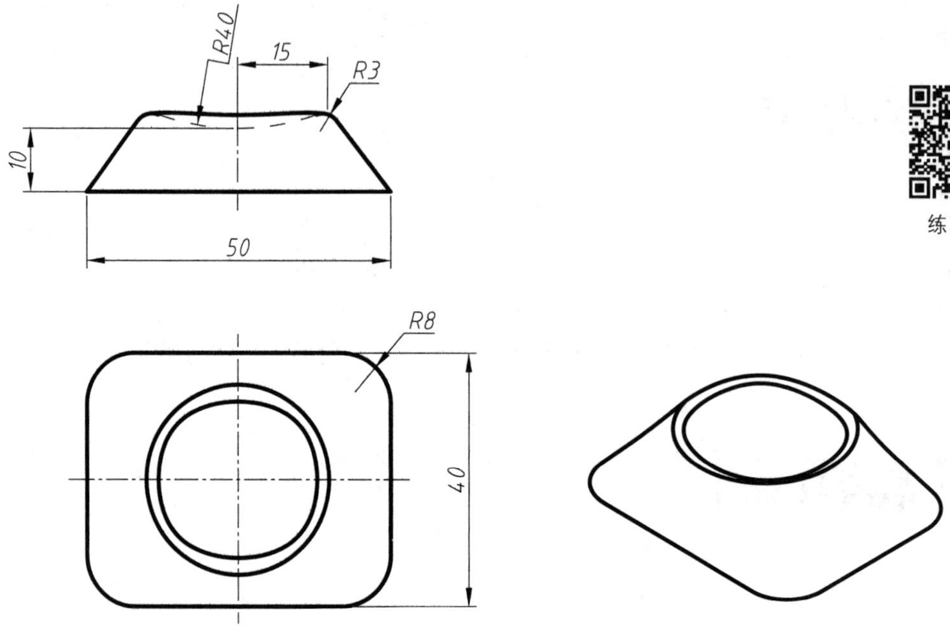

练习题 2

图 5-81　练习题 2

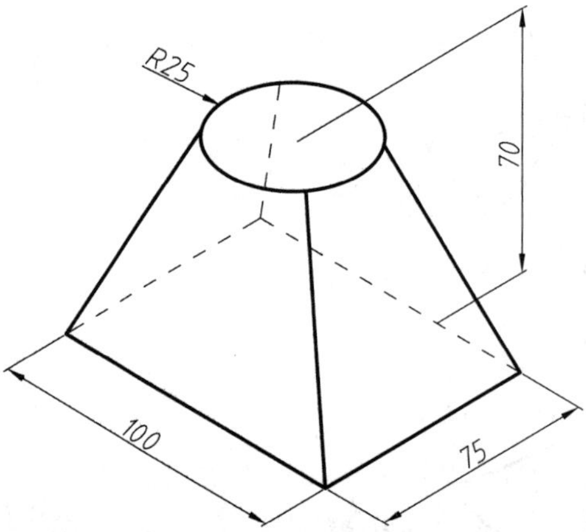

图 5-82　练习题 3

练习题 3

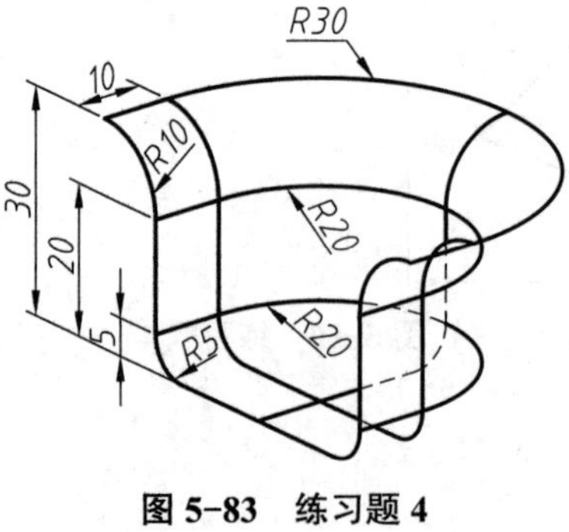

图 5-83　练习题 4

练习题 4

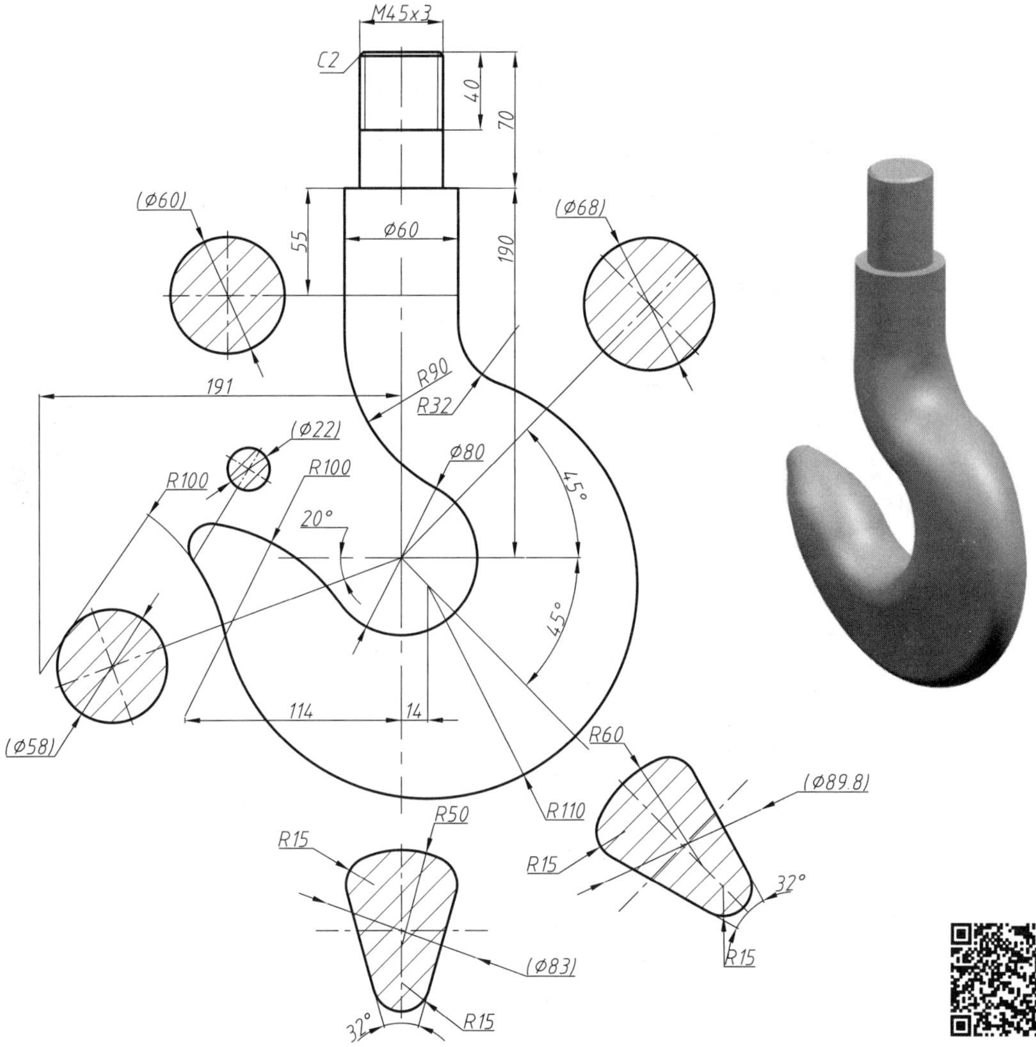

图 5-84 练习题 5

练习题 5

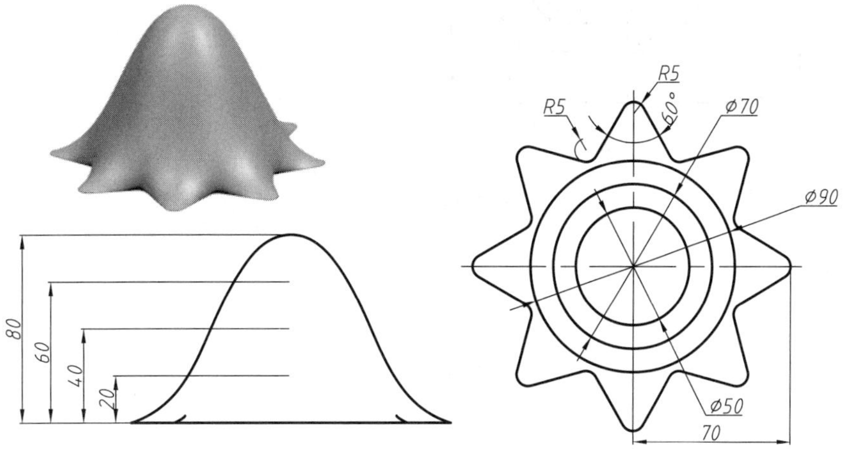

图 5-85 练习题 6

练习题 6

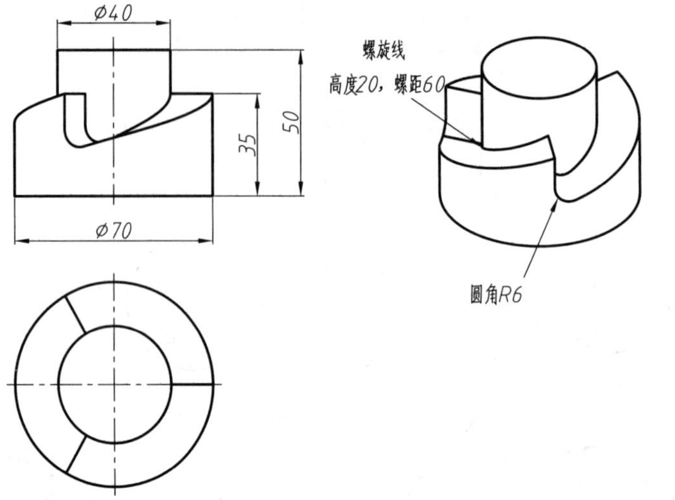

图 5-86 练习题 7

练习题 7

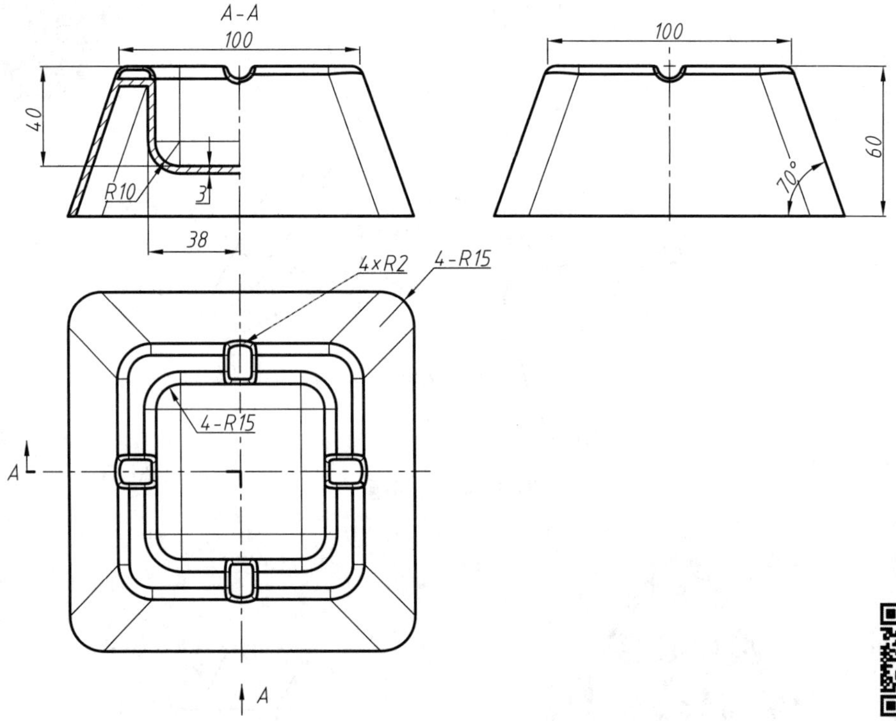

图 5-87 练习题 8

练习题 8

项目 6

学习装配设计及应用

一榫一卯，传承中国千年的工匠精神

【项目案例】

（1）了解装配设计的思路。

（2）掌握装配设计的相关命令。

【能力目标】

（1）能熟练使用装配设计相关命令完成装配图设计。

（2）能熟练利用装配导航器完成装配编辑。

【项目案例】

减速箱装配案例。

装配模块是NX软件中的集成模块，使用装配模块可以将零件文件和子装配文件装配成一个完整的产品模型。在装配过程中，部件几何体被引用到装配文件中，通过关联条件在部件间添加约束关系来确定部件在产品中的位置。

6.1 进入装配模块

用户对组件进行装配，首先要进入装配模块。NX软件进入装配模块的方式有两种，具体操作方法如下。

1. 直接新建装配文件或打开装配文件

在NX启动界面中，选择“文件”|“新建”命令，或者选择“主页”选项卡“标准”组中的“新建”命令，弹出如图6-1所示的“新建”对话框。在该对话框的“模型”选项卡的“模板”列表中选择“装配”模板，更改文件名称和存储路径，单击“确定”按钮，弹

出如图 6-2 所示的“装配”对话框，添加部件和组件之后进入装配模块。

图 6-1 “新建”对话框

图 6-2 “装配”对话框

2. 在建模模块中进入装配模块

在建模模块中，选择“装配”选项卡的“装配”命令，如图 6-3 所示，进入装配模块。

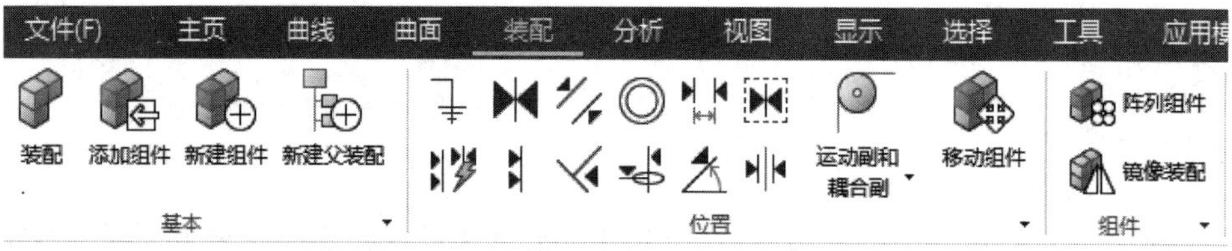

图 6-3 “装配”选项卡

6.2 “装配导航器”面板

“装配导航器”面板是一个方便的装配操作环境，位于资源条的上方，是一个可视化的窗口。它能够显示装配结构树及树中节点的各种信息，能够让技术人员清晰地观察装配件中各组件的装配关系、位置和引用集等信息，同时技术人员能够直接在“装配导航器”面板中进行各种操作。

在资源条中单击“装配导航器”按钮，自动弹出“装配导航器”面板，如图 6-4 所示。

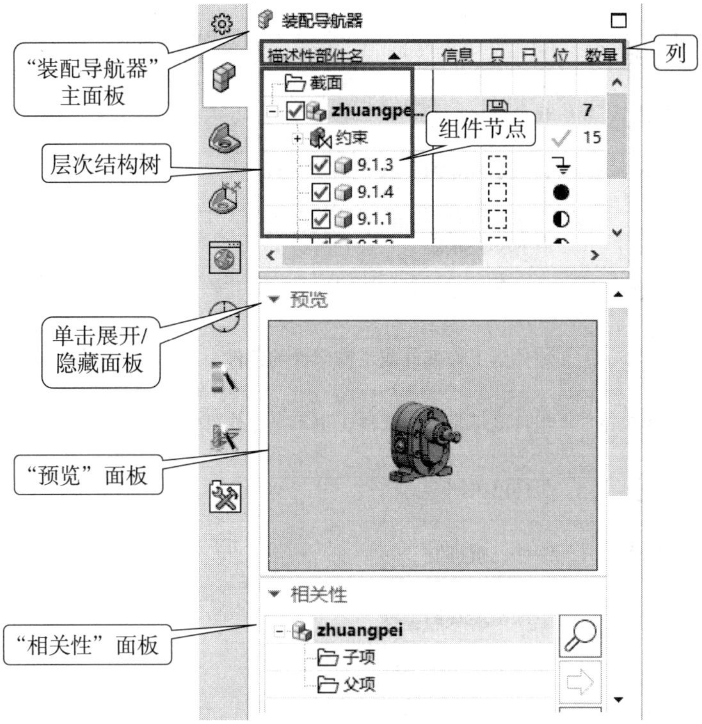

图 6-4　"装配导航器"面板

1．"装配导航器"主面板

层次结构树始终出现在"装配导航器"面板的左侧。在层次结构树中每个组件以节点显示，单击某个节点，在视图区将高亮显示对应的节点部件。以下符号出现在层次结构树的节点之前，其具体含义如表 6-1 所示。

表 6-1　节点前的符号的说明

位置	图标	说明
选定的节点之前		用于视图截面和组件组的文件夹
		展开装配或子装配节点
		压缩装配或子装配节点
	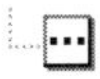	已从装配导航器的显示中过滤掉一个或多个组件
截面文件夹的各个剖视图中显示		标识工作截面的剖视图
		标识非工作截面的剖视图
节点代表装配或子装配		装配是工作部件或工作部件的组件
		装配虽然已被加载，但并不是工作部件或工作部件的组件
		装配未加载

续表

位置	图标	说明
节点代表装配或子装配		装配已被抑制
		装配不是几何装配
剖视图旁的复选框	☐	截面线已隐藏
	☑	截面线已显示
节点代表零件		组件是工作部件或工作部件的组件
		组件既不是工作部件，也不是工作部件的组件
		组件已关闭
		组件已被抑制
		组件不是几何组件
		此节点代表组件组
约束旁的复选框	☐	约束已被抑制
	☑	约束未受抑制
组件旁的复选框	☐	组件未加载
	☑	组件至少已部分加载但不可见
	☑	组件至少已部分加载而且可见
	⬚	部件已被抑制

2. 列

在“装配导航器”面板中，可以同时显示预先确定的列和用户定义的列。最左侧的列必须是标识组件的列，例如描述性部件名、组件名或部件名。列及其图标可提供装配导航器中截面、约束及组件行的信息。部分列的说明如表 6-2 所示。

表 6-2　部分列的说明

<table>
<tr><th>列</th><th colspan="4">说明</th></tr>
<tr><td>描述性部件名</td><td colspan="4">在装配首选项对话框中定义的描述性部件名可以是以下各项之一：文件名、描述、指定的属性。如果描述性部件名不可用，则显示使用尖括号（<>）括起的部件名</td></tr>
<tr><td rowspan="2">信息</td><td colspan="4">有关组件的附加信息</td></tr>
<tr><td>部件仅供参考，表示子装配</td><td>部件仅供参考，表示零件</td><td>部件是链接部件</td><td>部件是部件族成员</td></tr>
</table>

续表

<table>
<tr><th>列</th><th colspan="4">说明</th></tr>
<tr><td>组件名</td><td colspan="4">组件对象的名称</td></tr>
<tr><td>部件名</td><td colspan="4">组件的操作系统文件名</td></tr>
<tr><td rowspan="2">只读</td><td colspan="4">完全加载的组件的读写权限</td></tr>
<tr><td>可读写</td><td>只读</td><td>部件族成员只读</td><td>已部分加载</td></tr>
<tr><td>已修改</td><td colspan="4">显示在当前会话中是否对部件已进行修改的信息，表示已修改</td></tr>
<tr><td rowspan="4">位置</td><td colspan="4">组件的定位信息</td></tr>
<tr><td>完全约束</td><td>完全配对</td><td>固定，没有剩余的自由度</td><td>完全约束，隐式替代</td></tr>
<tr><td>未约束 / 未配对</td><td>组件部分配对</td><td>部分约束，至少有一个剩余自由度</td><td>部分约束，显式替代</td></tr>
<tr><td>已加载所有几何体</td><td>延迟约束</td><td>完全配对，隐式替代</td><td>两个或多个约束冲突</td></tr>
<tr><td>数量</td><td colspan="4">装配或子装配中组件的数量，包括装配或子装配本身。对于已卸载的组件及零件，此列为空</td></tr>
<tr><td>引用集</td><td colspan="4">当前引用集的名称。对于显示部件，此列为空</td></tr>
<tr><td>过时</td><td colspan="4">部件中的过时状态，表示部件中的一个或多个对象没有自动更新</td></tr>
<tr><td>单位</td><td colspan="4">组件的单位，包括 mm（毫米）、in[①]（英寸）</td></tr>
<tr><td>质量</td><td colspan="4">以 b[②]（磅）、g（克）或 kg（千克）为单位表示组件的质量。可以显示多个质量列</td></tr>
<tr><td rowspan="2">质量状态</td><td colspan="4">质量分析的结果</td></tr>
<tr><td>质量可靠</td><td>赋予质量</td><td>不可靠的值</td><td>外部质量限制</td></tr>
<tr><td>颜色</td><td colspan="4">组件对象的颜色。如果没有定义颜色，则此列显示“未设置”</td></tr>
<tr><td>图层</td><td colspan="4">组件对象的层。如果没有设置层，则此列显示“原先的”</td></tr>
</table>

6.3　装配命令

完整的“装配”选项卡如图 6-5 所示，上面集合了 NX 软件主要的装配功能。“装配”选项卡中部分命令的说明如表 6-3 所示。

① 1 in = 2.45 cm。
② 1 b = 453.592 37 g。

图 6-5 “装配”选项卡

表 6-3 “装配”选项卡中部分命令的说明

图标	名称	说明
	查找组件	使用任意全局属性定位组件
	打开组件	打开当前显示的装配中选定的组件
	按邻近度打开	加载选定组件的指定距离范围内的组件
	仅显示	显示选定的组件，隐藏所有其他组件
	在新窗口中隔离	仅在窗口中显示选定的组件，隐藏所有其他组件
	隐藏视图中的组件	隐藏视图中选定的组件
	显示视图中的组件	显示视图中选定的隐藏组件
	显示产品轮廓	显示总体装配轮廓
	保存关联	存储关联，即工作部件和组件的可见性
	恢复关联	恢复先前存储的关联，即工作部件和组件的可见性
	处理显示装配	将显示部件设为工作部件
	设置工作部件	定义哪个部件是工作部件
	在窗口中打开部件	在窗口中打开选定的部件
	显示轻量级	显示选定组件的实体和片体几何元素的轻量级表示
	显示精确	显示选定组件的实体和片体几何元素的精确表示
	装配	使用拖放装配组件
	添加组件	通过选择已加载的部件或从磁盘选择部件，将组件添加到装配中
	新建组件	通过选择几何体并将其保存为组件，在装配中新建组件
	新建父装配	新建当前显示部件的父部件
	替换组件	将一个组件替换为另一个组件
	阵列组件	将一个组件复制到指定的阵列中

续表

图标	名称	说明
	镜像装配	创建整个装配或选定组件的镜像版本
	抑制组件	从显示中移除组件及其子组件
	取消抑制组件	显示先前抑制的组件
	编辑抑制状态	定义装配布置中组件的抑制状态
	移动组件	移动装配中的组件
	装配约束	定义组件在装配中的位置
	显示和隐藏约束	显示和隐藏约束及使用其关系的组件
	记住装配约束	记住部件中的装配约束，以便在其他组件中重用
	显示自由度	显示组件的自由度
	装配布置	创建和编辑装配布置，定义备选组件的位置
	爆炸图	创建和管理爆炸图
	装配序列	打开装配序列模块以控制组件装配或拆卸的顺序，并仿真组件运动
	产品接口	定义其他部件可以引用的几何体和表达式、设置引用规则并列出引用工作部件的部件
	WAVE 几何链接器	将装配中其他部件的几何体复制到工作部件中
	关系浏览器	提供有关部件间链接的图形信息

6.3.1　装配约束

在装配中，两个部件之间的位置关系有约束关系和非约束关系。装配约束就是对两个组件的位置关系进行约束，使组件根据需要合理装配。添加约束关系后的组件之间存在关联关系，当一个组件移动时，有约束关系的所有组件随之移动，组件之间始终保持相对位置，还可以灵活修改约束尺寸，真正实现装配的参数化。

选择“装配”选项卡“位置”组中的“更多”命令，或者选择“菜单”|“装配”|“组件位置”|“约束”命令，显示的约束类型如图 6-6 所示，具体说明如表 6-4 所示。

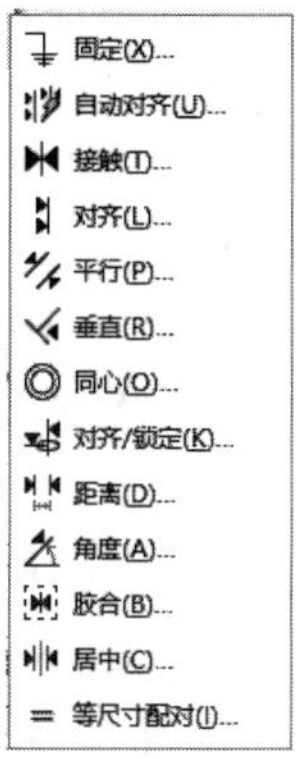

图 6-6　约束类型

表 6-4　约束类型的具体说明

图标	名称	说明
	固定	将对象固定在它们的当前位置
	自动对齐	约束选定的对象相互接触或对齐
	接触	约束选定的对象与上一个选定对象接触
	对齐	约束选定的对象与上一个选定对象对齐
	平行	约束选定对象的方向矢量与上一个选定对象的方向矢量平行
	垂直	约束选定对象的方向矢量与上一个选定对象的方向矢量垂直
	同心	约束选定的圆边或椭圆边与上一条选定的圆边或椭圆边同心
	对齐 / 锁定	约束选定对象的轴与上一个选定对象的轴对齐，并锁定绕轴旋转
	距离	定义两个对象之间的 3D 距离约束
	角度	定义两个对象之间的角度约束，可选择通过轴设置角度约束
	胶合	将对象约束到一起以使它们作为刚性集移动
	居中	使一个或两个对象处于一对对象的中间，或者使一对对象沿着另一对对象处于其中间
	等尺寸配对	约束半径相等的选定对象与上一个半径相等的选定对象重合

6.3.2　设为工作部件

设为工作部件是将某个部件激活为当前工作部件，成为工作部件后就可以对该部件进行编辑，如生成草图、生成新的特征等。在当前的设计装配树中每次只能设置一个工作部件。设为工作部件的组件正常显示，其他组件转为灰色显示，如图 6-7 所示。

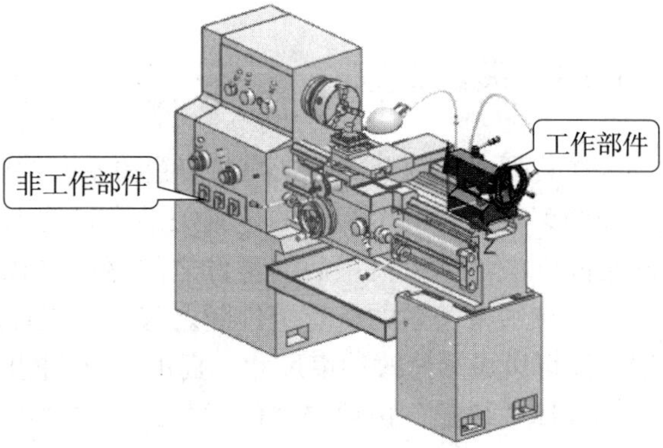

图 6-7　设为工作部件的组件正常显示

将组件设为工作部件有以下几种方法。

（1）双击需要设置的部件，这是最快捷的方法。

（2）选择“装配”选项卡的“设置工作部件”命令，使组件转为工作部件。

（3）选择“菜单”|“装配”|“关联控制”|“设置工作部件”命令，使组件转为工作部件。

（4）在绘图区右击某个组件，在弹出的快捷菜单中选择“转为工作部件”命令。

（5）在装配导航器中找到需要设为工作部件的组件，然后双击该组件。

（6）在装配导航器中，右击某个组件节点，在弹出的快捷菜单中选择“转为工作部件”命令。

6.3.3　设为显示部件

设为显示部件是将某个组件显示为当前单独的部件。成为显示部件后就可以对该组件进行编辑。转为显示部件与使其成为工作部件的最大不同之处在于，显示部件可以单独显示出来。

在单一零件设计时，工作部件和显示部件是相同的；在装配设计时，工作部件和显示部件可以相同也可以不同。显示部件和工作部件必须始终使用相同的单位。

将组件设为显示部件有以下几种方法。

（1）选择“装配”选项卡中的“仅显示”命令，使组件转为显示部件。

（2）选择“菜单”|“装配”|“关联控制”|“仅显示”命令，使组件转为显示部件。

（3）在绘图区右击某个组件，在弹出的快捷菜单中选择“仅显示”命令。

（4）在装配导航器中，右击某个组件节点，在弹出的快捷菜单中选择“仅显示”命令。

6.4　装配综合案例——减速箱的装配

本节通过装配一台减速器来讲解 NX 软件中的装配过程。减速器是原动机和工作机之间的独立闭式传动装置，用来降低转速和增大转矩，以满足工作需要。齿轮减速器在各行各业中应用广泛，是一种不可缺少的机械传动装置。图 6-8 所示是一个典型的展开式二级软齿面直齿圆柱齿轮减速器。

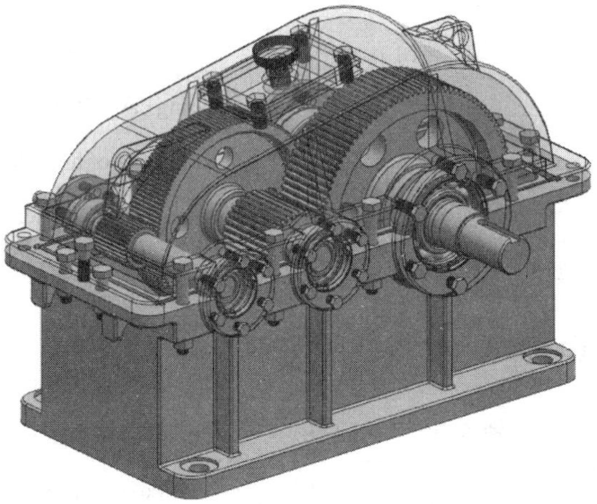

减速箱三维模型

图 6-8　展开式二级软齿面直齿圆柱齿轮减速器

根据减速箱中各零件的相互关系，得到减速箱的层级装配结构，如表 6-5 所示。

表 6-5　减速箱的层级装配结构

总装配	子装配	组件		文件名	个数
减速箱	高速轴装配	高速轴		high speed shaft.prt	1
		套筒		sleeve of high shaft.prt	1
		轴承		high bearing.prt	2
	中间轴装配	中间轴		counter shaft.prt	1
		键		key of counter shaft 8x7x25.prt	1
		中间轴齿轮		counter shaft gear.prt	1
		套筒		sleeve of counter shaft.prt	1
		轴承		counter bearing.prt	2
	低速轴装配	低速轴		low speed shaft.prt	1
		键		key of low shaft 14x9x45.prt	1
		低速轴齿轮		low gear.prt	1
		套筒		sleeve of low shaft.prt	1
		轴承		low bearing.prt	2
	箱体			box.prt	1
	箱盖			box cover.prt	1
	其他	油标尺		oil scale.prt	1
		通气器		breather.prt	1
		油塞		oil plug.prt	1
		窥视孔盖		cover.prt	1
		起盖螺钉		bolt of cover box.prt	1
		窥视孔盖螺栓		bolt of breather.prt	4
		高速轴轴承端盖	透盖	bearing cap of high shaft 1.prt	1
			闷盖	bearing cap of high shaft 2.prt	1
		中间轴轴承端盖		bearing cap of counter shaft.prt	2
		高速轴、中间轴端盖螺栓		bolt of high shaft and counter shaft-24.prt	24
		低速轴轴承端盖	透盖	bearing cap of low shaft 1.prt	1
			闷盖	bearing cap of low shaft 2.prt	1
		低速轴端盖螺栓		bolt of low shaft-12.prt	12
		箱盖螺栓		bolt of cover box-4.prt	4
				bolt of cover box-8.prt	8
		螺母		nut.prt	40

6.4.1　高速轴的装配

1. 新建装配文件

在 NX 启动界面中，选择“主页”选项卡“标准”组中的“新建”命令，或者选择“文件”|“新建”命令，也可按 Ctrl+N 快捷键，打开“新建”对话框，选择“模板”组中的“装配”模板，在“名称”文本框内输入子装配体高速轴装配的文件名 high speed shaft_asm1.prt，如图 6-9 所示，单击“确定”按钮，系统进入装配模块。

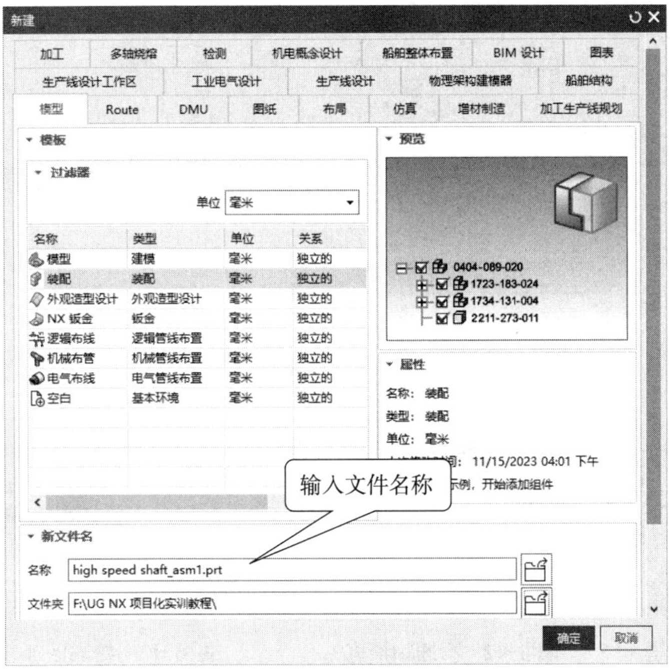

图 6-9　“新建”对话框

高速轴的装配

2. 导入高速轴

（1）选择“装配”选项卡中的“添加组件”命令，或者选择“菜单”|“装配”|“组件”|“添加组件”命令，弹出“添加组件”对话框，单击“打开”按钮，弹出“部件名”对话框，在目录中选取已创建的高速轴模型 high speed shaft.prt 文件，在该对话框的右侧生成零件的预览，如图 6-10 所示。

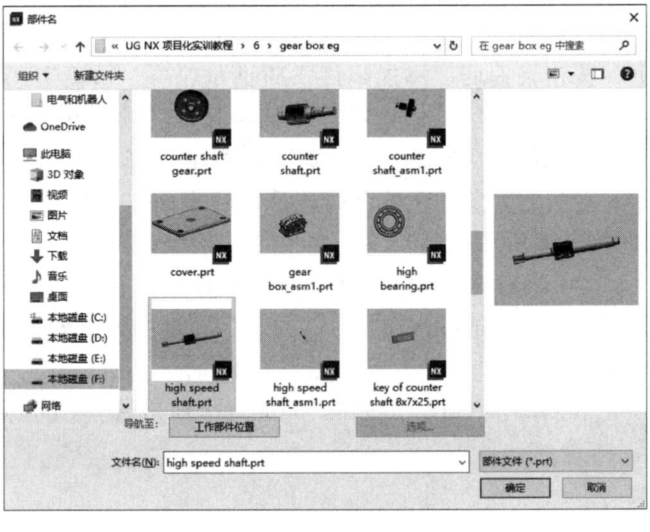

图 6-10　“部件名”对话框

（2）单击“确定”按钮，返回“添加组件”对话框，在“位置”组中设置“组件锚点”为“绝对”，在“图层选项”下拉列表中选择“原始的”选项，系统保持组件在原有图层位置。勾选“预览窗口”复选框完成设置，如图 6-11 所示，弹出“组件预览”面板，如图 6-12 所示。单击“确定”按钮，高速轴被加载至装配体中，作为该装配体的基础件，如图 6-13 所示。

图 6-11　“添加组件”对话框

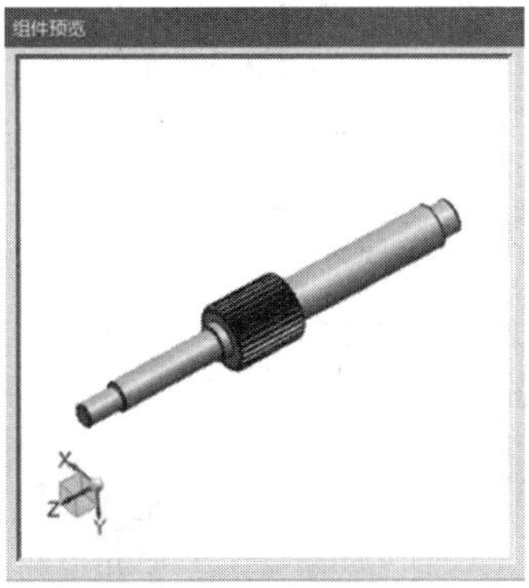

图 6-12　高速轴预览

图 6-13　绘图区加载的高速轴

3. 装配高速轴轴承 1

（1）选择“添加组件”命令，弹出“添加组件”对话框，单击“打开”按钮，弹出“部件名”对话框，在目录中选取已创建的高速轴轴承模型 high bearing.prt 文件，单击“确定”按钮，返回“添加组件”对话框，在“放置”组中选中“约束”单选按钮，在“约束类型”选项区域中选择“接触对齐”选项，在“方位”下拉列表中选择“自动判断中心 / 轴”选项，在“组件预览”面板中选择轴承内圈，系统自动判断出轴承的中心轴线作为配对的对象，在绘图区选择轴的表面，系统自动判断出轴的中心轴线作为配合对象，如图 6-14 所示。

（2）继续在“约束类型”选项区域中选择“接触对齐”选项，在“方位”下拉列表中选择“接触”选项，在“组件预览”面板中选择轴承端面作为配对的对象，在绘图区选择阶梯轴轴肩作为配合对象，如图 6-15 所示。

（3）单击“确定”按钮，完成高速轴和轴承 1 的装配，如图 6-16 所示。

图 6-14　约束轴与轴承的中心轴线对齐

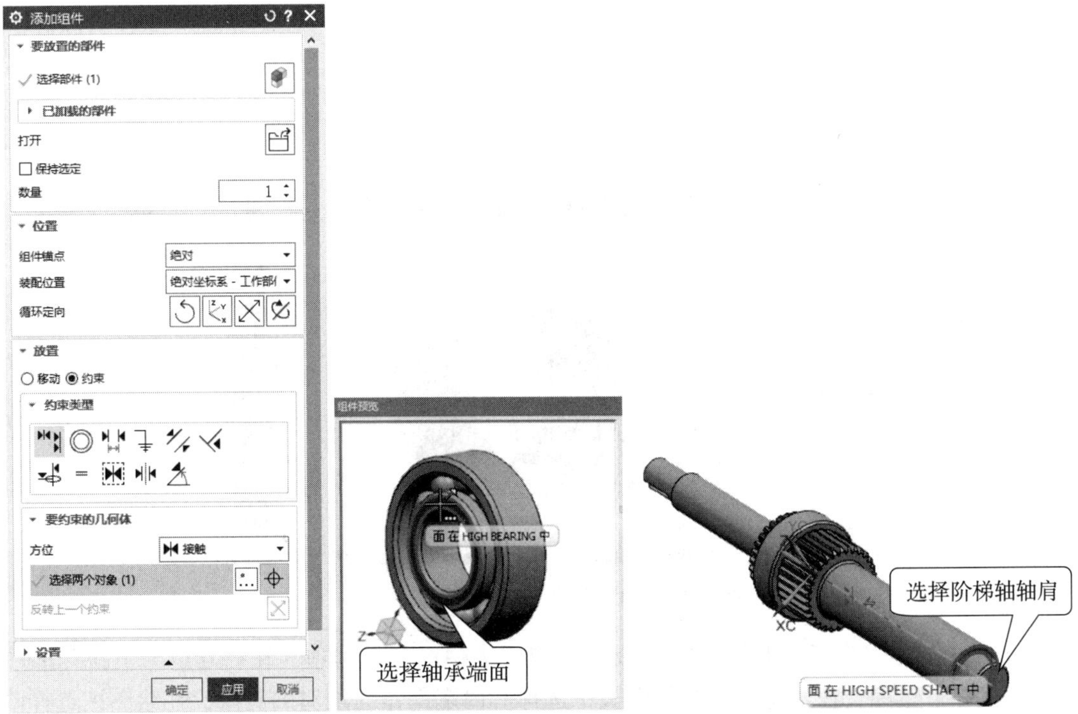

图 6-15　约束轴承端面与阶梯轴轴肩接触对齐

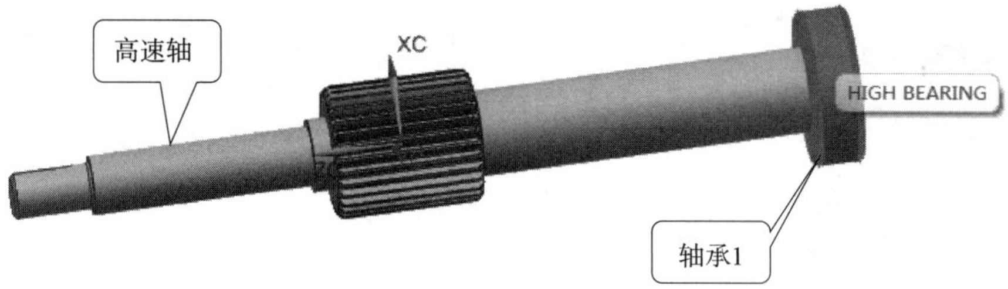

图 6-16　完成轴承 1 装配的高速轴

4. 装配套筒

（1）选择“添加组件”命令，弹出“添加组件”对话框，单击“打开”按钮，弹出“部件名”对话框，在目录中选取已创建的套筒模型 sleeve of high shaft.prt 文件，单击“确定”按钮，返回“添加组件”对话框，在“放置”组中选中“约束”单选按钮，在“约束类型”选项区域中选择“接触对齐”选项，在“方位”下拉列表中选择“自动判断中心 / 轴”选项，在“组件预览”面板中选择套筒内圈，系统自动判断出套筒的中心轴线作为配对的对象，在绘图区选择轴的表面，系统自动判断出轴的中心轴线作为配合对象，如图 6-17 所示。

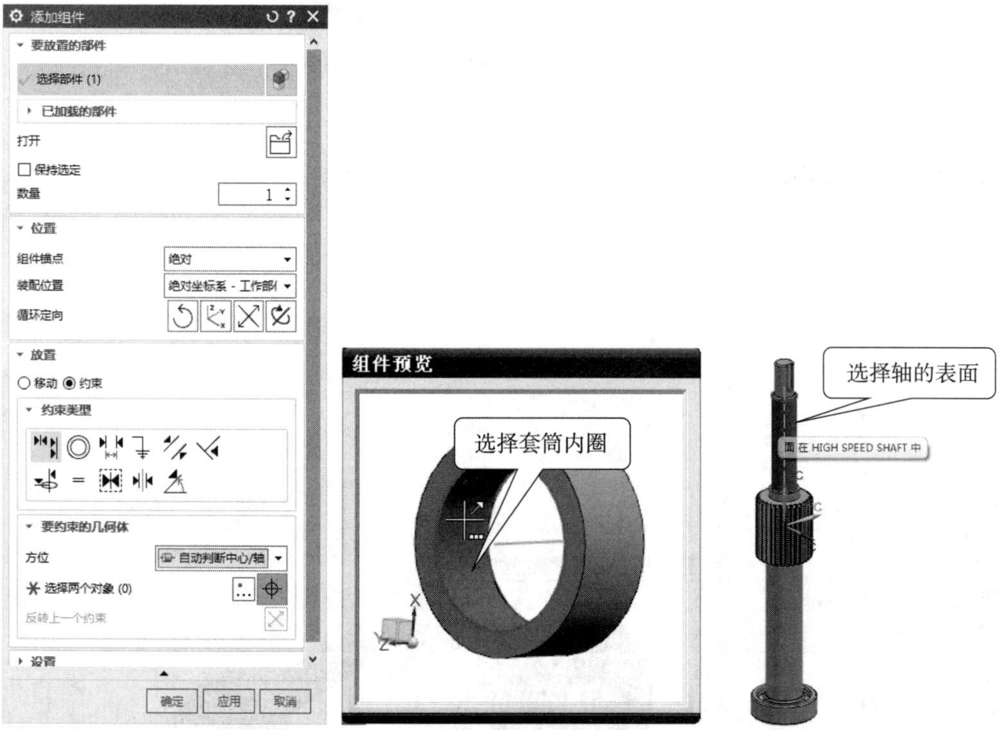

图 6-17　约束套筒与轴的中心轴线对齐

（2）继续在“约束类型”选项区域中选择“接触对齐”选项，在“方位”下拉列表中选择“接触”选项，在“组件预览”面板中选择套筒端面作为配对的对象，在绘图区选择阶梯轴轴肩作为配合对象，如图 6-18 所示。

（3）单击“确定”按钮，完成高速轴和套筒的装配，如图 6-19 所示。

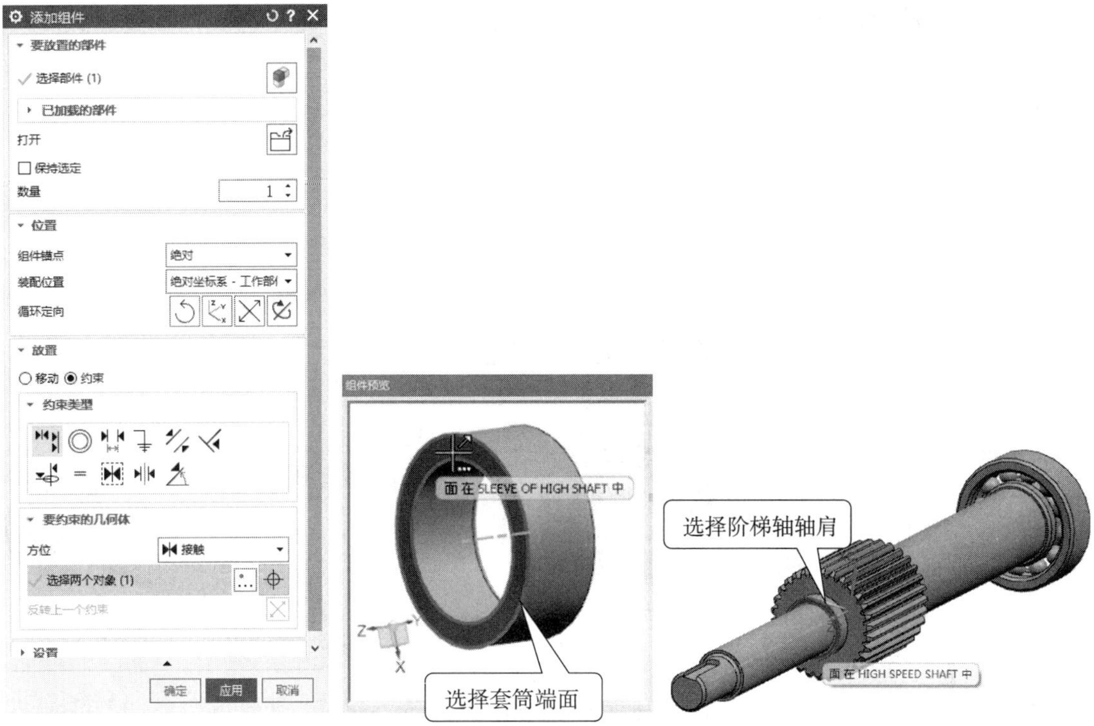

图 6-18　约束套筒端面与阶梯轴轴肩接触对齐

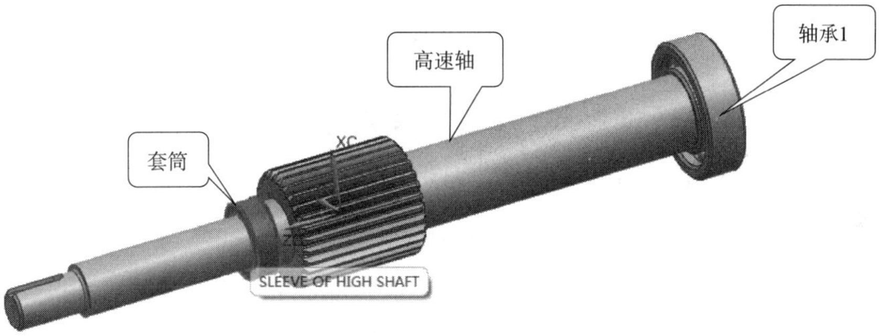

图 6-19　完成套筒装配的高速轴

5. 装配高速轴轴承 2

（1）装配方法同步骤 3，选择“添加组件”命令，弹出“添加组件”对话框，在“已加载的部件”组中选取已创建的高速轴轴承模型 high bearing.prt 文件，在“放置”组中选中“约束”单选按钮，在“约束类型”选项区域中选择“接触对齐”选项，在“方位”下拉列表中选择“自动判断中心 / 轴”选项，在“组件预览”面板中选择轴承内孔，系统自动判断出轴承的中心轴线作为配对的对象，在绘图区选择轴的表面，系统自动判断出轴的中心轴线作为配合对象。

（2）继续在“约束类型”选项区域中选择“接触对齐”选项，在“方位”下拉列表中选择“接触”选项，在“组件预览”面板中选择轴承端面作为配对的对象，在绘图区选择套筒端面作为配合对象，如图 6-20 所示。

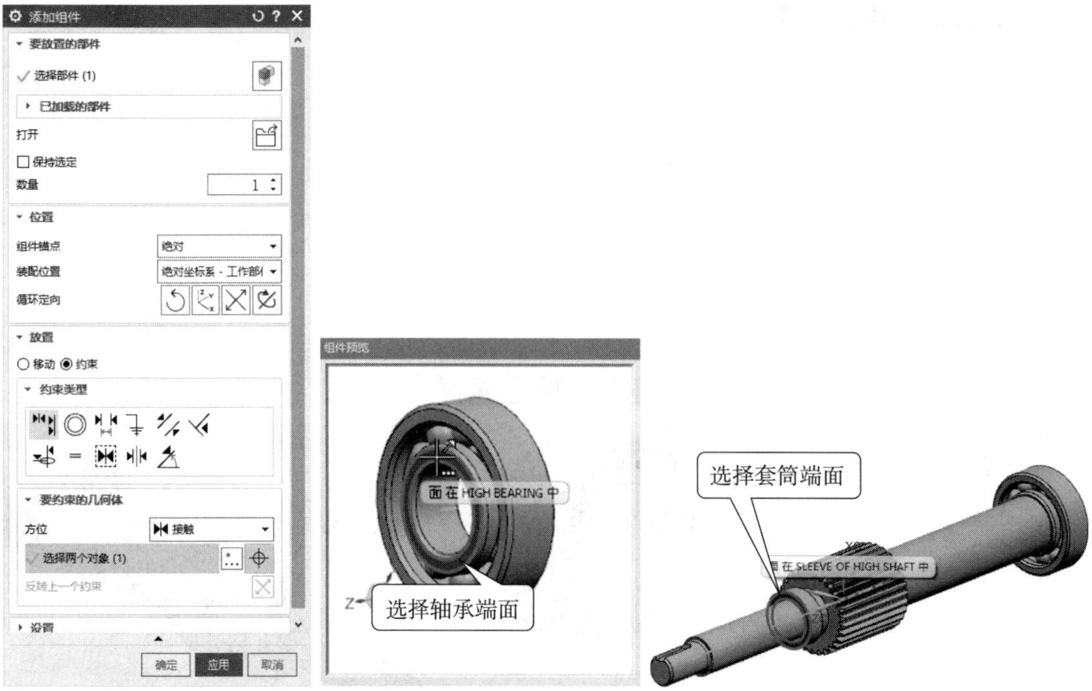

图 6-20　约束轴承端面与套筒端面接触对齐

（3）单击“确定”按钮，完成高速轴和轴承 2 的装配，如图 6-21 所示。

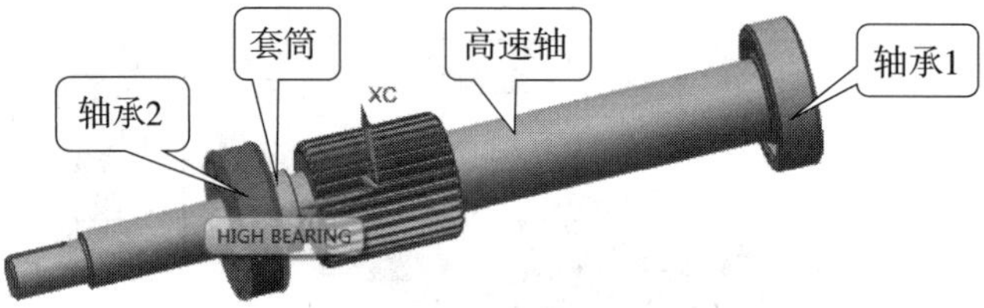

图 6-21　完成轴承 2 装配的高速轴

6. 高速轴装配导航器

高速轴装配导航器如图 6-22 所示。单击“保存”按钮并关闭 high speed shaft_asm1.prt 文件。

图 6-22　高速轴装配导航器

注意： 在约束中出现冲突项（符号），以及列中出现“约束不一致”符号时，要检查出现问题的原因。

6.4.2　低速轴的装配

低速轴的装配

1. 新建装配文件

在 NX 启动界面中，选择“主页”选项卡“标准”组中的“新建”命令，或者选择“文件”|“新建”命令，也可按 Ctrl+N 快捷键，打开“新建”对话框，在“文件名”文本框内输入子装配体低速轴装配的文件名 low speed shaft_asm1.prt，单击“确定”按钮，进入装配模块。

2. 导入低速轴

选择“装配”选项卡中的“添加组件”命令，或者选择“菜单”|“装配”|“组件”|“添加组件”命令，弹出“添加组件”对话框，单击“打开”按钮，弹出“部件名”对话框，在目录中选取已创建的低速轴模型 low speed shaft.prt 文件。单击“确定”按钮，返回“添加组件”对话框，在“位置”组中设置“组件锚点”为“绝对”，在“图层选项”下拉列表中选择“原始的”选项，系统保持组件在原有图层位置。单击“确定”按钮，零件被加载至装配体中，作为该装配体的基础件，如图 6–23 所示。

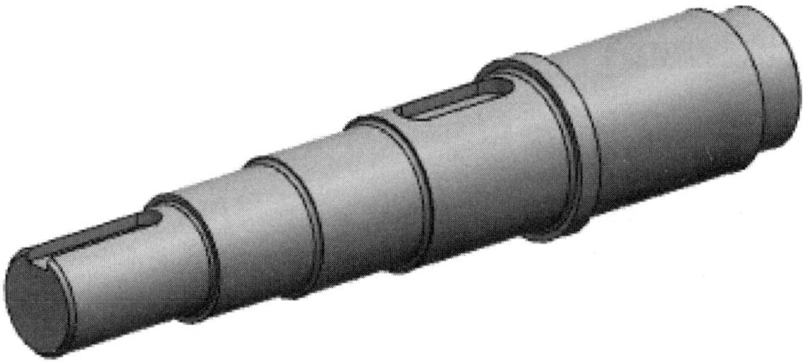

图 6–23　绘图区加载的低速轴

3. 装配低速轴的键

（1）选择“添加组件”命令，弹出“添加组件”对话框，单击“打开”按钮，弹出“部件名”对话框，在目录中选取已创建的键模型 key of low shaft 14x9x45.prt 文件，单击“确定”按钮，返回“添加组件”对话框，在“放置”组中选中“约束”单选按钮，在“约束类型”选项区域中选择“接触对齐”选项，在“方位”下拉列表中采用系统默认的“首选接触”选项，在“组件预览”面板中选择键底面作为配对的对象，在绘图区选择低速轴的键槽上表面作为配合对象，如图 6–24 所示。

（2）在“约束类型”选项区域中选择“居中”选项，在“子类型”下拉列表中选择“2 对 2”选项，在“组件预览”面板中选择键两侧面，系统自动判断出键的中心平面作为配对的对象，在绘图区选择低速轴的键槽两侧面，系统自动判断出键槽的中心平面作为配合对象，如图 6–25 所示。

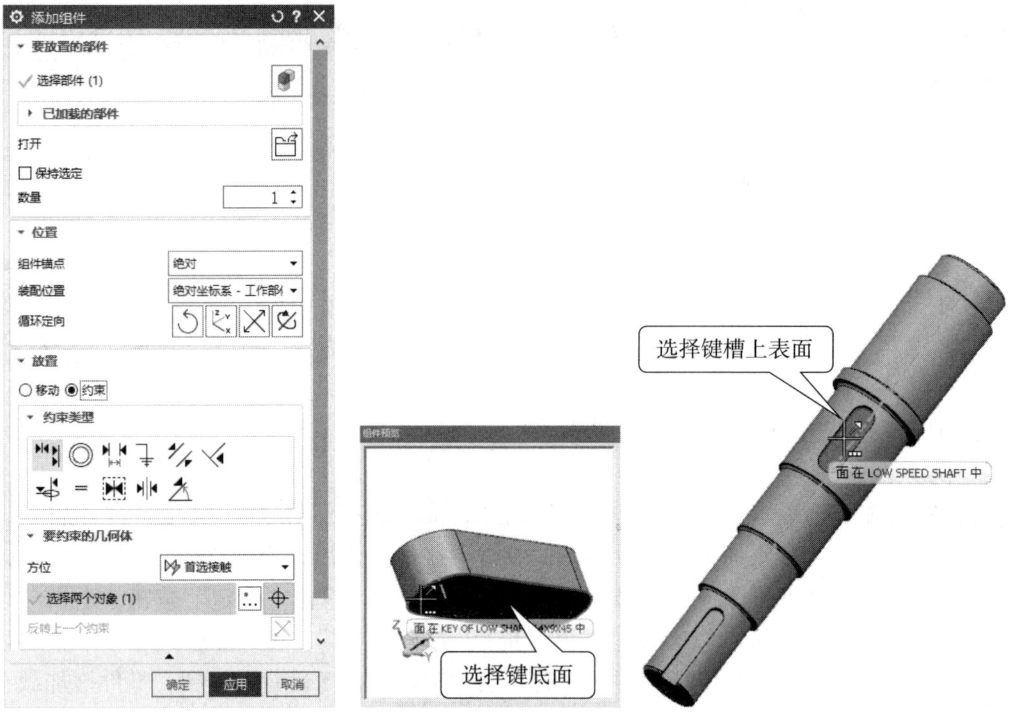

图 6-24　约束键底面与键槽上表面接触对齐

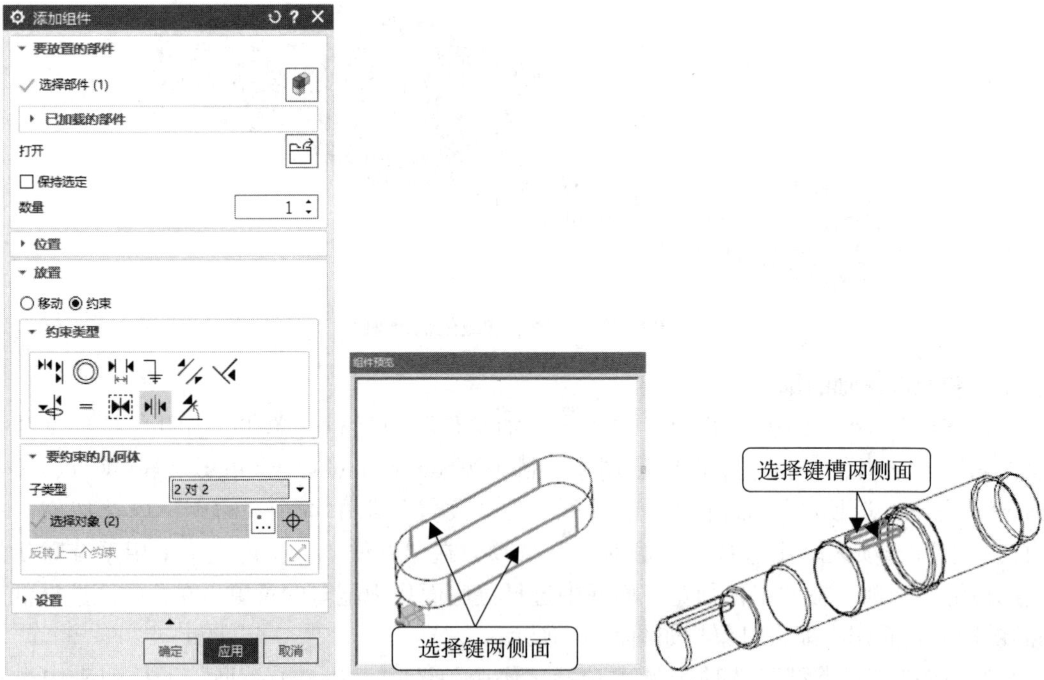

图 6-25　约束键两侧面与键槽两侧面 2 对 2 中心对称

（3）在“约束类型”选项区域中选择“距离”选项，在“组件预览”面板中选择键的圆端面作为配对的对象，在绘图区选择低速轴的键槽圆端面作为配合对象，如图 6-26 所示。在绘图区弹出的浮动对话框中输入“距离”为 0，如图 6-27 所示。

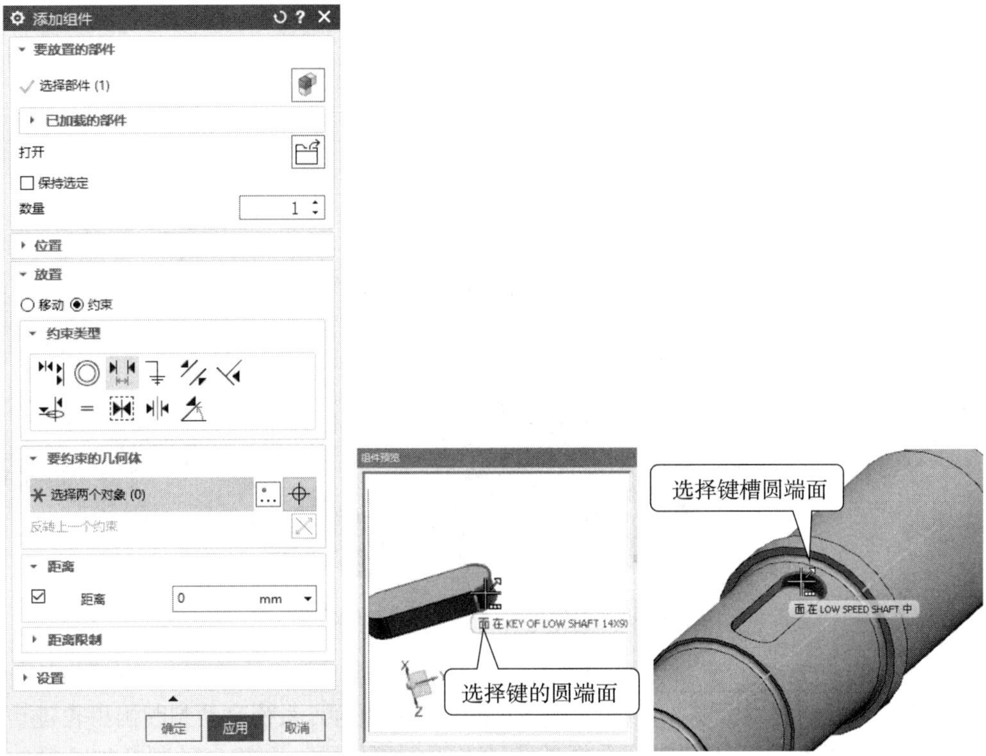

图 6-26　约束键的圆端面与键槽圆端面的距离

（4）单击“确定”按钮，完成低速轴和键的装配，如图 6-28 所示。

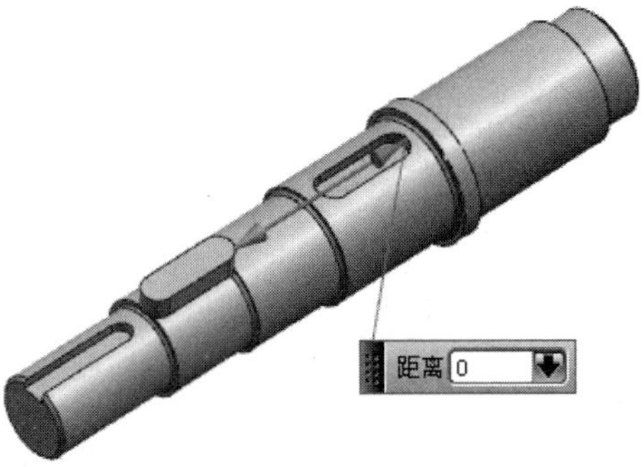

图 6-27　在浮动对话框中输入“距离”数值

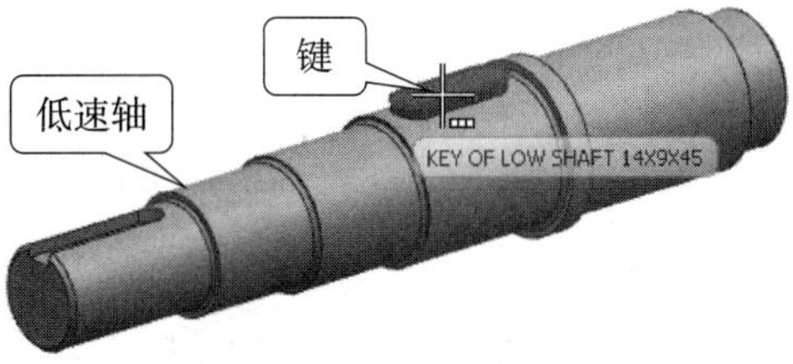

图 6-28　完成键装配的低速轴

4. 装配低速轴齿轮

（1）选择“添加组件”命令，弹出“添加组件”对话框，单击“打开”按钮，弹出“部件名”对话框，在目录中选取已创建的低速轴齿轮模型 low gear.prt 文件，单击“确定”按钮，返回“添加组件”对话框，在“放置”组中选中“约束”单选按钮，在“约束类型”选项区域中选择“接触对齐”选项，在“方位”下拉列表中选择“自动判断中心 / 轴”选项，在“组件预览”面板中选择齿轮内圈，系统自动判断出齿轮的中心轴线作为配对的对象，在绘图区选择轴的表面，系统自动判断出轴的中心轴线作为配合对象，如图 6-29 所示。

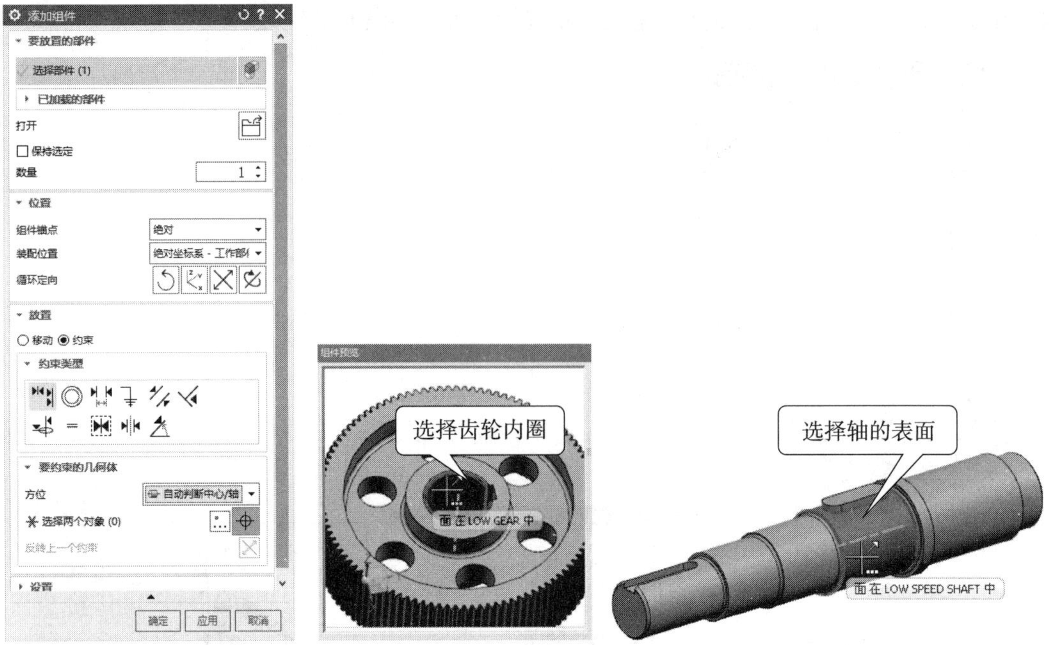

图 6-29　约束齿轮与轴的中心轴线对齐

（2）在“约束类型”选项区域中选择“居中”选项，在“子类型”下拉列表中选择“2 对 2”选项，在“组件预览”面板中选择齿轮键槽两侧面，系统自动判断出齿轮键槽的中心平面作为配对的对象，在绘图区选择低速轴上键的两侧面，系统自动判断出键槽的中心平面作为配合对象，如图 6-30 所示。

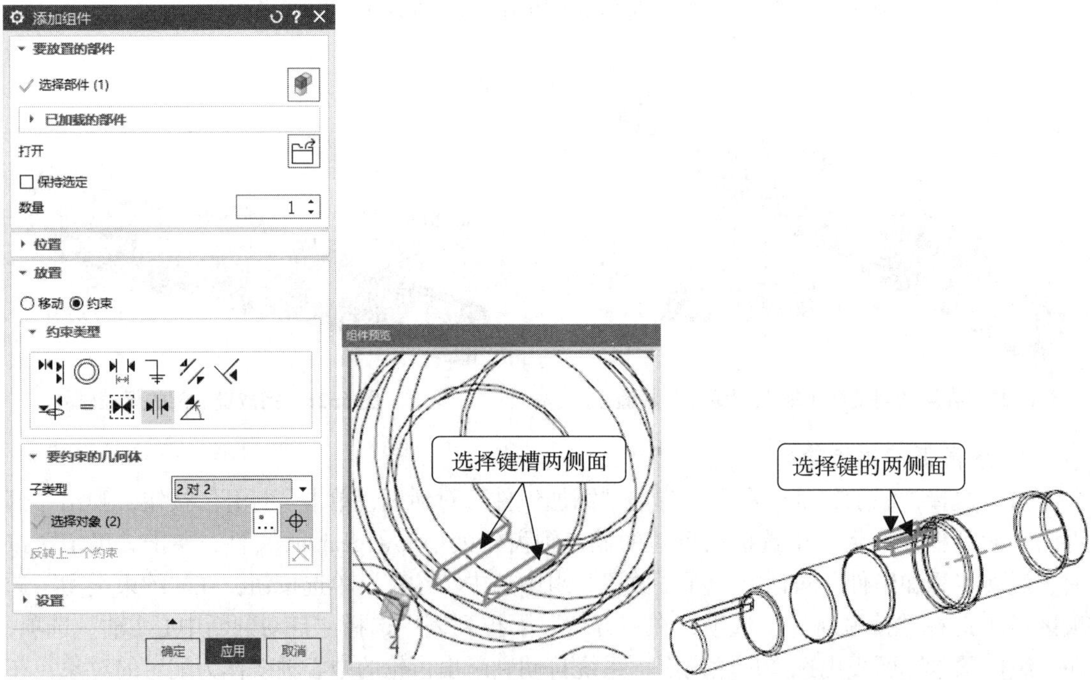

图 6-30　约束键槽两侧面与键的两侧面 2 对 2 中心对称

（3）继续在“约束类型”选项区域中选择“接触对齐”选项，在“方位”下拉列表中采用系统默认的“首选接触”选项，在“组件预览”面板中选择齿轮端面作为配对的对象，在绘图区选择阶梯轴轴肩作为配合对象，如图 6-31 所示。

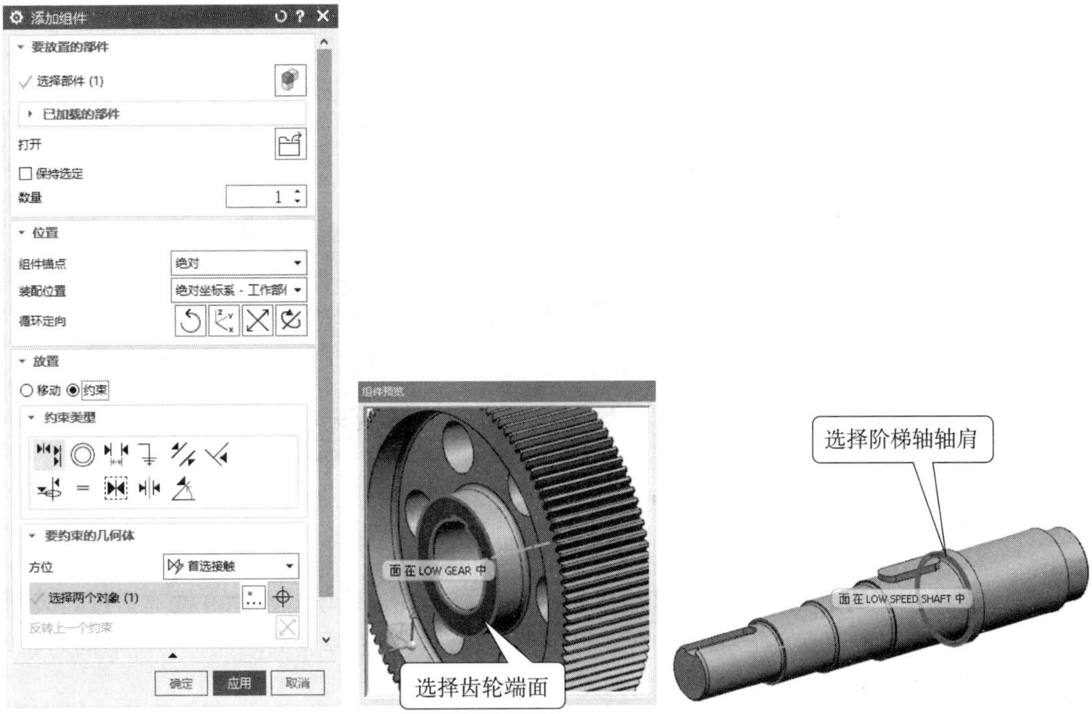

图 6-31　约束齿轮端面与阶梯轴轴肩接触对齐

（4）单击“确定”按钮，完成低速轴和齿轮的装配，如图 6-32 所示。

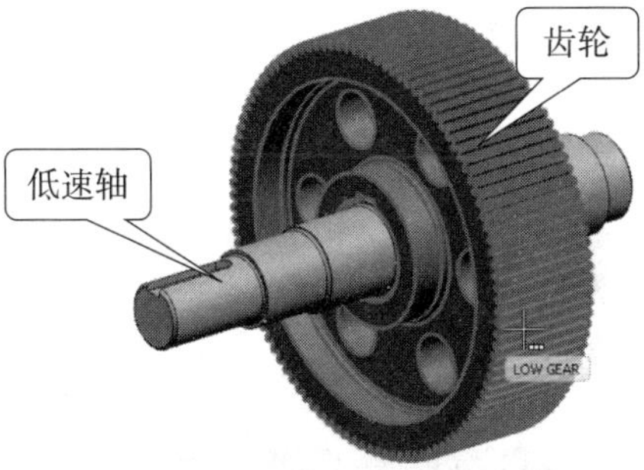

图 6-32　完成齿轮装配的低速轴

5. 装配低速轴套筒

（1）选择“添加组件”命令，弹出“添加组件”对话框，单击“打开”按钮，弹出“部件名”对话框，在目录中选取已创建的套筒模型 sleeve of low shaft.prt 文件，单击“确定”按钮，返回“添加组件”对话框，在“放置”组中选中“约束”单选按钮，在“约束类型”选项区域中选择“接触对齐”选项，在“方位”下拉列表中选择“自动判断中心 / 轴”选项，在“组件预览”面板中选择套筒内圈，系统自动判断出套筒的中心轴线作为配对的对象，在绘图区选择轴的表面，系统自动判断出轴的中心轴线作为配合对象，如图 6-33 所示。

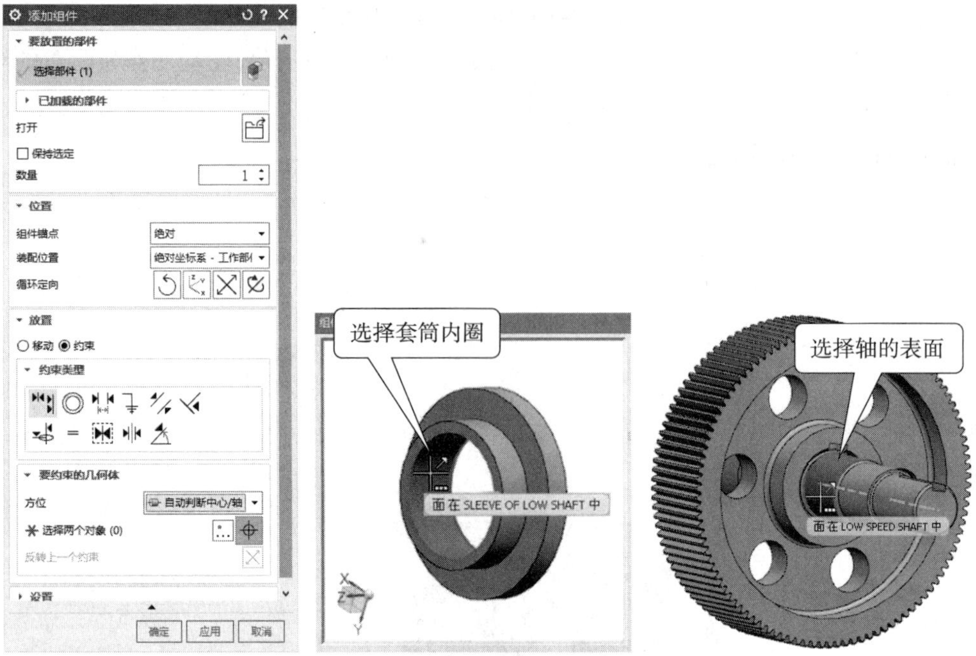

图 6-33　约束套筒与轴的中心轴线对齐

（2）继续在“约束类型”选项区域中选择“接触对齐”选项，在“方位”下拉列表中采用系统默认的“首选接触”选项，在“组件预览”面板中选择套筒端面作为配对的对象，在绘图区选择齿轮端面作为配合对象，如图 6-34 所示。

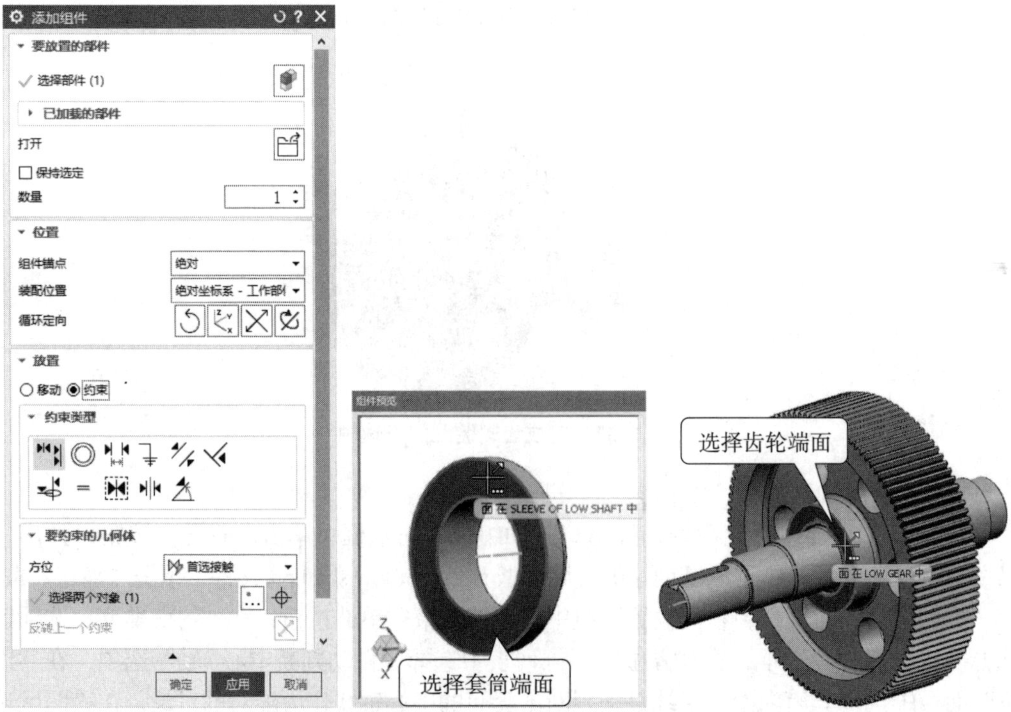

图 6-34　约束套筒端面与齿轮端面接触对齐

（3）单击“确定”按钮，完成低速轴和套筒的装配，如图 6-35 所示。

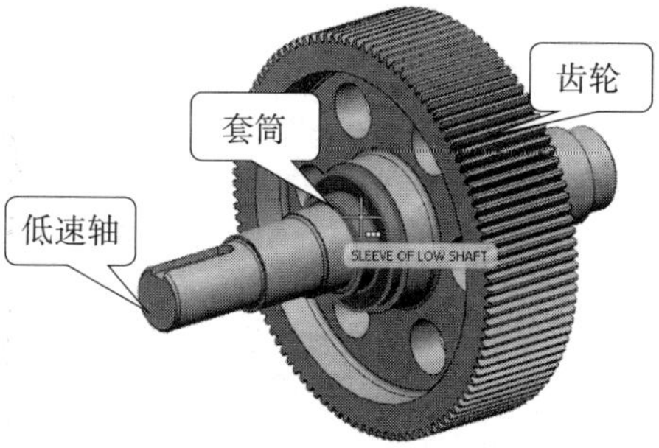

图 6-35　完成套筒装配的低速轴

6. 装配低速轴轴承 1

（1）选择“添加组件”命令，弹出“添加组件”对话框，单击“打开”按钮，弹出“部件名”对话框，在目录中选取已创建的低速轴轴承模型 low bearing.prt 文件，单击“确定”按钮，返回“添加组件”对话框，在“放置”组中选中“约束”单选按钮，在“约束类型”选项区域中选择“接触对齐”选项，在“方位”下拉列表中选择“自动判断中心 / 轴”选项，在“组件预览”面板中选择轴承内圈，系统自动判断出轴承的中心轴线作为配对的对象，在绘图区选择轴的表面，系统自动判断出轴的中心轴线作为配合对象，如图 6-36 所示。

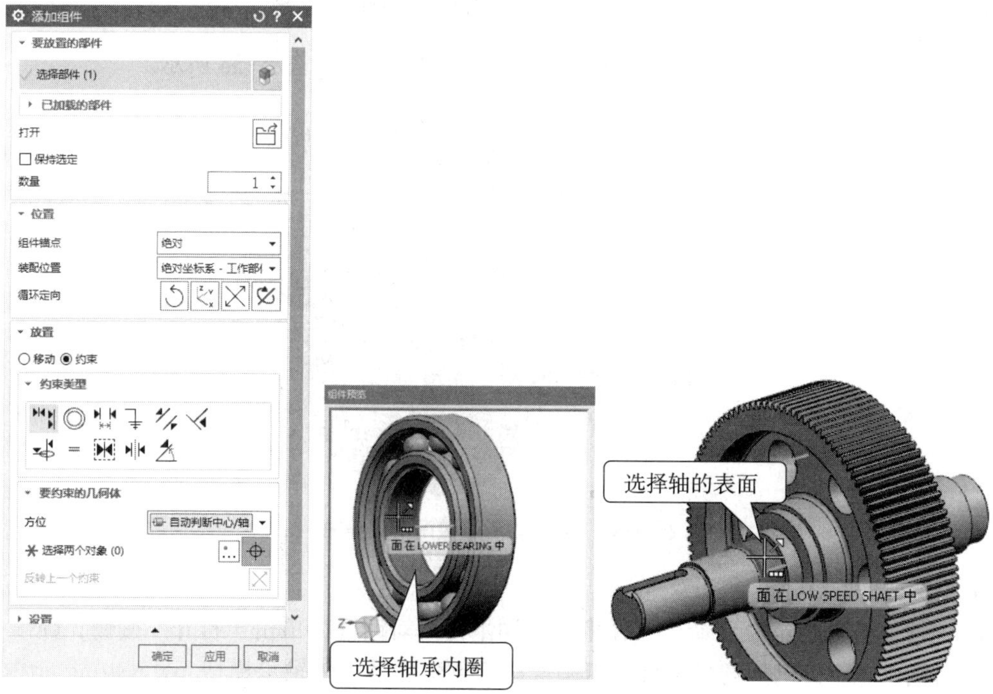

图 6-36　约束轴承与轴的中心轴线对齐

（2）继续在“约束类型”选项区域中选择“接触对齐”选项，在“方位”下拉列表中选择“接触”选项，在“组件预览”面板中选择轴承端面作为配对的对象，在绘图区选择套筒端面作为配合对象，如图 6-37 所示。

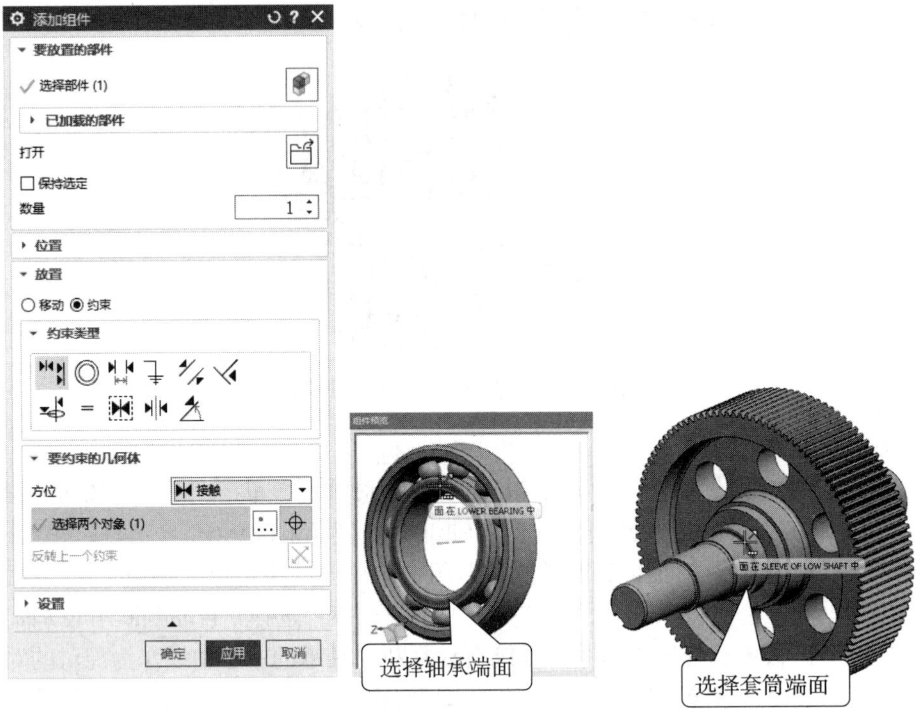

图 6-37　约束轴承端面与套筒端面接触对齐

（3）单击“确定”按钮，完成低速轴和轴承 1 的装配，如图 6-38 所示。

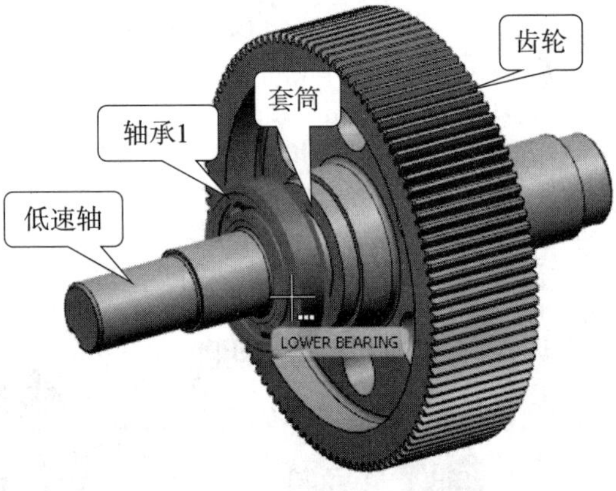

图 6-38　完成轴承 1 装配的低速轴

7. 装配低速轴轴承 2

（1）选择“添加组件”命令，弹出“添加组件”对话框，单击“打开”按钮，弹出“部件名”对话框，在“已加载的部件”组中选取已创建的低速轴轴承模型 low bearing.prt 文件，单击“确定”按钮，返回“添加组件”对话框，在“放置”组中选中“约束”单选按钮，在“约束类型”选项区域中选择“接触对齐”选项，在“方位”下拉列表中选择“自动判断中心 / 轴”选项，在“组件预览”面板中选择轴承内圈，系统自动判断出轴承的中心轴线作为配对的对象，在绘图区选择轴的表面，系统自动判断出轴的中心轴线作为配合对象，如图 6-39 所示。

图 6-39　约束轴承与轴的中心轴线对齐

（2）继续在“约束类型”选项区域中选择“接触对齐”选项，在“方位”下拉列表中采用系统默认的“首选接触”选项，在“组件预览”面板中选择轴承端面作为配对的对象，在绘图区选择阶梯轴轴肩作为配合对象，如图 6-40 所示。

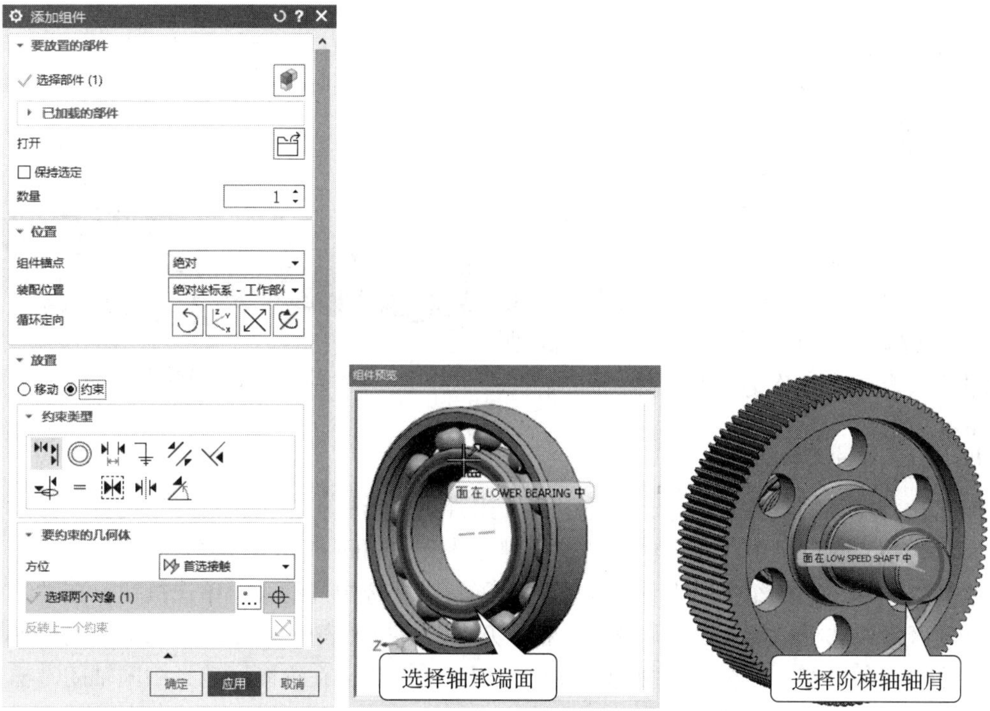

图 6-40　约束轴承端面与阶梯轴轴肩接触对齐

（3）单击“确定”按钮，完成低速轴和轴承 2 的装配，如图 6-41 所示。

图 6-41　完成轴承 2 装配的低速轴

6.4.3　中间轴的装配

1. 新建装配文件

在 NX 启动界面，选择“主页”选项卡“标准”组中的“新建”命令，或者选择“文件”|“新建”命令，也可按 Ctrl+N 快捷键，打开“新建”对话框，在“文件名”文本框中输入子装配体低速轴装配的文件名 counter shaft_asm1.prt，单击“确定”按钮，进入装配模块。

中间轴的装配

2. 导入中间轴

选择“装配”选项卡中的“添加组件”命令，或者选择“菜单”|“装配”|“组件”|“添加组件”命令，弹出“添加组件”对话框，单击“打开”按钮，弹出“部件名”对话框，在目录中选取已创建的中间轴模型 counter shaft.prt 文件。单击“确定”按钮，返回“添加组件”对话框，在“位置”组中设置“组件锚点”为“绝对”，在“图层选项”下拉列表中选择“原始的”选项，系统保持组件在原有图层位置。单击“确定”按钮，中间轴被加载至装配体中，作为该装配体的基础件，如图 6-42 所示。

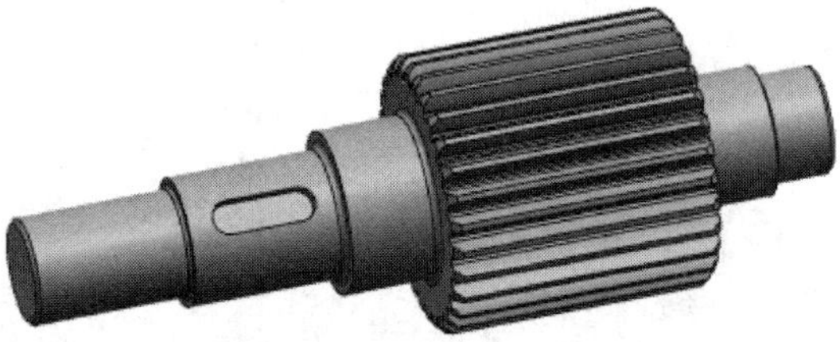

图 6-42　绘图区加载的中间轴

3. 装配中间轴的键

（1）选择“添加组件”命令，弹出“添加组件”对话框，单击“打开”按钮，弹出“部件名”对话框，在目录中选取已创建的键模型 key of counter shaft 8x7x25.prt 文件，单击“确定”按钮，返回“添加组件”对话框，在“放置”组中选中“约束”单选按钮，在“约束类型”选项区域中选择“接触对齐”选项，在“方位”下拉列表中采用系统默认的“首选接触”选项，在“组件预览”面板中选择键底面作为配对的对象，在绘图区选择中间轴的键槽上表面作为配合对象，如图 6-43 所示。

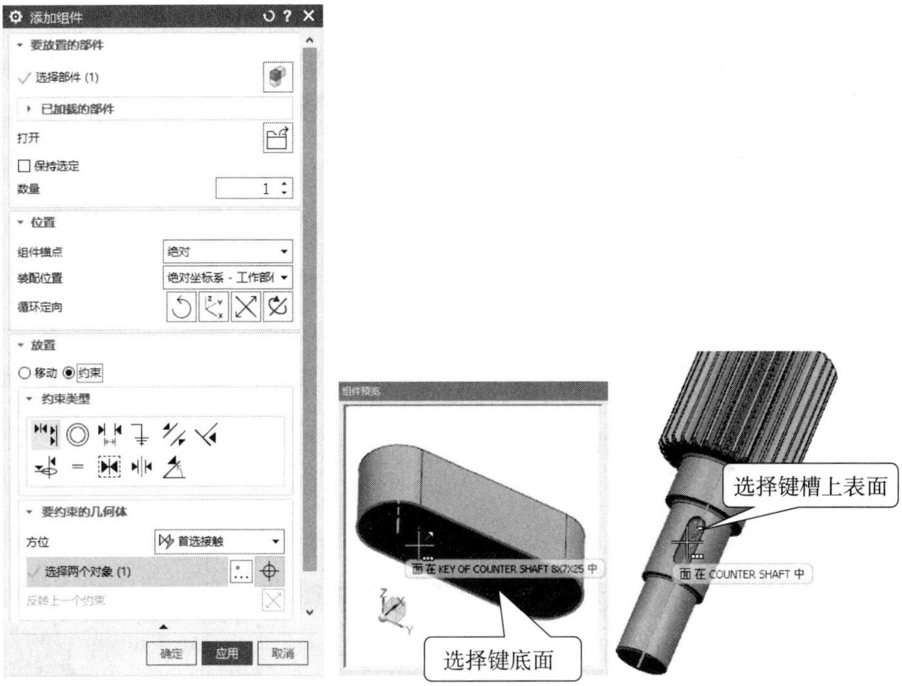

图 6-43　约束键底面与键槽上表面接触对齐

（2）在“约束类型”选项区域中选择“居中”选项，在“子类型”下拉列表中选择“2 对 2”选项，在“组件预览”面板中选择键两侧面，系统自动判断出键的中心平面作为配对的对象，在绘图区选择低速轴的键槽两侧面，系统自动判断出键槽的中心平面作为配合对象，如图 6-44 所示。

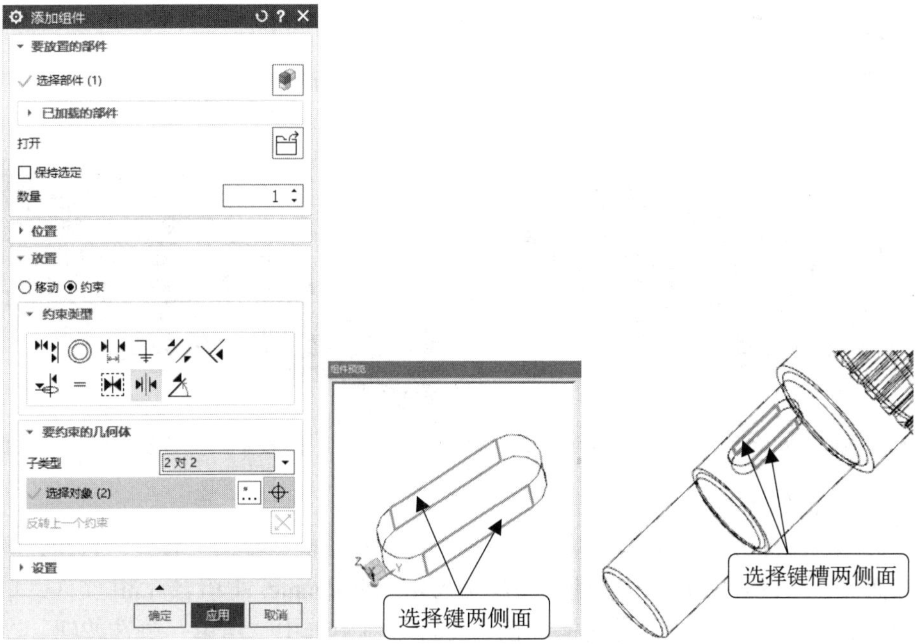

图 6-44　约束键两侧面与键槽两侧面 2 对 2 中心对称

（3）在“约束类型”选项区域中选择“距离”选项，在“组件预览”面板中选择键的圆端面作为配对的对象，在绘图区选择低速轴的键槽圆端面作为配合对象，如图 6-45 所示。在绘图区弹出的浮动对话框中输入“距离”为 0，如图 6-46 所示。

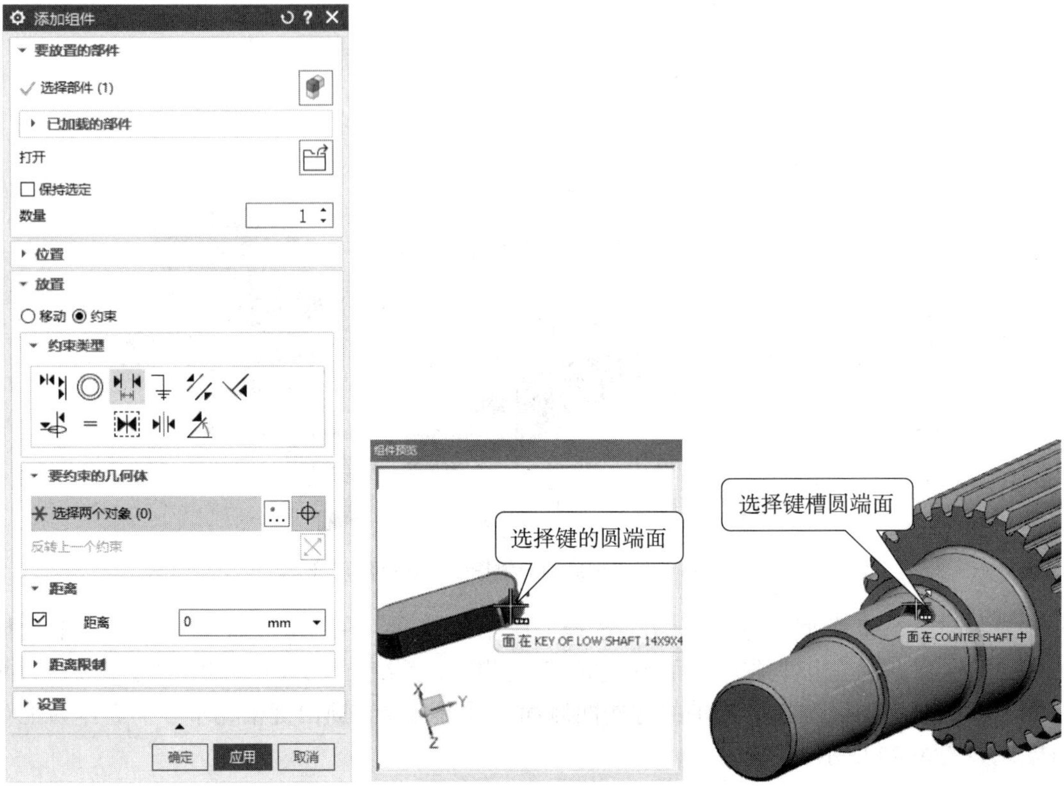

图 6-45　约束键的圆端面与键槽圆端面的距离

（4）单击“确定”按钮，完成中间轴和键的装配，如图 6-47 所示。

图 6-46　在浮动对话框中输入“距离”数值

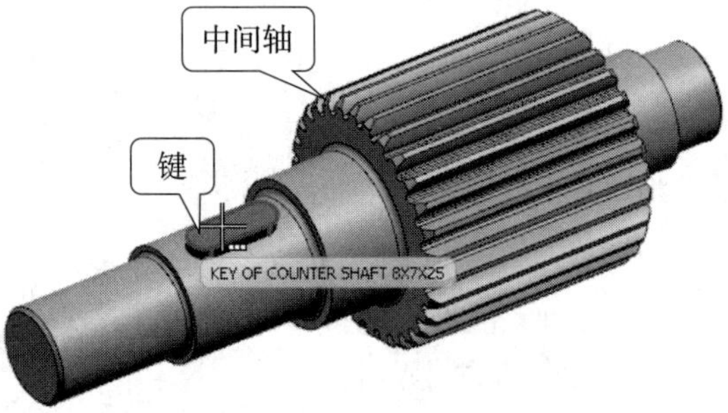

图 6-47　完成键装配的中间轴

4. 装配中间轴齿轮

（1）选择“添加组件”命令，弹出“添加组件”对话框，单击“打开”按钮，弹出“部件名”对话框，在目录中选取已创建的中间轴齿轮模型 counter shaft gear.prt 文件，单击“确定”按钮，返回“添加组件”对话框，在“放置”组中选中“约束”单选按钮，在“约束类型”选项区域中选择“接触对齐”选项，在“方位”下拉列表中选择“自动判断中心 / 轴”

选项，在“组件预览”面板中选择齿轮内圈，系统自动判断出齿轮的中心轴线作为配对的对象，在绘图区选择轴的表面，系统自动判断出轴的中心轴线作为配合对象，如图 6–48 所示。

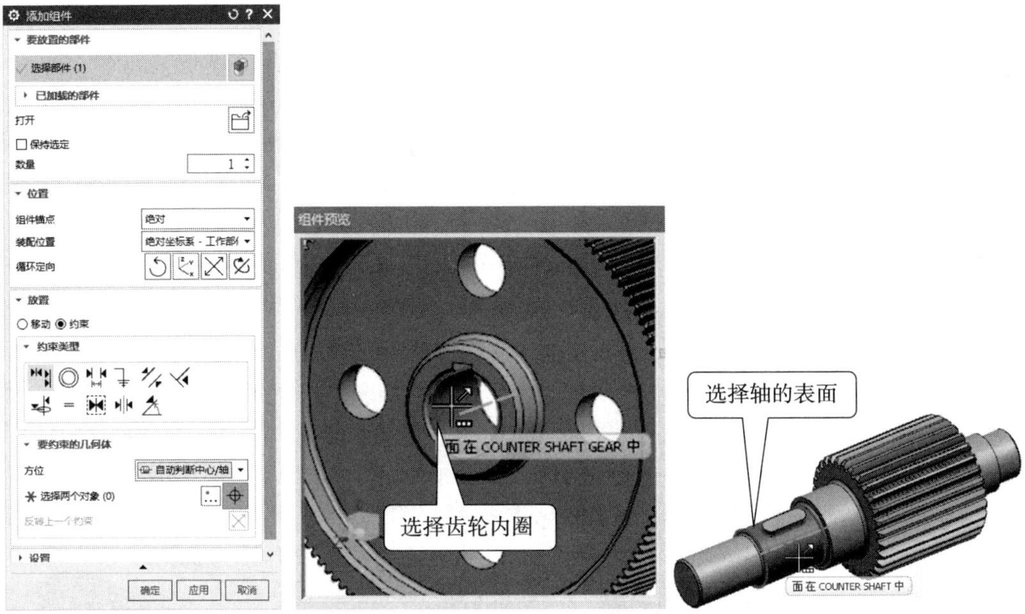

图 6–48　约束齿轮内圈与轴的中心轴线对齐

（2）在“约束类型”选项区域中选择“居中”选项，在“子类型”下拉列表中选择“2 对 2”选项，在“组件预览”面板中选择齿轮的键槽两侧面，系统自动判断出齿轮键槽的中心平面作为配对的对象，在绘图区选择中间轴上键的两侧面，系统自动判断出键的中心平面作为配合对象，如图 6–49 所示。

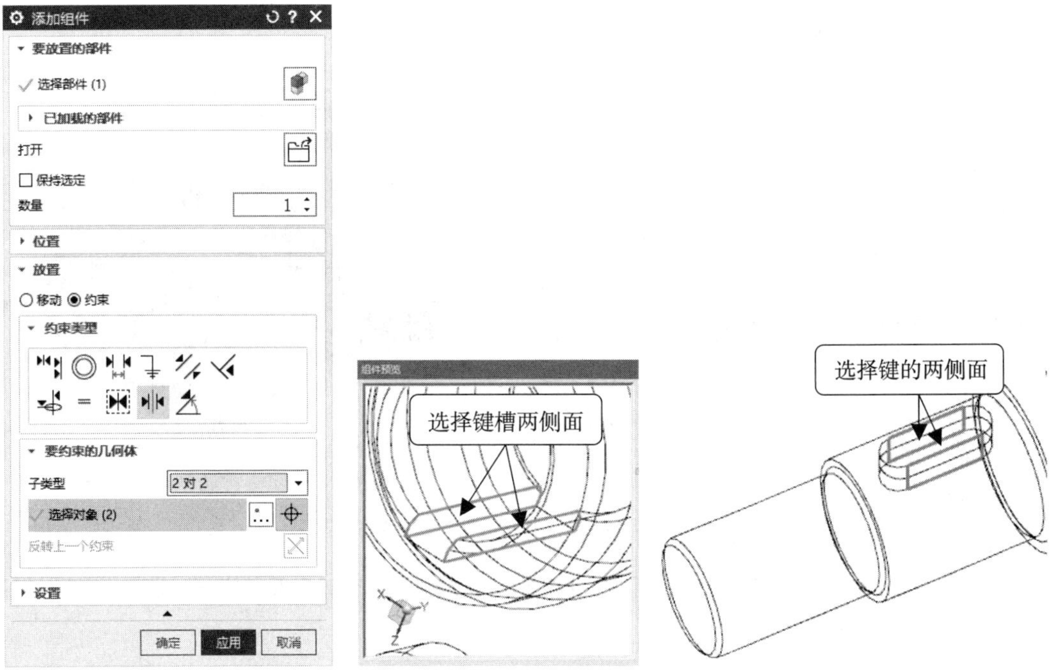

图 6–49　约束键槽两侧面与键的两侧面 2 对 2 中心对称

（3）继续在“约束类型”选项区域中选择“接触对齐”选项，在“方位”下拉列表中采用系统默认的“首选接触”选项，在“组件预览”面板中选择齿轮端面作为配对的对象，在绘图区选择阶梯轴轴肩作为配合对象，如图 6-50 所示。

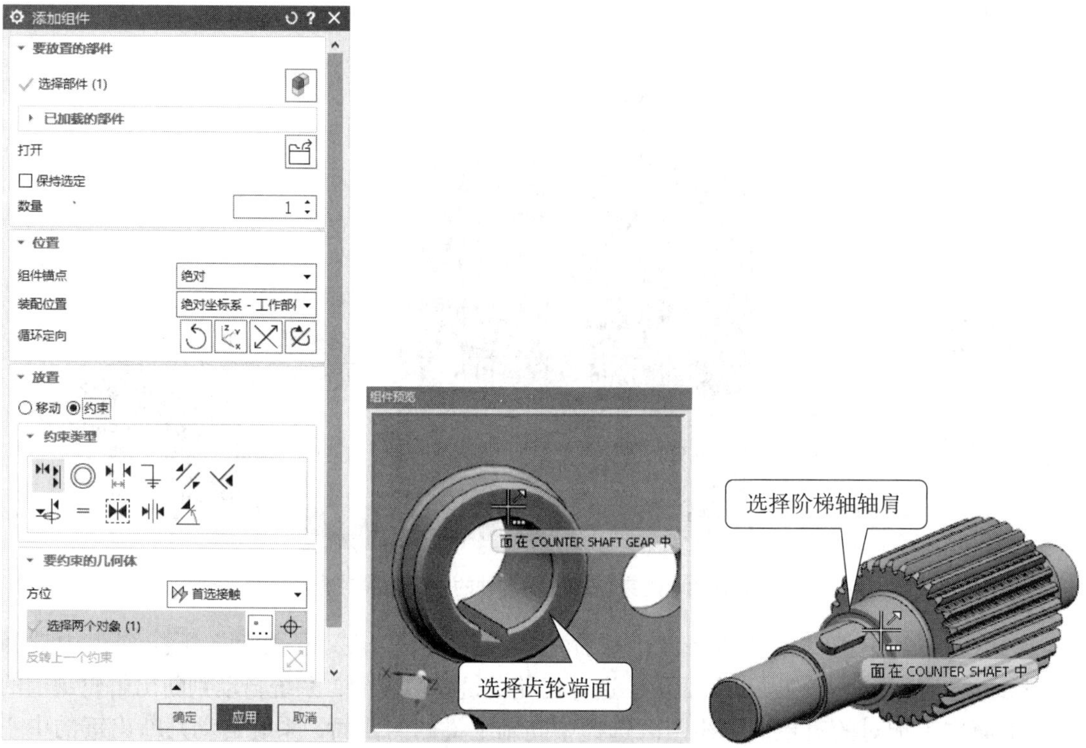

图 6-50　约束齿轮端面与阶梯轴轴肩接触对齐

（4）单击“确定”按钮，完成中间轴和齿轮的装配，如图 6-51 所示。

图 6-51　完成齿轮装配的中间轴

5. 装配中间轴套筒

（1）选择“添加组件”命令，弹出“添加组件”对话框，单击“打开”按钮，弹出“部件名”对话框，在目录中选取已创建的套筒模型 sleeve of counter shaft.prt 文件，单击“确定”按钮，返回“添加组件”对话框，在“放置”组中选中“约束”单选按钮，在“约束类型”选项区域中选择“接触对齐”选项，在“方位”下拉列表中选择“自动判断中心 / 轴”选项，在“组件预览”面板中选择套筒内圈，系统自动判断出套筒的中心轴线作为配对的对象，在绘图区选择轴的表面，系统自动判断出轴的中心轴线作为配合对象，如图 6-52 所示。

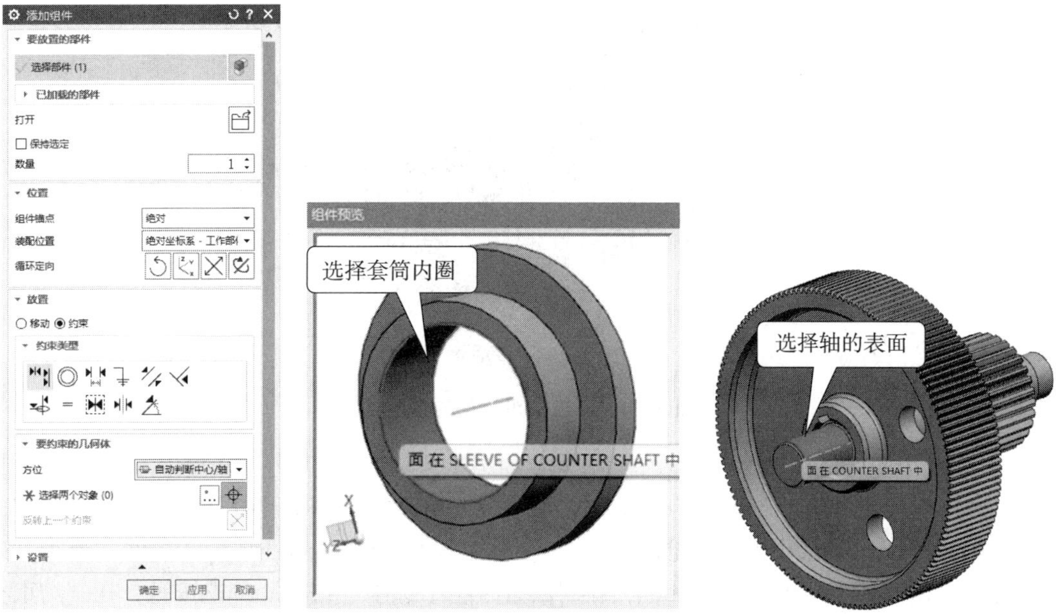

图 6-52　约束套筒与轴的中心轴线对齐

（2）继续在“约束类型”选项区域中选择“接触对齐”选项，在“方位”下拉列表中采用系统默认的“首选接触”选项，在“组件预览”面板中选择套筒端面作为配对的对象，在绘图区选择齿轮端面作为配合对象，如图 6-53 所示。

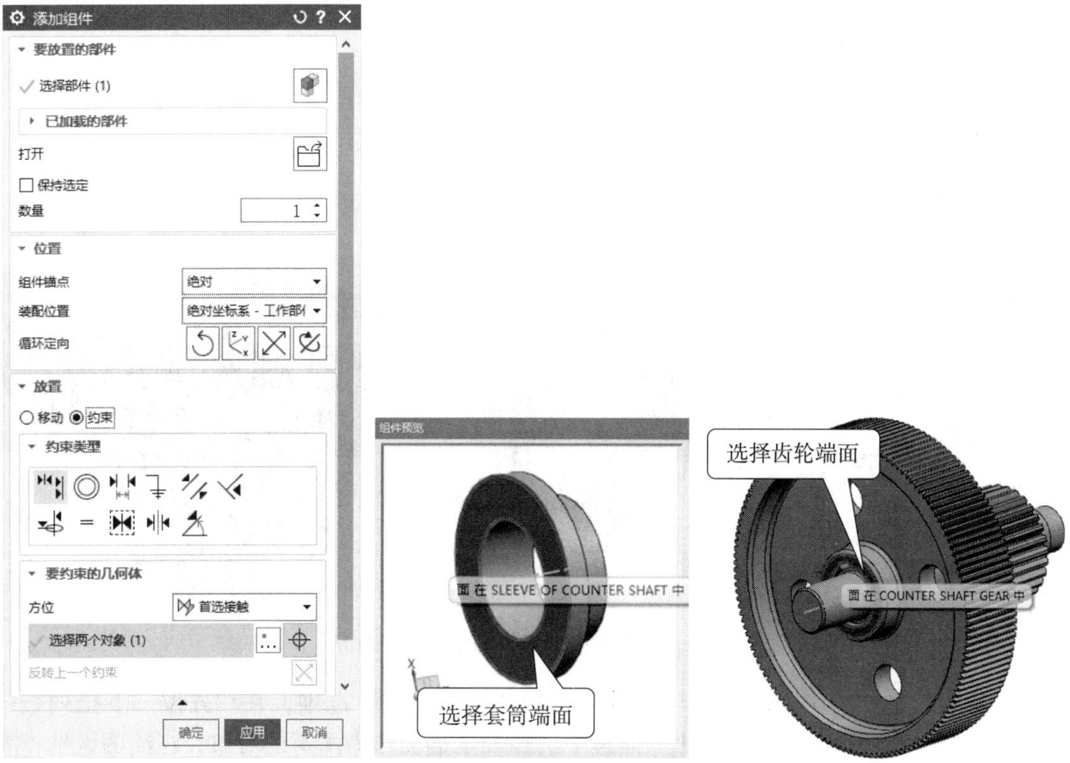

图 6-53　约束套筒端面与齿轮端面接触对齐

（3）单击“确定”按钮，完成中间轴和套筒的装配，如图 6–54 所示。

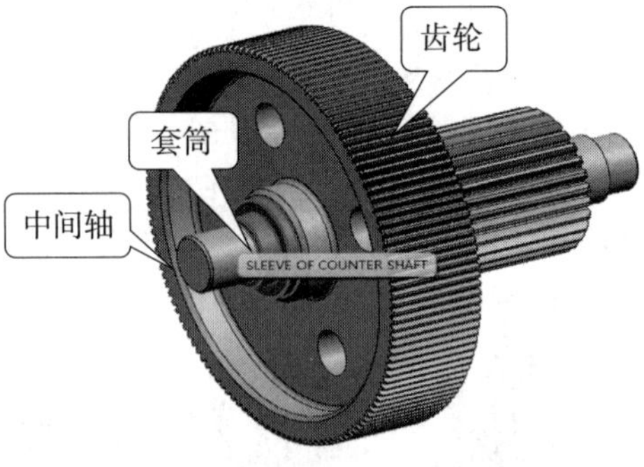

图 6–54　完成套筒装配的中间轴

6. 装配中间轴轴承 1

（1）选择“添加组件”命令，弹出“添加组件”对话框，单击“打开”按钮，弹出“部件名”对话框，在目录中选取已创建的中间轴轴承模型 counter bearing.prt 文件，单击“确定”按钮，返回“添加组件”对话框，在“放置”组中选中“约束”单选按钮，在“约束类型”选项区域中选择“接触对齐”选项，在“方位”下拉列表中选择“自动判断中心 / 轴”选项，在“组件预览”面板中选择轴承内圈，系统自动判断出轴承的中心轴线作为配对的对象，在绘图区选择轴的表面，系统自动判断出轴的中心轴线作为配合对象，如图 6–55 所示。

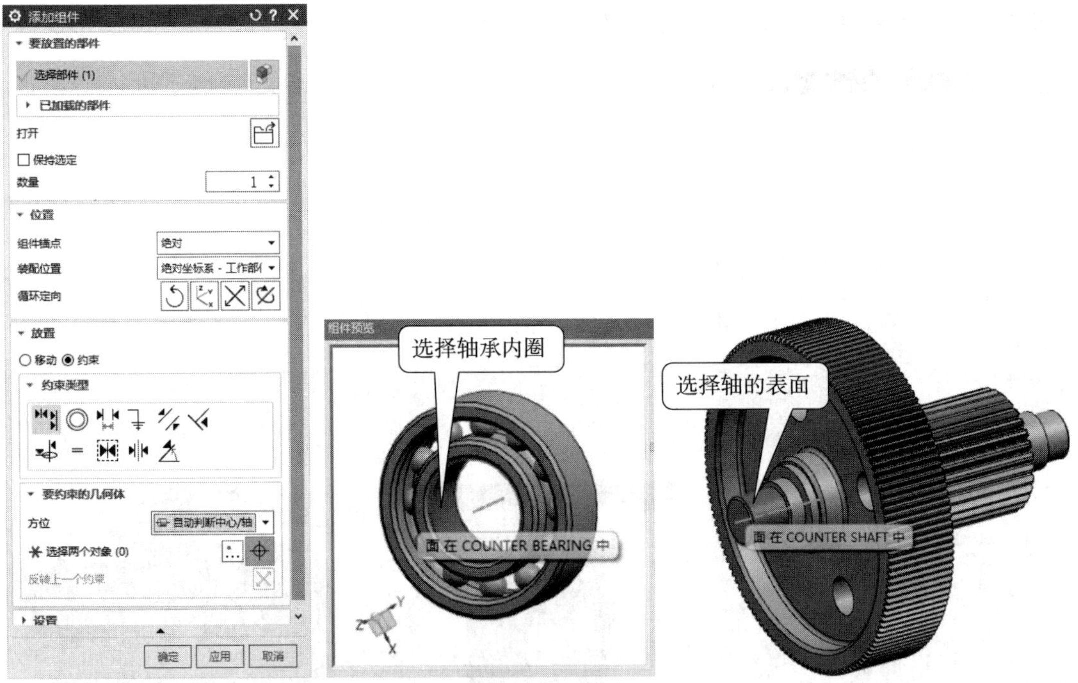

图 6–55　约束轴承与轴的中心轴线对齐

（2）继续在“约束类型”选项区域中选择“接触对齐”选项，在“方位”下拉列表中选择“接触”选项，在“组件预览”面板中选择轴承端面作为配对的对象，在绘图区选择套筒端面作为配合对象，如图 6–56 所示。

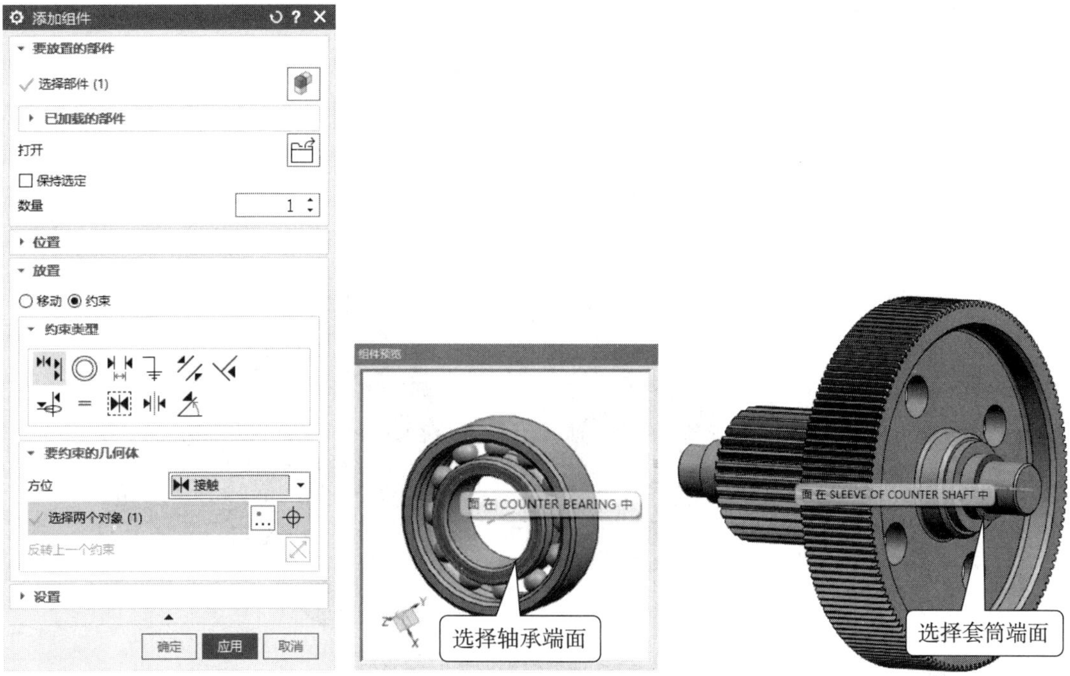

图 6-56　约束轴承端面与套筒端面接触对齐

（3）单击“确定”按钮，完成中间轴和轴承 1 的装配，如图 6-57 所示。

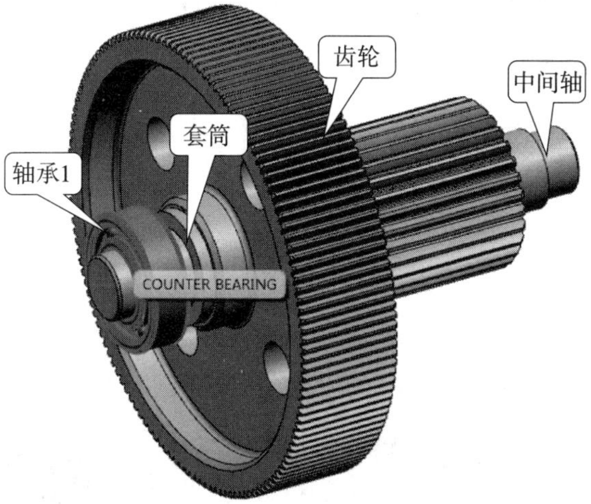

图 6-57　完成轴承 1 装配的中间轴

7. 装配中间轴轴承 2

（1）装配方法同步骤 6，选择“添加组件”命令，弹出“添加组件”对话框，在“已加载的部件”中选取已创建的中间轴轴承模型 counter bearing.prt 文件，单击“确定”按钮，返回“添加组件”对话框，在“放置”组中选中“约束”单选按钮，在“约束类型”选项区域中选择“接触对齐”选项，在“方位”下拉列表中选择“自动判断中心 / 轴”选项，在“组件预览”面板中选择轴承内圈，系统自动判断出轴承的中心轴线作为配对的对象，在绘图区选择轴的表面，系统自动判断出轴的中心轴线作为配合对象，如图 6-58 所示。

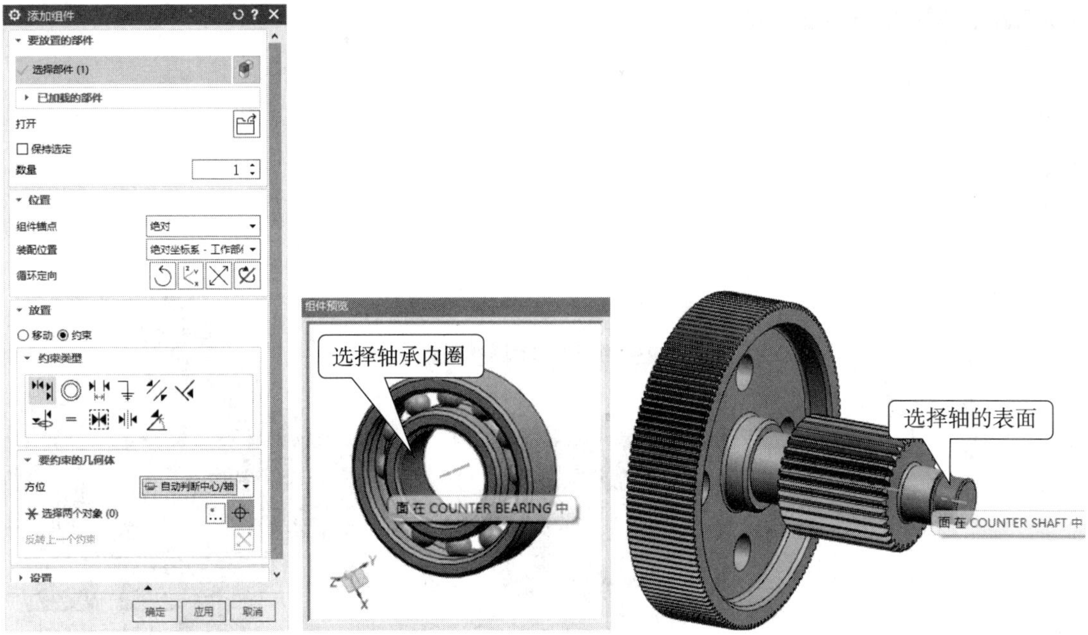

图 6-58　约束轴承与轴的中心轴线对齐

（2）继续在“约束类型”选项区域中选择“接触对齐”选项，在“方位”下拉列表中采用系统默认的“首选接触”选项，在“组件预览”面板中选择轴承端面作为配对的对象，在绘图区选择阶梯轴轴肩作为配合对象，如图 6-59 所示。

图 6-59　约束轴承端面与阶梯轴轴肩接触对齐

（3）单击“确定”按钮，完成中间轴和轴承 2 的装配，如图 6-60 所示。

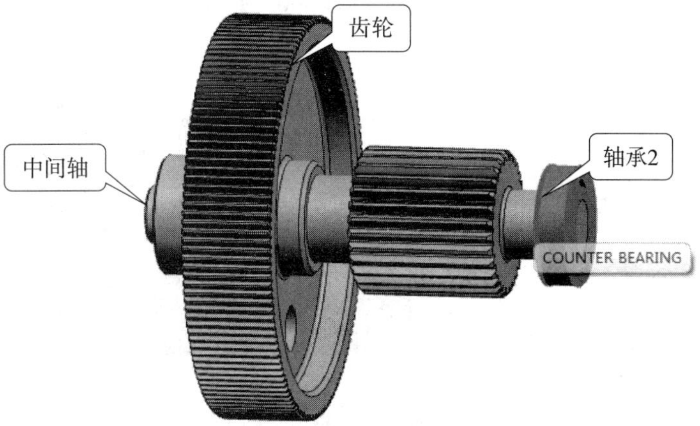

图 6-60　完成轴承 2 装配的中间轴

6.4.4　减速箱的总装配

1. 新建装配文件

在 NX 启动界面，选择“主页”选项卡“标准”组中的“新建”命令，或者选择“文件”|“新建”命令，也可按 Ctrl+N 快捷键，打开“新建”对话框，在“文件名”文本框中输入总装配体的文件名 gear box_asm1.prt，单击“确定”按钮，进入装配模块。

减速箱的总装配

2. 导入箱体

（1）选择“装配”选项卡中的“添加组件”命令，或者选择“菜单”|“装配”|“组件”|“添加组件”命令，弹出“添加组件”对话框，单击“打开”按钮，弹出“部件名”对话框，在目录中选取已创建的箱体模型 box.prt 文件。单击“确定”按钮，返回“添加组件”对话框，在“位置”组中设置“组件锚点”为“绝对”，在“图层选项”下拉列表中选择“原始的”选项，系统保持组件在原有图层位置。单击“确定”按钮，箱体被加载至装配体中，作为该装配体的基础件，如图 6-61 所示。

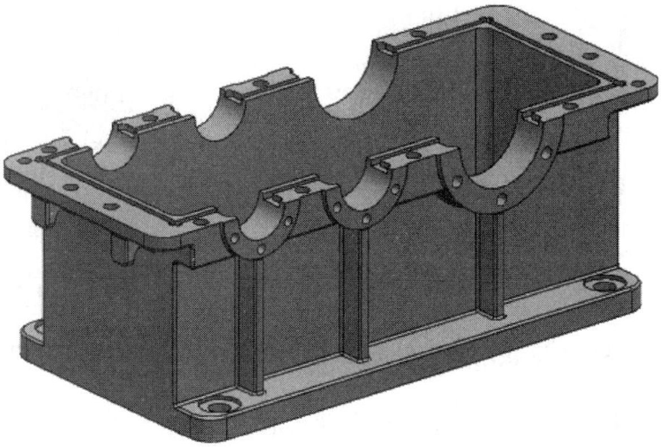

图 6-61　绘图区加载的箱体

（2）选择“装配”选项卡中的“固定”命令，弹出“固定”对话框，选中加载的 box.prt 文件，单击“确定”按钮，箱体被固定，如图 6-62 所示。

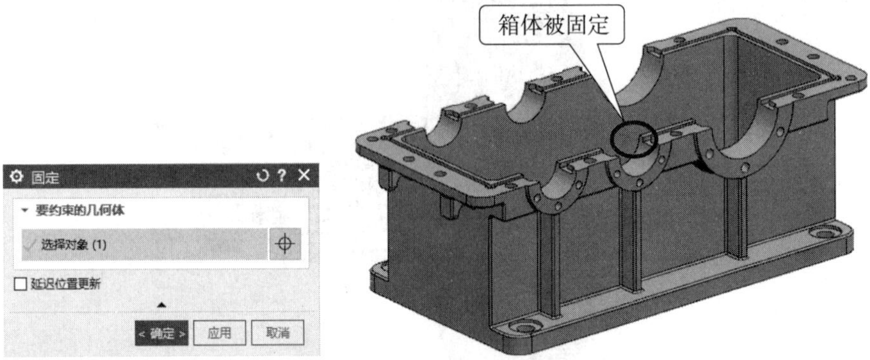

图 6-62　约束箱体为固定

3. 装配高速轴端盖 2

（1）选择“添加组件”命令，弹出“添加组件”对话框，单击“打开”按钮，弹出“部件名”对话框，在目录中选取已创建的高速轴端盖模型 bearing cap of high shaft 2.prt 文件，单击“确定”按钮，返回“添加组件”对话框，在“放置”组中选中“约束”单选按钮，在“约束类型”选项区域中选择“接触对齐”选项，在“方位”下拉列表中选择“自动判断中心 / 轴”选项，在“组件预览”面板中选择端盖外圆面，系统自动判断出端盖的中心轴线作为配对的对象，在绘图区选择轴承座内表面，系统自动判断出轴承座的中心轴线作为配合对象，如图 6-63 所示。

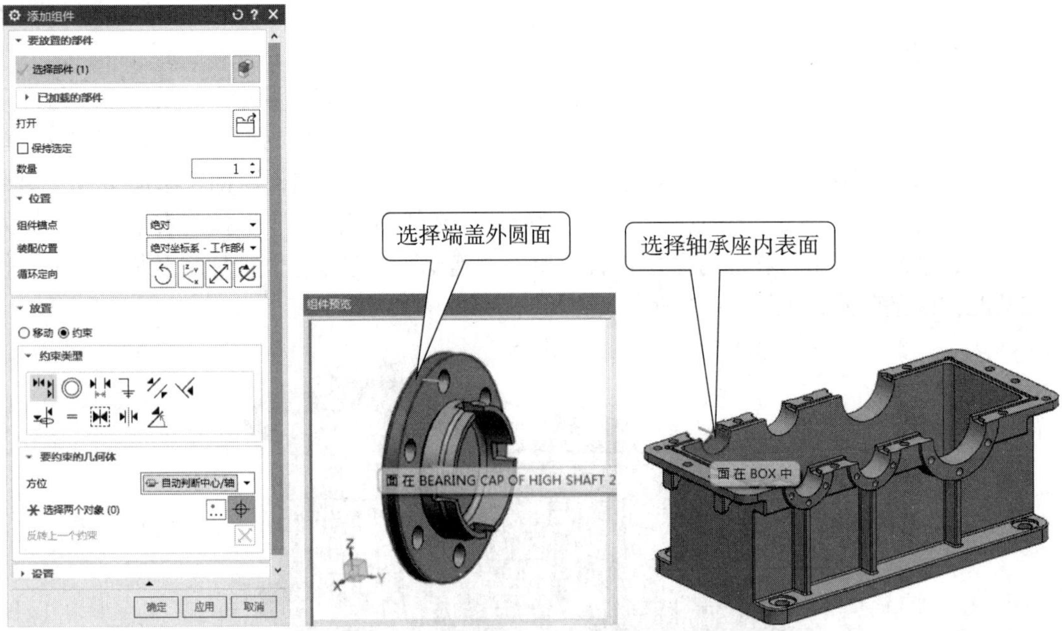

图 6-63　约束轴承端盖外圆面与轴承座内表面的中心轴线对齐

（2）继续在“约束类型”选项区域中选择“接触对齐”选项，在“方位”下拉列表中选择“自动判断中心 / 轴”选项，在“组件预览”面板中选择端盖上螺栓的一个内孔面，系统自动判断出端盖螺栓内孔面的中心轴线作为配对的对象，在绘图区选择轴承座的螺栓孔，系统自动判断出轴承座的螺栓孔的中心轴线作为配合对象，如图 6-64 所示。

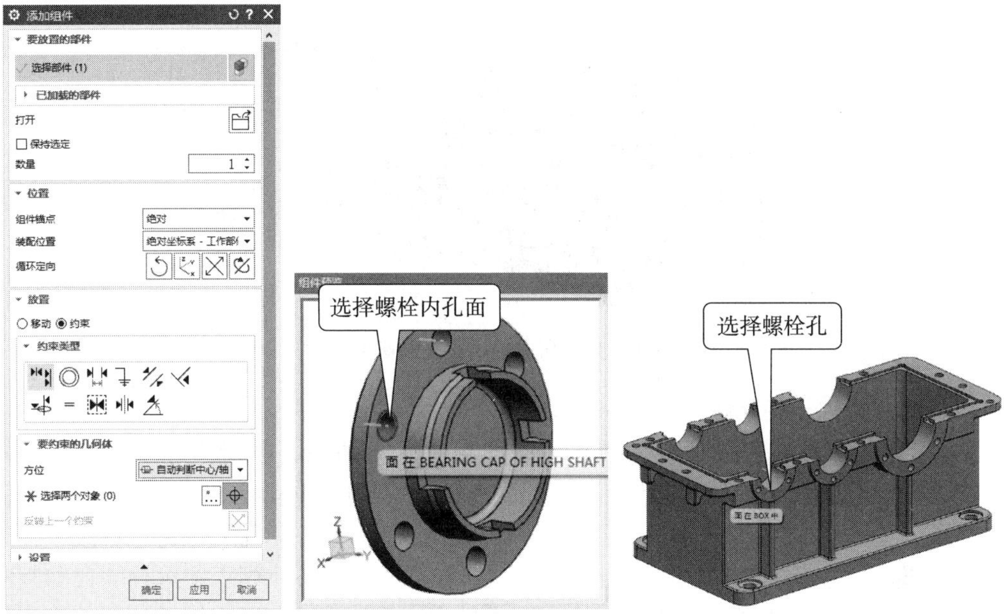

图 6-64　约束螺栓内孔面与螺栓孔的中心轴线对齐

（3）继续在“约束类型”选项区域中选择“接触对齐”选项，在“方位”下拉列表中采用系统默认的“首选接触”选项，在“组件预览”面板中选择端盖端面，在绘图区选择轴承座端面，如图 6-65 所示。

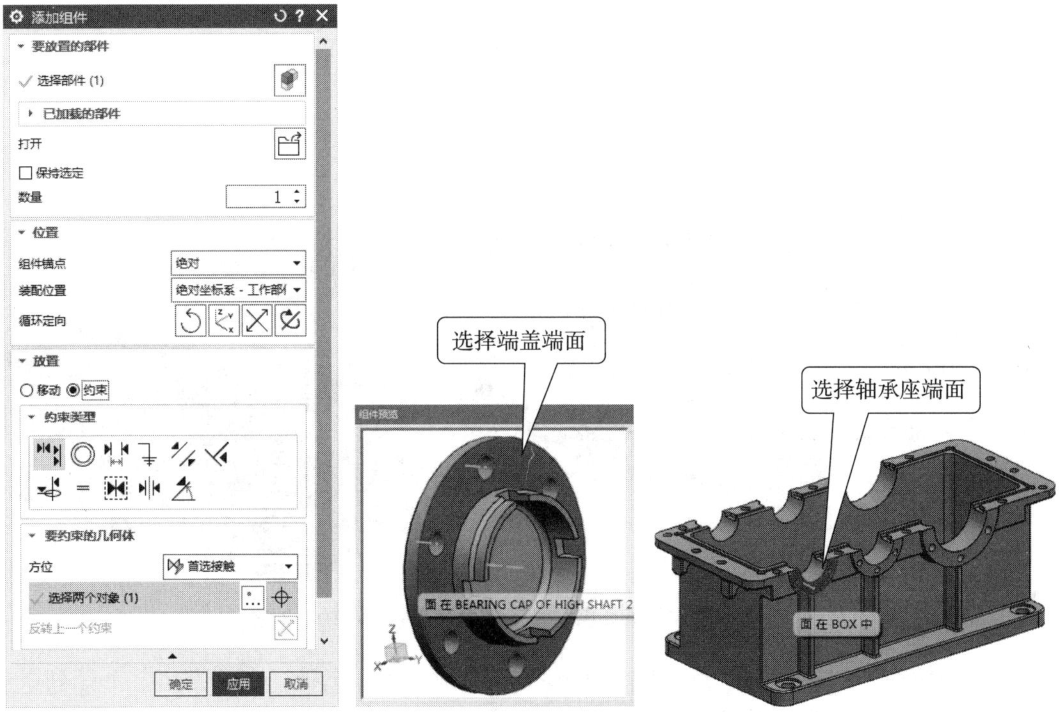

图 6-65　约束端盖端面与轴承座端面接触对齐

（4）单击“确定”按钮，完成箱体和高速轴端盖 2 的装配，如图 6-66 所示。

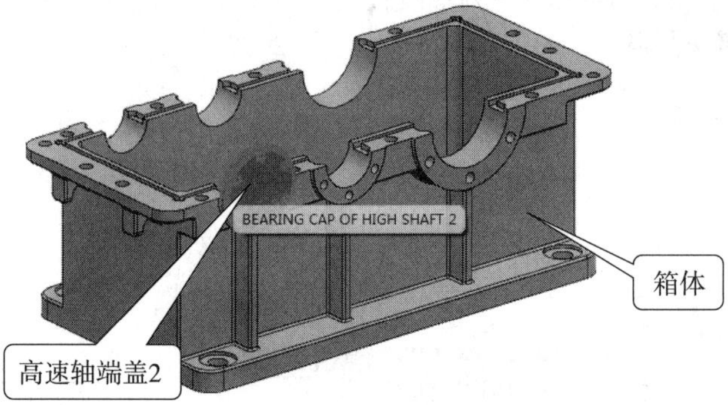

图 6-66　完成高速轴端盖 2 装配的箱体

4. 装配高速轴子装配体

（1）选择“添加组件”命令，弹出“添加组件”对话框，单击“打开”按钮，弹出“部件名”对话框，在目录中选取已装配好的高速轴子装配体 high speed shaft_asm1.prt 文件，单击“确定”按钮，返回“添加组件”对话框，在“放置”组中选中“约束”单选按钮，在“约束类型”选项区域中选择“接触对齐”选项，在“方位”下拉列表中选择“自动判断中心 / 轴”选项，在“组件预览”面板中选择轴承外圈，系统自动判断出轴承外圈的中心轴线作为配对的对象，在绘图区选择箱体的轴承座内表面，系统自动判断出箱体的轴承座内表面的中心轴线作为配合对象，如图 6-67 所示。

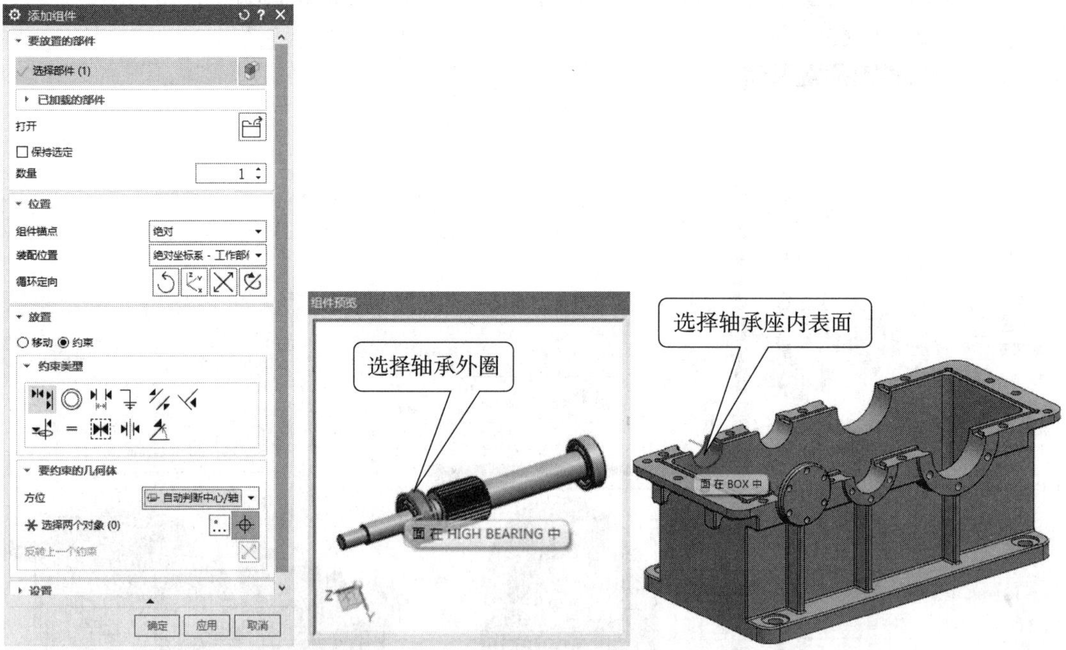

图 6-67　约束轴承外圈与轴承座内表面的中心轴线对齐

（2）继续在“约束类型”选项区域中选择“接触对齐”选项，在“方位”下拉列表中选择“接触”选项，在“组件预览”面板中选择轴承端面作为配对的对象，在绘图区选择高速轴端盖端面作为配合对象，如图 6-68 所示。

图 6-68　约束轴承端面与端盖端面接触对齐

（3）单击“确定”按钮，完成箱体和高速轴子装配体的装配，如图 6-69 所示。

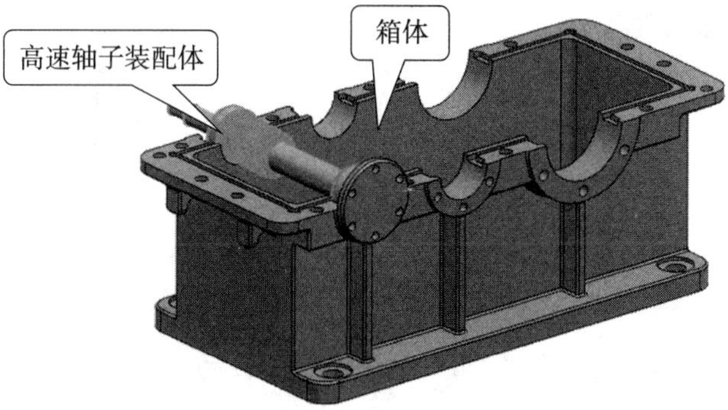

图 6-69　完成高速轴装配的箱体

5. 装配中间轴子装配体

（1）选择“添加组件”命令，弹出“添加组件”对话框，单击“打开”按钮，弹出“部件名”对话框，在目录中选取已装配的中间轴子装配体模型 counter shaft_asm1.prt 文件，单击“确定”按钮，返回“添加组件”对话框，在“放置”组中选中“约束”单选按钮，在“约束类型”选项区域中选择“接触对齐”选项，在“方位”下拉列表中选择“自动判断中心 / 轴”选项，在“组件预览”面板中选择轴承外圈，系统自动判断出轴承外圈的中心轴线作为配对的对象，在绘图区选择箱体的轴承座内表面，系统自动判断出箱体的轴承座内表面的中心轴线作为配合对象，如图 6-70 所示。

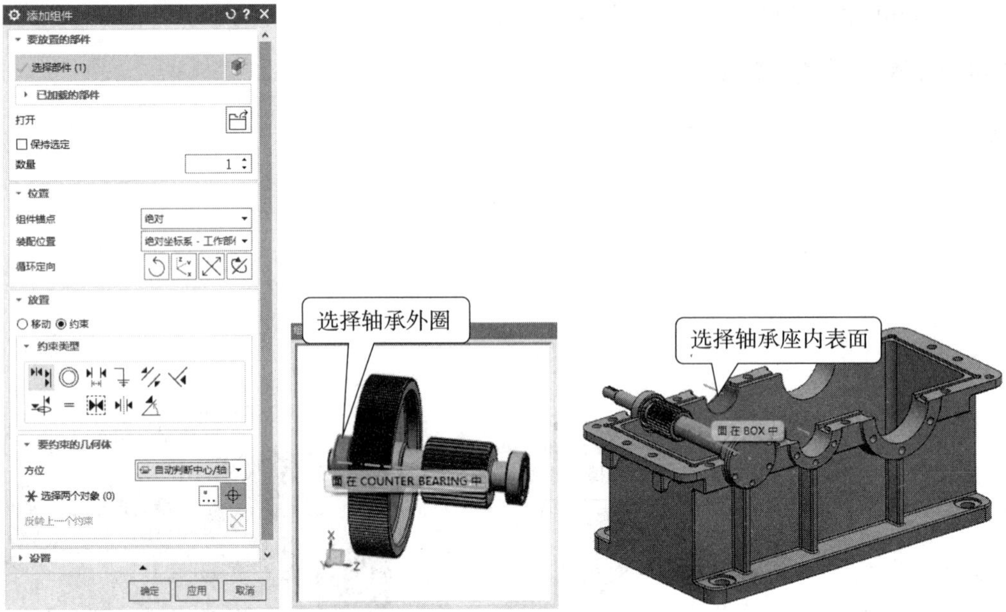

图 6-70　约束轴承外圈与轴承座内表面的中心轴线对齐

（2）在“约束类型”选项区域中选择“居中”选项，在“子类型”下拉列表中选择“2 对 2”选项，在“组件预览”面板中选择中间轴大齿轮两端面，系统自动判断出中间轴大齿轮的中心平面作为配对的对象，在绘图区选择高速轴齿轮两端面，系统自动判断出高速轴齿轮的中心平面作为配合对象，如图 6-71 所示。

图 6-71　约束中间轴大齿轮两端面与高速轴齿轮两端面 2 对 2 中心对称

（3）单击“确定”按钮，完成箱体和中间轴子装配体的装配，如图 6-72 所示。

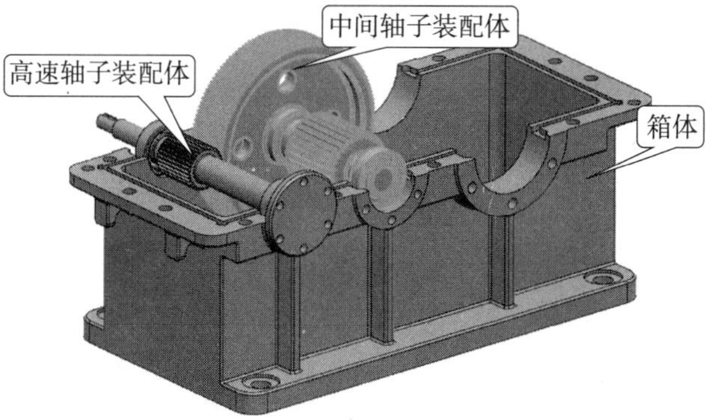

图 6-72　完成中间轴装配的箱体

6. 装配低速轴子装配体

（1）选择“添加组件”命令，弹出“添加组件”对话框，单击“打开”按钮，弹出“部件名”对话框，在目录中选取已装配的低速轴子装配体模型 low speed shaft_asm1.prt 文件，单击“确定”按钮，返回“添加组件”对话框，在“放置”组中选中“约束”单选按钮，在“约束类型”选项区域中选择“接触对齐”选项，在“方位”下拉列表中选择“自动判断中心 / 轴”选项，在“组件预览”面板中选择轴承外圈，系统自动判断出轴承的中心轴线作为配对的对象，在绘图区选择箱体的轴承座内表面，系统自动判断出箱体的轴承座内表面的中心轴线作为配合对象，如图 6-73 所示。

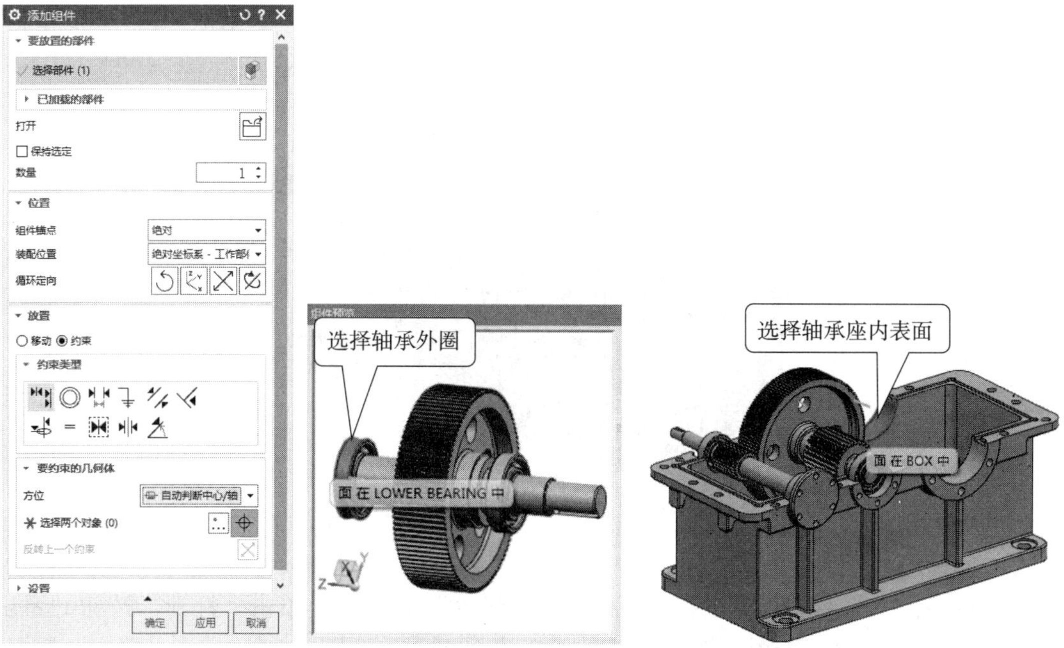

图 6-73　约束轴承外圈与轴承座内表面的中心轴线对齐

（2）在“约束类型”选项区域中选择“居中”选项，在“子类型”下拉列表中选择“2 对 2”选项，在“组件预览”面板中选择低速轴齿轮两端面，系统自动判断出低速轴齿轮的中心平面作为配对的对象，在绘图区选择中间轴小齿轮两端面，系统自动判断出中间轴小齿轮的中心平面作为配合对象，如图 6-74 所示。

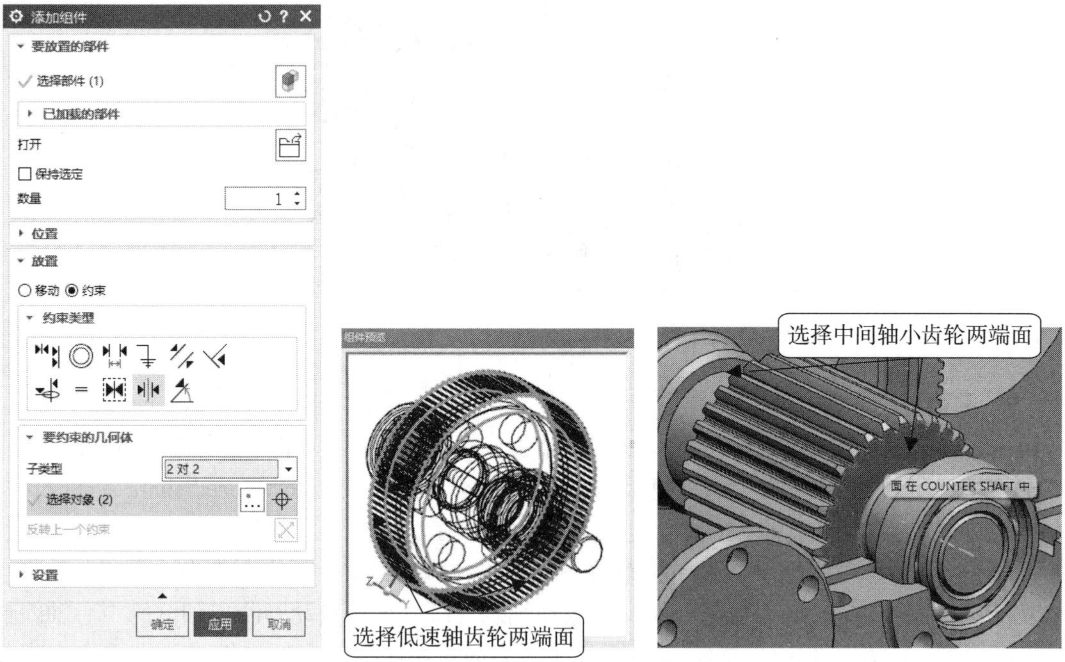

图 6-74　约束低速轴齿轮两端面与中间轴小齿轮两端面 2 对 2 中心对称

（3）单击“确定”按钮，完成箱体和低速轴子装配体的装配，如图 6-75 所示。

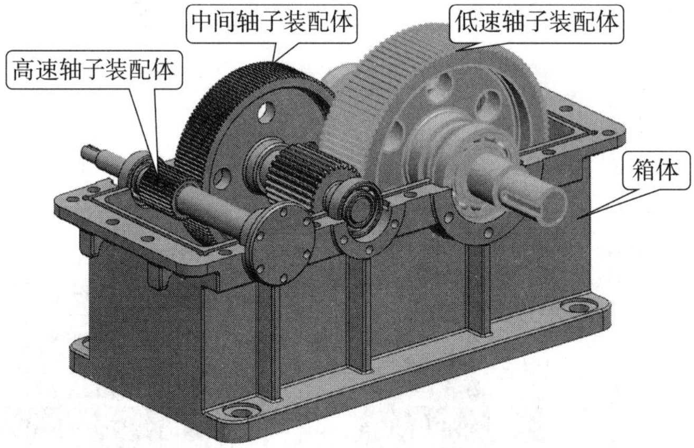

图 6-75　完成低速轴装配的箱体

7. 装配箱盖

（1）选择“添加组件”命令，弹出“添加组件”对话框，单击“打开”按钮，弹出“部件名”对话框，在目录中选取已创建的箱盖模型 box cover.prt 文件，单击“确定”按钮，返回“添加组件”对话框，在“放置”组中选中“约束”单选按钮，在“约束类型”选项区域中选择“接触对齐”选项，在“方位”下拉列表中选择“自动判断中心 / 轴”选项，在“组件预览”面板中选择箱盖定位孔 1，系统自动判断出箱盖定位孔的中心轴线作为配对的对象，在绘图区选择箱体定位孔 1，系统自动判断出箱体定位孔的中心轴线作为配合对象，如图 6-76 所示。

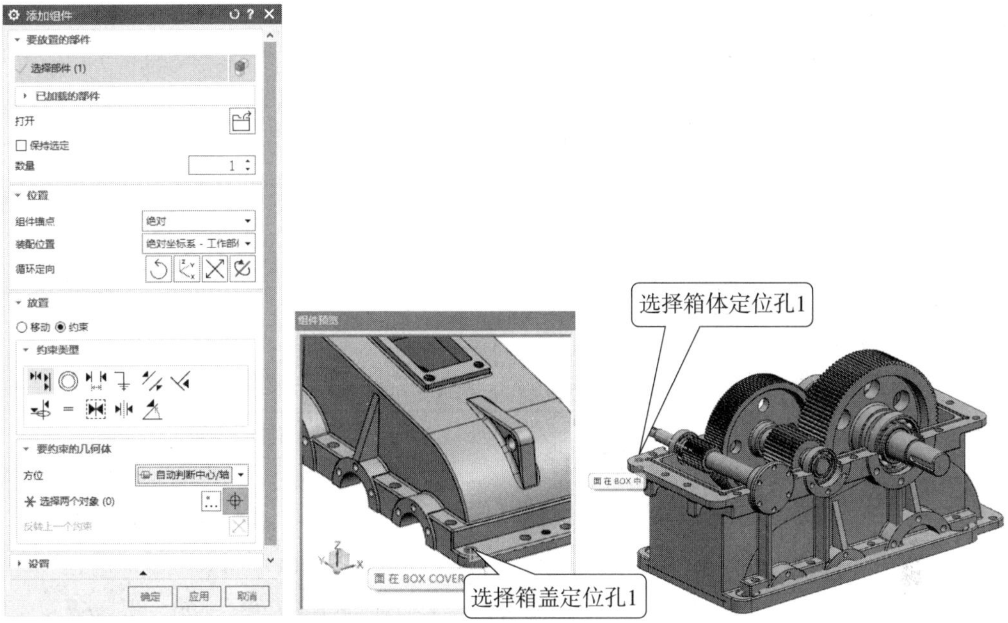

图 6-76　约束箱盖定位孔 1 与箱体定位孔 1 的中心轴线对齐

（2）继续在“约束类型”选项区域中选择“接触对齐”选项，在“方位”下拉列表中选择“自动判断中心 / 轴”选项，在“组件预览”面板中选择箱盖定位孔 2，系统自动判断出箱盖定位孔的中心轴线作为配对的对象，在绘图区选择箱体定位孔 2，系统自动判断出箱体定位孔的中心轴线作为配合对象，如图 6-77 所示。

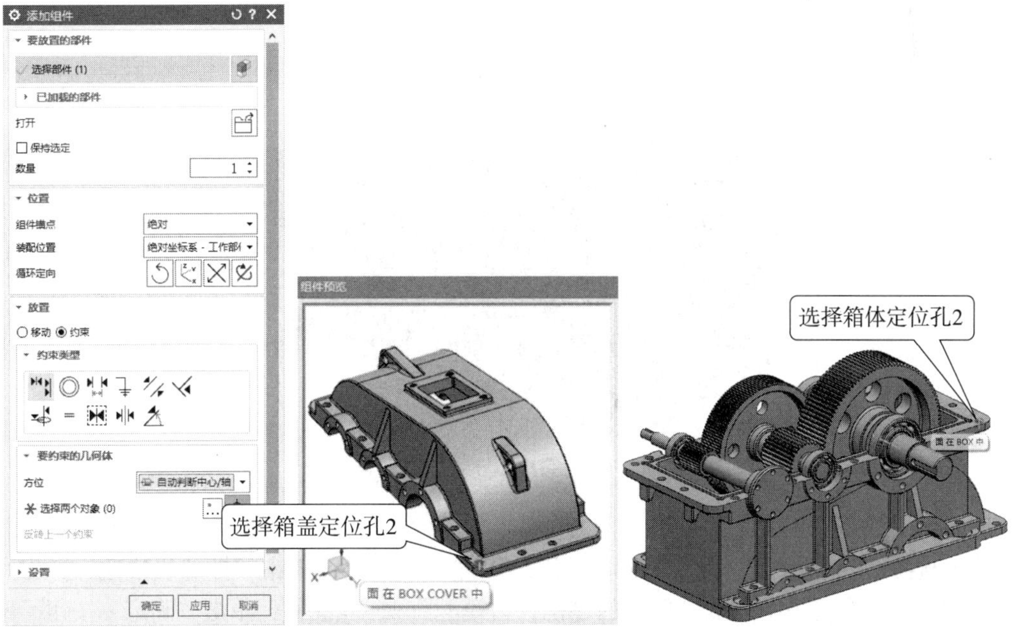

图 6-77　约束箱盖定位孔 2 与箱体定位孔 2 的中心轴线对齐

（3）继续在“约束类型”选项区域中选择“接触对齐”选项，在“方位”下拉列表中采用系统默认的“首选接触”选项，在“组件预览”面板中选择箱盖下表面，在绘图区选择箱体上表面，如图 6-78 所示。

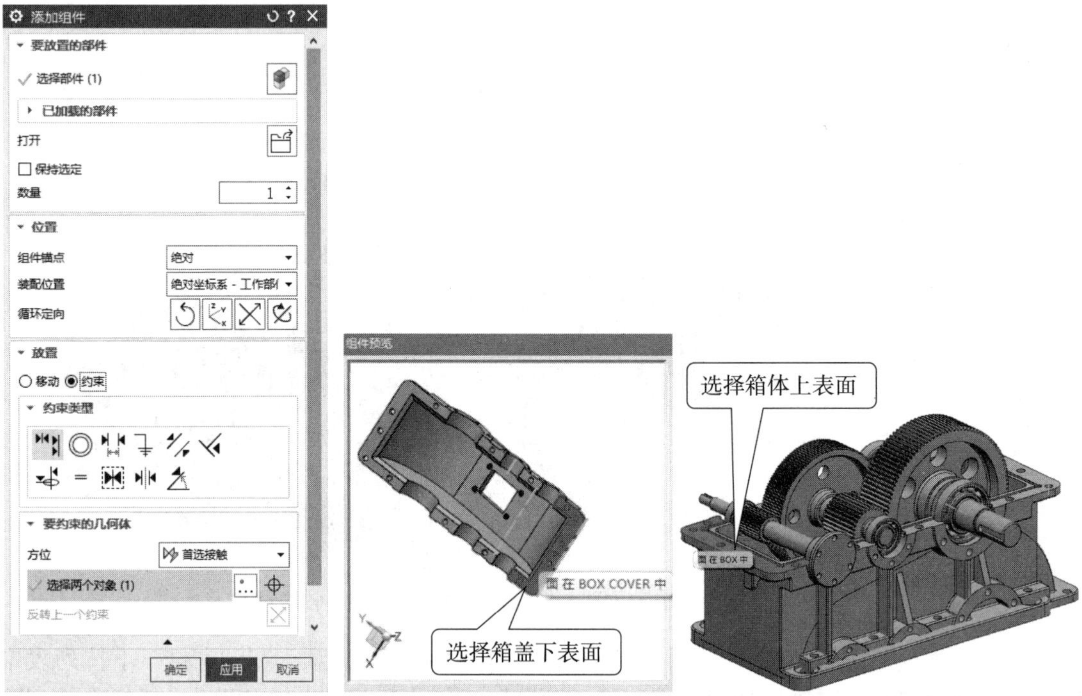

图 6-78 约束箱盖下表面与箱体上表面接触对齐

（4）单击“确定”按钮，完成箱体和箱盖的装配，如图 6-79 所示。

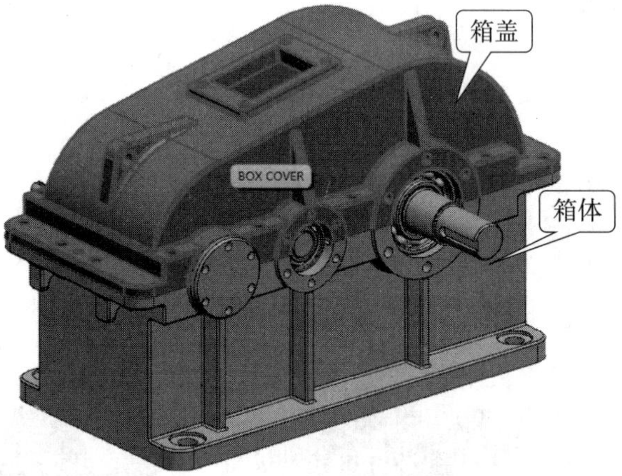

图 6-79 完成箱盖装配的箱体

8. 装配窥视孔盖

（1）选择“添加组件”命令，弹出“添加组件”对话框，单击“打开”按钮，弹出“部件名”对话框，在目录中选取已创建的窥视孔盖模型 cover.prt 文件，单击“确定”按钮，返回“添加组件”对话框，在“放置”组中选中“约束”单选按钮，在“约束类型”选项区域中选择

“接触对齐”选项，在“方位”下拉列表中选择“自动判断中心 / 轴”选项，在“组件预览”面板中选择螺纹孔，系统自动判断出螺纹孔的中心轴线作为配对的对象，在绘图区选择箱盖螺纹孔，系统自动判断出箱盖螺纹孔的中心轴线作为配合对象，如图 6-80 所示。

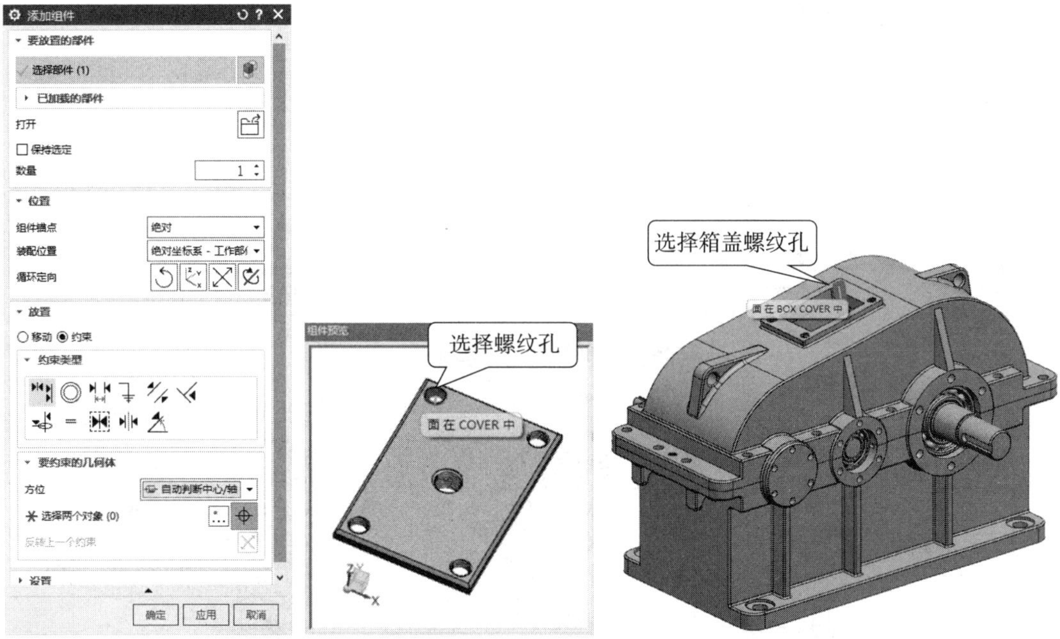

图 6-80　约束螺纹孔与箱盖螺纹孔的中心轴线对齐

（2）在“约束类型”选项区域中选择“居中”选项，在“子类型”下拉列表中选择“2 对 2”选项，在“组件预览”面板中选择窥视孔盖两侧面，系统自动判断出其中心平面作为配对的对象，在绘图区选择箱盖窥视孔两侧面，系统自动判断出其中心平面作为配合对象，如图 6-81 所示。

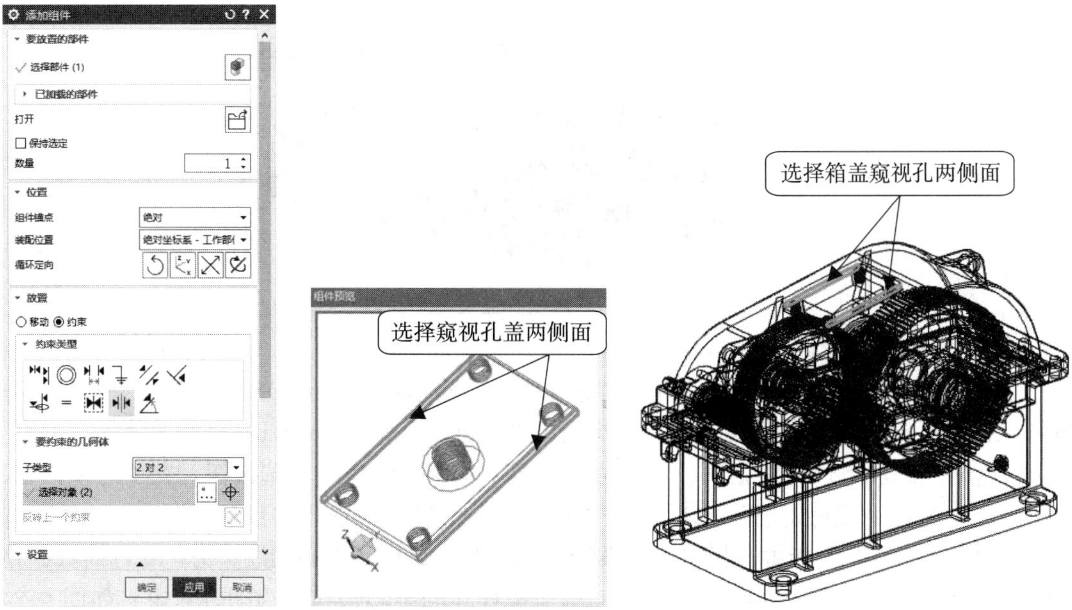

图 6-81　约束窥视孔盖两侧面与箱盖窥视孔两侧面 2 对 2 中心对称

（3）继续在“约束类型”选项区域中选择“接触对齐”选项，在“方位”下拉列表中采用系统默认的“首选接触”选项，在“组件预览”面板中选择窥视孔盖下表面，在绘图区选择箱盖上表面，如图 6-82 所示，约束窥视孔盖下表面与箱盖上表面接触对齐。

图 6-82　约束窥视孔盖下表面与箱盖上表面接触对齐

（4）单击“确定”按钮，完成窥视孔盖的装配，如图 6-83 所示。

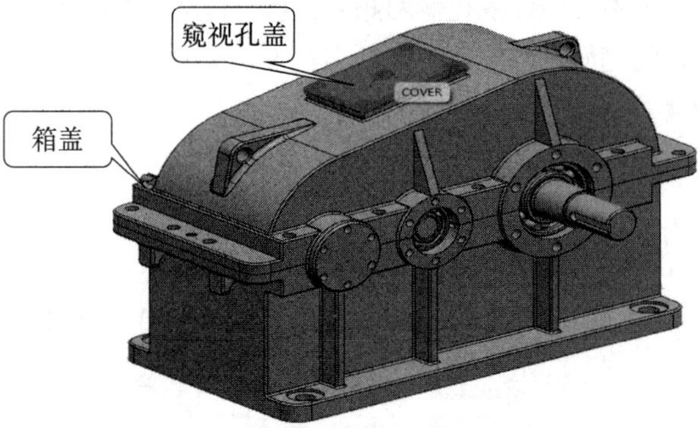

图 6-83　完成窥视孔盖装配的箱体

9. 装配螺栓

（1）选择“添加组件”命令，弹出“添加组件”对话框，单击“打开”按钮，弹出“部件名”对话框，在目录中选取已创建的螺栓模型 bolt of cover box-8.prt 文件，单击“确定”按钮，返回“添加组件”对话框，在“放置”组中选中“约束”单选按钮，在“约束类型”选项区域中选择“接触对齐”选项，在“方位”下拉列表中选择“自动判断中心 / 轴”选项，在“组件预览”面板中选择螺栓，系统自动判断出螺栓的中心轴线作为配对的对象，在绘图区选择箱盖螺栓孔，系统自动判断出箱盖螺栓孔的中心轴线作为配合对象，如图 6-84 所示。

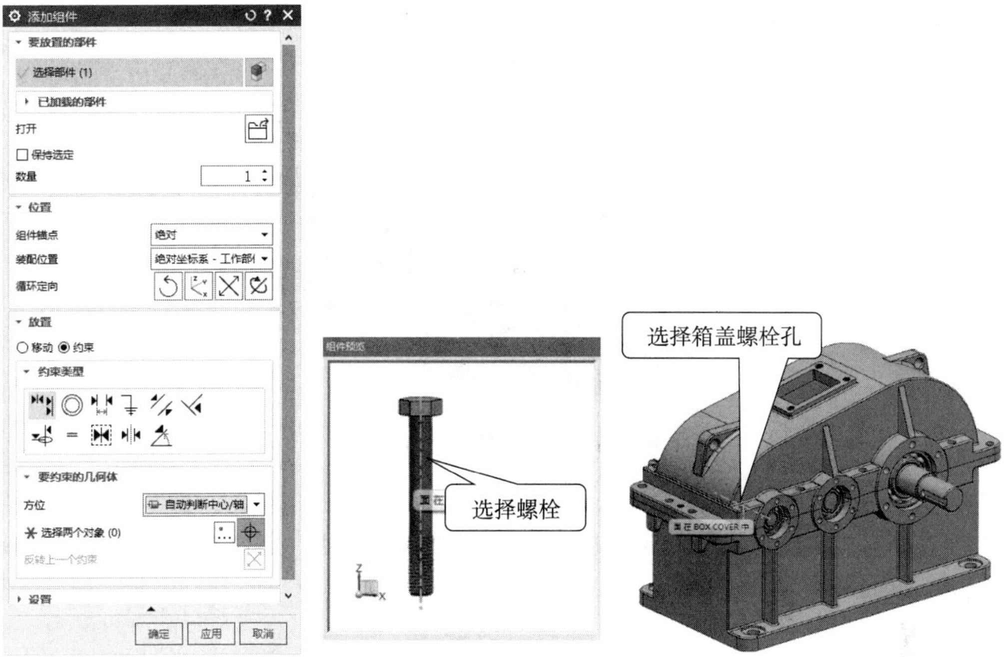

图 6-84　约束螺栓与箱盖螺栓孔的中心轴线对齐

（2）继续在“约束类型”选项区域中选择“接触对齐”选项，在“方位”下拉列表中采用系统默认的“首选接触”选项，在“组件预览”面板中选择螺栓下表面，在绘图区选择箱盖螺栓孔上表面，如图 6-85 所示。

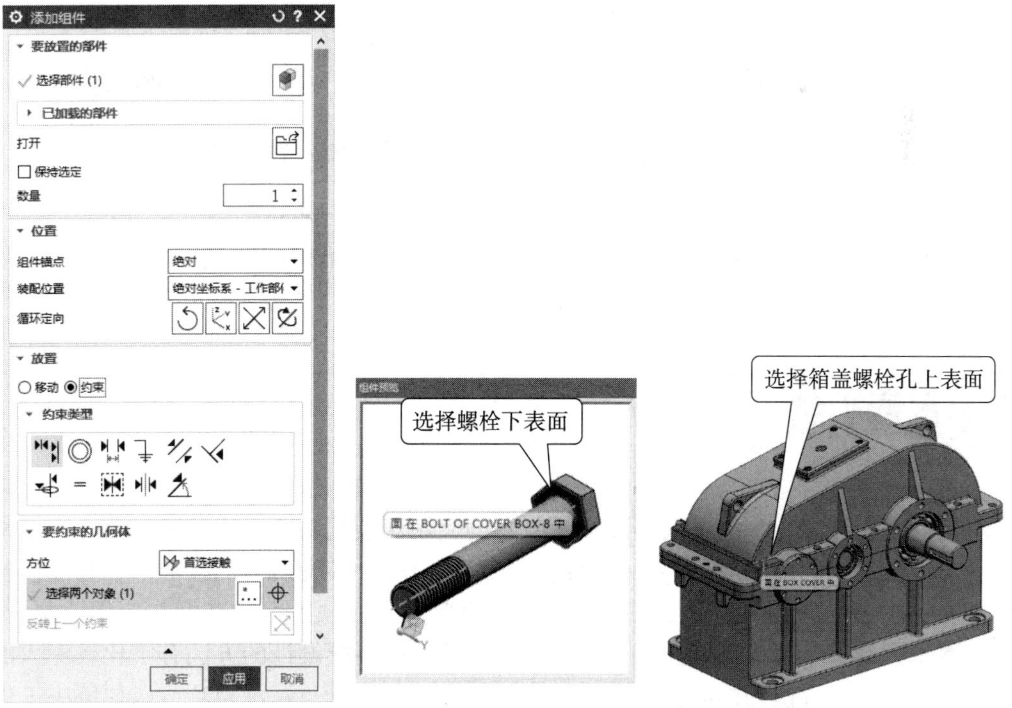

图 6-85　约束螺栓下表面与箱盖螺栓孔上表面接触对齐

（3）单击“确定”按钮，完成减速箱和螺栓的装配，如图 6-86 所示。

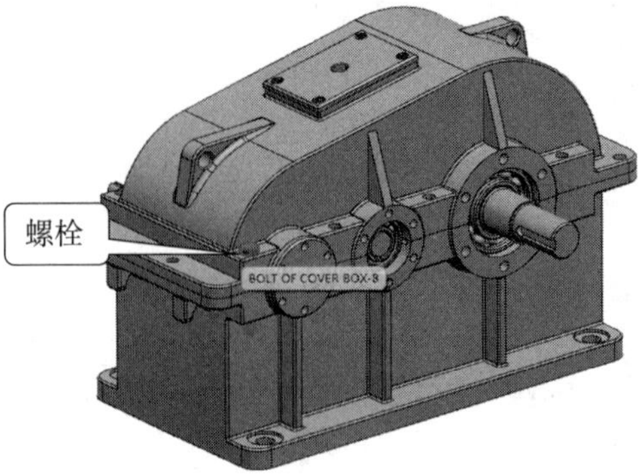

图 6-86　完成螺栓装配的箱体

10. 装配端盖

按照步骤 3 的方法，继续完成高速轴端盖 1、中间轴端盖、低速轴端盖 1、低速轴端盖 2 的装配，如图 6-87 所示。

11. 装配螺栓螺母及其他组件

按照以上步骤，完成螺栓螺母及其他组件的装配，减速箱完整装配的结果如图 6-88 所示。

图 6-87　完成端盖装配的箱体

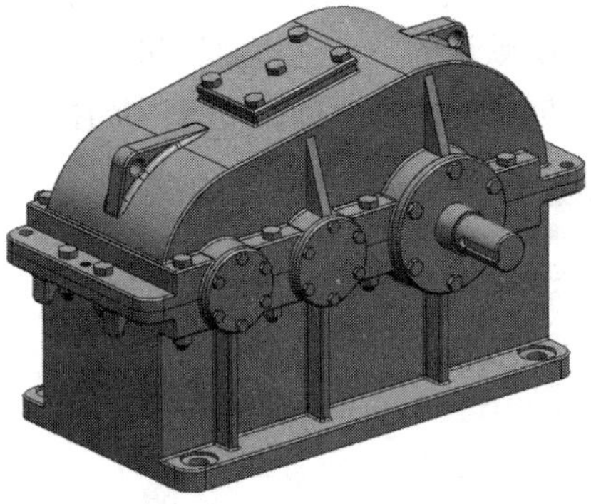

图 6-88　减速箱完整装配的结果

6.5　本章小结

本章首先介绍了装配的定义、装配导航器的应用和装配功能，然后通过综合实例来加强读者对装配功能的理解与应用，还给出了一些进行零件装配所需的技巧。在装配模块中主要利用“装配”选项卡的命令来装配零件，因此读者必须熟练地掌握与应用这些命令。通过对本章内容的学习，读者已经对应用 NX 软件进行装配设计的方法有了比较深入的了解，但在掌握操作方法的同时，还应该重点理解装配的设计思路和技巧，以便解决工作中的难题。

6.6　思考与练习

1．思考题

（1）NX 进入装配模块的方式有几种？分别如何操作？

（2）常用的装配约束有几种？分别如何使用？

（3）NX 装配模块中怎样将某一个零件设为工作部件？怎样将其设为显示部件？两者有什么区别？

2．练习题

根据素材文件，利用“装配”选项卡的命令装配组件，装配结果如图 6-89 所示，爆炸图效果如图 6-90 所示。

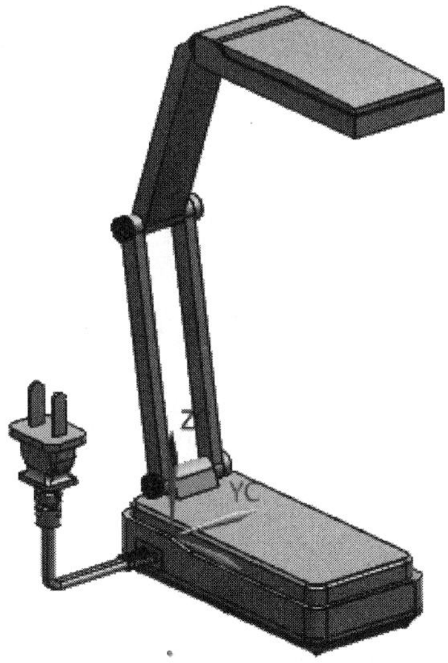

图 6-89　装配结果

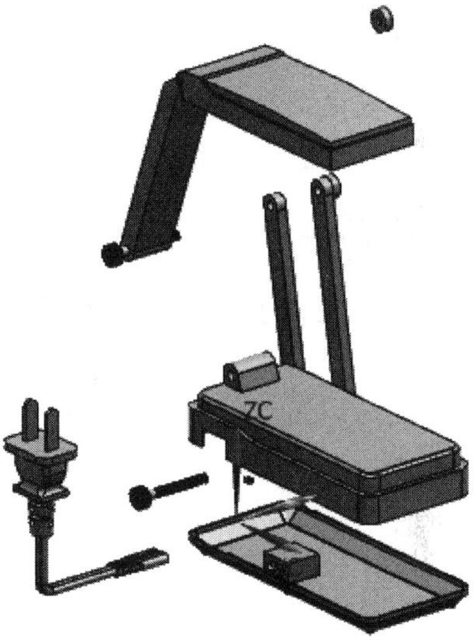

图 6-90　爆炸图效果

练习题

项目 7

学会创建及编辑工程图

【项目案例】

我国工程图学的发展史

（1）了解创建工程图的基本步骤。

（2）掌握工程图的常用命令及使用方法。

【能力目标】

（1）能正确使用基本视图、投影视图、局部视图、剖视图等视图和视图编辑的常用工具。

（2）能熟练掌握尺寸标注、注释、制表等相关命令。

【项目案例】

3 个工程制图案例。

本章主要介绍 NX 软件的工程制图功能。利用 NX 的实体建模功能创建的零件和装配模型，可以直接引用到制图模块中，快速地生成二维工程图。NX 工程制图的功能是基于创建三维模型的二维投影得到二维工程图，因此，工程图与三维模型是完全关联的。三维模型的尺寸、形状和位置的任何改变，都会引起二维工程图实时变化。

7.1 任务一：掌握制图基本知识

一般在创建工程图之前，用户已经完成了三维模型的建立。在三维模型的基础上可以利用制图模块创建二维工程图，具体步骤如下。

（1）新建图纸文件，进入制图模块。

（2）制图参数的预先设置。在创建图纸前，建议先设置新图纸的制图标准、制图的视图首选项。设置后，所有新创建的视图和注释都将保持一致，并具有适当的视觉特性和符号体系。

（3）创建图纸页。用户可以直接在当前工作部件中创建图纸页，也可以先创建包含模型几何体（作为组件）的非主模型图纸部件，进而创建图纸页。

（4）在工程图纸上添加视图。在 NX 软件中用户能够创建单个视图或同时创建多个视图。所有视图均直接派生自所建的模型，并可用于创建其他视图，例如剖视图和局部放大图。基本视图将决定所有投影视图的正交空间和视图对齐。

（5）添加尺寸标注、公差标注、文字注释等。对于装配图纸，还可以添加零件明细表。

（6）保存并退出。

根据以上步骤，下面对制图模块、制图模块界面、参数设置、图纸基本操作等做详细介绍。

7.1.1　进入制图模块

在 NX 中，进入制图模块有两种方式。

1. 直接新建图纸或打开部件文件

在 NX 启动界面，选择“主页”选项卡“标准”组中的“新建”命令，弹出“新建”对话框，如图 7-1 所示。单击“图纸”选项卡，将“关系”设置为“全部”，并在列表框中选择模板。输入要创建的文件名称，选择要存储文件的路径，选择要创建图纸的部件，单击“确定”按钮，进入制图模块。

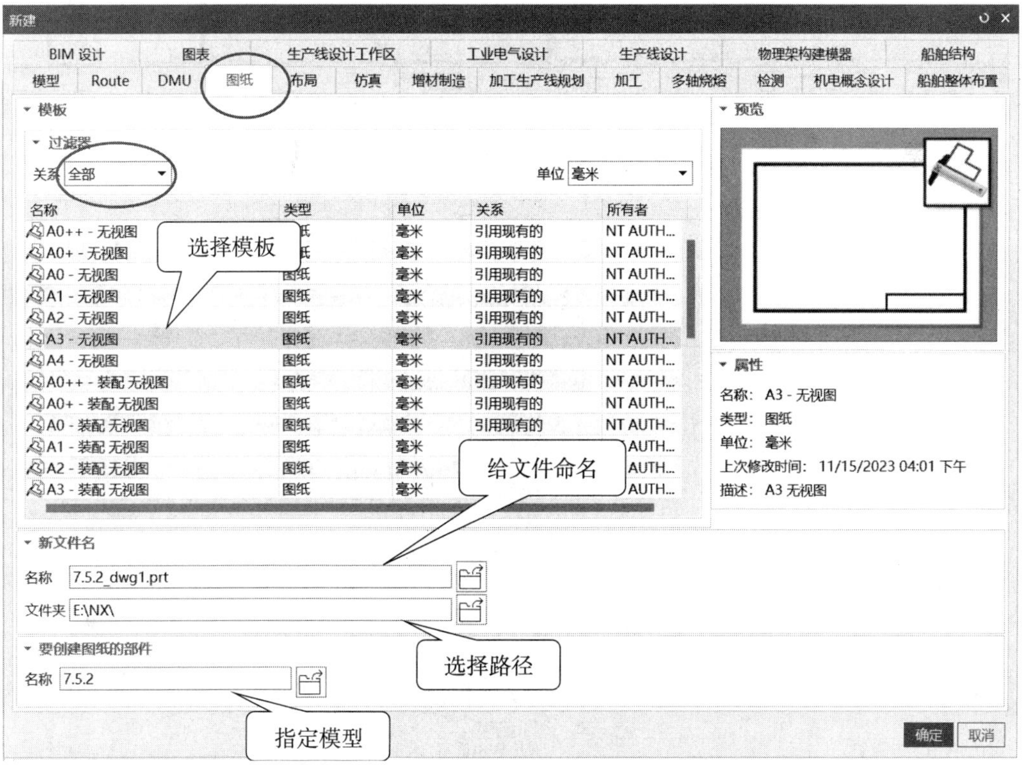

图 7-1　“新建”对话框

2. 在建模模块中进入制图模块

在建模模块中，选择“应用模块”选项卡“文档”组中的“制图”命令，如图 7-2 所示，进入制图模块。

图 7-2 “应用模块”选项卡

7.1.2 了解制图模块界面

NX 软件具有一个直观且使用方便的图形用户界面，界面上的各种自动化工具有助于用户快速、轻松地创建图纸。整个制图过程中的即时屏显反馈有助于用户减少返工和编辑工作。NX 制图模块支持并行工程实施，使制图者的绘图工作和设计者的模型设计工作能够同时进行，用户可以对模型做多次修改，二维图纸相应地更新，极大地提高了工作效率。下面简单介绍 NX 制图模块界面，如图 7-3 所示。

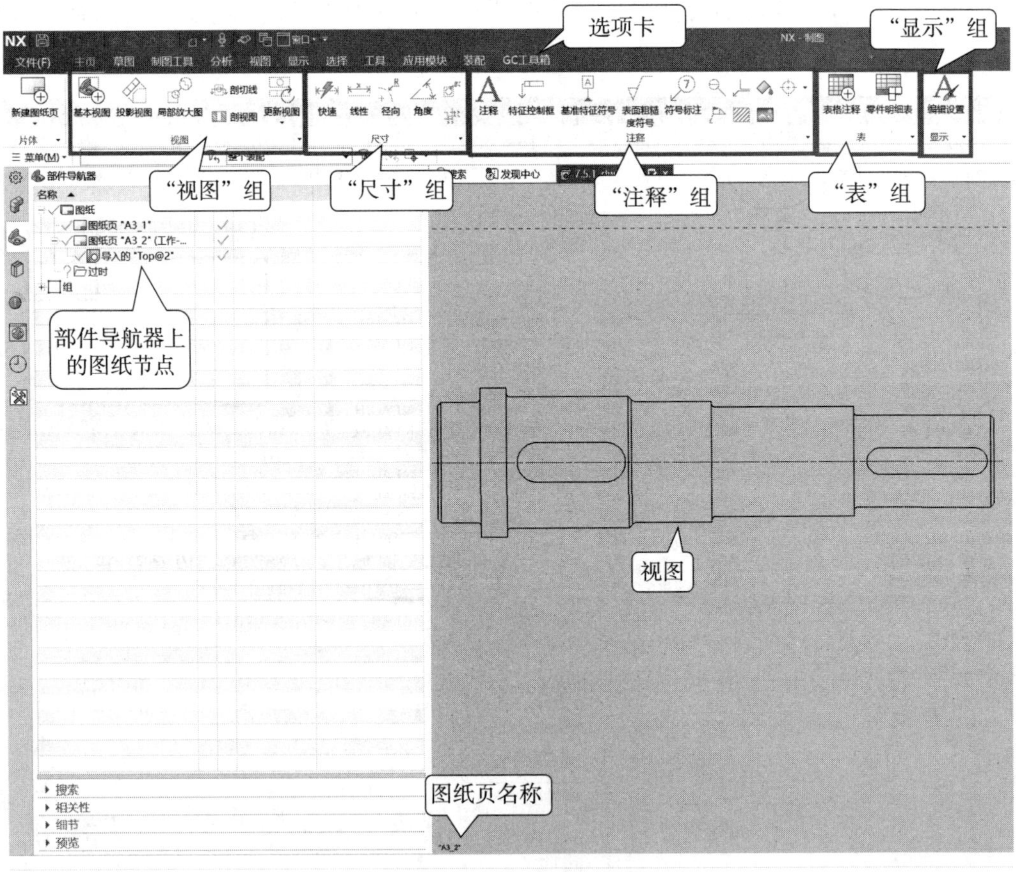

图 7-3 NX 制图模块界面

（1）选项卡：从选项卡可以访问大部分与制图相关的命令及其他命令。

（2）命令组：与其他模块中的命令组相同，可以快速打开需要的制图命令。

①“视图”组：用户可用其中的命令创建视图，并编辑视图。

②“尺寸”组：用户可从中选择各种尺寸标注命令，标注尺寸。

③“注释”组：用户可用其创建注释并对注释进行编辑，其中提供了中心线绘制的各种工具。

④“表”组：包含创建零件明细表、表格注释及设置导入选项和导出选项等命令。

⑤“显示”组：提供了编辑制图对象的选项。

（3）资源条：部件导航器上的图纸节点以层次树结构的形式直观显示部件的图纸页、制图视图、截面线和表格。用户可以通过右击快捷菜单中的选项操控并编辑图纸、图纸上的视图及图纸表格。

（4）图形窗口：在图形窗口中可以查看当前图纸。虚线显示的是图纸页的边界，图纸名显示在图形窗口的左下角。

7.1.3　工程图基本操作

NX 软件为用户提供了一组制图标准的默认文件，用户可以根据已定义的中国标准或国际制图要求配置特定注释和视图对象。例如，注释、图纸单位和正投影角设置的格式大小（高度和长度）和比例是受标准控制的默认值。制图标准的默认文件可供用户以最简便的方式设置或重置制图、注释及视图首选项。

1. 创建视图

当用户直接从建模模块切换到制图模块时，系统自动弹出如图 7-4 所示的“图纸页”对话框，用户可用该对话框新建和编辑图纸。

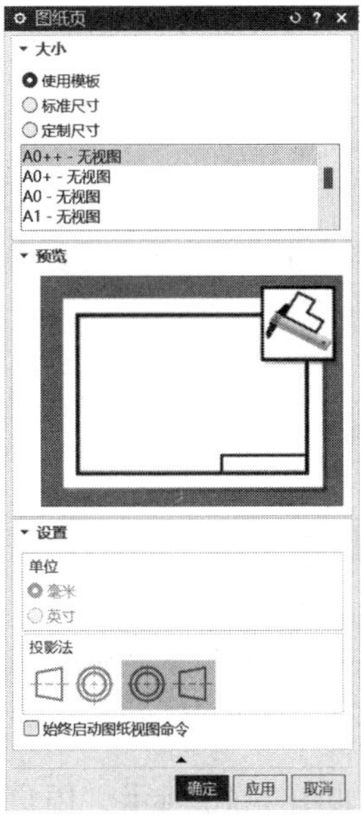

图 7-4　“图纸页”对话框 1

2. 使用模板

选中“使用模板”单选按钮，如图 7-5 所示，用户可从列表框内选择需要的模板，系统会自动生成一个标准的图纸模板。图 7-6 所示是一个 A3 标准模板。

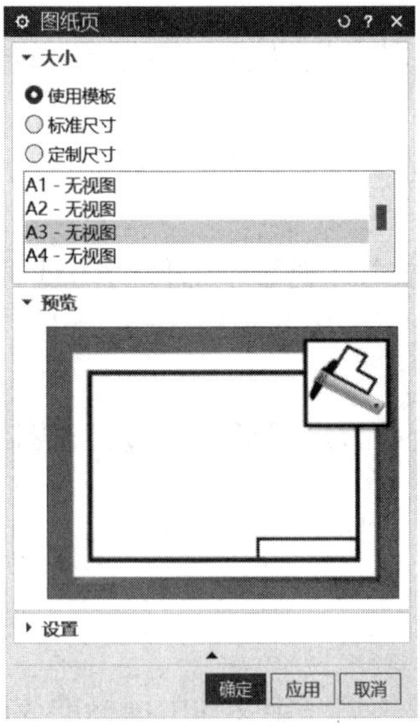

图 7-5 选中“使用模板”单选按钮

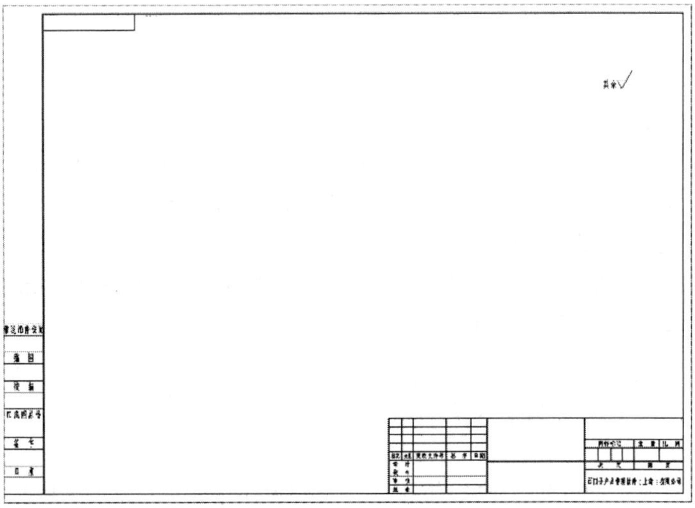

图 7-6 A3 标准模板

3. 标准尺寸

选中“标准尺寸”单选按钮，“大小”下拉列表如图 7-7 所示，用户在其中可以选择标准尺寸的图纸。

（1）比例：如图 7-8 所示，用户可从其下拉列表中选取合适的制图比例。

（2）名称：可显示用户已经打开的图纸，并可以编辑图纸名称等。

（3）设置：用户可通过“单位”组选择英寸或毫米作为单位，也可选择投影方法，如图 7-9 所示。

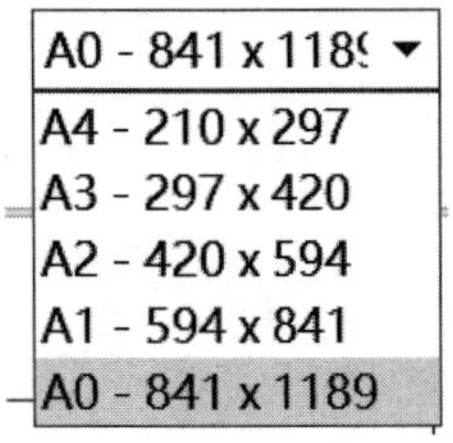

图 7-7 “大小”下拉列表

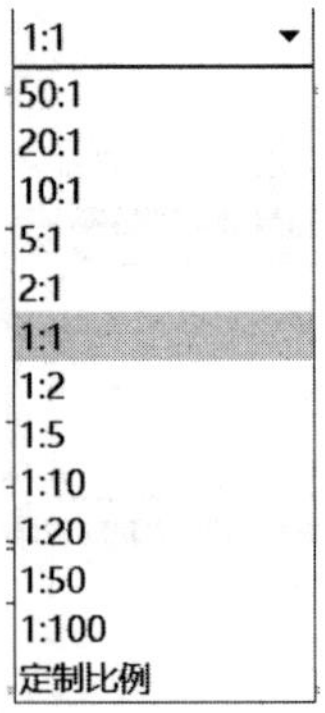

图 7-8 “比例”下拉列表

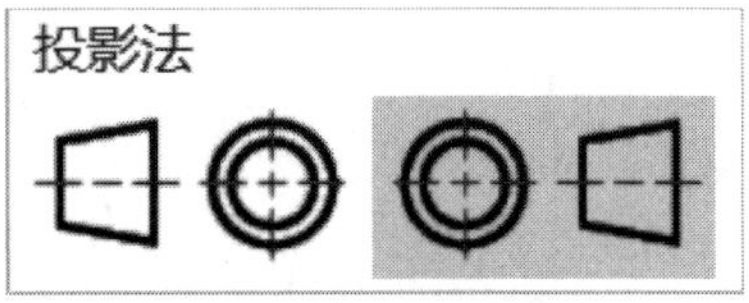

图 7-9 选择投影方法

4. 定制尺寸

选中“定制尺寸”单选按钮，如图 7-10 所示，用户可在“高度”和“长度”文本框中输入尺寸值，定制所需的图纸尺寸。双击图纸边框，选择“主页”选项卡“片体”组中的

“编辑图纸页”命令，或选择“菜单”|“编辑”|“图纸页”命令，均可打开如图 7-11 所示的“图纸页”对话框。与刚才的“图纸页”对话框不同的是，这个对话框中没有“使用模板”单选按钮，其余选项的设置方法与新建图纸页的方法相同。用户可用该对话框对图纸进行编辑。

图 7-10　定制尺寸

图 7-11　“图纸页”对话框 2

7.1.4　导出工程图

用户如果要将工程图导出为 DWG 或 DXF 文件，可以选择“菜单”|“文件”|“导出”|“AutoCAD DXF/DWG”命令，弹出“导出 AutoCAD DXF/DWG 文件”对话框，如图 7-12 所示。

图 7-12　“导出 AutoCAD DXF/DWG 文件”对话框

用户可在该对话框中指定文件的导出位置等内容，设置完成后，单击“确定”按钮就可导出文件。

（1）“导出自”选项：指定要导出的部件，可以从显示部件或现有部件导出数据。

（2）“导出至”选项：指定要导出的文件的格式和路径。

（3）“导出为”选项：指定要导出的部件文件的格式。

（4）“输出至”选项：设置要保存的文件的路径。

7.2 视图的基本操作

制图模块的“主页”选项卡包括“片体”组和“视图”组，如图 7-13 所示。“新建图纸页”命令用于创建、打开和显示图纸页。“视图”组的命令用于添加所有视图样式并管理视图位置和边界。“主页”选项卡中部分命令的说明如表 7-1 所示。

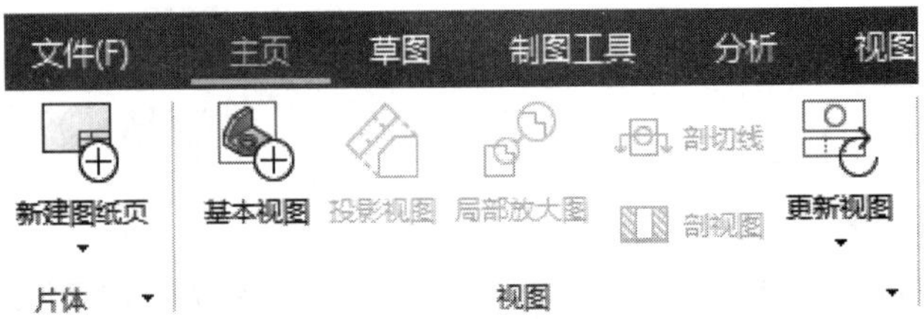

图 7-13 “片体”组和“视图”组

表 7-1 “主页”选项卡中部分命令的说明

图标	类型	说明
	新建图纸页	打开“图纸页”对话框，新建一个图纸页
	视图创建向导	启动视图创建向导
	基本视图	用于将基本视图添加到图纸页
	投影视图	用于从现有制图视图创建投影视图或辅助视图
	局部放大图	用于从现有制图视图创建局部放大图
	断开视图	打开“断开视图”对话框，创建、修改和更新断开视图
	剖切线	用于创建剖视图使用的剖切线
	剖视图	用于创建简单剖、阶梯剖、半剖、旋转剖等剖视图
	局部剖视图	打开“局部剖”对话框，用户可以创建、编辑或删除局部剖视图
	更新视图	用于通过“更新视图”对话框手动更新选定的制图视图

7.3 工程图的标注工具

本节主要介绍工程图的标注工具，包括尺寸标注、制图注释、表格、编辑设置工具等。读者要着重掌握尺寸的标注方法、制图的相关注释。

7.3.1 尺寸标注

进入制图模块后，在功能区“主页”选项卡中会显示“尺寸”组，如图 7-14 所示。或选择“菜单”|“插入”|“尺寸”命令，就可以在“尺寸”菜单中选择所需的尺寸类型，进行尺寸标注。

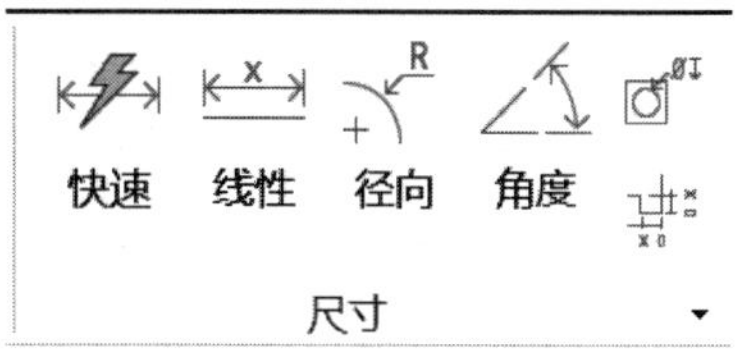

图 7-14 “尺寸”组

选择每一种尺寸标注命令，都会打开与图 7-15 基本相同的标注对话框。下面介绍该对话框的用法。

- “参考”组：选择标注目标位置，此处选择的对象个数与标注的方法有关。
- “原点”|“指定位置”选项：为尺寸指定位置。
- “测量”|“方法”选项：标注示意图，列表中有多种尺寸标注方法，不同的对话框附带的标注方式各不相同，具体说明如表 7-2 所示。
- “驱动”选项：为图纸中创建的草图添加尺寸时可用，用于指出应将尺寸视为驱动草图尺寸还是文档尺寸。驱动尺寸标注可用于更改草图。
- “设置”按钮：打开设置对话框，如图 7-16 所示，仅显示应用于尺寸的属性对话框。
- “选择要继承的尺寸”按钮：选择要继承标注样式的目标尺寸。

图 7-15 “快速尺寸”对话框

图 7-16 “快速尺寸设置”对话框

表 7-2　标注方法的具体说明

图标	类型	说明
	自动判断	允许 NX 软件自动判断尺寸类型，根据光标位置和选中的对象创建尺寸
	水平	创建平行于 X 轴的尺寸
	竖直	创建平行于 Y 轴的尺寸
	点对点	创建两个平行点之间的尺寸
	垂直	创建基线与定义的点之间的垂直尺寸。基线可以是现有的直线、线性中心线、对称线或圆柱中心线
	圆柱	创建两个对象或点位置之间的线性距离的尺寸。要选择一个点，请在选择条的“捕捉点”部分启用所需的点类型
	斜角	创建以度为单位定义基线和非平行第二条线之间的角度的尺寸
	半径	创建半径尺寸，该尺寸用一个从尺寸值到圆弧的短箭头表示
	直径	对圆或圆弧的直径进行尺寸标注。创建的尺寸具有两个箭头，这两个箭头指向圆或圆弧的相对两侧。使用“尺寸标注样式”对话框可将箭头指向圆或圆弧的内部或外部
	孔和螺纹标注	可为其轴与视图平面垂直或平行的孔的特征参数创建关联的圆柱孔和螺纹标注
	倒斜角尺寸	自动创建 45° 倒斜角的尺寸。对于非 45° 的倒斜角，必须使用其他尺寸命令为斜角标注尺寸
	厚度尺寸	可以创建两条曲线（包括样条曲线）之间的厚度尺寸。厚度尺寸测量第一条曲线上的点与第二条曲线上的交点之间的距离。它从第一条曲线上指定的点开始沿法向测量
	弧长尺寸	可沿圆段的周长方向标注距离尺寸
	周长尺寸	对所选的多个对象进行周长尺寸标注
	坐标尺寸	测量公共原点与视图中某个对象之间的线性距离。坐标尺寸通常包含尺寸文本和一条单侧延伸线，可显示或不显示尺寸线

7.3.2　制图注释

使用“注释”组中的命令可以添加注释、符号、文本、标签、光栅图像、用户定义符号等。“注释”组如图 7-17 所示，其命令的具体说明如表 7-3 所示。

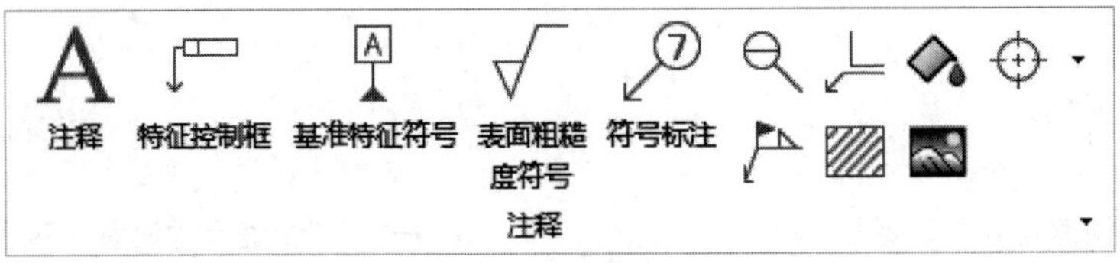

图 7-17　“注释”组

表 7-3 注释命令的具体说明

<table>
<tr><th>图标</th><th>命令</th><th colspan="3">说明</th></tr>
<tr><td></td><td>注释</td><td colspan="3">创建注释</td></tr>
<tr><td></td><td>特征控制框</td><td colspan="3">创建单行、多行或复合的特征控制框</td></tr>
<tr><td></td><td>基准特征符号</td><td colspan="3">创建基准特征符号</td></tr>
<tr><td></td><td>基准目标</td><td colspan="3">创建基准目标</td></tr>
<tr><td></td><td>符号标注</td><td colspan="3">创建符号标注</td></tr>
<tr><td></td><td>焊接符号</td><td colspan="3">创建关联焊接符号来指定焊接参数，如类型、轮廓形状、大小、长度或间距以及精加工方法</td></tr>
<tr><td></td><td>图像</td><td colspan="3">在图纸页上放置光栅图像（.jpg、.png、.jpeg、.tiff 或.tif 格式）</td></tr>
<tr><td></td><td>目标点符号</td><td colspan="3">创建用于进行尺寸标注的目标点符号</td></tr>
<tr><td></td><td>相交符号</td><td colspan="3">创建相交符号，该符号代表拐角上的指示线</td></tr>
<tr><td></td><td>表面粗糙度符号</td><td colspan="3">创建一个表面粗糙度符号来指定曲面参数，如粗糙度、处理或涂层、模式、加工余量和波纹</td></tr>
<tr><td rowspan="9"></td><td rowspan="9">中心标记及
下拉菜单</td><td colspan="3">可创建中心标记</td></tr>
<tr><td></td><td>中心标记</td><td>创建通过点或圆弧的中心标记</td></tr>
<tr><td></td><td>螺栓圆中心线</td><td>创建通过点或圆弧的完整或不完整的螺栓圆中心线</td></tr>
<tr><td></td><td>圆形中心线</td><td>创建通过点或圆弧的完整或不完整的圆形中心线</td></tr>
<tr><td></td><td>对称中心线</td><td>在图纸上创建对称中心线，以指明几何体中的对称位置</td></tr>
<tr><td></td><td>2D 中心线</td><td>在两条边、两条曲线或两个点之间创建中心线</td></tr>
<tr><td></td><td>3D 中心线</td><td>根据圆柱面或圆锥面的轮廓创建中心线</td></tr>
<tr><td></td><td>自动中心线</td><td>自动在任何现有的视图（孔或销轴与制图视图的平面垂直或平行）中创建中心线</td></tr>
<tr><td></td><td>偏置中心点
符号</td><td>为圆弧创建偏置中心点符号。偏置中心点符号用于在任意位置指定圆弧的中心，而不是该圆弧的真实中心</td></tr>
<tr><td></td><td>边条件符号</td><td colspan="3">创建定义部件边磨光情况的符号，如去除毛刺、排屑和材料变薄</td></tr>
<tr><td></td><td>剖面线</td><td colspan="3">为指定区域填充图样。剖面线对象包括剖面线图样以及定义边界实体。可使用面或支持的曲线类型的闭环中的单个选项定义剖面线边界区域，这些受支持的曲线类型包括实体边、截面边、轮廓线和基本曲线</td></tr>
<tr><td></td><td>区域填充</td><td colspan="3">可创建一个区域填充对象，该对象包括由一组边界曲线封闭的指定图样的复杂线。区域填充还包括实心填充，用彩色或灰度填充边界内的区域</td></tr>
</table>

7.3.3 表格

NX 制图模块提供了创建和编辑表格的“表”组，如图 7–18 所示。“表”组中的命令可将图纸上的各种类型的制图注释（如注释、尺寸和属性）组织为类似于图表或表格的格式，以节省空间，同时还能提高注释的可读性。“表”组中常用命令的说明如表 7–4 所示。

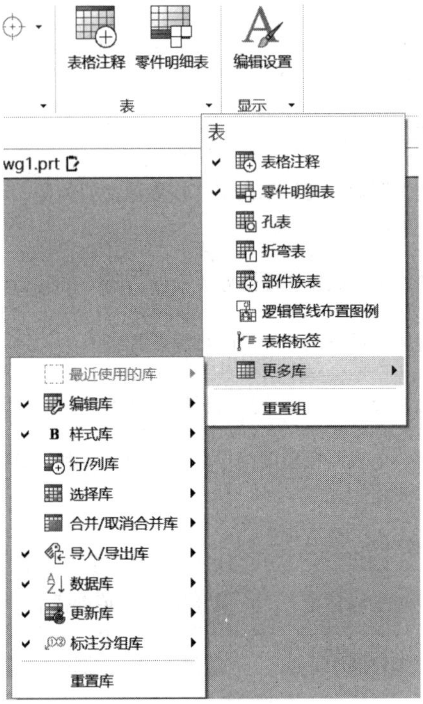

图 7–18 “表”组

表 7–4 “表”组中常用命令的说明

图标	命令	说明
	表格注释	创建信息表
	零件明细表	创建用于装配的物料清单
	表格标签	使用 XML 表格标签模板一次为一个或多个对象自动创建表格样式的标签
	孔表	可创建关联表，该表以表格形式列出通过模型上的公共原点选择的孔的类型、尺寸和位置。此表可包含针对标签、类别 ID、孔类型、直径和深度的各个列，也可应用于所有常用孔类型，如钻形孔、螺钉间隙孔、螺纹孔和具有螺纹且轴竖直于视图平面的孔
	折弯表	将折弯表插入使用钣金或 FPCD 部件的展平图样视图创建的图纸页中
	部件族表	可将部件族数据表放置到图纸页中。表数据直接从所选的部件族成员或模板部件中读取

续表

图标	命令	说明
	编辑表	在屏显输入框中为单元格输入文本。选择该选项时，该输入框显示单元格中现有的任何文本。如果按 Tab 或 Enter 键，NX 软件就会将结果文本存储到单元格中，输入框将消失
	编辑文本	使用“文本编辑器”对话框来编辑表的单元格中的文本，包括插入制图、几何公差和用户定义符号，以及字体和字形在内的格式单元格文本
	恢复自动文本	将单元格中手工输入的文本替换为系统生成的自动文本。该选项仅对零件明细表有效
	转至单元格 URL	启动默认的 Web 浏览器，并为所选单元格加载 URL。只有在为选定单元格的内容指定了 URL 后，该选项才可用
	更新零件明细表	强制更新零件明细表。该选项仅适用于零件明细表

7.3.4　编辑设置工具

用户可使用“编辑设置”命令选取编辑图纸的所有对象。如图 7-19 所示，选择“编辑设置”命令，弹出“类选择”对话框，选择图纸中任意对象作为编辑目标，单击“确定”按钮即可启动目标对象的属性设置对话框。

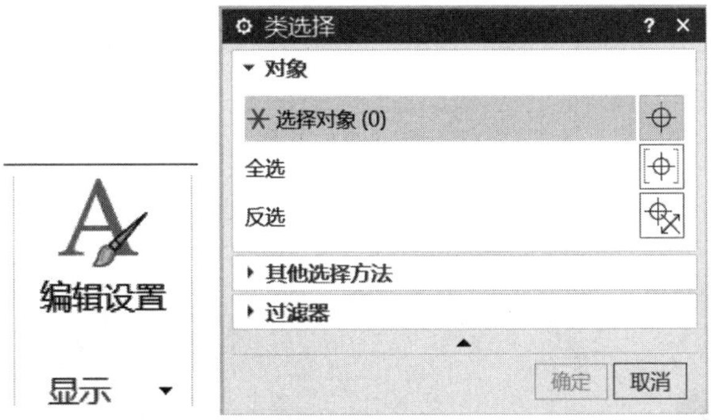

图 7-19　“编辑设置”命令及其操作方法

7.4　工程图综合案例

为了更好地说明如何创建工程图、如何添加视图、如何进行尺寸标注等工程图常用的操作方法，本节将通过阶梯轴工程图、箱体工程图、支座工程图这三个案例来系统地对整个过程做进一步说明。

7.4.1 阶梯轴工程图的建立

7.4.1.1 设计要求

本节将通过讲解一个阶梯轴工程图的设计过程来巩固已经学到的关于视图的基本操作、工程图标注等知识。

7.4.1.2 设计思路

（1）进入制图模块。

（2）创建视图。

（3）添加尺寸、注释等。

（4）添加标题栏。

7.4.1.3 设计过程

阶梯轴工程图

1. 进入制图模块并创建图纸

（1）打开 7.4.1.prt 文件，阶梯轴模型如图 7-20 所示。

（2）选择功能区“应用模块”选项卡“文档”组中的“制图”命令，进入制图模块。

（3）选择“主页”选项卡“片体”组中的“新建图纸页”命令，弹出如图 7-21 所示的“图纸页”对话框。选中“标准尺寸”单选按钮，“大小”设置为“A3-297×420”，“比例”设置为“1 ∶ 1”，“投影法”设置为“第一角投影”，取消勾选“始终启动视图创建”复选框，单击“确定”按钮，创建图纸页。

图 7-20 阶梯轴模型

图 7-21 “图纸页”对话框

2. 创建视图

（1）放置主视图。选择“主页”选项卡“视图”组中的“基本视图”命令，或者选择“菜单”|“插入”|“视图”|“基本”命令，弹出如图 7-22 所示的“基本视图”对话框，在“要使用的模型视图”下拉列表中选择“俯视图”选项，“比例”设置为“1 ∶ 1”。选

择合适的位置摆放视图，如图 7-23 所示。

图 7-22　“基本视图”对话框

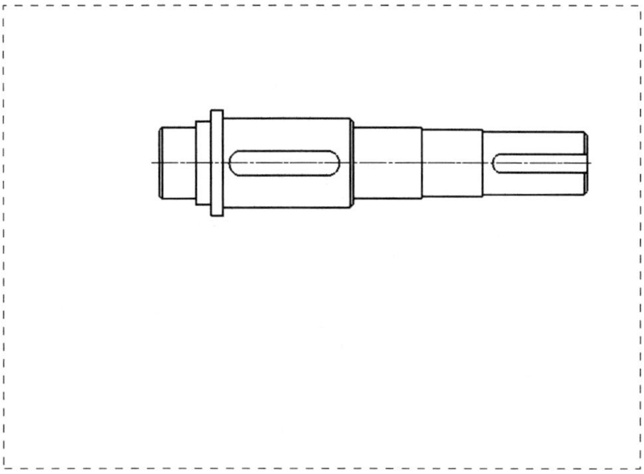

图 7-23　放置俯视图

（2）添加剖面视图。

①选择“视图”组中的“剖视图”命令，或者选择“菜单”|“插入”|“视图”|“剖视图”命令，弹出如图 7-24 所示的“剖视图”对话框，单击“设置”组中的“设置”按钮，打开如图 7-25 所示的“剖视图设置”对话框，可对剖面的标记字母、比例、箭头、线宽等进行设置，设置好后单击“确定”按钮。单击键槽侧边线中点，如图 7-26 所示，并将光标移到视图右侧，单击以放置剖视图，如图 7-27 所示，然后按 Esc 键退出“剖视图”命令。将剖视图移动到合适位置，结果如图 7-28 所示。

图 7-24　“剖视图”对话框

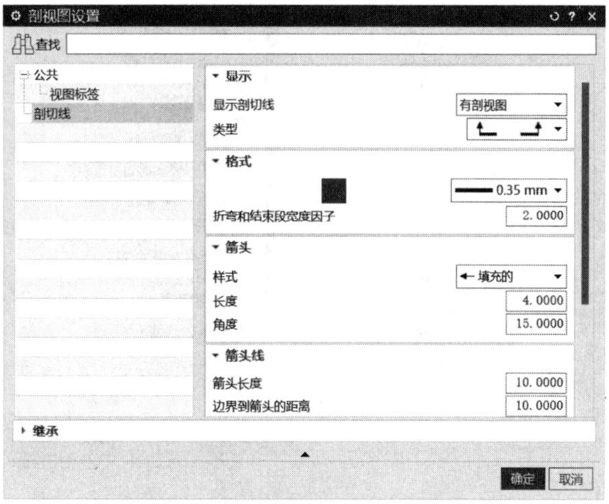

图 7-25　“剖视图设置”对话框

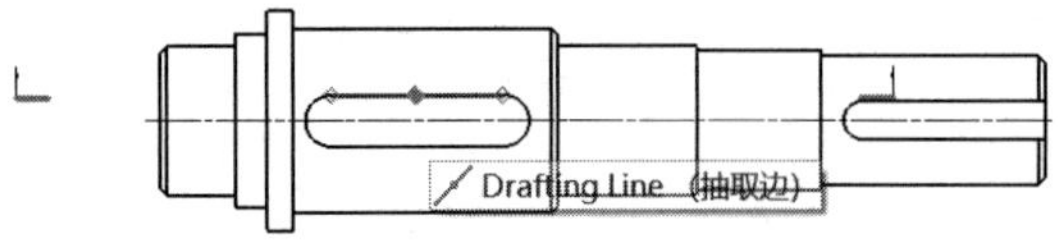

图 7-26 单击键槽侧边线中点

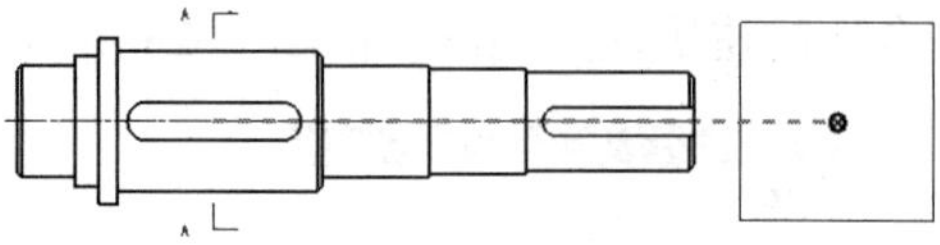

图 7-27 放置剖视图

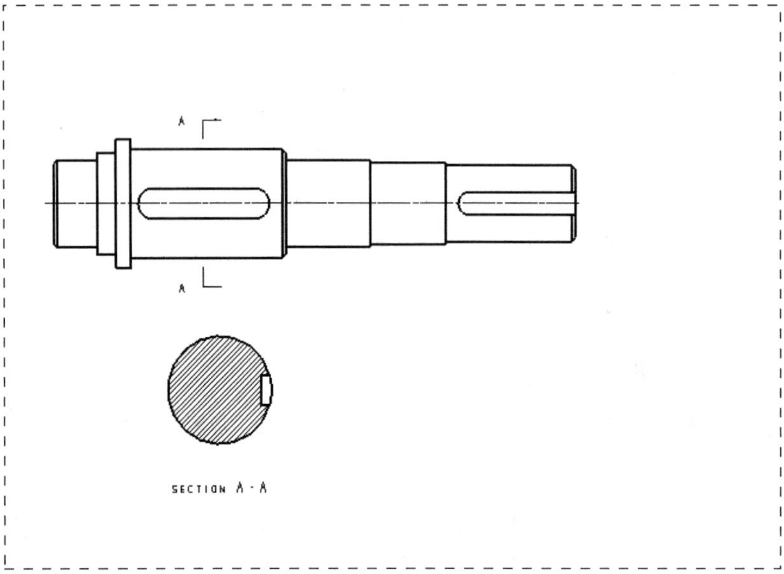

图 7-28 有剖视图的俯视图

②编辑剖视图。双击剖视图边界，弹出如图 7-29 所示的“设置”对话框，取消勾选“显示背景”和“显示前景”复选框。

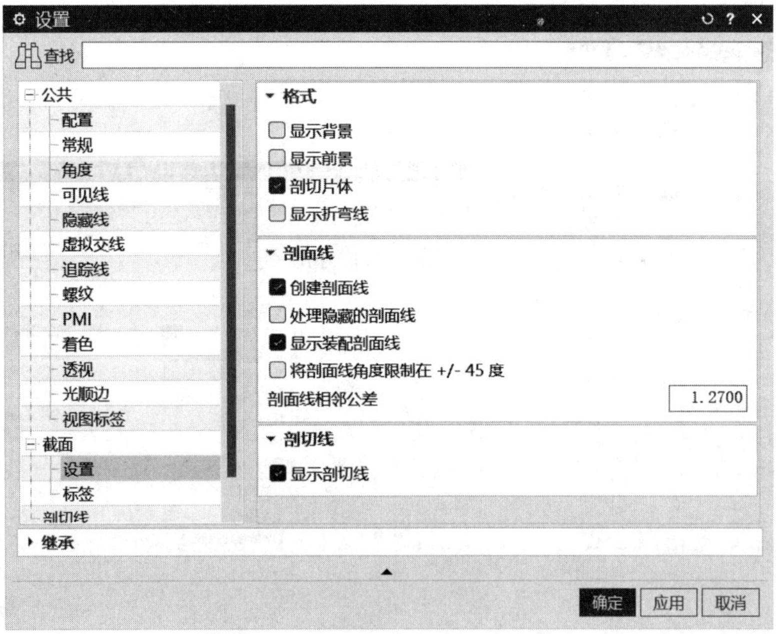

图 7-29 剖视图的“设置”对话框

③双击剖视图上的文字，弹出视图标签样式的“设置”对话框，可对注释文字进行编辑，删除前缀，如图 7-30 所示。双击剖视图上的剖面线，弹出“剖面线”对话框，修改“距离”为 5，“颜色”改为“黑色”，如图 7-31 所示，单击“确定”按钮，得到如图 7-32 所示的剖视图。

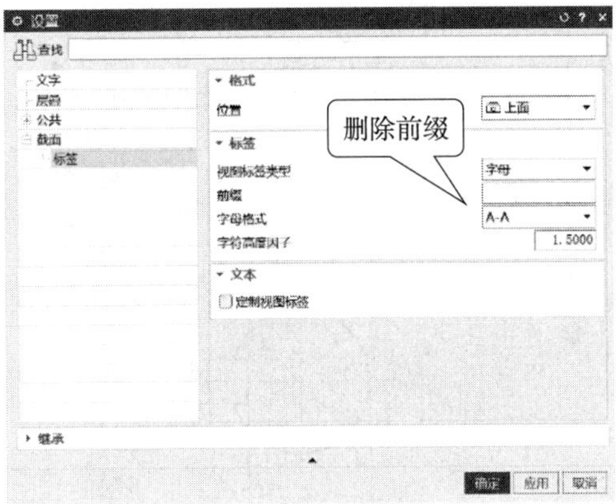

图 7-30　删除视图标签的前缀

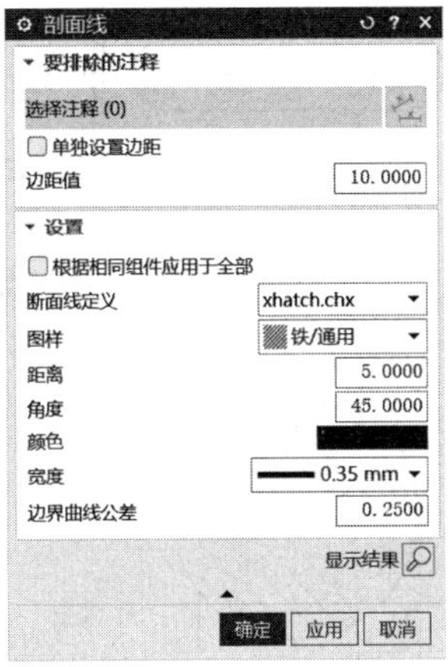

图 7-31　修改剖面线

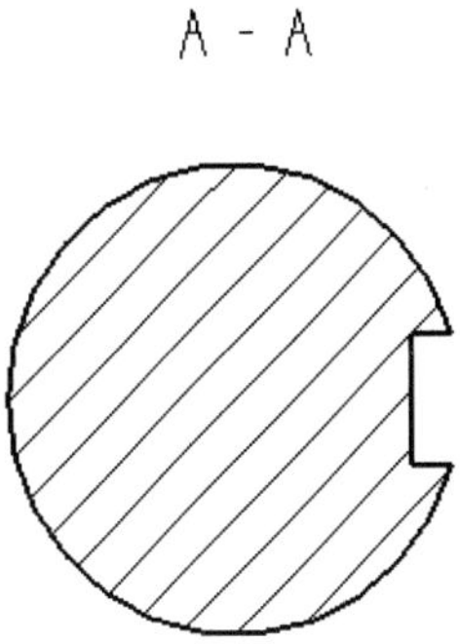

图 7-32　剖视图

④重复上述操作，得到第二个剖视图。选择“注释”组中的“中心标记”命令，分别单击两个剖视图中的圆弧，在剖视图上添加中心线，如图 7-33 所示。

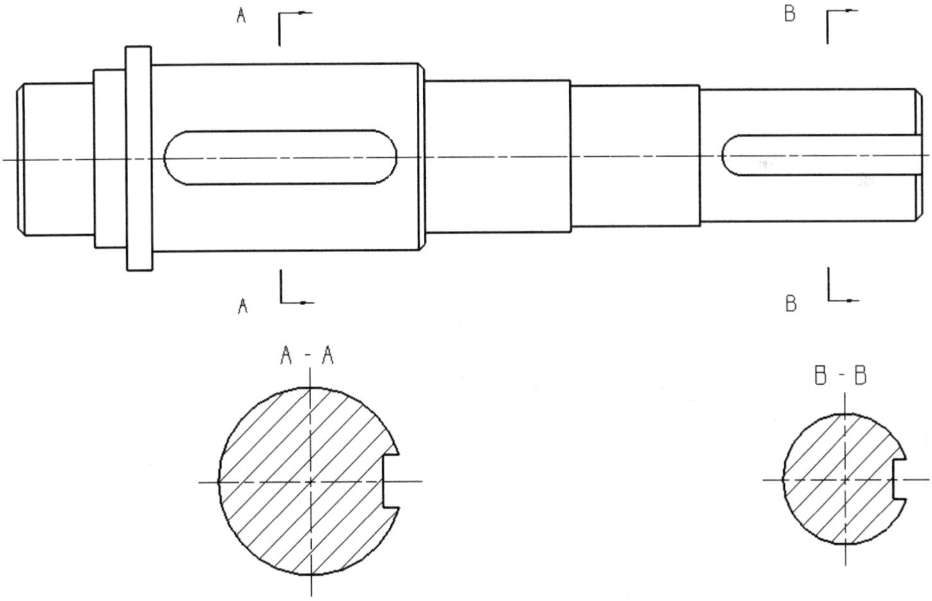

图 7-33　添加第二个剖视图并在剖视图上添加中心线

3. 标注尺寸及注释

（1）选择“尺寸”组中的相关标注命令，标注必要的尺寸。

（2）选择“注释”组中的“注释”命令，添加文字“技术要求：未注倒角 C2”，如图 7-34 所示。

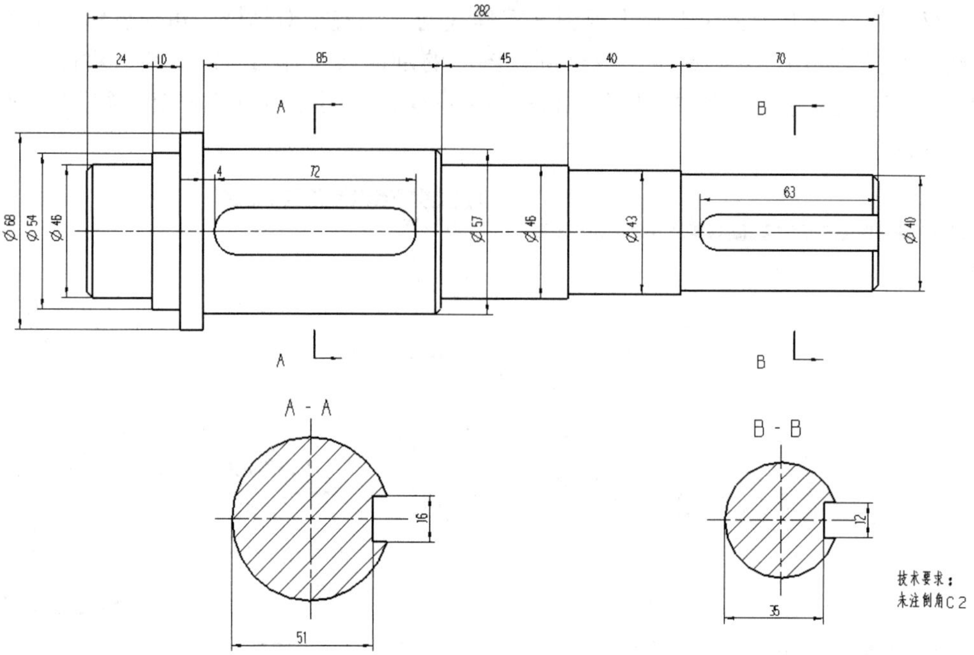

图 7-34　标注尺寸并添加注释文字

4. 添加表格

（1）选择“草图”选项卡中的“矩形”命令，绘制一个矩形作为图纸边框，如图 7-35 所示。

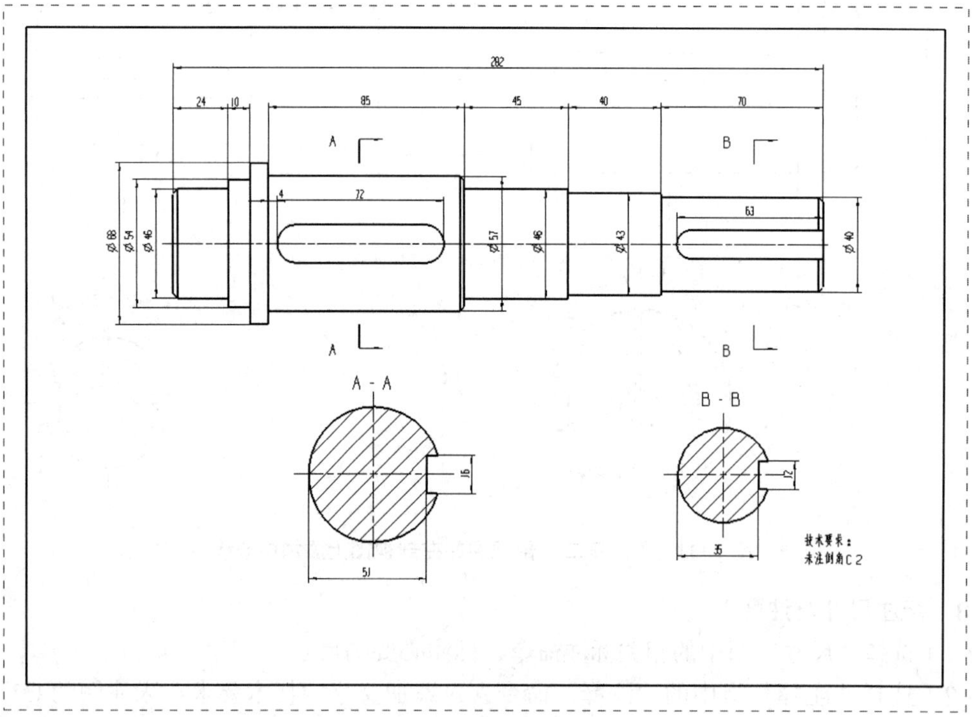

图 7-35　绘制图纸边框

（2）选择“主页”选项卡“表”组中的“表格注释”命令，弹出如图 7-36 所示的“表格注释”对话框，在“表大小”组中分别设置“列数”为 5，“行数”为 5，“列宽”为 50，单击“设置”组的“设置”按钮，弹出如图 7-37 所示的“表格注释设置”对话框，“对齐位置”改为“右下角”，移动光标至矩形右下角，如图 7-38 所示，单击矩形顶点，单击“确定”按钮，就生成了一个表格，单击“关闭”按钮。

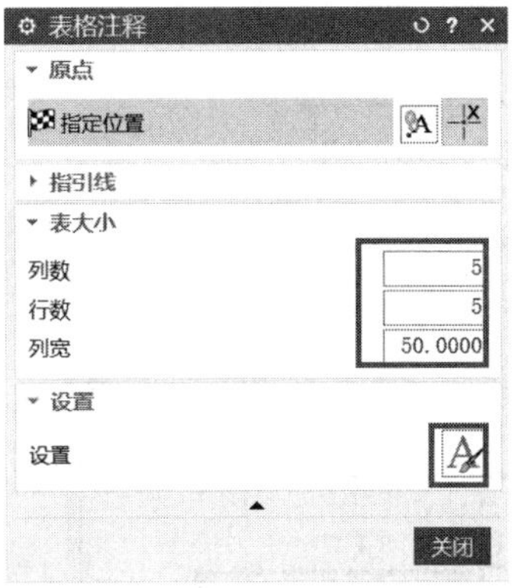

图 7-36　“表格注释”对话框

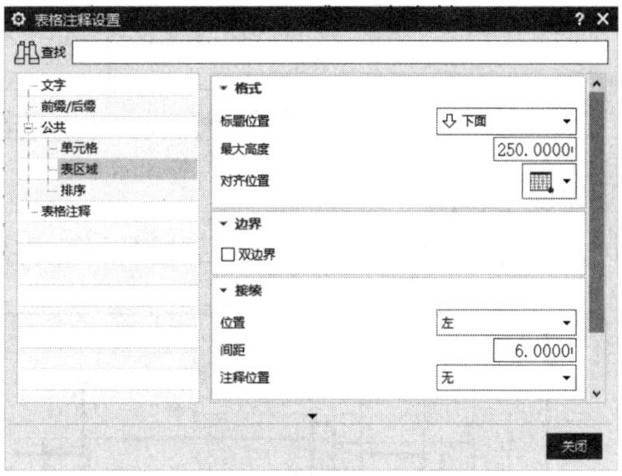

图 7-37　“表格注释设置”对话框

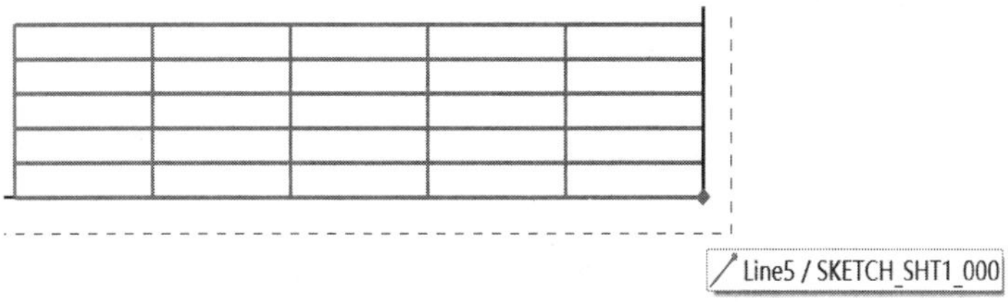

图 7-38　选择矩形右下角以绘制表格

（3）将光标移至表格左上角，当整个表格高亮显示时单击，就可以选择整个表格。然后右击并在弹出的快捷工具条中选择“单元格设置”命令，弹出如图 7-39 所示的“设置”对话框，用户可以设置文字的大小、颜色、字体及对齐方式等。

图 7-39　“设置”对话框

（4）选择多个单元格并右击，弹出快捷菜单，选择其中的“合并单元格”命令，合并部分单元格，双击单元格，输入文字并按 Enter 键确定。标题栏的最终结果如图 7-40 所示。

阶梯轴		比例		
		重量		
制图		材料		
审核				
校对				

图 7-40　标题栏的最终结果

5. 完成工程图

单击“保存”按钮，最终完成的阶梯轴零件图如图 7-41 所示。

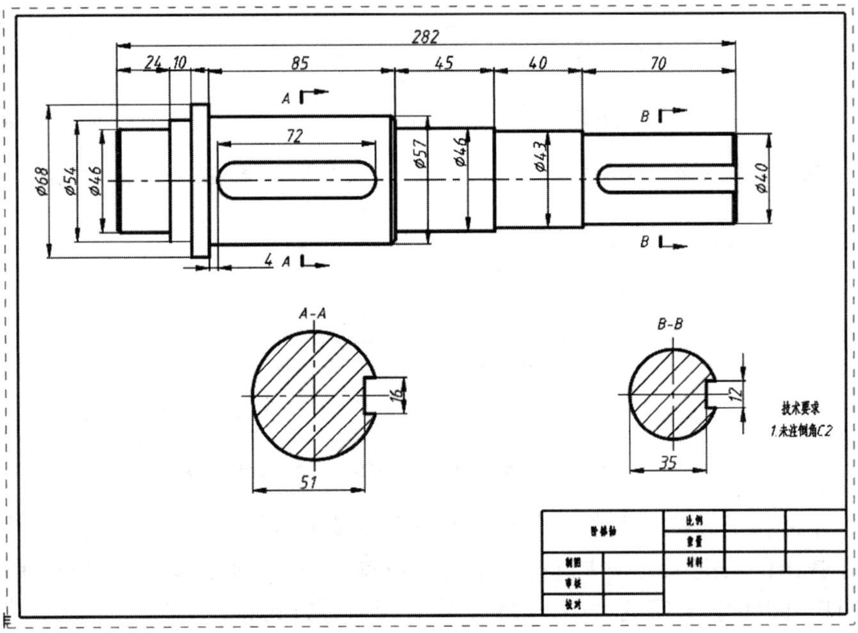

图 7-41　阶梯轴零件图

7.4.2　箱体工程图的建立

7.4.2.1　设计要求

本节将通过讲解一个箱体工程图的设计过程来巩固已经学到的关于视图的基本操作、工程图标注等知识。

7.4.2.2　设计思路

（1）进入制图模块。
（2）创建视图。

（3）添加尺寸、注释等。

（4）添加标题栏。

7.4.2.3 设计过过程

箱体工程图

1. 进入制图模块并创建图纸

（1）打开 7.4.2.prt 文件，箱体模型如图 7-42 所示。

（2）选择“应用模块”选项卡的“制图”命令，进入制图模块。选择“主页”选项卡“片体”组中的“新建图纸页”命令，弹出如图 7-43 所示的“图纸页”对话框。选中“标准尺寸”单选按钮，“大小”设置为“A4-210×297”，“比例”设置为“1 ∶ 1”，“投影”设置为“第一角投影”，单击“确定”按钮，创建图纸页。

图 7-42　箱体模型

图 7-43　“图纸页”对话框

2. 创建视图

（1）选择“主页”选项卡“视图”组中的“基本视图”命令，弹出如图 7-44 所示的“基本视图”对话框，“要使用的模型视图”设置为“前视图”，“比例”设置为“1 ∶ 1”，在合适的位置单击以创建主视图，对话框自动切换成“投影视图”，继续单击以创建俯视图，如图 7-45 所示。

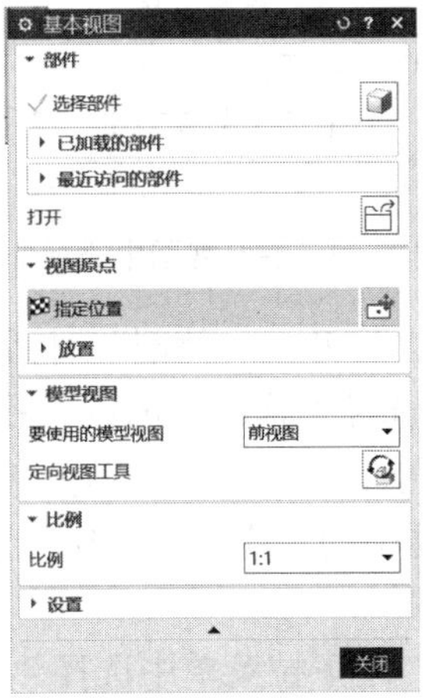

图 7-44　“基本视图”对话框

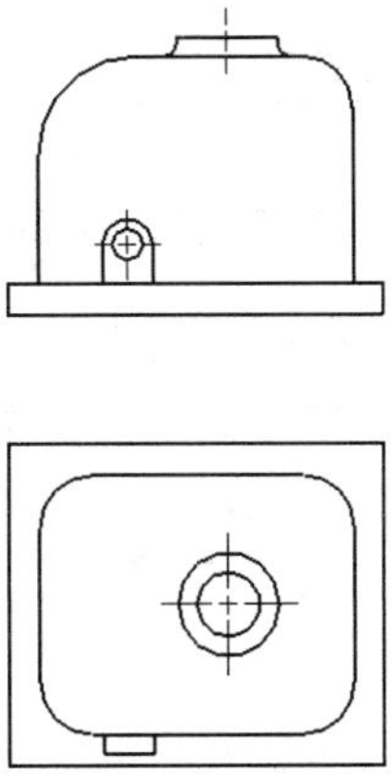

图 7-45　创建基本视图

（2）显示隐藏线。双击主视图的视图边界（光标移至主视图附近其视图边界会高亮显示），弹出如图 7-46 所示的“设置”对话框，将隐藏线的显示样式设置为“虚线”，单击“确定”按钮。

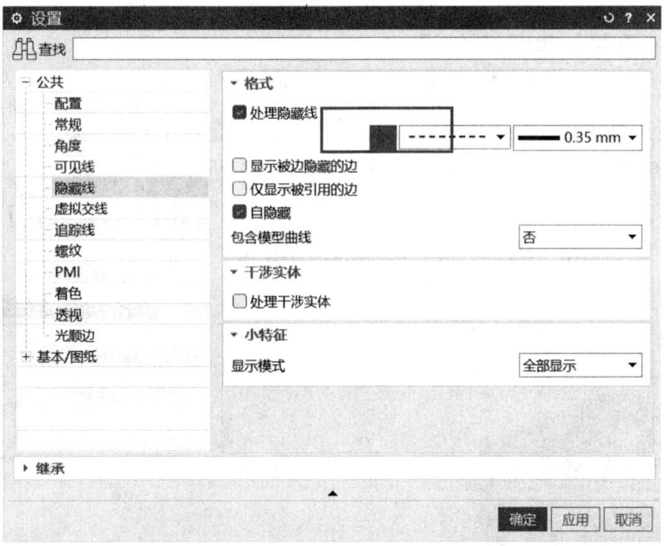

图 7-46 “设置”对话框

（3）添加局部剖视图。单击俯视图的视图边界，在弹出的快捷工具条中选择“活动草图视图”命令，如图 7-47 所示。选择快捷工具条中的“艺术样条”命令，在俯视图的局部剖切区域作封闭的样条曲线，如图 7-48 所示，选择“完成草图”命令退出。

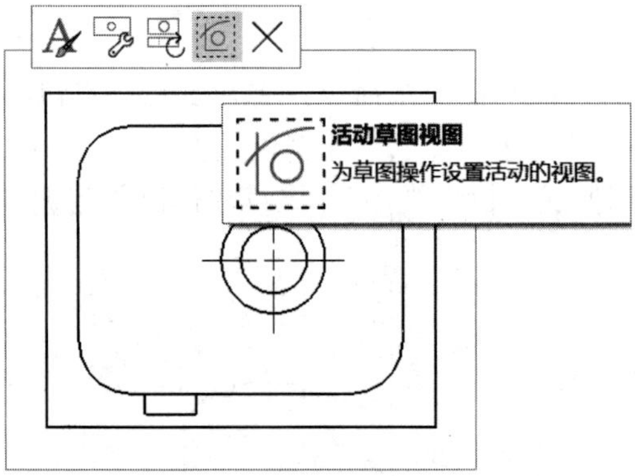

图 7-47 选择“活动草图视图”命令

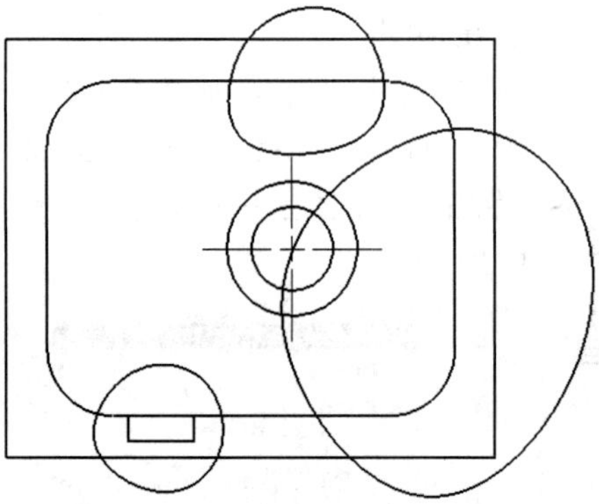

图 7-48 在俯视图中添加样条曲线

（4）选择“视图”组中的“局部剖视图”命令，打开“局部剖”对话框，如图 7-49 所示。在图纸中单击俯视图作为要剖切的视图，接着选择主视图中的沉头孔中心作为剖切基点，如图 7-50 所示，单击图 7-51 中第四个图标“选择曲线”，单击选择俯视图中最上方的样条曲线，如图 7-52 所示，单击“局部剖”对话框中的“应用”按钮完成局部剖操作，如图 7-53 所示。

（5）单击“注释”组中的“中心标记”下拉按钮，在下拉菜单中选择“2D 中心线”命令，分别单击沉头孔两侧母线，在剖视图上添加中心线，如图 7-54 所示。

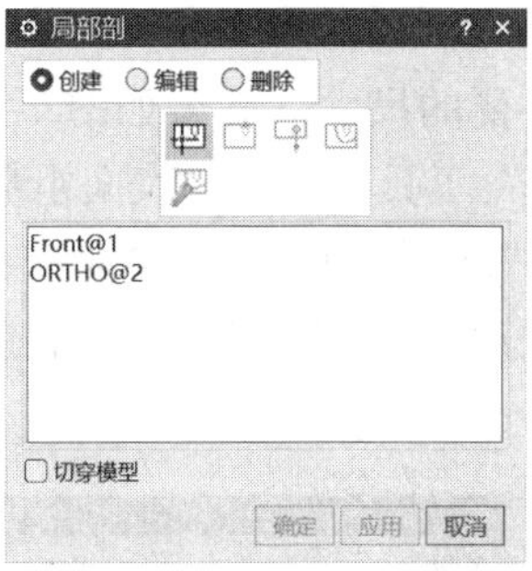

图 7-49　“局部剖”对话框 1

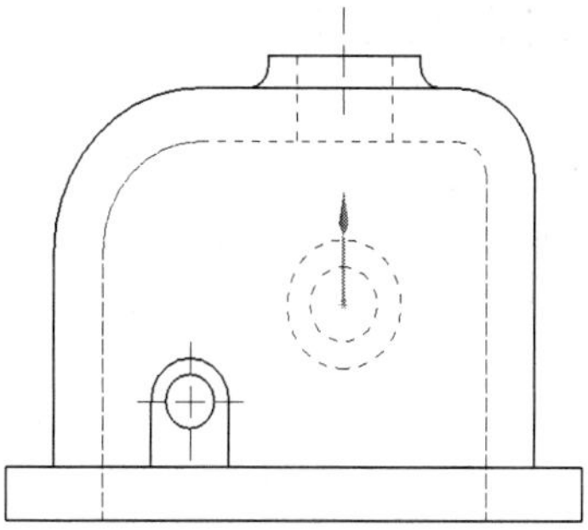

图 7-50　选择剖切基点

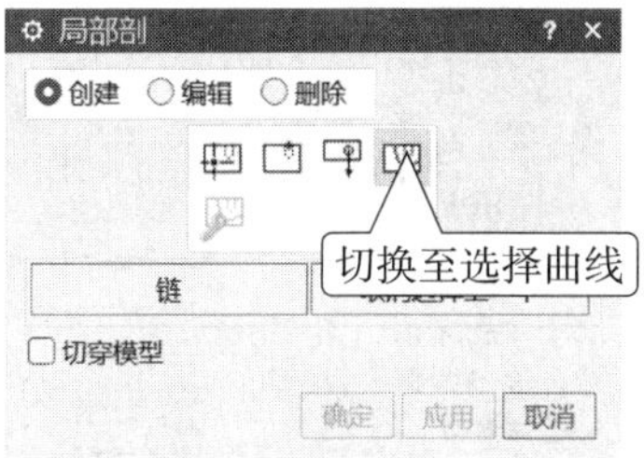

图 7-51　“局部剖”对话框 2

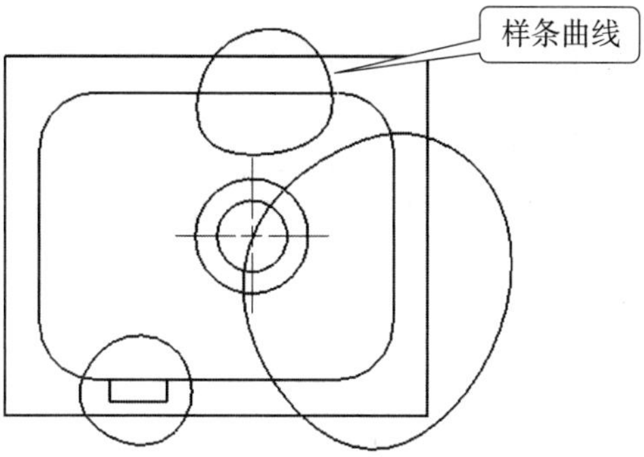

图 7-52　选择样条曲线

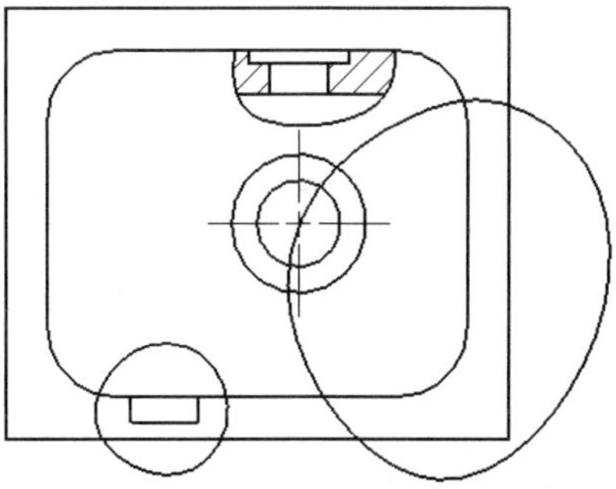

图 7-53　局部剖视图

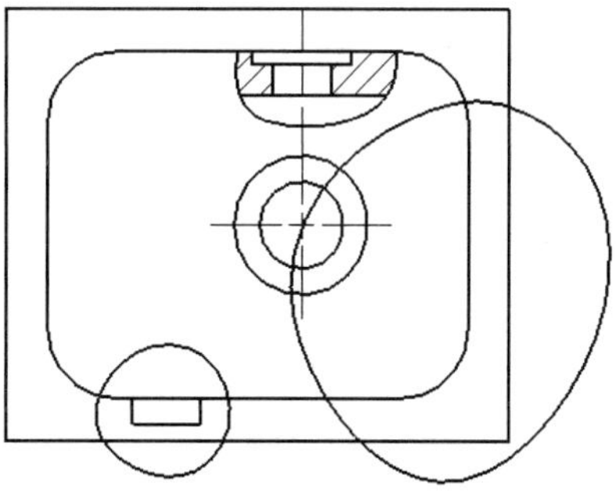

图 7-54　添加中心线

（6）使用相同的方法创建另外两处局部剖视图，最终效果如图 7-55 所示。

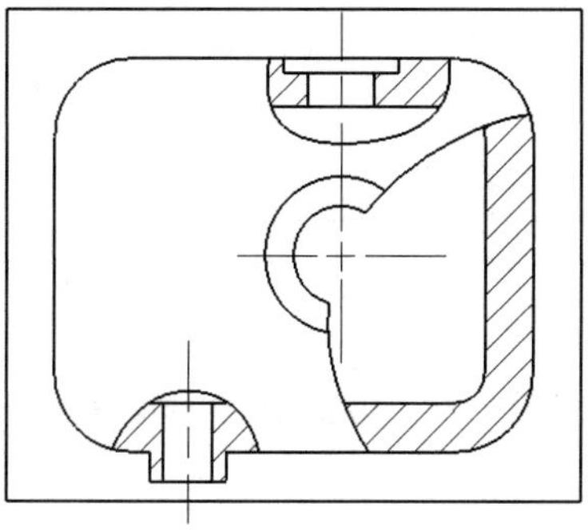

图 7-55　局部剖视图的最终效果

3. 标注尺寸及表面粗糙度等

（1）标注尺寸。选择“尺寸”组中的标注命令，标注必要的尺寸，结果如图 7-56 所示。

（2）标注表面粗糙度符号和几何公差符号。选择“注释”工具栏中的“表面粗糙度符号”命令☑，弹出“表面粗糙度”对话框，如图 7-57 所示。“除料”设置为“修饰符，需要除料”，并在“波纹”文本框中输入 Ra0.8，将光标移到合适的位置放置表面粗糙度符号，如图 7-58 所示。

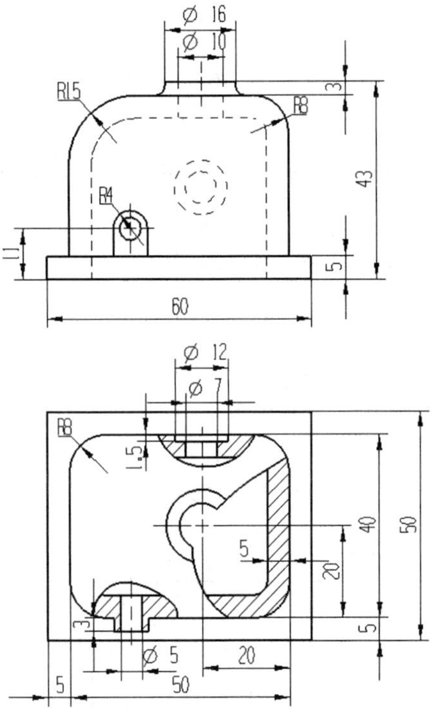

图 7-56　标注尺寸

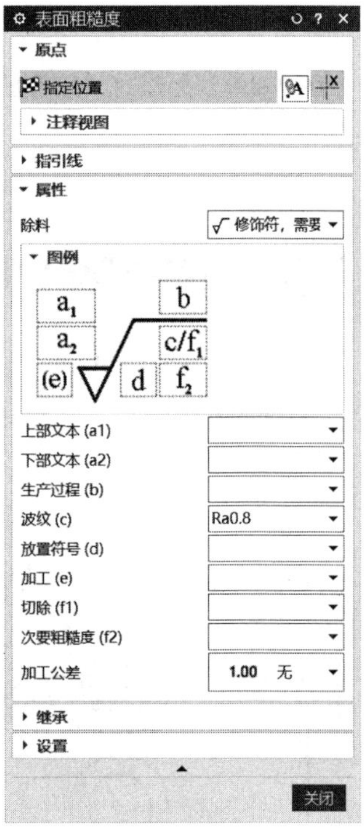

图 7-57　“表面粗糙度”对话框

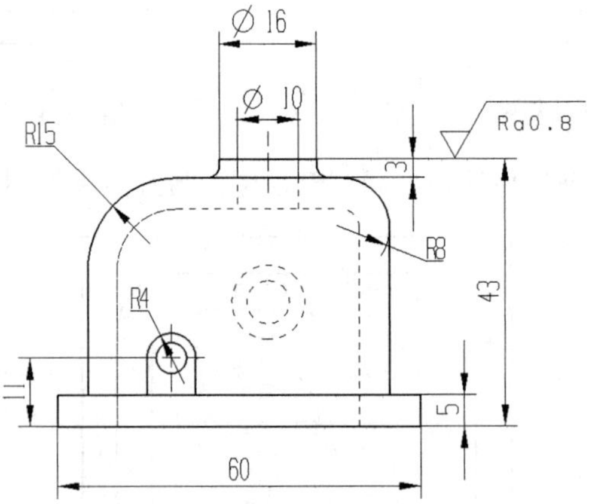

图 7-58　添加表面粗糙度符号

4. 添加标题栏

参照 7.4.1 节的操作步骤添加标题栏。保存文件并退出。

7.4.3 支座工程图的建立

7.4.3.1 设计要求

本节将通过讲解一个支座工程图的设计过程来巩固已经学到的关于视图的基本操作、工程图标注等知识。

支座工程图

7.4.3.2 设计思路

（1）进入制图模块。
（2）创建视图。
（3）添加尺寸、注释等。
（4）添加标题栏。

图 7-59 支座模型

7.4.3.3 设计过程

1. 进入制图模块并创建图纸

（1）打开 7.4.3.prt 文件，支座模型如图 7-59 所示。

（2）选择“应用模块”选项卡中的“制图”命令，进入制图模块。选择“主页”选项卡“片体”组中的“新建图纸页”命令，弹出如图 7-60 所示的“图纸页”对话框。选中“使用模板”单选按钮，并在列表框中选择“A3-无视图”选项，就会打开如图 7-61 所示的 A3 图纸标准模板。

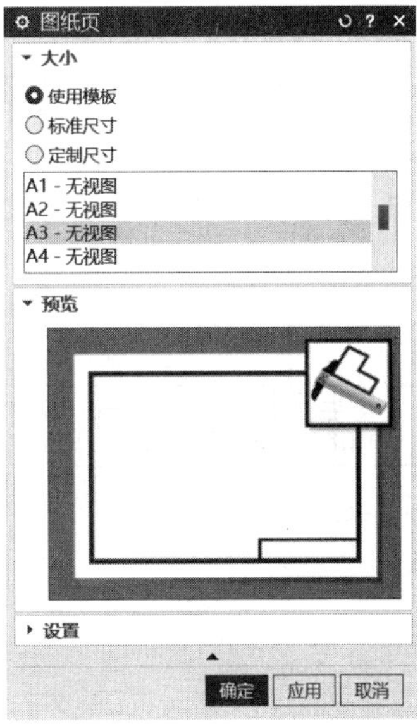

图 7-60 “图纸页”对话框

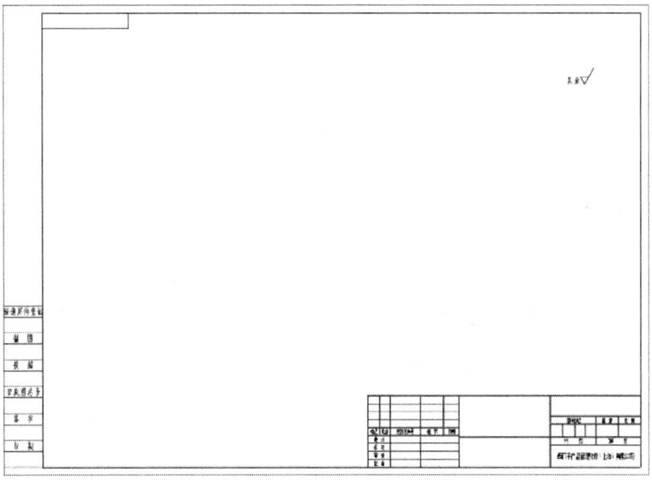

图 7-61 A3 图纸标准模板

2. 创建视图

（1）选择“视图”组中的“基本视图”命令，弹出如图 7-62 所示的“基本视图”对话框，“要使用的模型视图”设置为“主视图”，“比例”设置为 2 ∶ 1，在合适的位置单击以创建主视图，对话框自动切换成“投影视图”，继续单击以创建左视图及俯视图，如图 7-63 所示。

图 7-62 “基本视图”对话框

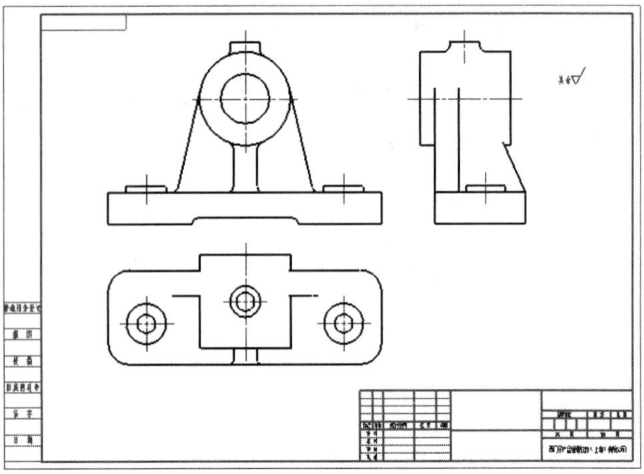

图 7-63 创建基本视图

（2）创建半剖视图，以更好地表达零件的内部结构。选择“视图”组中的“剖视图”命令，打开“剖视图”对话框，如图 7-64 所示，“方法”设置为“半剖”。首先选择基本视图，然后选择基点，拖动就可得到半剖视图，然后用同样的方法再创建一个剖视图，结果如图 7-65 所示。

图 7-64 “剖视图”对话框

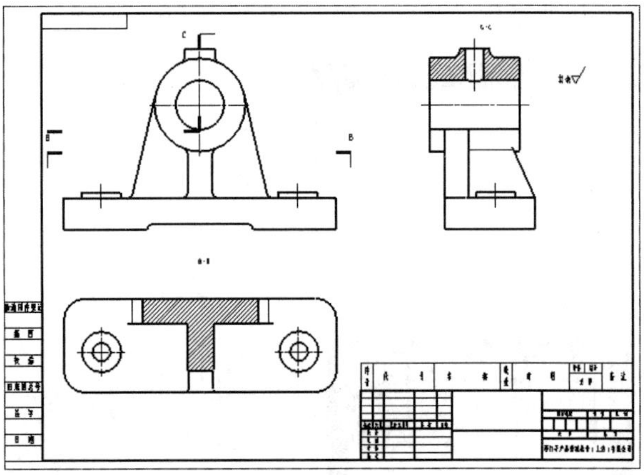

图 7-65 创建半剖视图

（3）添加局部剖视图。单击主视图边界，在弹出的快捷工具条中选择“活动草图视图”命令。选择快捷工具条中的“艺术样条”命令，在主视图的局部剖切区域绘制封闭样条曲线，如图 7-66 所示，选择“完成草图”命令退出。

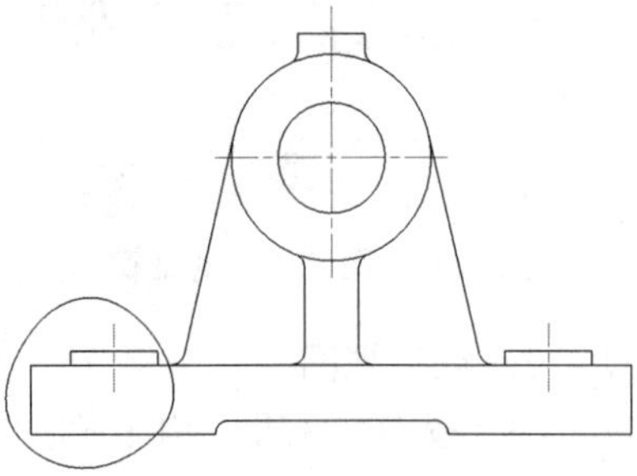

图 7-66 绘制封闭样条曲线

（4）选择“视图”组中的“局部剖视图”命令，打开“局部剖”对话框，如图 7-67 所示。按照 7.4.2.3 节中所讲的内容在主视图中设置一个局部剖视图，如图 7-68

所示。双击剖面线，弹出“剖面线”对话框，对剖面线进行设置。

图 7-67　“局部剖”对话框

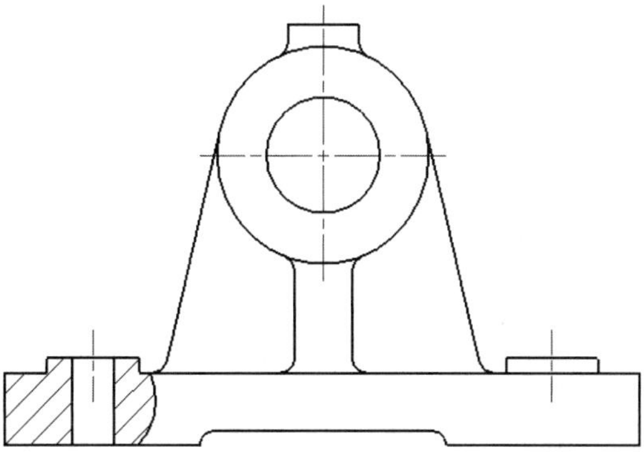

图 7-68　局部剖视图

3. 标注尺寸及表面粗糙度等

（1）标注尺寸。选择“尺寸”组中的标注命令，标注必要的尺寸，结果如图 7-69 所示。

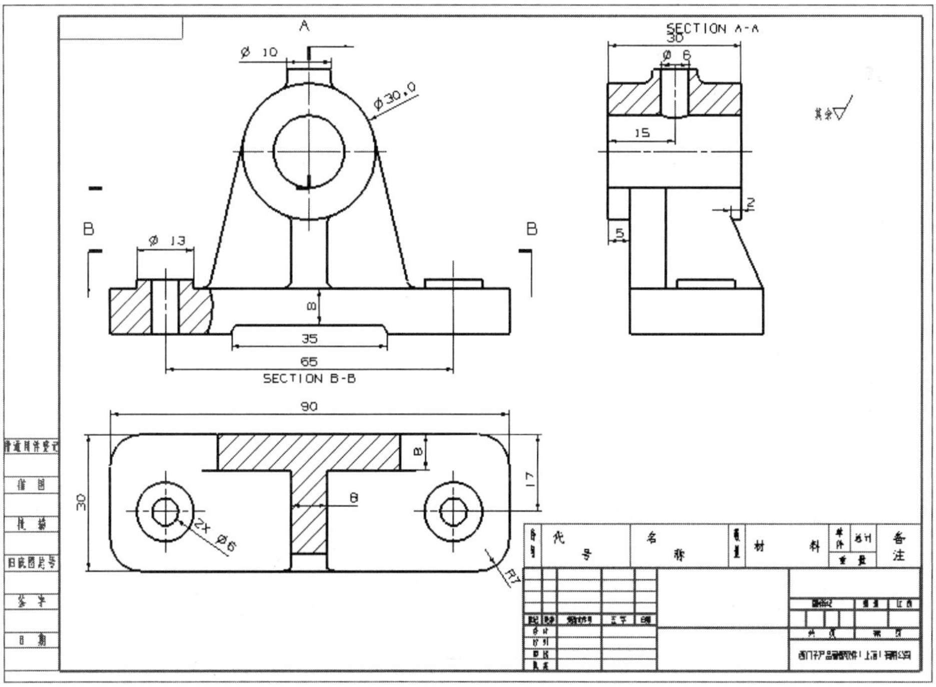

图 7-69　标注尺寸

（2）标注表面粗糙度符号和几何公差符号。选择“注释”组中的“表面粗糙度符号”命令，弹出“表面粗糙度”对话框，如图 7-70 所示。在“除料”下拉列表中选择“修饰符，需要除料”选项，并在“波纹”文本框中输入 Ra0.8，将光标移到合适的位置放置表面粗糙度符号。

（3）在“注释”组中选择“特征控制框”命令，弹出“特征控制框”对话框和“常规”选项卡，分别如图 7-71 和图 7-72 所示，在“特性”组中选择“圆柱度”命令，输入公差值为 0.008，移动光标，放置箭头和指引线，支座零件图如图 7-73 所示。

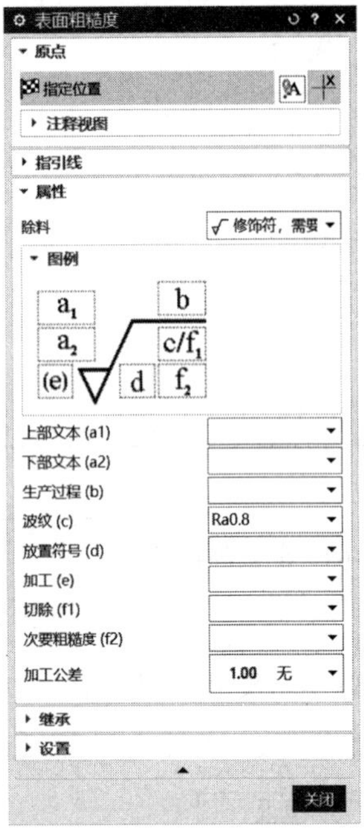

图 7-70 “表面粗糙度”对话框

图 7-71 “特征控制框”对话框

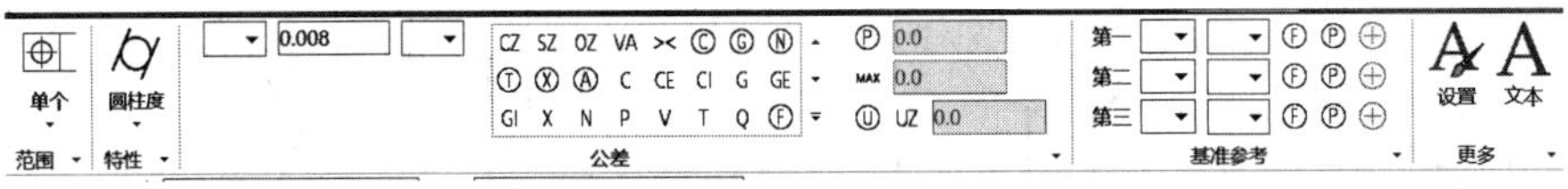

图 7-72 “常规”选项卡

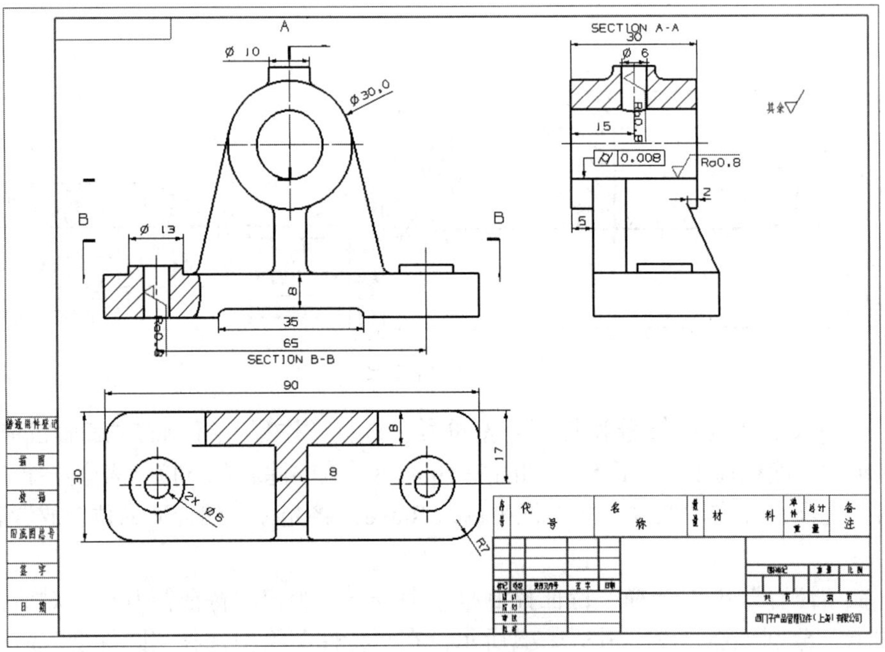

图 7-73 支座零件图

4. 添加标题栏

参照 7.4.1 节的操作步骤添加标题栏。保存文件并退出。

7.5　本章小结

本章主要介绍了 NX 软件中制作工程图的相关知识，包括图纸页、视图的生成，放置和编辑文字、注释等内容。通过本章的学习，读者可在掌握基本命令的基础上，结合工作或学习中的实际情况，制作出符合我国国家标准的工程图。

7.6　思考与练习

1. 思考题

（1）NX 软件提供了几种创建图纸页的方法？

（2）通过 NX 软件可创建的视图类型有哪些？

（3）如何修改尺寸和文本格式？

2. 练习题

（1）练习创建各种视图的方法。

（2）利用 7.6.1.prt 及 7.6.2.prt 文件，分别生成如图 7–74、图 7–75 所示的工程图。

端盖

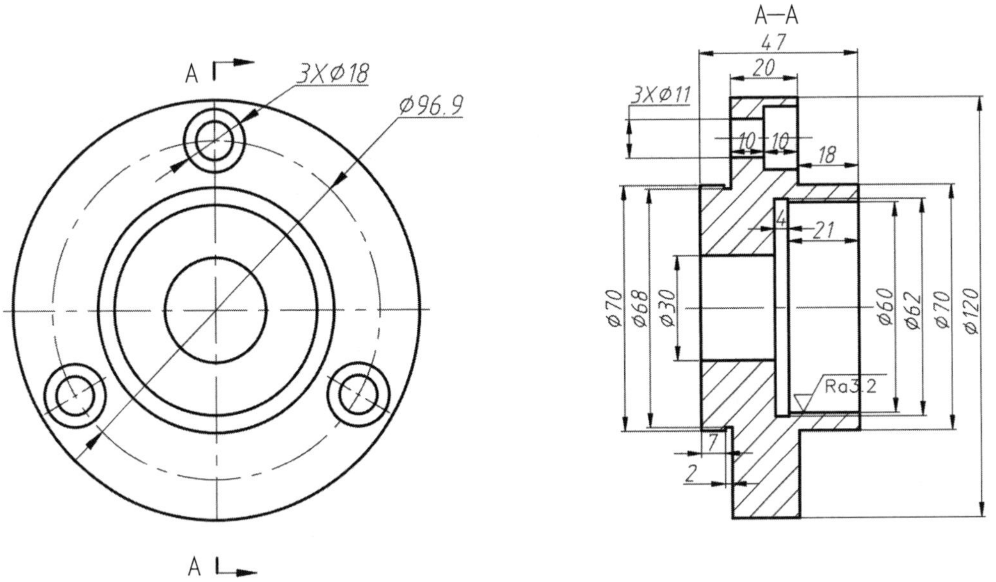

图 7–74　工程图 1

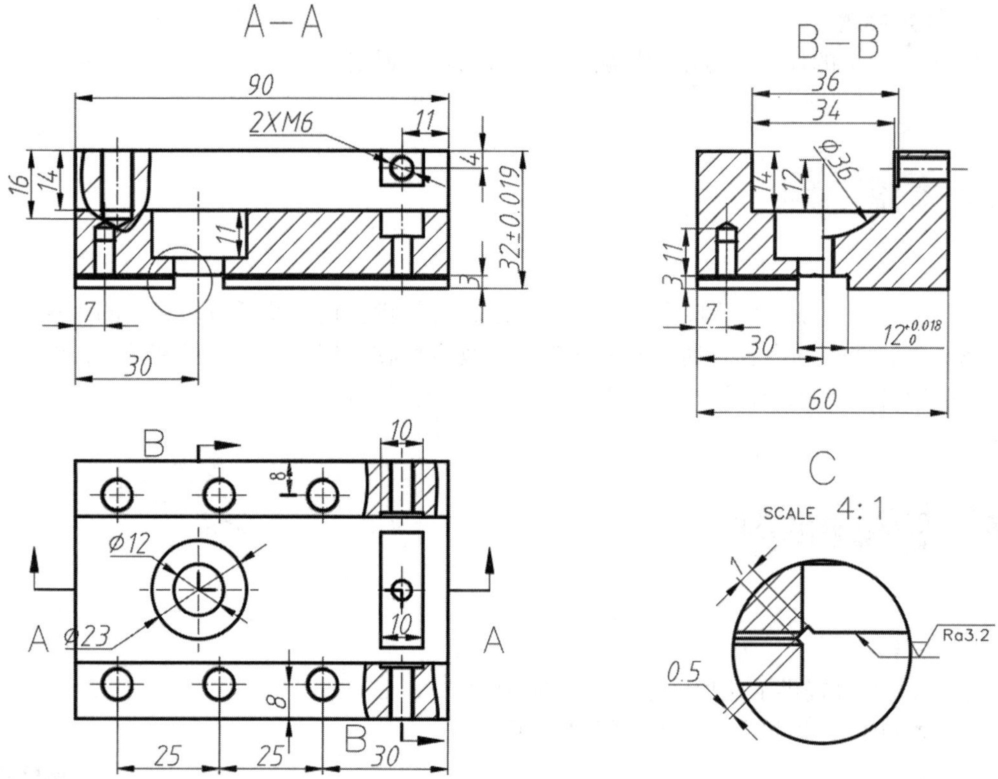
A—A
90
2XM6
11
4
16
14
11
32±0.019
3
7
30
B—B
36
34
Φ36
14
12
3
11
7
30
12 +0.018 0
60
B
10
8
Φ12
A
Φ23
10
A
8
B
25
25
30
C
SCALE 4:1
1
Ra3.2
0.5

图 7-75　工程图 2

箱体

项目 8 综合实训

“嫦娥探月”
工程中的机
械操纵机构

8.1 实训一：齿轮泵

齿轮泵（见图 8-1）在机械工业中应用广泛，其主要作用是从进口把工作介质吸入，并对其增压后从出口排出。本节分别介绍齿轮泵各部件的创建过程，通过这一实例的学习，读者可以尽快熟悉和掌握 NX 实体建模的方法和技巧。

齿轮泵包括主动齿轮轴、从动齿轮轴、泵体、前泵盖、后泵盖及螺塞 6 部分。下面逐一介绍它们的创建方法。

图 8-1　齿轮泵

8.1.1 主动齿轮轴的设计

主动齿轮轴的主要功能是传递外界输入的扭矩，带动从动齿轮轴旋转，从而对工作介质增压。主动齿轮轴是齿轮泵的重要部件，由齿轮和轴组成，其工程图如图 8-2 所示。

主动齿轮轴

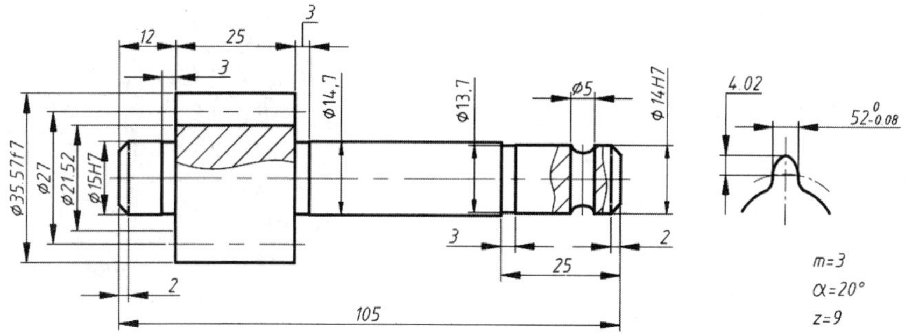

图 8-2　主动齿轮轴工程图

设计思路如下。

（1）使用“圆柱齿轮”命令创建齿轮，如图 8-3 所示。

（2）使用“圆柱”命令创建阶梯轴，如图 8-4 所示。

（3）创建孔等部分，如图 8-5 所示。

（4）修饰细节。

图 8-3　创建齿轮

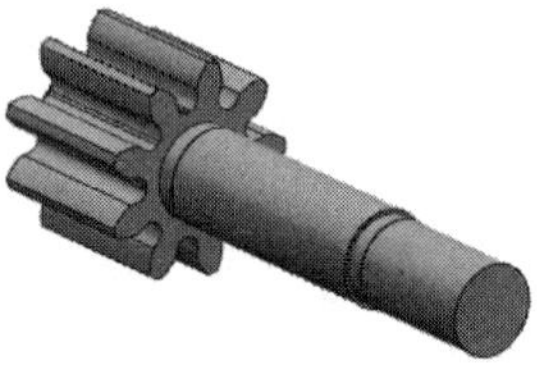

图 8-4　创建阶梯轴

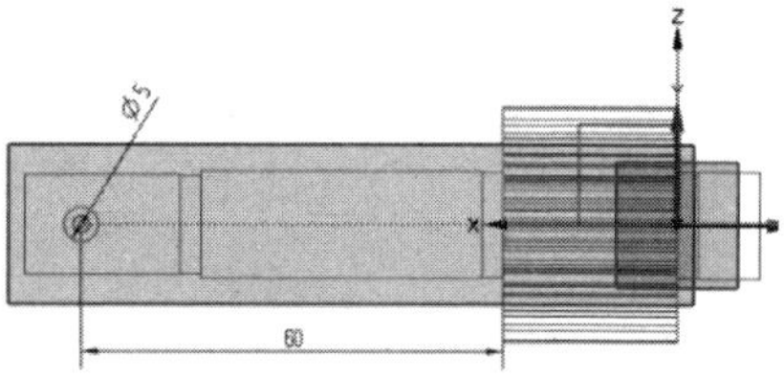

图 8-5　创建孔

具体操作步骤如下。

1. 新建文件

在 NX 启动界面的“主页”选项卡中，选择“新建”命令，或选择“文件”|“新建”命令，或者按 Ctrl+N 快捷键，打开“新建”对话框，输入文件名 8.1.1.prt 并指定一个保存路径。

2. 创建渐开线齿轮

选择“GC 工具箱”选项卡“齿轮”组中的“圆柱齿轮”命令，打开“圆柱齿轮”对话框，如图 8-6 所示，选择“外正齿轮”，“模数”设置为 3，“齿数”设置为 9，“压力角”设置为 20°，“齿宽”设置为 25，其余保持默认值，“指定矢量”设置为“XC 轴”，“指定点”设置为默认坐标（0，0，0），创建如图 8-7 所示的渐开线齿轮。

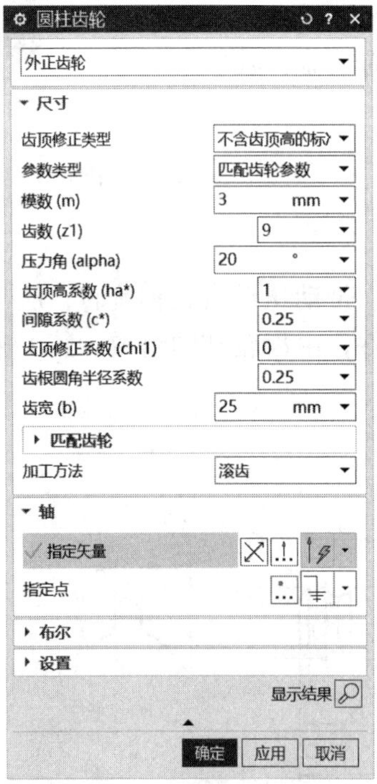

图 8-6 “圆柱齿轮”对话框

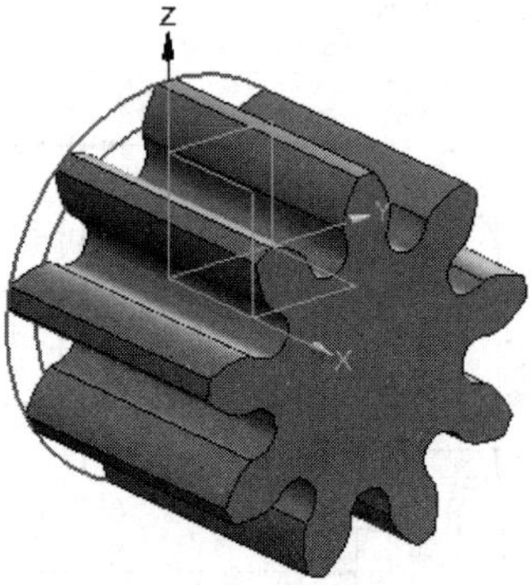

图 8-7　创建渐开线齿轮

3. 创建阶梯轴的各轴段

（1）选择“菜单”|“插入”|“设计特征”|“圆柱”命令，打开“圆柱”对话框，如图 8–8 所示，“指定矢量”设置为“XC 轴”，“指定点”设置为坐标（25,0,0），按图 8–8 所示输入参数，“布尔”选择“合并”选项，自动选择齿轮，单击“确定”按钮，完成圆柱的创建，如图 8–9 所示。

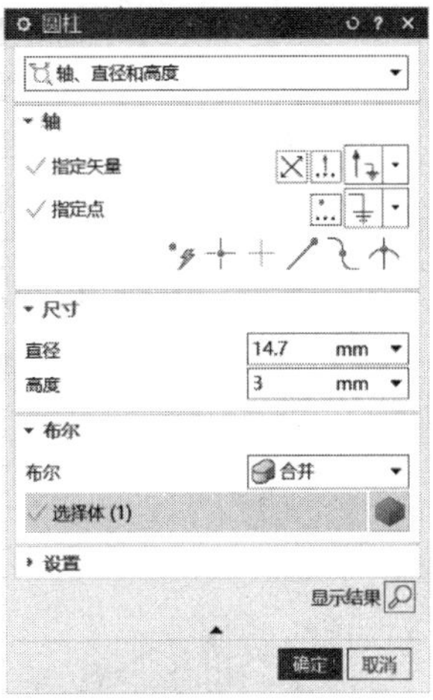

图 8–8 “圆柱”对话框

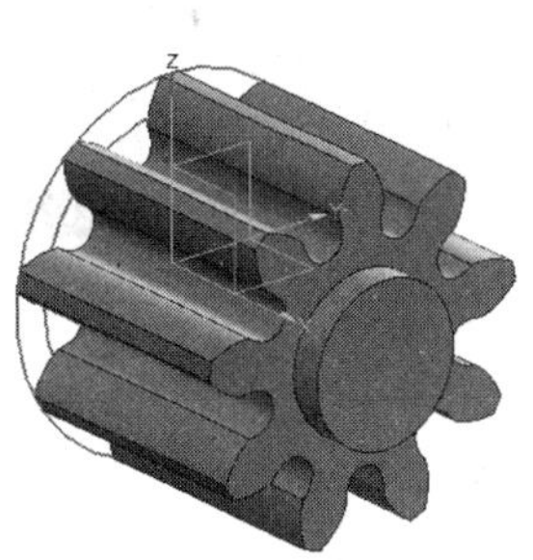

图 8–9 创建圆柱体 1

（2）重复步骤（1），将所创建的圆柱体的“指定点”设置为上一个圆柱右端面的圆心，如图 8–10 所示，创建直径为 15、高度为 9 的圆柱体，如图 8–11 所示。

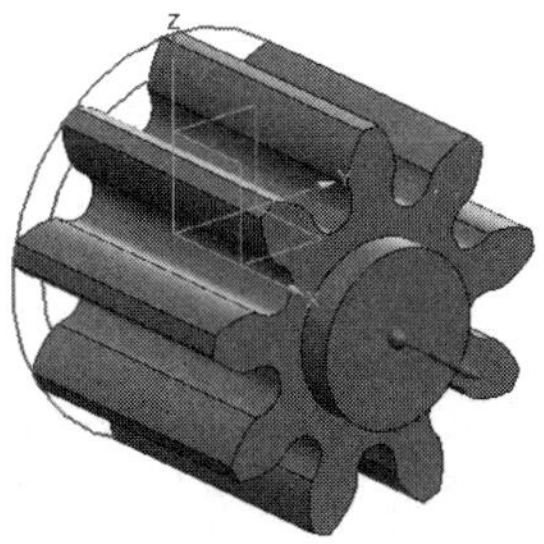

图 8–10 选择“指定点”位置

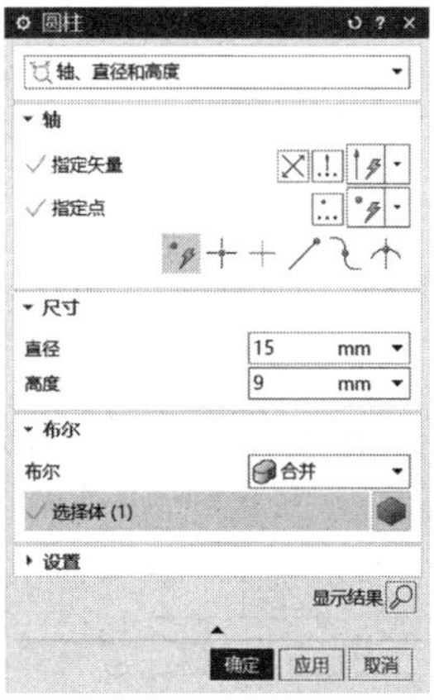

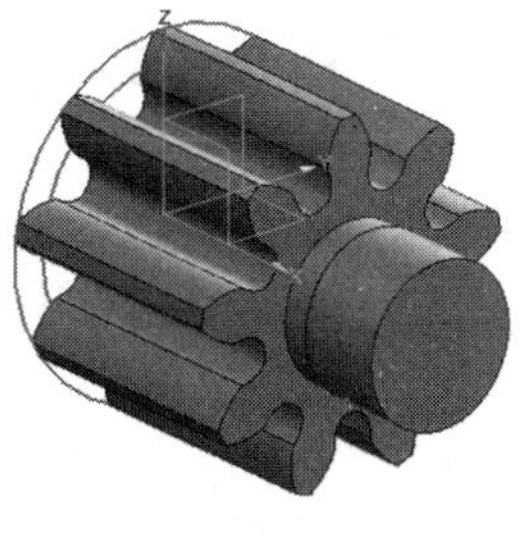

图 8–11 创建圆柱体 2

（3）重复步骤（1），在创建的齿轮的 $-X$ 端面依次创建直径为 14.7、高度为 3 的圆柱体，直径为 15、高度为 40 的圆柱体，直径为 13.7、高度为 3 的圆柱体，直径为 14、高度为 22 的圆柱体，如图 8–12 所示。

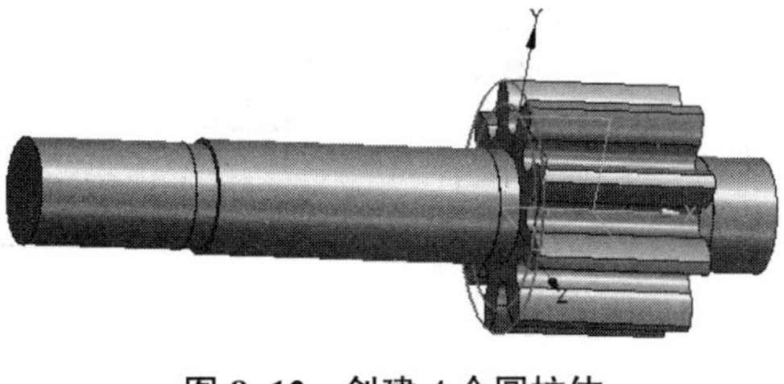

图 8–12 创建 4 个圆柱体

4. 创建圆孔

（1）在 XZ 平面绘制如图 8–13 所示的圆形。

（2）对圆形进行拉伸及布尔求差运算，创建圆孔，如图 8-14 所示。

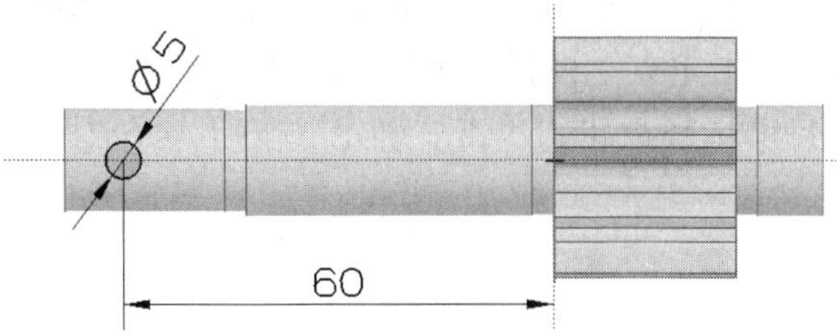

图 8-13　绘制圆形

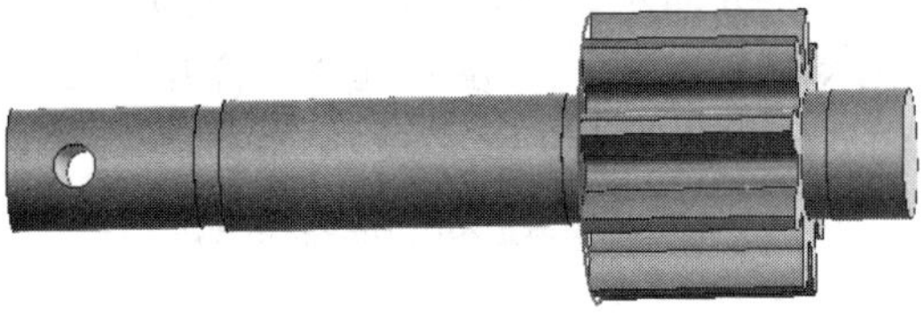

图 8-14　创建圆孔

5. 细节修饰

（1）选择“菜单”|“插入”|“细节特征”|“倒斜角”命令，弹出“倒斜角”对话框，“横截面”设置为“对称”，“距离”设置为 2，选择轴端圆边，倒斜角如图 8-15 所示。

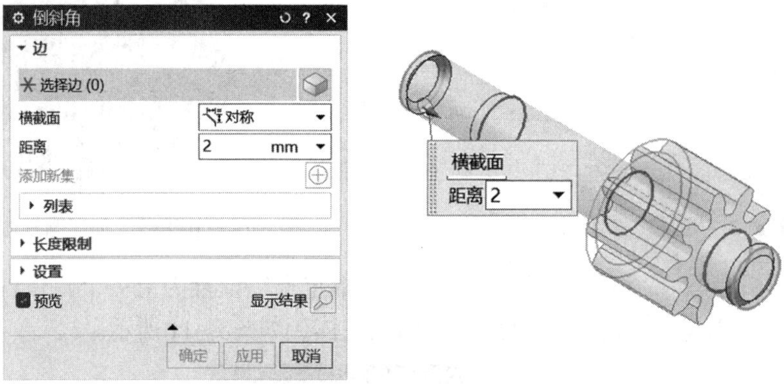

图 8-15　倒斜角

（2）保存文件。

8.1.2　从动齿轮轴的设计

从动齿轮轴的主要功能是和主动齿轮轴配合完成对工作介质的增压，它由齿轮和从动轴组成。其工程图如图 8-16 所示。

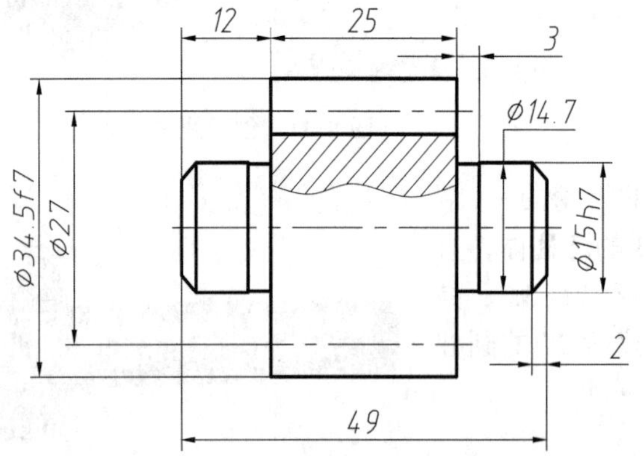

从动齿轮轴

图 8-16　从动齿轮轴工程图

从动齿轮轴的建模思路与主动齿轮轴的基本相似，先选择 GC 工具箱中的“圆柱齿轮”命令，打开“圆柱齿轮”对话框，设置圆柱齿轮参数，生成圆柱齿轮，然后利用“圆柱”等命令创建轴。具体操作步骤如下。

1. 新建文件

选择“文件”|“新建”命令，或选择 NX 启动界面“主页”选项卡“标准”组中的“新建”命令，弹出“新建”对话框，在“模型”选项卡中选择“模型”模板，设置文件名为 8.1.2.prt，单击“确定”按钮，进入建模模块。

2. 创建齿轮模型

重复 8.1.1 节中的步骤 2，创建齿轮模型，如图 8-17 所示。

3. 创建圆柱体

（1）重复 8.1.1 节中步骤 3 的操作（1），在齿轮两侧分别创建一个直径为 14.7、高度为 3 的圆柱体，如图 8-18 所示。

（2）按照 8.1.1 节中步骤 3 的操作（2），继续在图 8-18 中圆柱体的左右两端面分别创建一个直径为 15、高度为 9 的圆柱体，如图 8-19 所示。

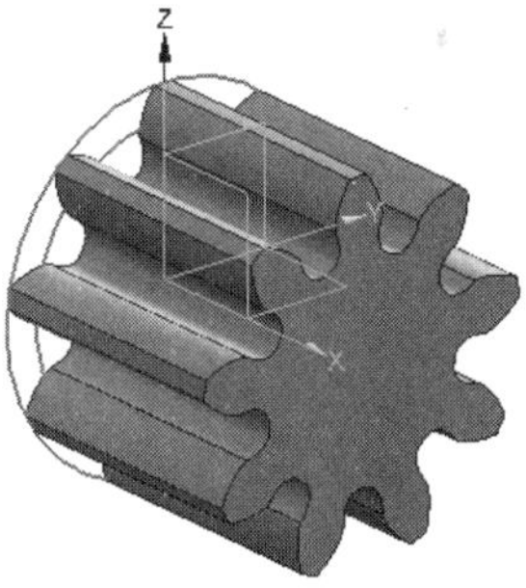

图 8-17　齿轮模型

图 8-18　创建两个圆柱体 1

图 8-19　创建两个圆柱体 2

4. 倒斜角

选择“主页”选项卡“基本”组中的“倒斜角”命令，打开“倒斜角”对话框，选择需要倒角的两条边，并将“横截面”设置为“对称”，“距离”设置为 2，其余参数保持默认值，如图 8-20 所示。单击“确定”按钮，倒斜角的结果如图 8-21 所示。

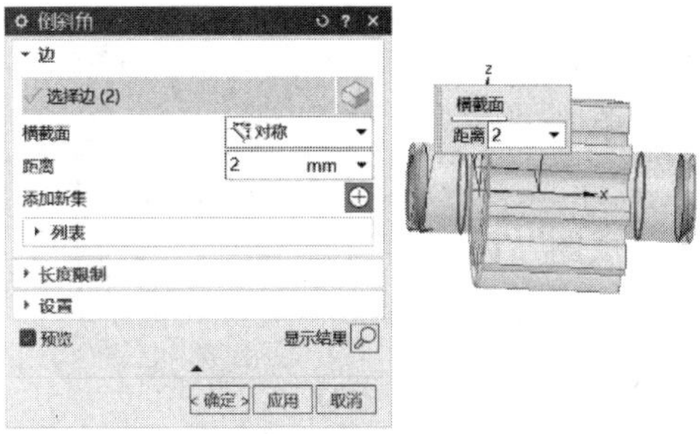

图 8-20　倒斜角

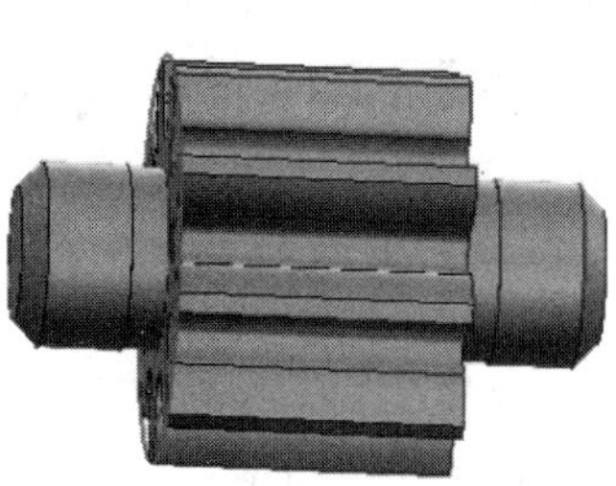

图 8-21　从动齿轮轴中倒斜角的结果

5. 保存文件

完成从动齿轮轴的建模后，选择“文件”|“保存”命令，或者单击“保存”按钮，保存文件。

8.1.3 泵体的设计

泵体主要用于安装齿轮和轴承，对上述部件提供支撑作用，其工程图如图 8-22 所示。

泵体

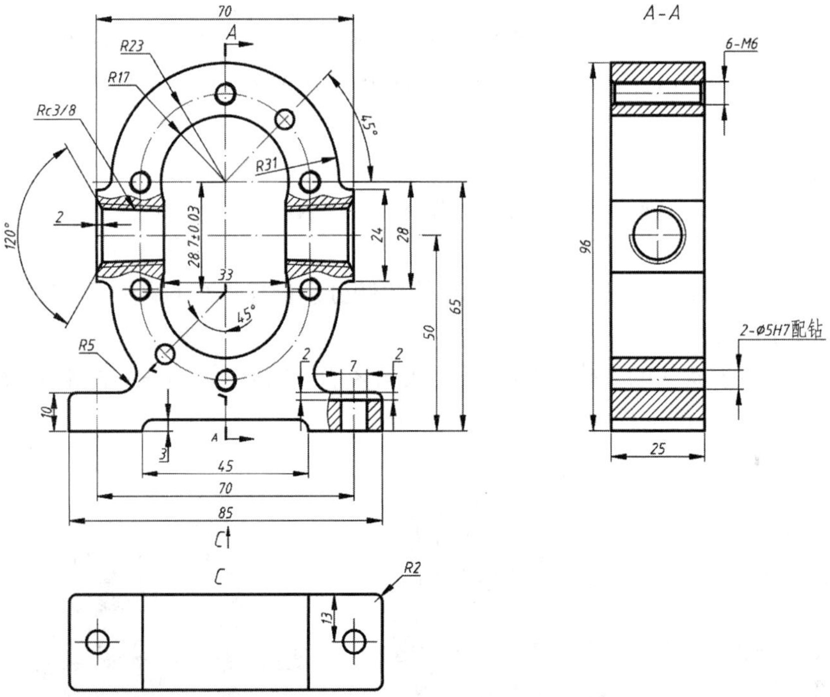

图 8-22　泵体工程图

设计思路如下。

（1）创建草图曲线，然后通过拉伸生成实体。

（2）在实体上利用“孔”命令，生成齿轮泵腔和用于安装的螺纹孔等。

具体操作步骤如下。

（1）选择“文件”|“新建”命令，或选择 NX 启动界面“主页”选项卡“标准”组中的“新建”命令，或按 Ctrl+N 快捷键，弹出“新建”对话框，在“模型”选项卡中选择“模型”模板，设置文件名为 8.1.3.prt，单击“确定”按钮，进入建模模块。

（2）选择“主页”选项卡“构造”组中的“草图”命令，草图平面默认为 *XY* 平面，单击“确定”按钮，进入草图模块。根据图 8-22 所示的泵体工程图创建草图曲线并进行尺寸和形状约束，如图 8-23 所示。选择“完成”命令，退出草图模块。

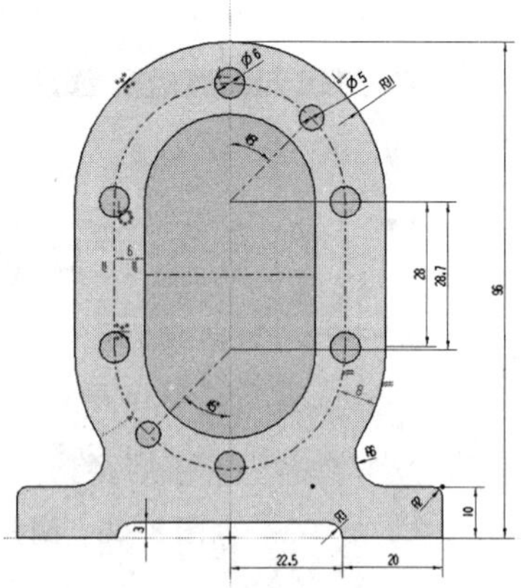

图 8-23　创建草图曲线并进行尺寸和形状约束

（3）选择“拉伸”命令，选择图 8-23 中的草图曲线，采用“对称值”拉伸，“距离”设置为 25，如图 8-24 所示。单击“确定”按钮，生成拉伸实体，如图 8-25 所示。

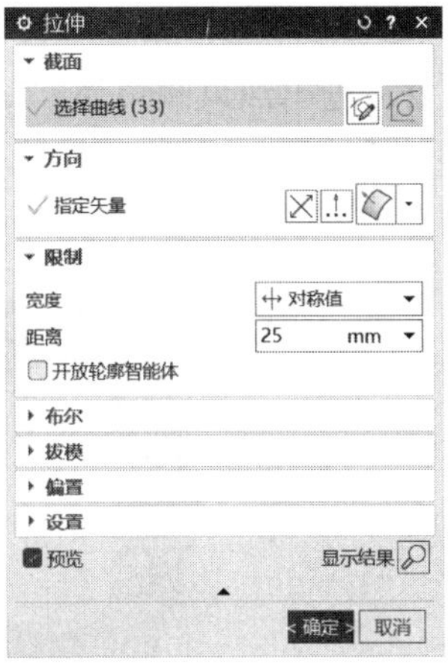

图 8-24　“拉伸”对话框 1

图 8-25　拉伸实体

（4）选择“草图”命令创建草图，草图平面选择拉伸实体的一个侧面，如图 8-26 所示。单击“确定”按钮，绘制一个直径为 24 的圆，如图 8-27 所示。

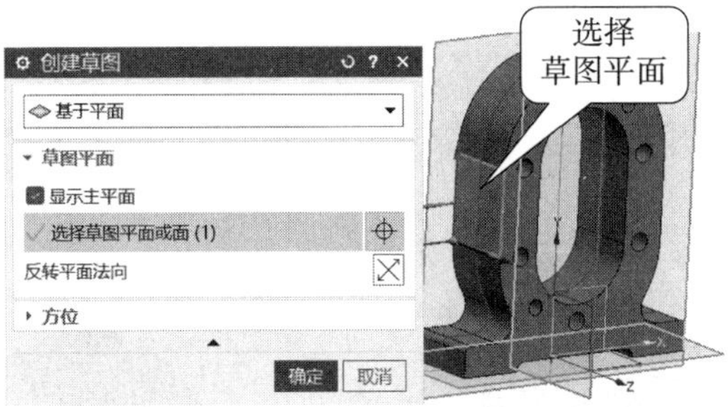

图 8-26　选择草图平面

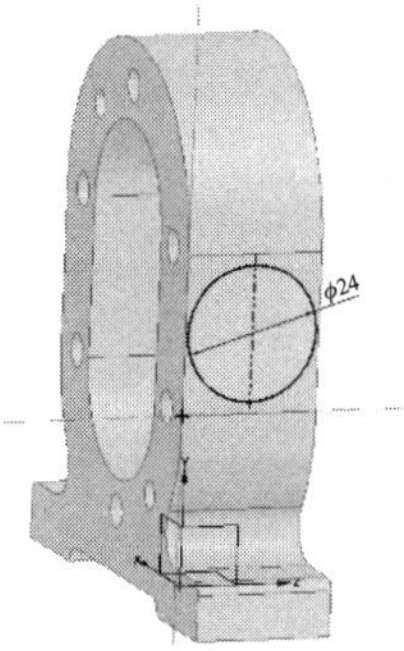

图 8-27　绘制 ϕ24 的圆

（5）选择“拉伸”命令，弹出“拉伸”对话框，起始“距离”设置为 0，终止“距离”设置为 4，“布尔”设置为“合并”，如图 8-28 所示，目标体选择图 8-25 中的拉伸实体（若图中仅有一个实体，则系统自动判断其为求和的目标体；若存在两个及以上的实体，则需手动选择其中一个实体作为求和的目标体，拉伸生成直径为 24、长度为 4 的圆柱体。

（6）选择“镜像”命令，弹出“镜像特征”对话框，在“要镜像的特征”组中选择拉伸的圆柱体，在“镜像平面”组中选择 *YZ* 平面，如图 8-29 所示。单击“确定”按钮，镜像生成另一侧的圆柱体，如图 8-30 所示。

（7）利用“孔”命令生成孔。选择“孔”命令，弹出“孔”对话框，“指定点”设置为拉伸圆柱体外侧端面的圆心，“孔径”设置为 12，“深度限制”设置为“贯通体”，系统自动判定“布尔”为“减去”，如图 8-31 所示。单击“确定”按钮，生成孔，

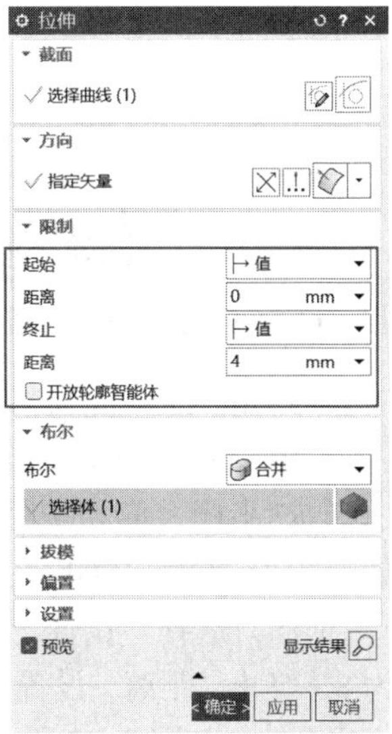

图 8-28　“拉伸”对话框 2

如图 8-32 所示。

（8）对生成的孔进行倒斜角。选择“倒斜角”命令，进出油口倒角为 $C1.5$，6 个螺纹孔倒角为 $C1$，对进出油口外壁倒圆角，半径为 2，如图 8-33 所示。

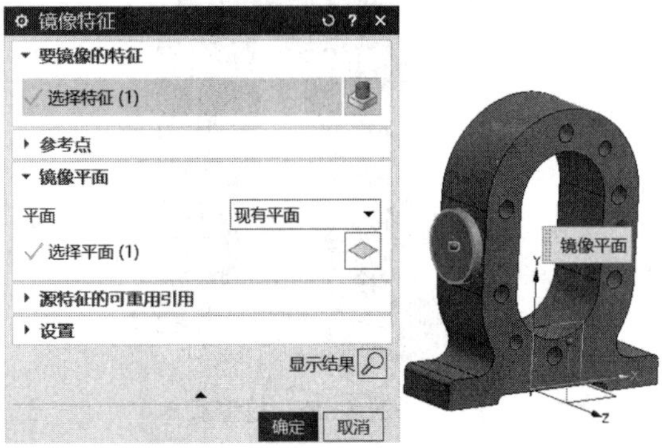

图 8-29 “镜像特征”对话框

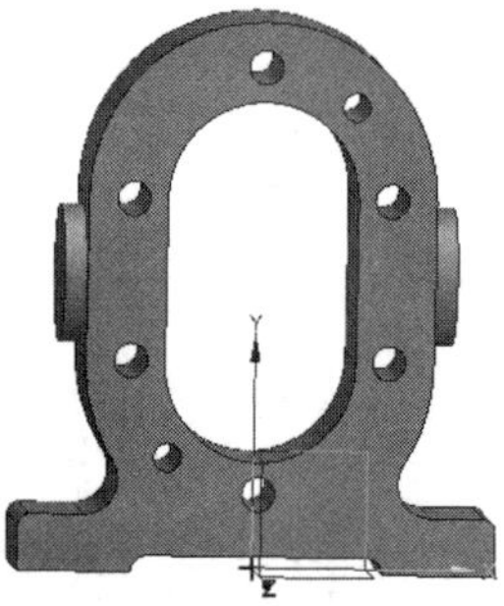

图 8-30 镜像生成另一侧的圆柱体

图 8-31 “孔”对话框

图 8-32 生成孔后的实体

图 8-33 倒角后的实体

（9）以 XY 平面为基准平面创建草图，绘制草图曲线，如图 8-34 所示。

（10）对生成的草图曲线执行“拉伸”命令。选择“拉伸”命令，弹出“拉伸”对话框，选择 $\phi7$ 小圆，起始“距离”设置为 0，终止“距离”设置为 8，“布尔”设置为“减去”，如图 8-35 所示，单击“应用”按钮。

（11）选择“拉伸”命令，弹出“拉伸”对话框，选择 $\phi14$ 大圆，起始“距离”设置为 8，终止“距离”设置为 10，“布尔”设置为“减去”，如图 8-36 所示。单击“确定”按钮，生成泵体，如图 8-37 所示。单击“保存”按钮，保存文件。

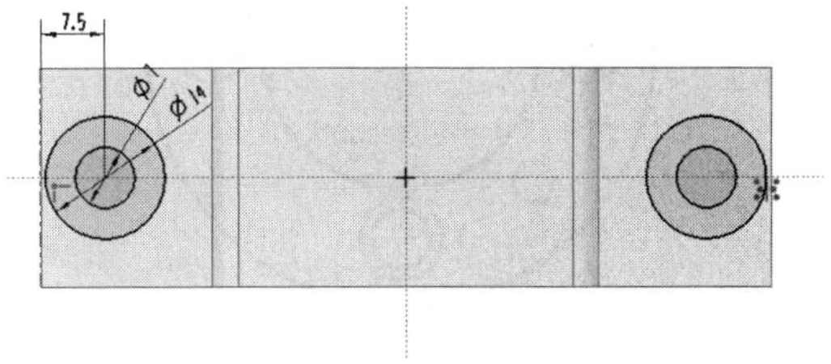

图 8-34 绘制草图曲线

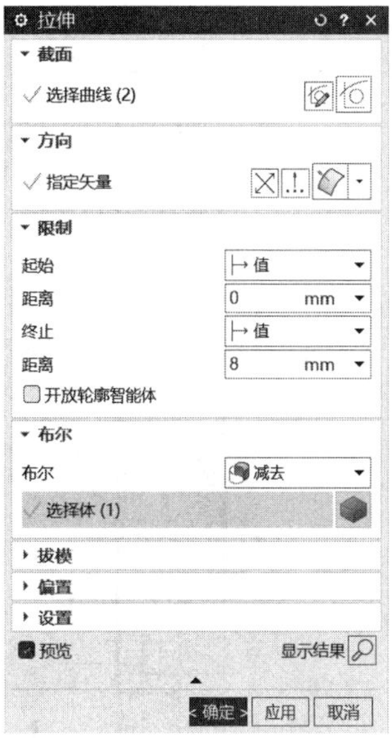

图 8-35 “拉伸”对话框 3

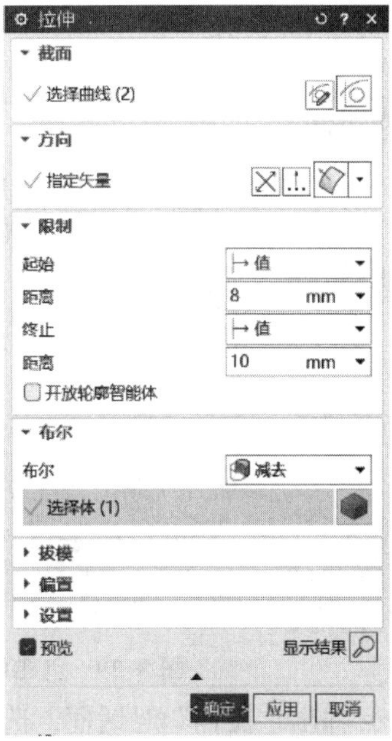

图 8-36 “拉伸”对话框 4

图 8-37 生成泵体

8.1.4 前泵盖的设计

创建前泵盖，其工程图如图 8-38 所示。

设计思路如下。

（1）绘制前泵盖曲线。

前泵盖

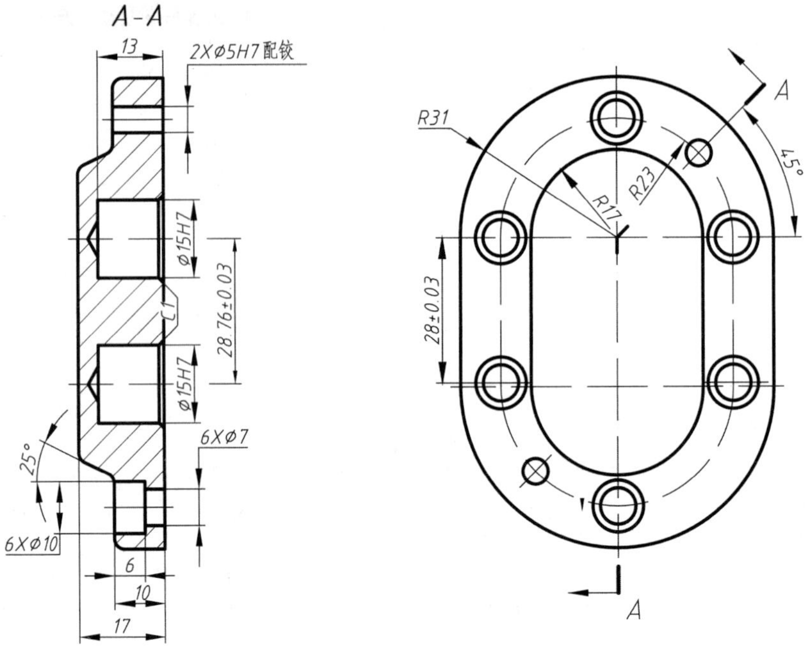

图 8-38　前泵盖工程图

（2）利用拉伸功能生成实体。

（3）在泵盖面上创建基准面，并在基准面上画两个圆，拉伸求差。

具体操作步骤如下。

（1）新建文件。选择“文件”|“新建”命令，或选择 NX 启动界面“主页”选项卡“标准”组中的“新建”命令，弹出“新建”对话框，在“模型”选项卡中选择“模型”模板，设置文件名为 8.1.4.prt，单击“确定”按钮，进入建模模块。

（2）创建草图曲线。选择“菜单”|“插入”|“草图”命令，选择 *XY* 平面绘制草图，进入草图模块。创建草图曲线并进行尺寸和形状约束，如图 8-39 所示。选择“完成”命令，退出草图模块。

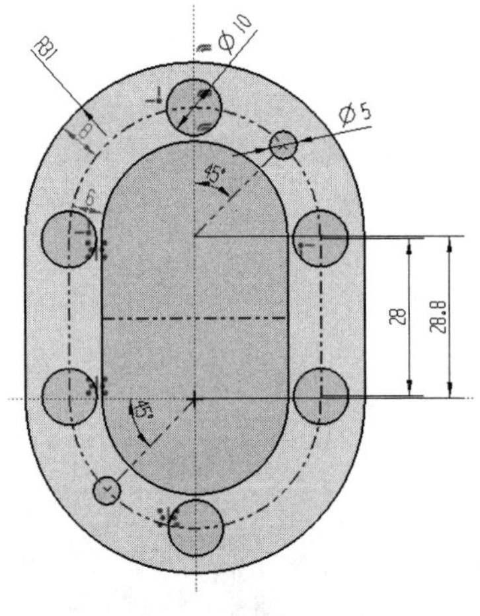

图 8-39　创建草图曲线

（3）拉伸体。选择“基本”组中的“拉伸”命令，弹出“拉伸”对话框，选取步骤（2）绘制的草图曲线的内轮廓线，起始“距离”设置为 0，终止“距离”设置为 7，“拔模”设置为“从起始限制”，“角度”设置为 25°，其余采用系统默认值，如图 8-40 所示。单击“确定”按钮，生成实体，如图 8-41 所示。

（4）拉伸体。选择“基本”组中的“拉伸”命令，弹出“拉伸”对话框，选取步骤（2）绘制的草图曲线的外轮廓线，起始“距离”设置为 0，终止“距离”设置为 -10，“布尔”设置为“合并”，其余采用系统默认值，如图 8-42 所示。单击“确定”按钮，生成实体，如图 8-43 所示。

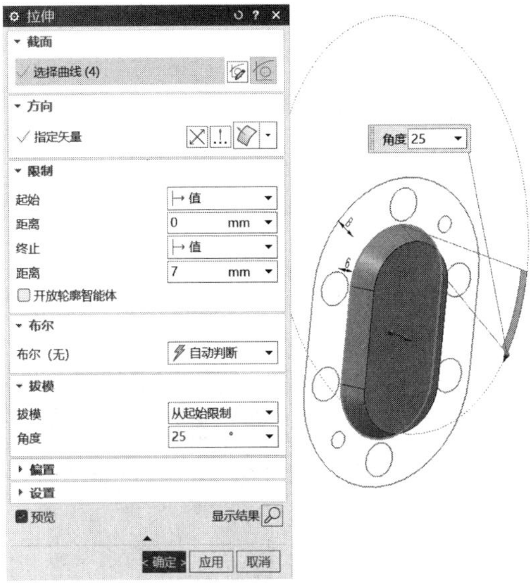

图 8-40　“拉伸”对话框 1

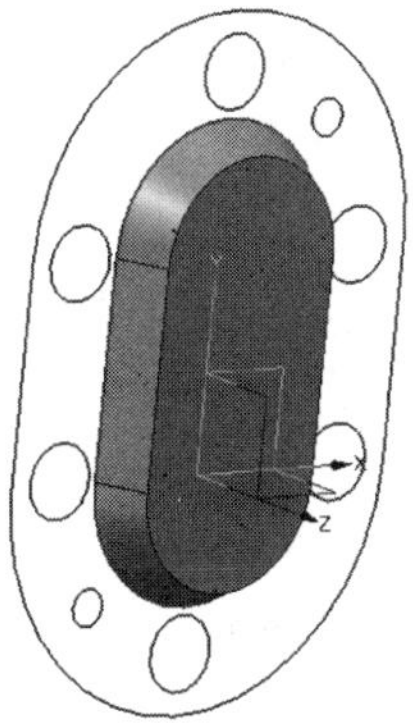

图 8-41　生成实体 1

图 8-42　“拉伸”对话框 2

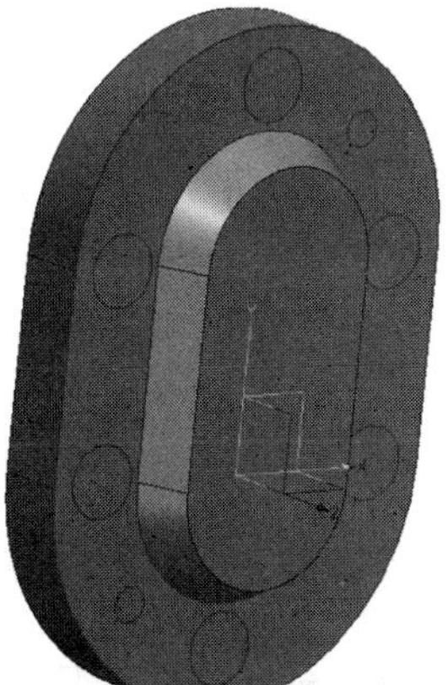

图 8-43　生成实体 2

（5）拉伸体。选择“基本”组中的“拉伸”命令，弹出“拉伸”对话框，选取步骤（2）绘制的 $\phi5$ 小圆，起始“距离”设置为 0，终止“距离”设置为 -10，“布尔”设置为“减去”，如图 8-44 所示。单击“确定”按钮，生成实体，如图 8-45 所示。

（6）创建孔。选择“孔”命令，进入“孔”对话框，使用“沉头”方式，在“位置”组中指定步骤（2）绘制的 $\phi10$ 圆的圆心，“孔径”设置为 7，“沉头直径”设置为 10，“沉头深度”设置为 6，“深度限制”设置为“贯通体”，如图 8-46 所示。单击“确定”按钮，生成 6 个安装孔，如图 8-47 所示。

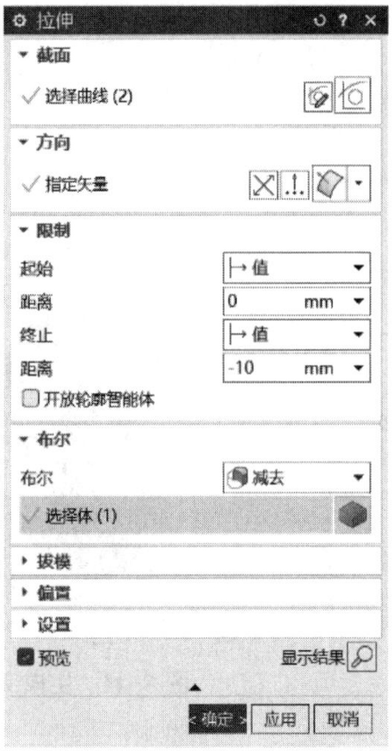

图 8-44 “拉伸”对话框 3

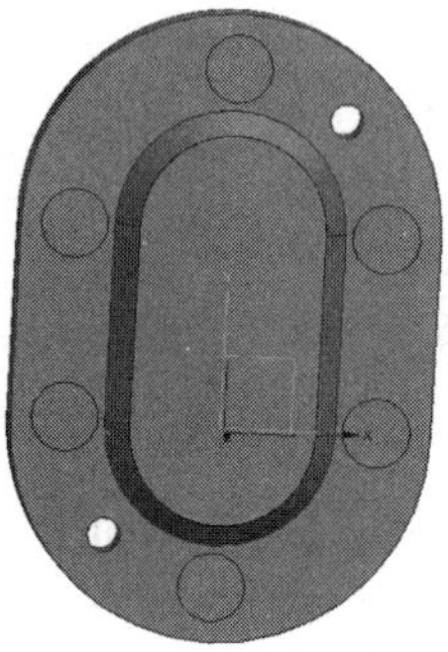

图 8-45 生成实体 3

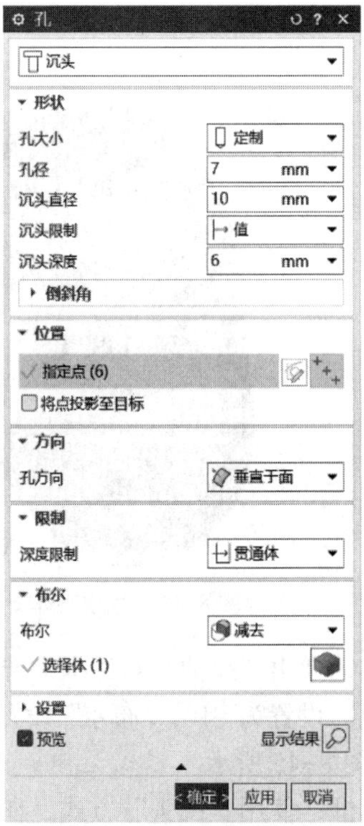

图 8-46 “孔”对话框 1

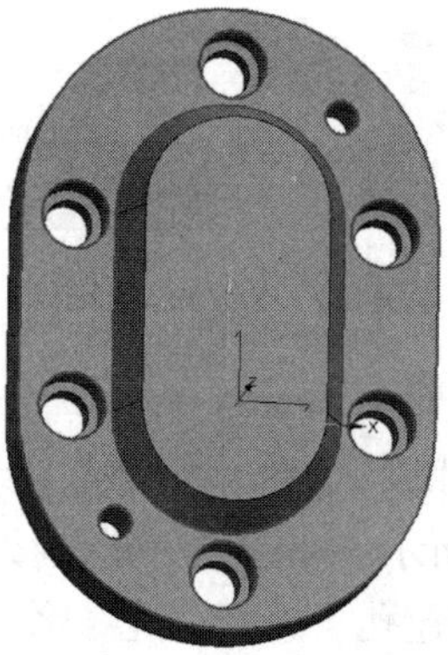

图 8-47 生成 6 个安装孔

（7）创建孔。选择“孔”命令，进入“孔”对话框，使用“简单”方式，在“位置”组中单击“绘制截面”按钮，在绘图区中指定步骤（4）的操作结果中拉伸体的另一个表面，进入草图模块。弹出“草图点”对话框，如图 8–48 所示，在拉伸体的表面任意指定两点，如图 8–49 所示。

（8）单击“关闭”按钮，将点的位置尺寸修改成需要的值，如图 8–50 所示。

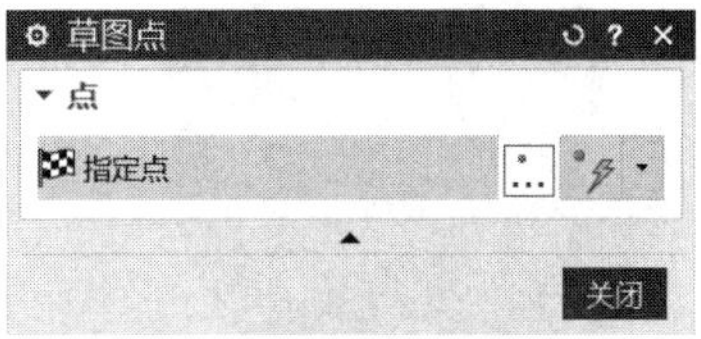

图 8–48　“草图点”对话框

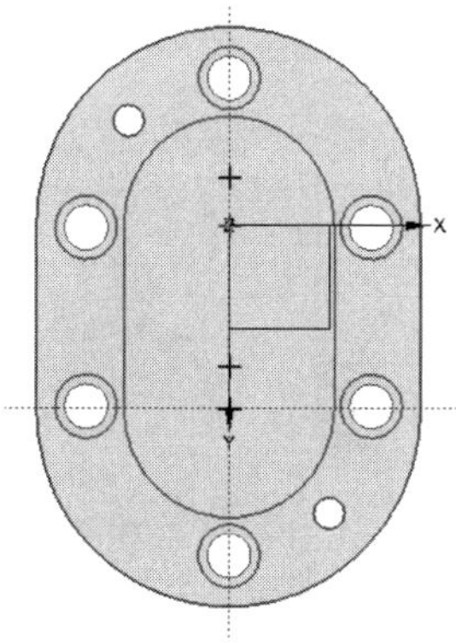

图 8–49　点的草图

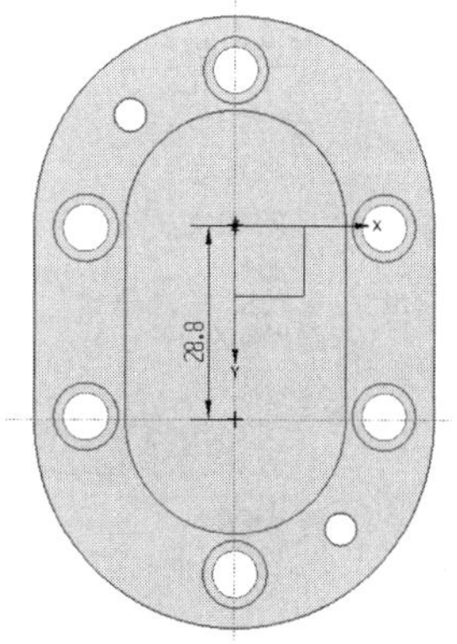

图 8–50　修改点的位置尺寸

（9）选择“完成”命令，退出草图模块，返回“孔”对话框。设置“孔径”为 15，“孔深”为 13，“顶锥角”为 0°，如图 8–51 所示。单击“确定”按钮，生成如图 8–52 所示的孔。

图 8–51　“孔”对话框 2

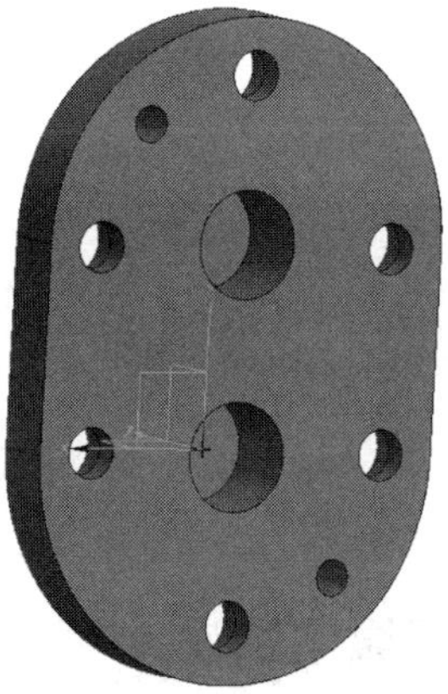

图 8–52　生成孔

（10）选择“设计特征”中的“圆锥”命令，进入“圆锥”对话框。“指定矢量”设置为 *Z* 轴正方向，“指定点”设置为步骤（9）中所作的其中一孔的底圆圆心，设置“底部直径”为 7，“顶部直径”为 0，“高度”为 2，“布尔”设置为“减去”，如图 8–53 所示，单击“确定”按钮。对另一孔重复操作，结果如图 8–54 所示。

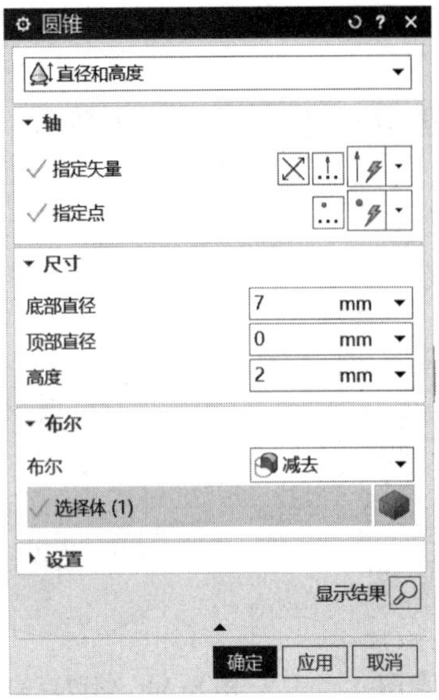

图 8-53 “圆锥”对话框

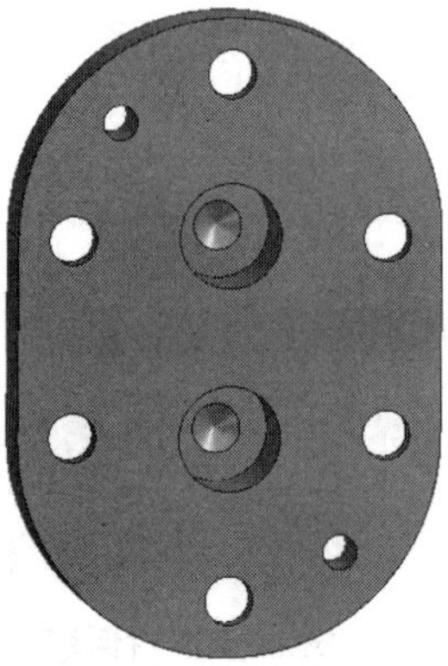

图 8-54 生成两个锥孔

（11）倒圆角。选择“边倒圆”命令，弹出“边倒圆”对话框，选择需要倒圆角的边，“形状”设置为圆形，“半径 1”设置为 2，如图 8-55 所示。单击“确定”按钮，完成前泵盖模型，如图 8-56 所示。单击“保存”按钮，保存文件。

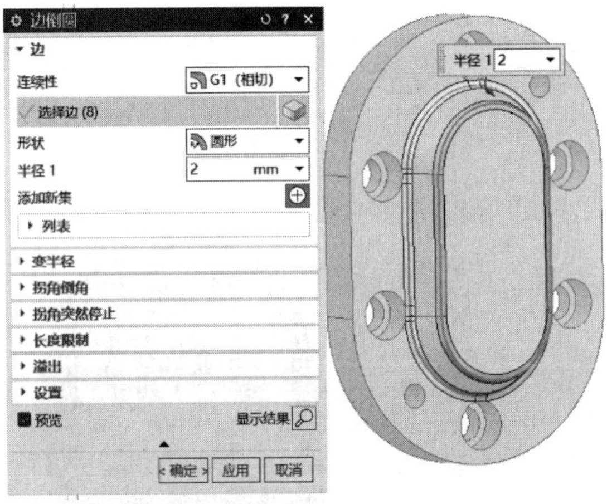

图 8-55 倒圆角

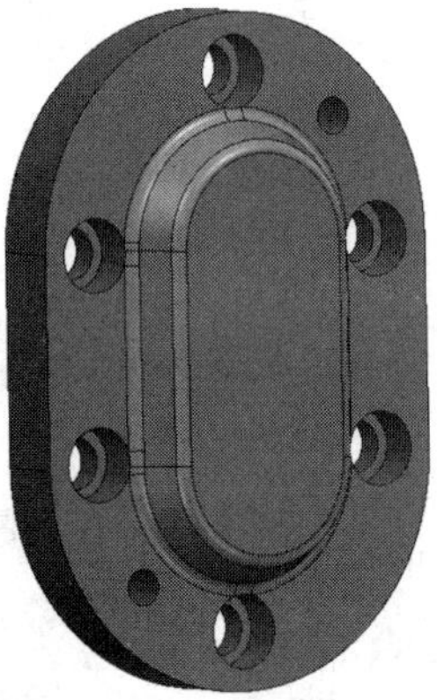

图 8-56 前泵盖模型

8.1.5 后泵盖的设计

创建后泵盖，其工程图如图 8-57 所示。

设计思路如下。

（1）绘制后泵盖的草图曲线。

（2）利用拉伸功能生成实体。

（3）对实体进行特征编辑，形成后泵盖模型。

后泵盖

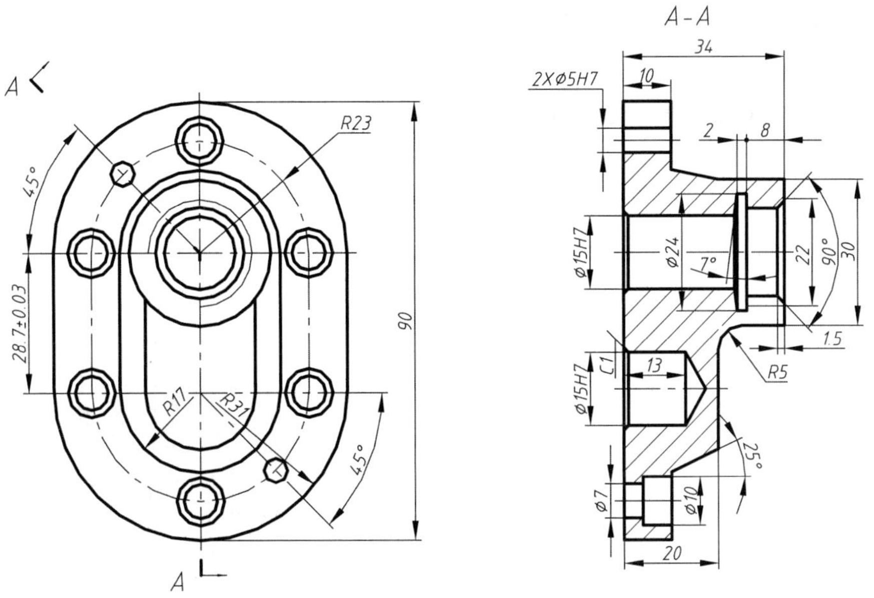

图 8-57　后泵盖工程图

具体操作步骤如下。

（1）选择“文件”|“新建”命令，或选择 NX 启动界面“主页”选项卡“标准”组中的“新建”命令，弹出“新建”对话框，在“模型”选项卡中选择“模型”模板，设置文件名为 8.1.5.prt，单击“确定”按钮，进入建模模块。

（2）创建草图曲线。选择“草图”命令，进入草图模块。创建草图曲线并进行尺寸和形状约束，如图 8-58 所示。

（3）利用“拉伸”命令对草图曲线进行拉伸，距离分别设置为 10（正向）、10（反向）和 24(反向)，生成实体，其中中间的拉伸体按照 8.1.4 节中的步骤（3）拔模，如图 8-59 所示。

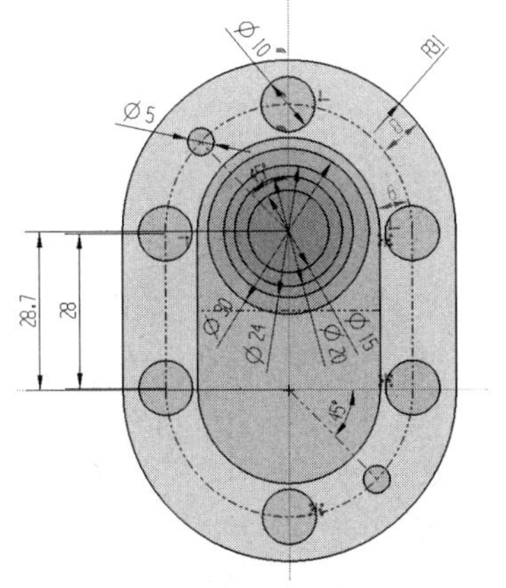

图 8-58　创建草图曲线

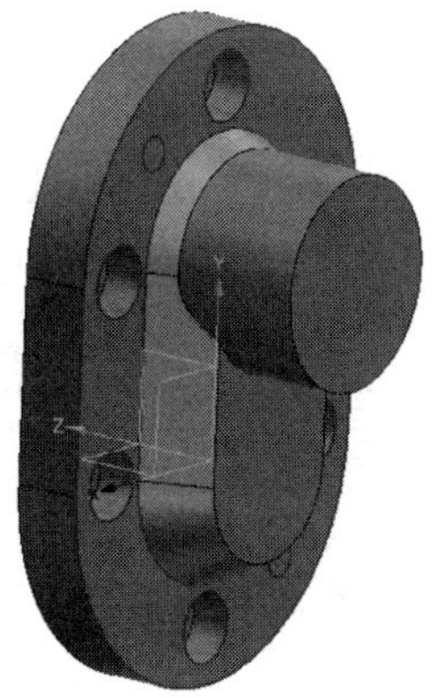

图 8-59　生成实体

（4）利用“孔”命令生成孔。选择“孔”命令，弹出“孔”对话框，“指定点”设置为步骤（2）草图曲线中所作的 6 个 ϕ10 圆的圆心，“孔方向”设置为“垂直于面”，使用“沉头”方式，设置“孔径”为 7，“沉头直径”为 10，“沉头深度”为 6，“深度限制”设置为“贯通体”，“布尔”设置为“减去”，如图 8-60 所示。单击“确定”按钮，完成生成孔的操作，如图 8-61 所示。

图 8-60 “孔”对话框 1

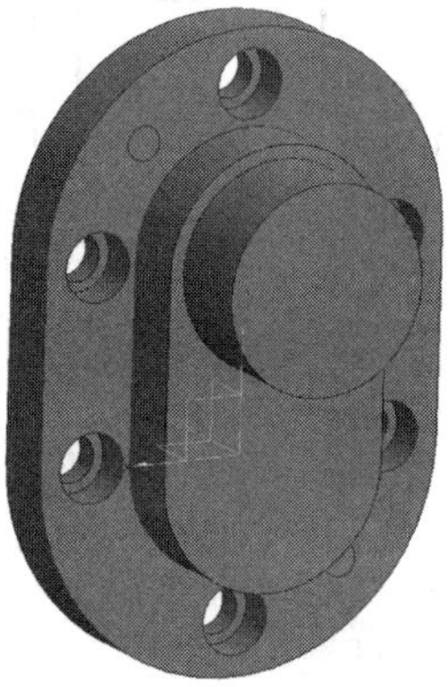

图 8-61 生成孔的实体

（5）再次选择“孔”命令，弹出“孔”对话框，使用“简单”方式，“孔径”设置为 15，“指定点”设置为底部圆弧的圆心，“孔方向”设置为“垂直于面”，“孔深”设置为 13，“顶锥角”设置为 120°，“布尔”设置为“减去”，如图 8-62 所示。单击“确定”按钮，完成生成锥孔的操作，如图 8-63 所示。

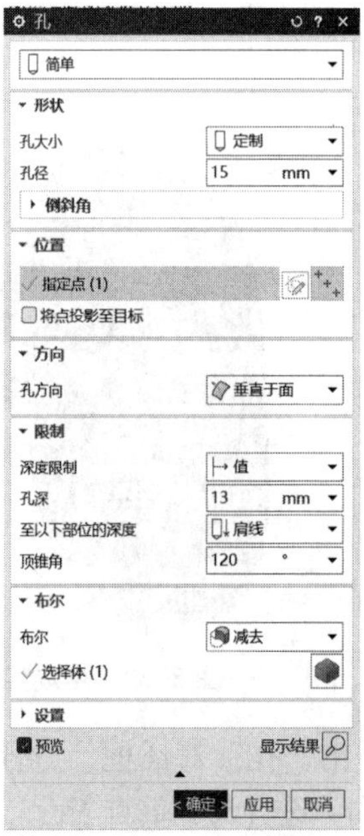

图 8-62 “孔”对话框 2

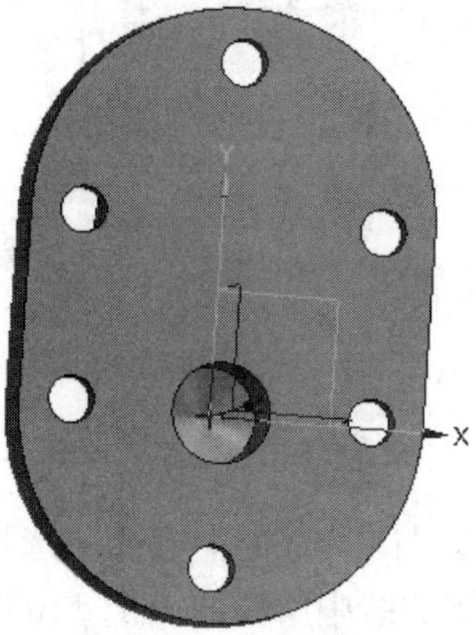

图 8-63 生成锥孔的实体

（6）选择“孔”命令，使用“有螺纹”方式，“指定点”设置为 ϕ30 圆柱体 Z 向最高面的圆心，在“形状”组中“标准”设置为 GB193，“大小”设置为 M22×2.5，“螺纹深度”设置为 8，在“限制”组中设置“孔深”为 8，“顶锥角”设置为 0°，如图 8-64 所示。单击“确定”按钮，完成生成螺纹孔的操作，如图 8-65 所示。

（7）对生成的草图曲线执行“拉伸”命令。对 2×ϕ5 和 ϕ15 的 3 个圆形进行贯通操作，对 ϕ24 的圆形，将起始值与终止值分别设置为 14 与 16，完成拉伸操作，如图 8-66 所示。

图 8-64 “孔”对话框 3

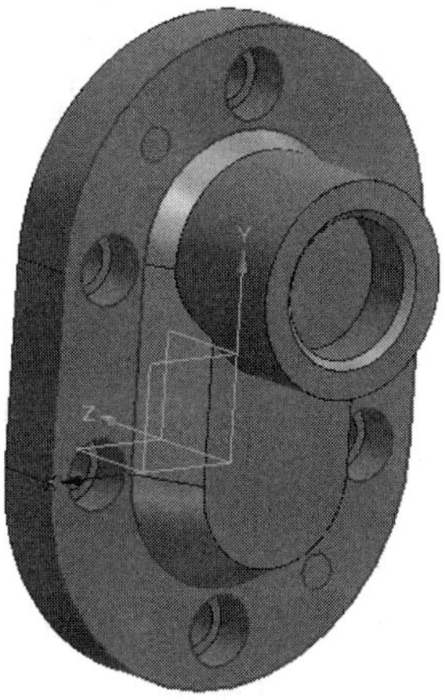

图 8-65 生成螺纹孔的实体

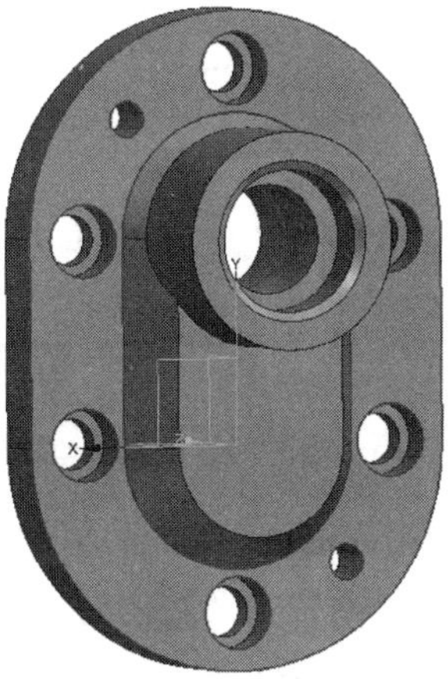

图 8-66 贯通拉伸求差后的实体

（8）选择“倒斜角”命令，弹出“倒斜角”对话框，对背面两个孔的边倒斜角，“横截面”设置为“对称”，“距离”设置为 1，如图 8-67 所示。单击“确定”按钮，完成倒斜角的操作，如图 8-68 所示。

图 8-67 “倒斜角”对话框

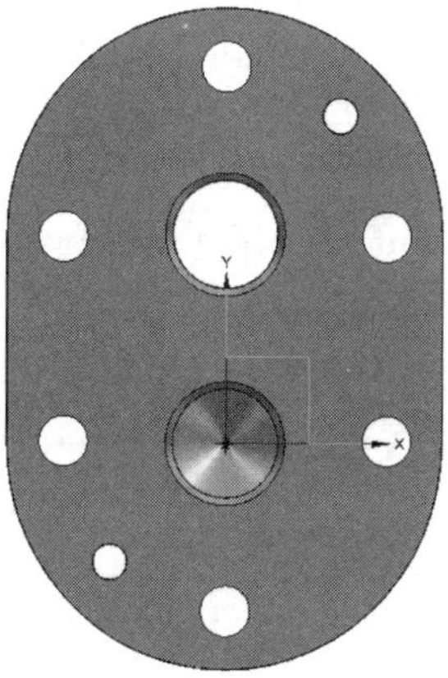

图 8-68 倒斜角后的实体

（9）选择“圆锥”命令，弹出“圆锥”对话框，使用“直径和半角”方式，“指定矢量”设置为 Z 轴，“指定点”设置为对草图曲线中 $\phi24$ 的圆进行拉伸求差后形成的内槽的底面圆心，设置“底部直径”为 24，“顶部直径”为 0，“半角”为 83°，“布尔”设置为“减去”，如图 8-69 所示。单击“确定”按钮，完成操作，生成 7° 的圆锥面，如图 8-70 所示。

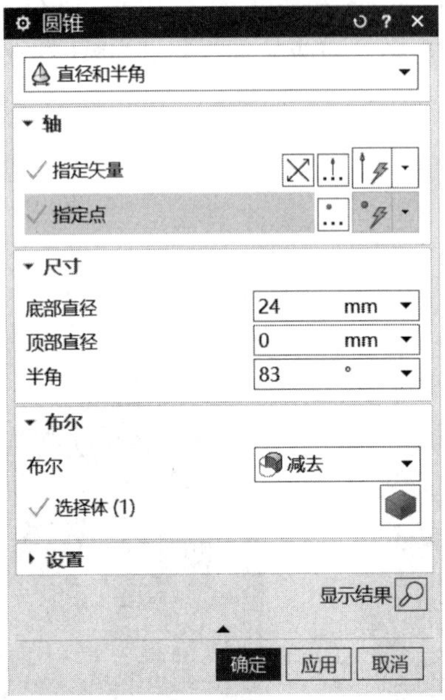

图 8-69 “圆锥”对话框

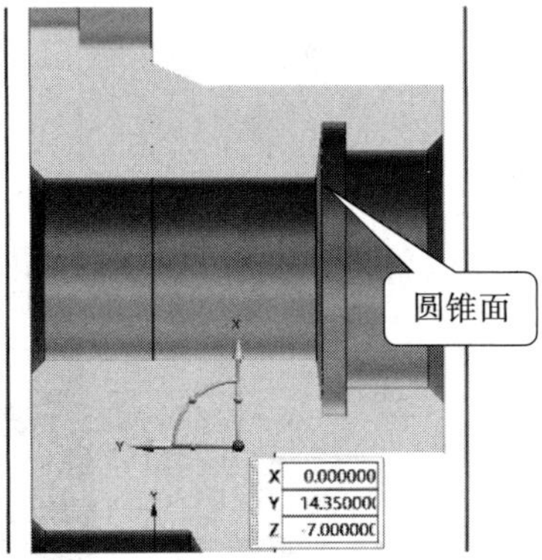

图 8-70 生成 7° 的圆锥面

（10）倒圆角。选择“边倒圆”命令，弹出“边倒圆”对话框，选择需要倒圆角的边，“形状”设置为“圆形”，“半径 1”设置为 2，如图 8-71 所示。单击“确定”按钮，后泵盖模型如图 8-72 所示。单击“保存”按钮，保存文件。

图 8-71 “边倒圆”对话框

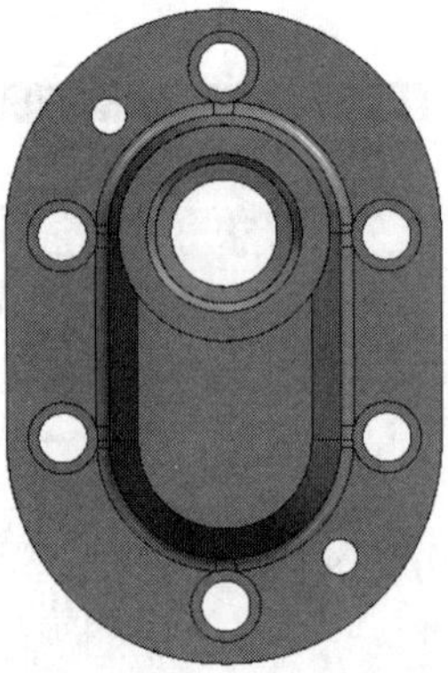

图 8-72 后泵盖模型

8.1.6　螺塞的设计

创建螺塞，其工程图如图 8-73 所示。

螺塞

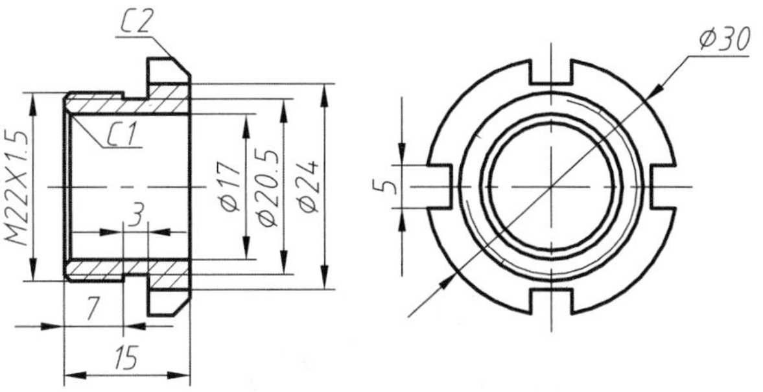

图 8-73　螺塞工程图

设计思路如下。

（1）根据工程图创建草图并拉伸求和。

（2）用“孔”命令打一个贯通孔。

（3）用“螺纹”命令在外圆柱面创建螺纹并倒斜角。

具体操作步骤如下。

（1）新建文件。选择“文件”|“新建”命令，或选择 NX 启动界面“主页”选项卡“标准”组中的“新建”命令，弹出“新建”对话框，在“模型”选项卡中选择“模型”模板，设置文件名为 8.1.6.prt，单击“确定”按钮，进入建模模块。

（2）创建草图曲线。选择“草图”命令，选择 *XY* 平面作为草图平面，进入草图模块。创建草图曲线并进行尺寸和形状约束，如图 8-74 所示。

（3）拉伸体。选择“基本”组中的“拉伸”命令，弹出“拉伸”对话框，选择步骤（2）绘制的外轮廓线，起始值设置为 0，终止值设置为 −5；选择 ϕ20.5 的圆，起始值设置为 0，终止值设置为 3；选择 ϕ22 的圆，起始值设置为 3，终止值设置为 10。单击“确定”按钮，生成拉伸实体，如图 8-75 所示。

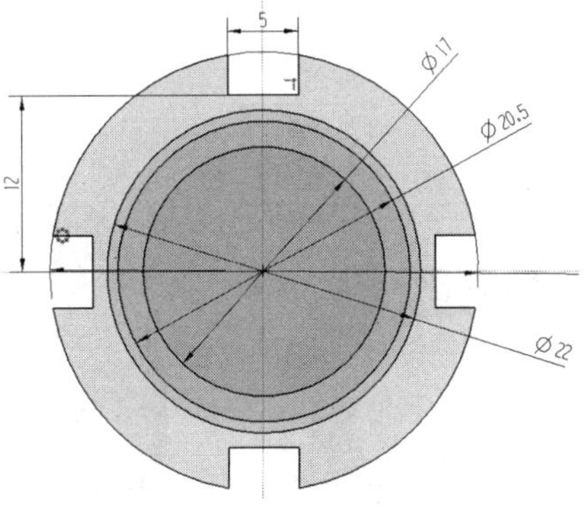

图 8-74　创建草图曲线

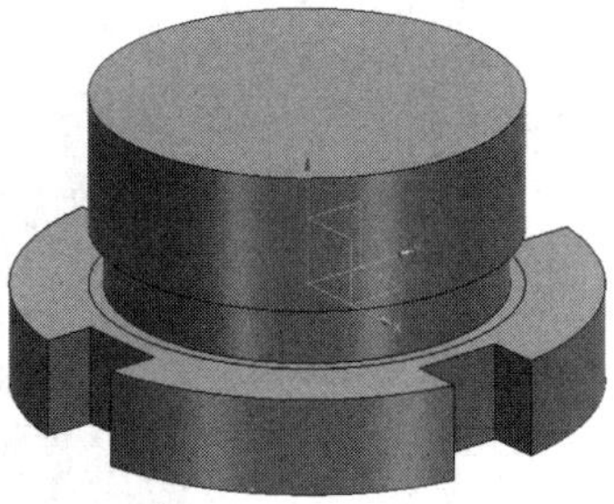

图 8-75　拉伸实体

（4）再次选择“基本”组中的“拉伸”命令，弹出“拉伸”对话框，选择 ϕ17 的圆，“限制”设置为“贯通”，“布尔”设置为“减去”，如图 8-76 所示。单击“确定”按钮，生成通孔，如图 8-77 所示。

（5）选择“倒斜角”命令，弹出“倒斜角”对话框，对底面外边缘和最高面的内、外边缘分别倒斜角，距离分别设置为 2、1、1，如图 8-78 所示。

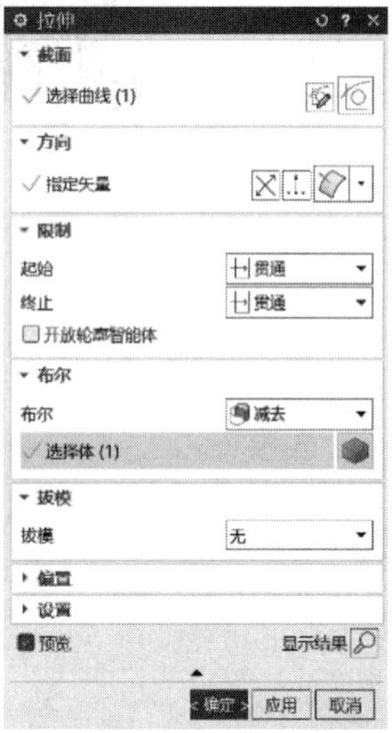

图 8-76 “拉伸”对话框

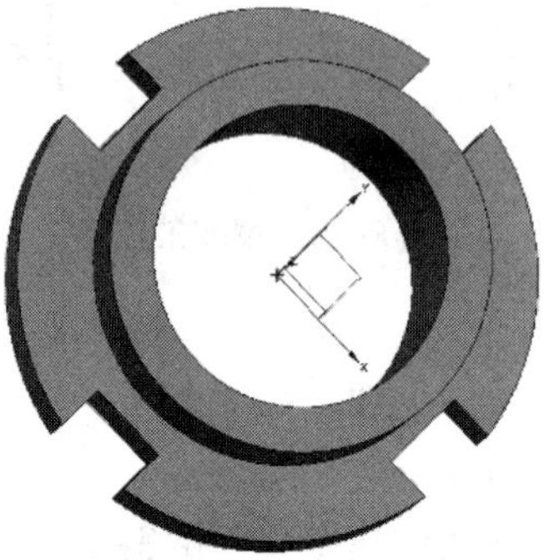

图 8-77 生成通孔后的实体

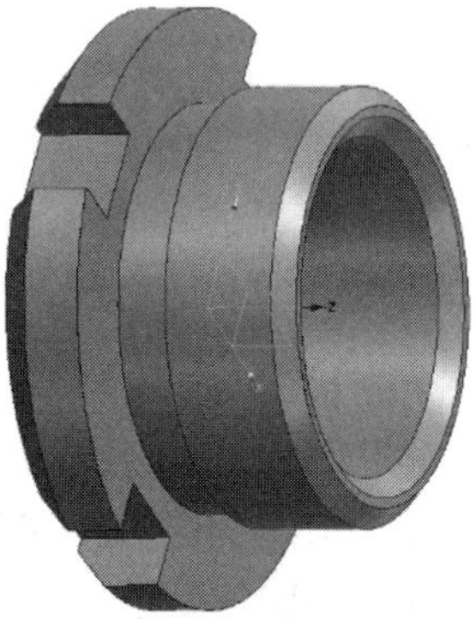

图 8-78 倒斜角

（6）选择“螺纹”命令，弹出“螺纹”对话框，如图 8-79 所示。使用“详细”方式，选择螺纹面，如图 8-80 所示，选择螺纹起始面，如图 8-81 所示，将“牙型”选项区域中的“输入”设置为“螺纹表”，“螺纹标准”设置为 GB193，“螺纹规格”设置为 M22×1.5，“限制”组中“螺纹长度”设置为 7。单击“确定”按钮，生成螺纹，如图 8-82 所示，完成螺塞的建模。单击“保存”按钮，保存文件。

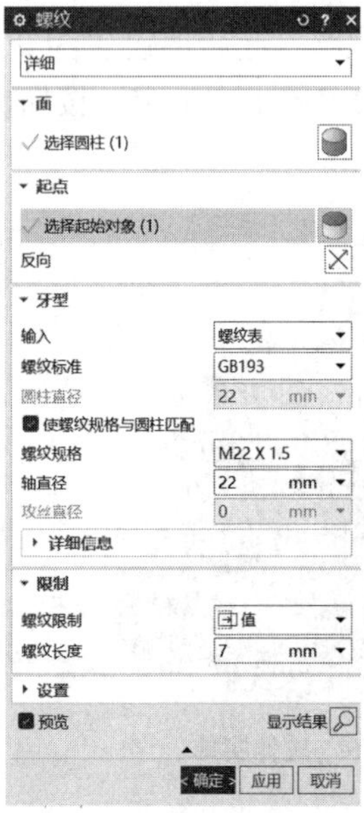

图 8-79 “螺纹”对话框

图 8-80 选择螺纹面

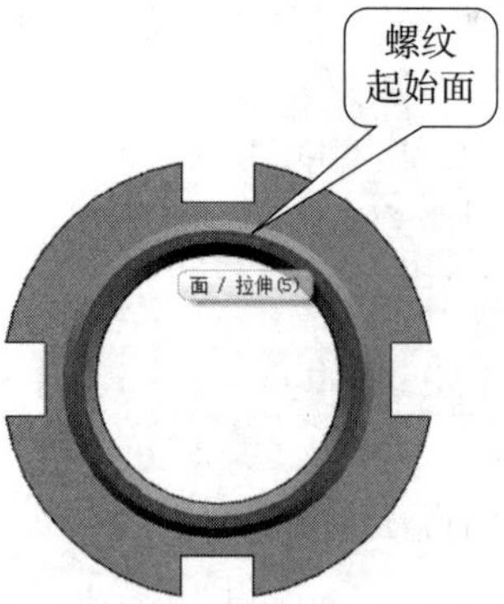

图 8-81 选择起始面

图 8-82 生成螺纹后的螺塞

8.1.7　装配建模

完成部件建模后，接下来将齿轮泵的 6 个零件装配成完整的齿轮泵，本节将介绍其装配的具体过程和方法。

齿轮泵装配

装配思路：创建一个文件夹将 6 个模型文件放入其中，在此文件夹中新建一个文件，然后将 6 个零件添加到装配图中并添加装配约束。

具体操作步骤如下。

（1）新建文件。选择“文件”|“新建”命令，或选择 NX 启动界面“主页”选项卡“标准”组中的“新建”命令，弹出“新建”对话框，在“模型”选项卡中选择“装配”模板，设置文件名为 zhuangpei.prt，单击“确定”按钮，进入装配模块。

（2）添加泵体。选择“添加组件”命令，弹出“添加组件”对话框，单击“打开”按钮，找到 8.1.3.prt 文件。“装配位置”设置为“绝对坐标系 - 工作部件”，其余选项采用系统默认值，如图 8-83 所示。

（3）单击“确定”按钮，弹出“创建固定约束”对话框，单击“是”按钮，如图 8-84 所示。

（4）添加前泵盖。选择“添加组件”命令，弹出“添加组件”对话框，单击“打开”按钮，找到 8.1.4.prt 文件。“装配位置”设置为“对齐”，将前泵盖放置到合适位置，其余选项采用系统默认值，如图 8-85 所示。

图 8-83　“添加组件”对话框 1

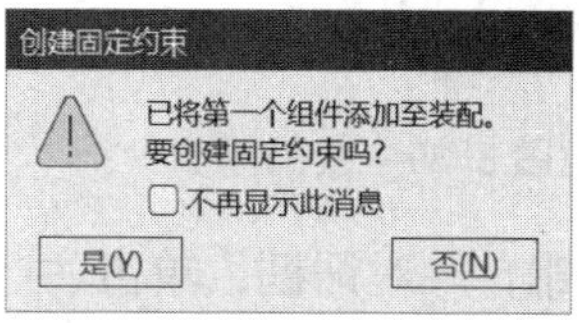

图 8-84　“创建固定约束”对话框

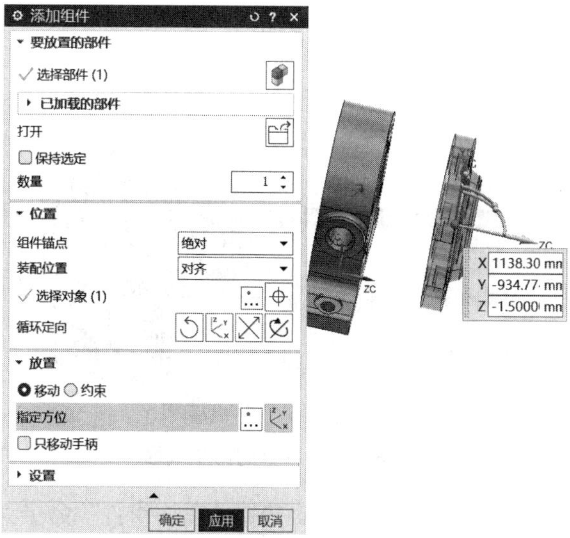

图 8-85　添加前泵盖

（5）选择“位置”组中的“接触”命令，依次选择泵体的一个端面和前泵盖端面（选择接触面时注意 $\phi 5$ 孔的位置应该对正），如图 8-86 所示，单击“应用”按钮。

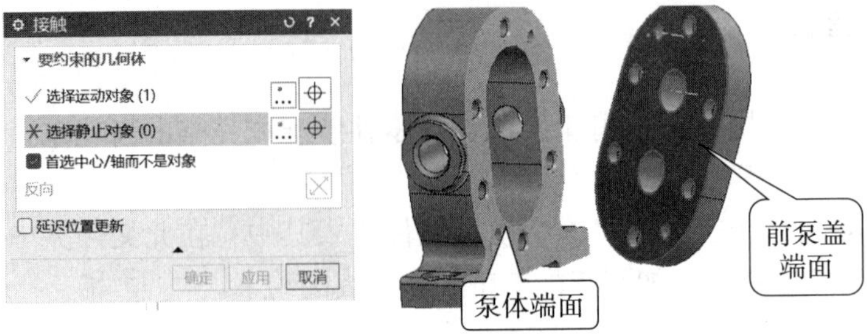

图 8-86　装配约束 1

（6）依次选择泵体上圆柱面和前泵盖上圆柱面，如图 8-87 所示，单击“确定”按钮。

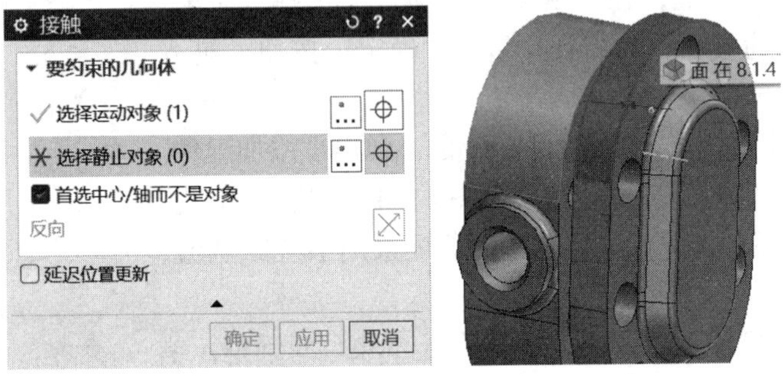

图 8-87　装配约束 2

（7）选择“位置”组中的“平行”命令，依次选择前泵盖一侧竖直的面（左右均可）和泵体进出油口的环形端面，如图 8-88 所示。单击“确定”按钮，完成前泵盖的装配，如图 8-89 所示。

图 8-88　选择平行的两个端面

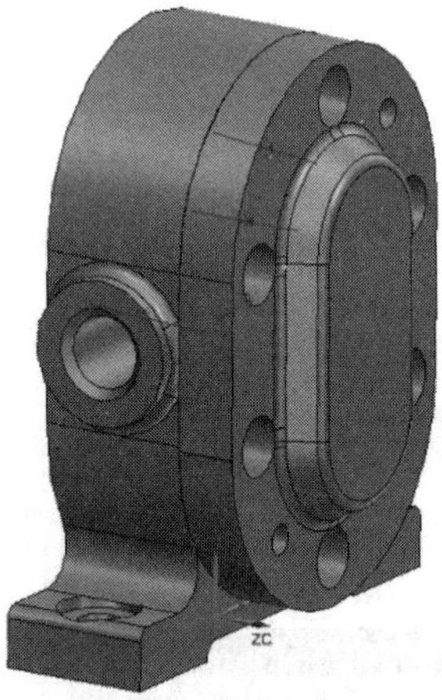

图 8-89　装配体 1

（8）添加主动齿轮轴。选择“添加组件”命令，弹出“添加组件”对话框，单击“打开”按钮，找到 8.1.1.prt 文件。“装配位置”设置为“对齐”，将主动齿轮轴放置到合适位置，其余选项采用系统默认值，如图 8-90 所示。

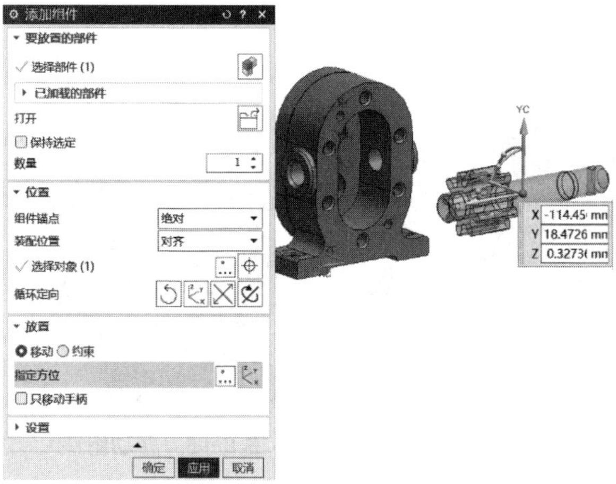

图 8-90　添加主动齿轮轴

（9）单击“确定”按钮，选择“位置”组中的“接触”命令，依次选择主动齿轮轴的中心轴和前泵盖上部内孔的中心轴，通过“移动组件”命令调整主动齿轮轴的位置，生成如图 8-91 所示的效果。

（10）选择“位置”组中的“接触”命令，依次选择主动齿轮轴与前泵盖的两个接触面，单击“确定”按钮，装配体如图 8-92 所示。

（11）重复步骤（8），选择 8.1.2.prt 文件，将从动齿轮轴调入，选择“位置”组中的“接触”命令，依次选择从动齿轮轴的中心轴和前泵盖下部内孔的中心轴，单击“应用”按钮。依次选择从动齿轮轴和前泵盖的两个接触面，单击“应用”按钮，再选择两个齿轮的接触面，单击“确定”按钮，装配体如图 8-93 所示。

图 8-91　装配约束 3

图 8-92　装配体 2

图 8-93　装配体 3

（12）添加后泵盖。选择“添加组件”命令，弹出“添加组件”对话框，单击“打开”按钮，找到 8.1.5.prt 文件。“装配位置”设置为“对齐”，将后泵盖放置到合适位置，其余选项采用系统默认值，如图 8-94 所示。

（13）单击“确定”按钮，选择“位置”组中的“接触”命令，依次选择泵体的另一个端面和后泵盖的端面，单击“确定”按钮。通过“移动组件”命令调整后泵盖的位置（注意 $\phi5$ 通孔位置应该对应），生成如图 8-95 所示的效果。

（14）选择“位置”组中的“接触”命令，依次选择泵体和后泵盖对应 $\phi5$ 孔的中心线，单击“确定”按钮，如图 8-96 所示。

图 8-94　添加后泵盖

图 8-95　移动组件

图 8-96　装配约束 4

（15）选择“位置”组中的“平行”命令，依次选择后泵盖一侧竖直的面（左右均可）和泵体进出油口的环形端面，如图 8-97 所示，单击“确定”按钮，完成后泵盖的装配，如图 8-98 所示。

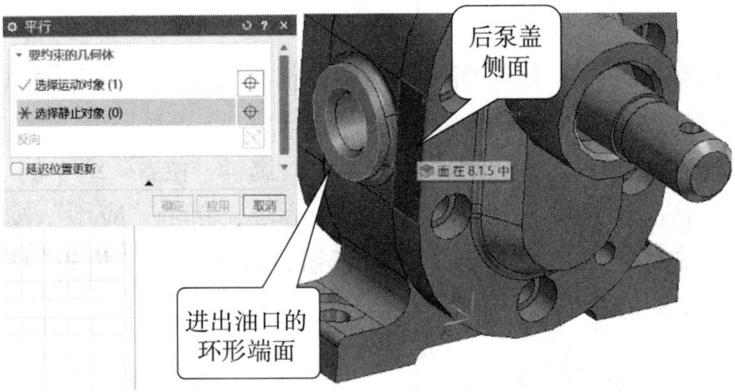

图 8-97　装配约束 5

图 8-98　装配体 4

（16）添加螺塞。选择“添加组件”命令，弹出“添加组件”对话框，单击“打开”按钮，找到 8.1.6.prt 文件。“装配位置”设置为“对齐”，将螺塞放置到合适位置，其余选项采用系统默认值，如图 8-99 所示。

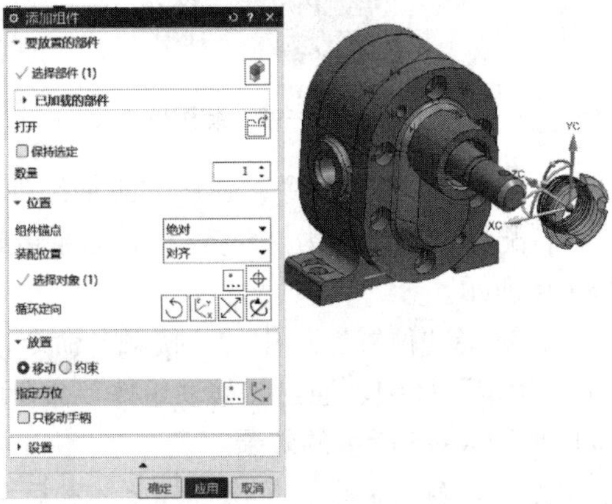

图 8-99　添加螺塞

（17）单击“确定”按钮，选择“位置”组中的“接触”命令，依次选择主动齿轮轴的任一圆柱面和螺塞内孔的圆柱面，可通过单击“反向”按钮更改方向，单击“应用”按钮，如图 8-100 所示。

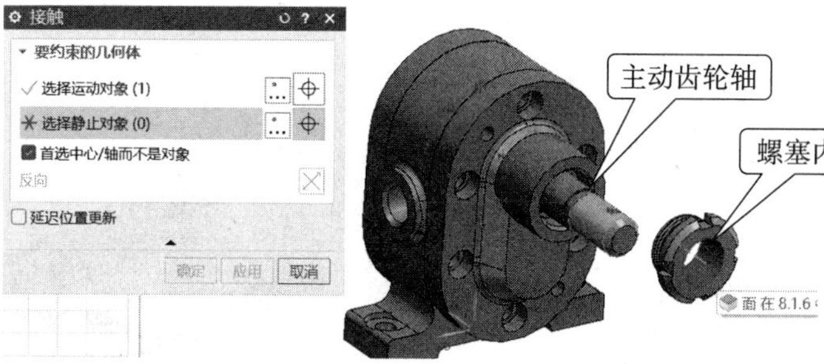

图 8-100　装配约束 6

（18）依次选择螺塞和后泵盖的环形端面，如图 8-101 所示，单击“确定”按钮，完成整体装配。

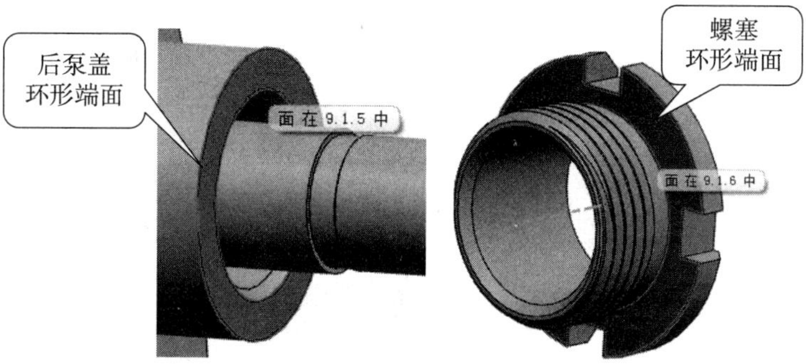

图 8-101　选择接触面

（19）打开资源条中的“装配导航器”面板，如图 8-102 所示。右击“约束”节点，在快捷菜单中取消勾选“在图形中显示约束”命令，生成最终的齿轮泵装配体，如图 8-103 所示。单击“保存”按钮，保存文件。

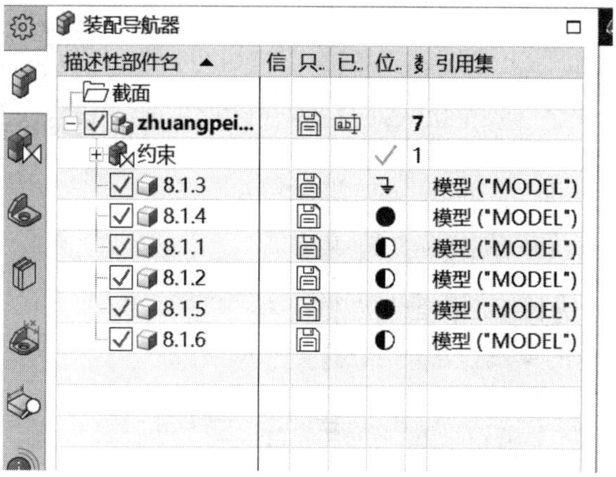

图 8-102　“装配导航器”面板

图 8-103　齿轮泵装配体

8.2 实训二：核桃夹

核桃夹

1. 设计要求

使用“草图”“扫掠”“拉伸”等命令，绘制如图 8-104 所示的核桃夹。

2. 设计思路

（1）完成核桃夹体的曲面设计，如图 8-105 所示。

（2）完成核桃夹体 1 和夹体 2 的设计，如图 8-106、图 8-107、图 8-108 所示。

（3）完成铆钉的设计，如图 8-109 所示。

（4）装配，如图 8-110 所示。

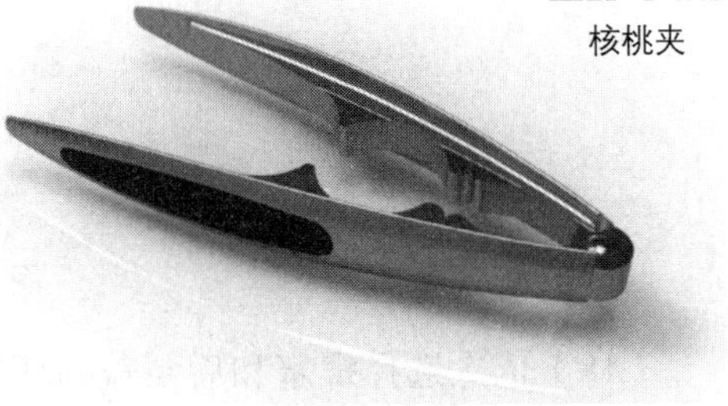

图 8-104　核桃夹

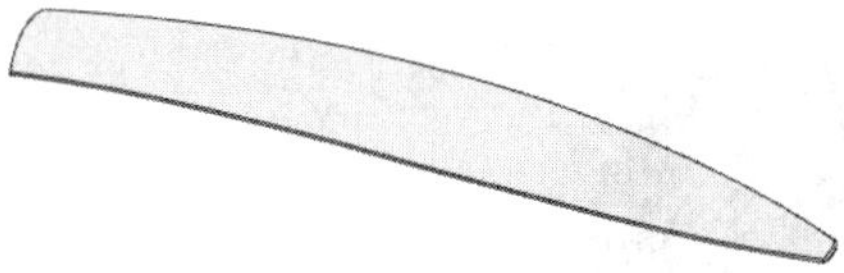

图 8-105　核桃夹体的曲面设计

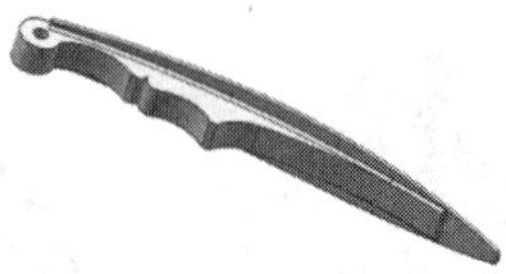

图 8-106　核桃夹体的设计

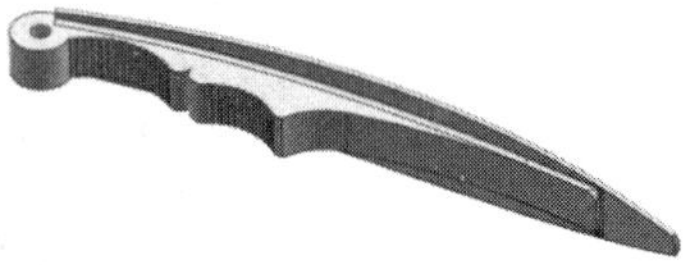

图 8-107　细节修饰

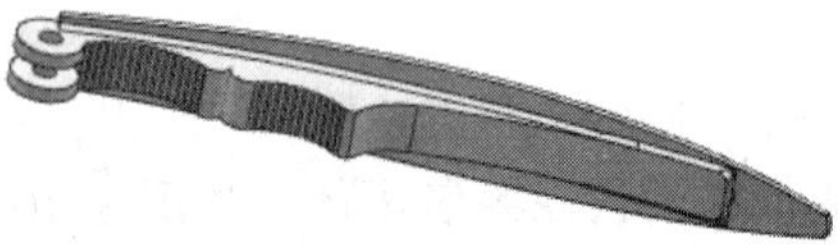

图 8-108　夹体 1 和夹体 2 的连接部位的设计

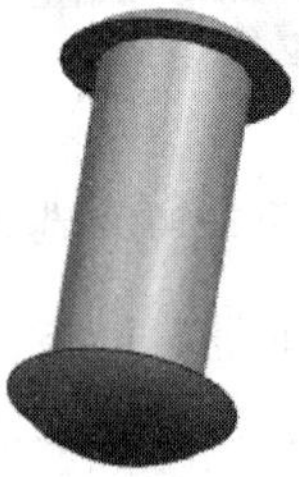

图 8-109　铆钉的设计

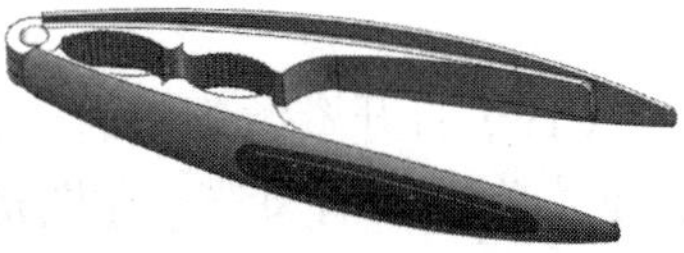

图 8-110　装配

8.2.1　核桃夹体的设计

核桃夹体 1 的设计

1. 新建文件

选择“文件”|“新建”命令，新建 8.2.1.a.prt 文件。

2. 核桃夹体的曲面设计

（1）绘制草图。选择“草图”命令，选择 *ZY* 平面作为草绘的基准平面，绘制如图 8-111 所示的草图。

（2）绘制草图。选择“草图”命令，使用“基于路径”方式，选择步骤（1）绘制的草图作为路径，在“弧长百分比”文本框中输入 15，如图 8-112 所示，单击“确定”按钮，绘制如图 8-113 所示的草图 2。

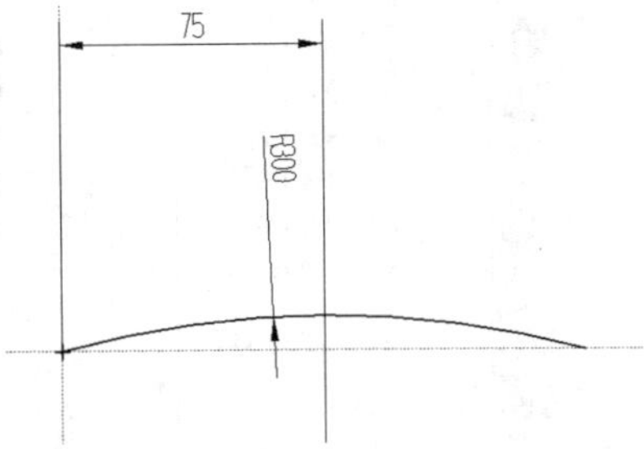

图 8-111　草图 1

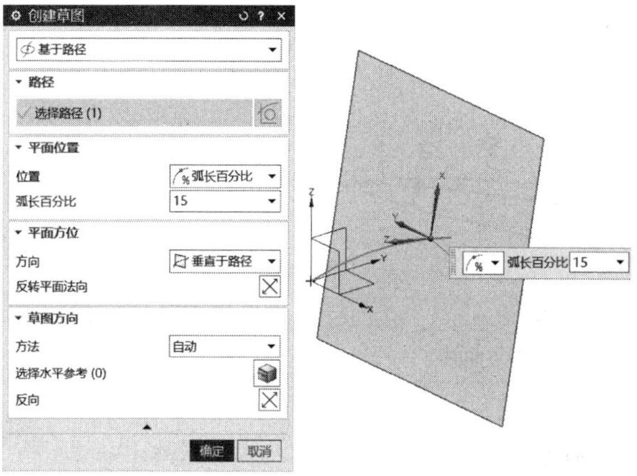

图 8-112　绘制草图

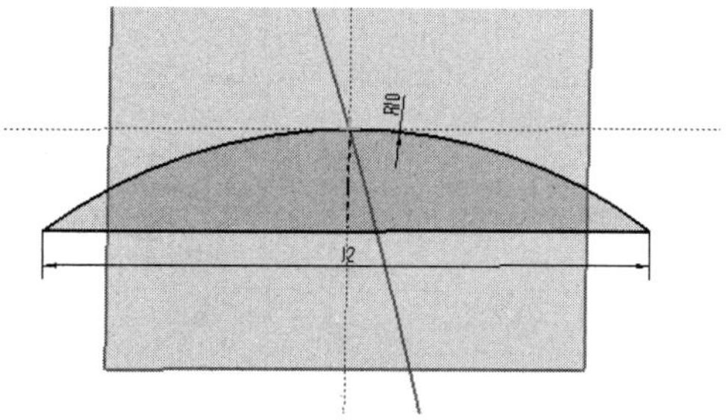

图 8-113　草图 2

（3）同步骤（2），在草图 1 的弧长百分比为 50 和 100 的位置分别绘制如图 8-114 和图 8-115 所示的草图 3、草图 4。

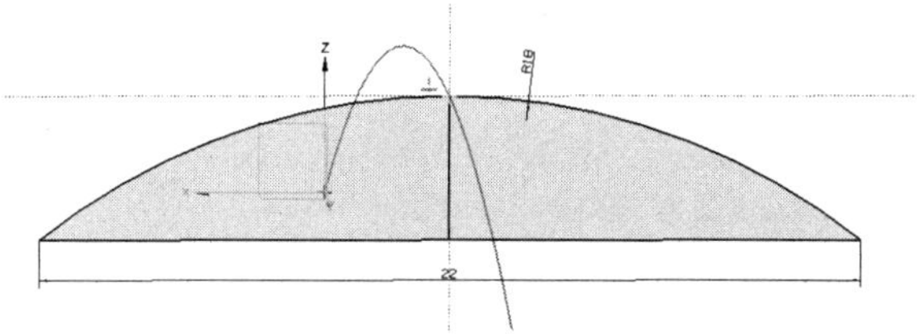

图 8-114　草图 3

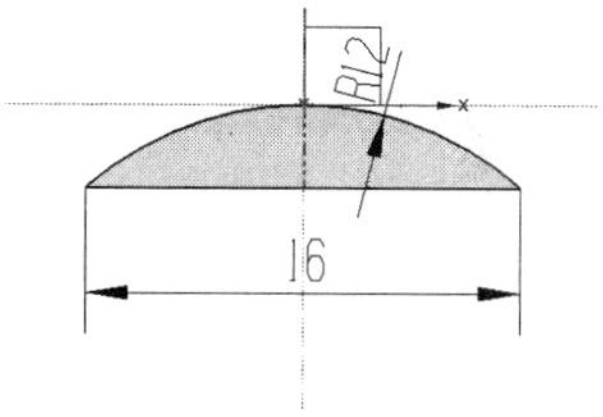

图 8-115　草图 4

（4）绘制样条曲线。选择“曲线”选项卡中的“艺术样条”命令，打开“艺术样条”对话框，如图 8-116 所示。使用“通过点”方式，在“点位置”组中选择样条曲线的 4 个点，单击“确定”按钮，得到的样条曲线如图 8-117 所示。

图 8-116　“艺术样条”对话框

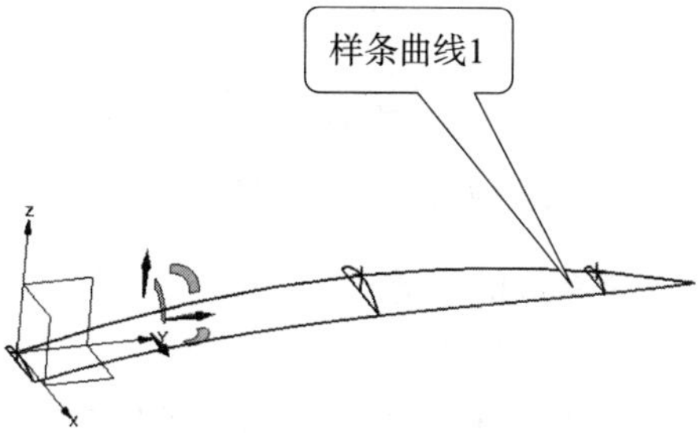

图 8-117　样条曲线 1

（5）同步骤（4），绘制另外一侧的样条曲线，如图 8-118 所示。

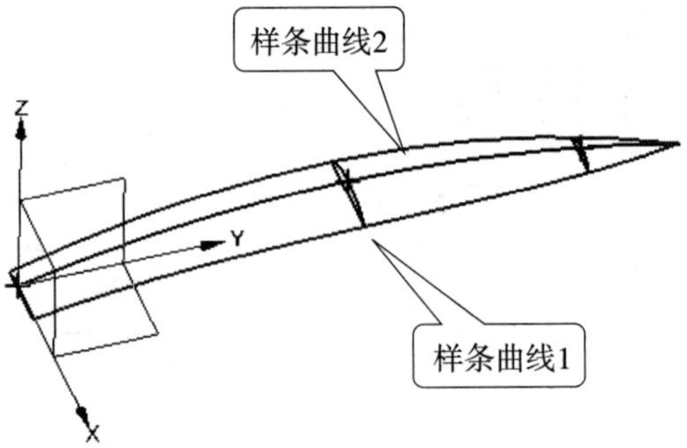

图 8-118　绘制样条曲线 2

（6）创建通过曲线网格的片体。选择“菜单”|“插入”|“网格曲面”|“通过曲线网格”命令，打开“通过曲线网格”对话框，如图 8-119 所示。在“主曲线”组中选择草图 2、草图 3、草图 4 上的圆弧和草图 1 的右端点，在“交叉曲线”组中依次选择样条曲线 1、样条曲线 2 和草图 1，其他为系统默认值，单击“确定”按钮，得到如图 8-120 所示的片体图形。

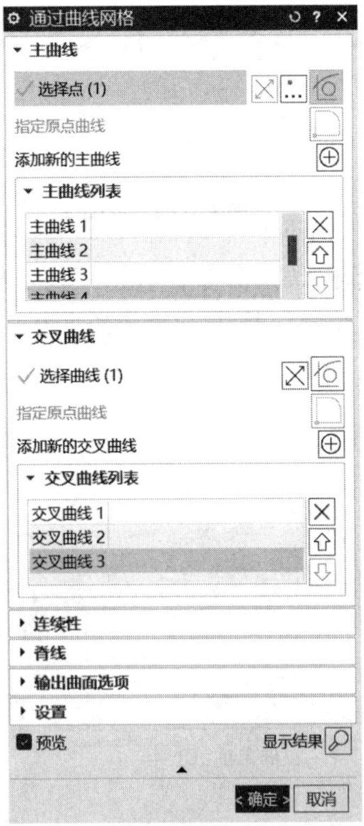

图 8-119　“通过曲线网格”对话框

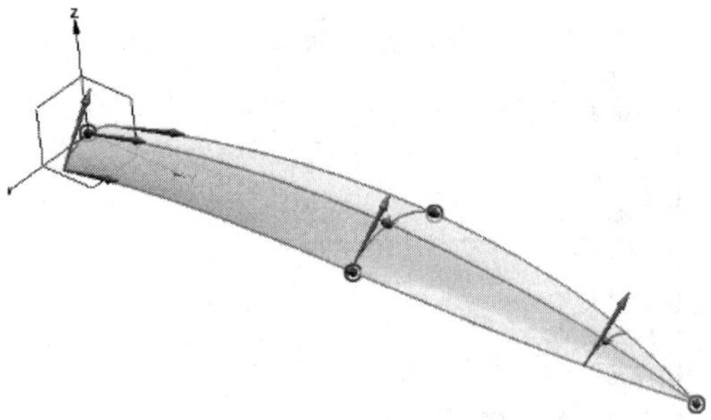

图 8-120　片体图形

3. 核桃夹体的设计

（1）绘制 N 边曲面。选择“菜单”|“插入”|“网格曲面”|“N 边曲面”命令，打开“N 边曲面”对话框，在“外环”组中选择草图 4 的直线和样条曲线，在“设置”组中勾选“修剪到边界”复选框，单击“确定”按钮，得到如图 8-121 所示的 N 边曲面。

（2）绘制有界平面。选择“菜单”|“插入”|“曲面”|“有界平面”命令，打开“有界平面”对话框，如图 8-122 所示，在“平截面”组中选择草图 1 的曲线，单击“确定”按钮，得到如图 8-123 所示的有界平面。

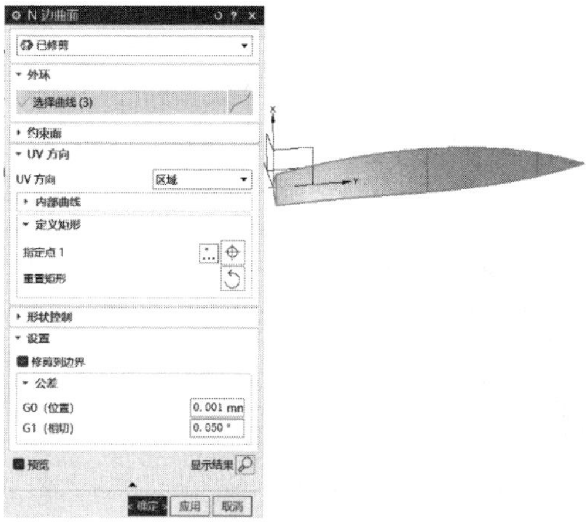

图 8-121　N 边曲面

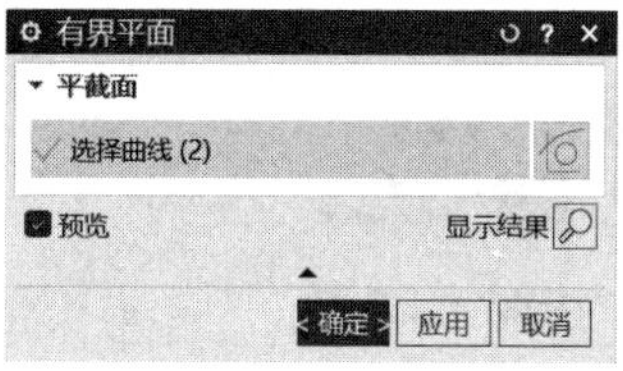

图 8-122　“有界平面”对话框

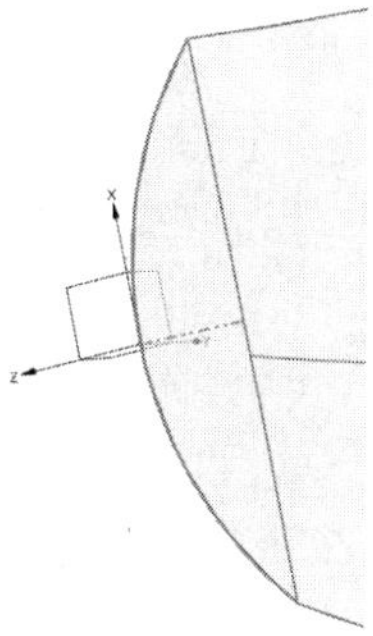

图 8-123　有界平面

（3）缝合。选择“菜单”|“插入”|“组合”|“缝合”命令，打开“缝合”对话框，如图 8-124 所示。使用“片体”方式，在“目标”和“工具”组中选择当前创建的 3 个片体，单击“确定”按钮，得到如图 8-125 所示的实体。

图 8-124　“缝合”对话框

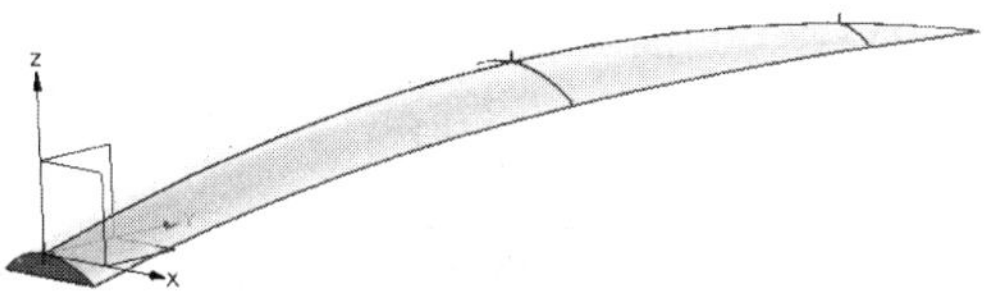

图 8-125　缝合生成的实体

（4）绘制草图。选择“草图”命令，选择 *XY* 平面作为草绘的基准平面，绘制如图 8-126 所示的草图。

（5）拉伸。选择“基本”组中的“拉伸”命令，打开“拉伸”对话框，如图 8-127 所示。选择草图 5 作为“截面”，“方向”设置为 *Z* 轴正方向，在“限制”组中“起始”、“终止”都设置为“值”，输入对应的“距离”分别为 0 及 50，“布尔”设置为“减去”，选择缝合实体为求差的对象，单击“确定”按钮，得到如图 8-128 所示的拉伸图形。

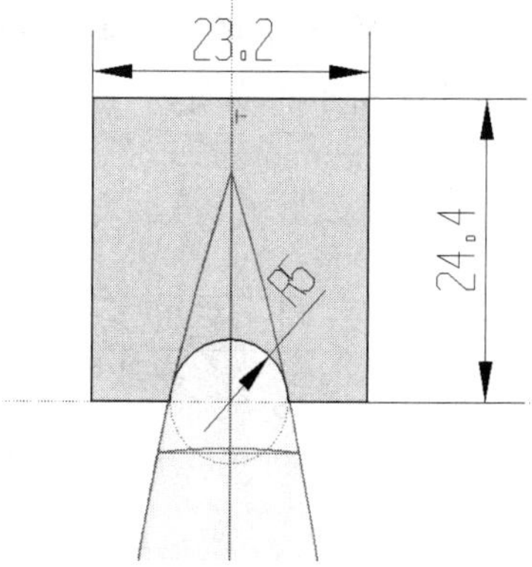

图 8-126　草图 5

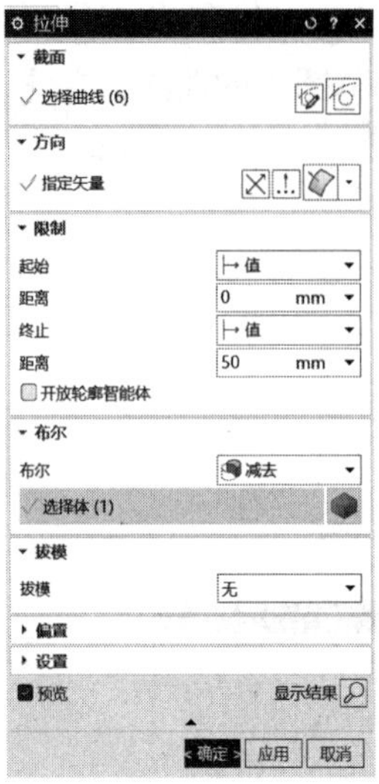

图 8-127 “拉伸”对话框

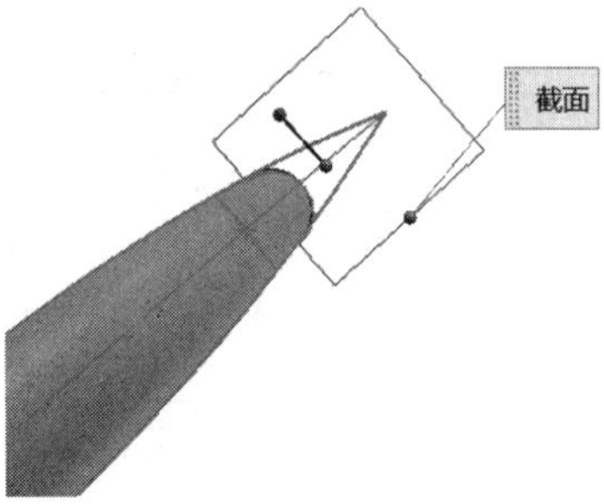

图 8-128 拉伸图形

（6）边倒圆。选择“基本”组中的“边倒圆”命令，打开“边倒圆”对话框，如图 8-129 所示。“形状”设置为“圆形”，在“半径 1”文本框中输入 0.5，单击“确定”按钮，得到如图 8-130 所示的边倒圆图形。

图 8-129 “边倒圆”对话框 1

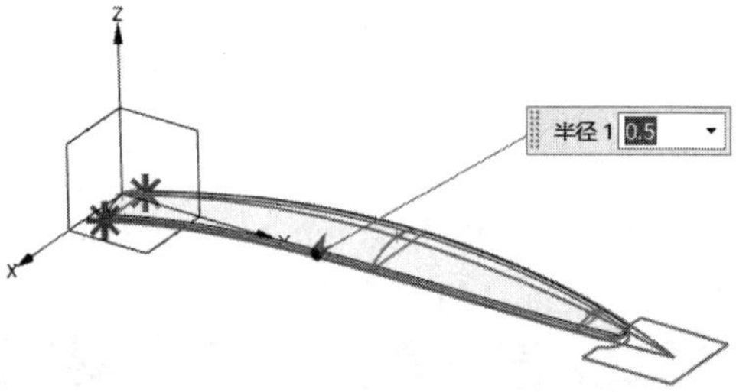

图 8-130 边倒圆图形

（7）绘制草图。选择“草图”命令，选择 *ZY* 平面作为草绘的基准平面，绘制如图 8-131 所示的草图。

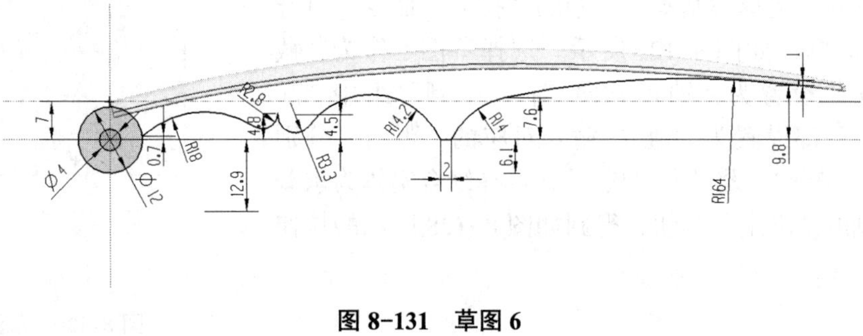

图 8-131 草图 6

（8）拉伸。选择“基本”组中的“拉伸”命令，打开“拉伸”对话框。选择草图 6 作为“截面”，“方向”设置为 X 轴方向，在“限制”组中“宽度”设置为“对称值”，输入对应的“距离”为 9，“布尔”设置为“合并”，选择之前的实体为求和的对象，单击“确定”按钮，如图 8-132 所示。

（9）边倒圆。选择“基本”组中的“边倒圆”命令，打开“边倒圆”对话框，“形状”设置为“圆形”，在“半径”文本框中输入 1，单击“确定”按钮，如图 8-133 所示。

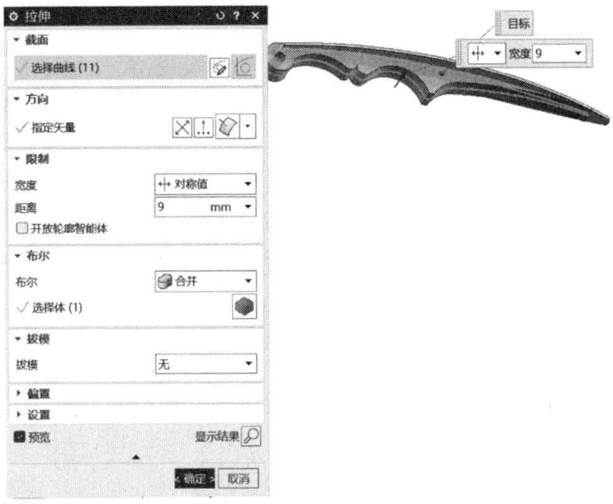

图 8-132 “拉伸”对话框及其结果 1

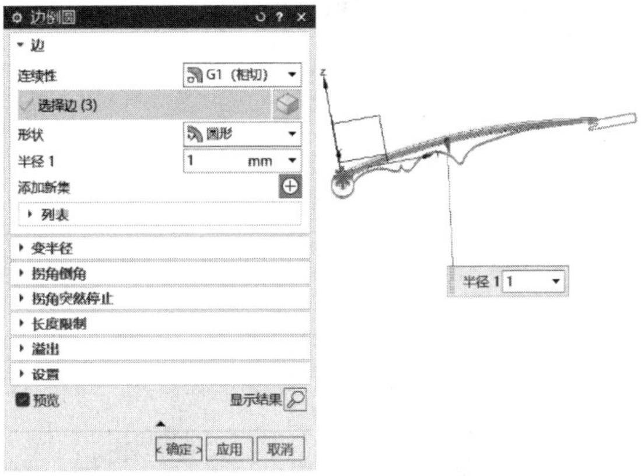

图 8-133 “边倒圆”对话框及其结果

（10）绘制草图。选择“草图”命令，选择 ZY 平面作为草绘的基准平面，绘制如图 8-134 所示的草图。

（11）拉伸。选择“基本”组中的“拉伸”命令，打开“拉伸”对话框，选择草图 7 作为“截面”，在“限制”组中起始“距离”设置为 -10，终止“距离”设置为 10，“布尔”设置为“减去”，选择之前的实体为求差的对象，单击“确定”按钮，如图 8-135 所示。

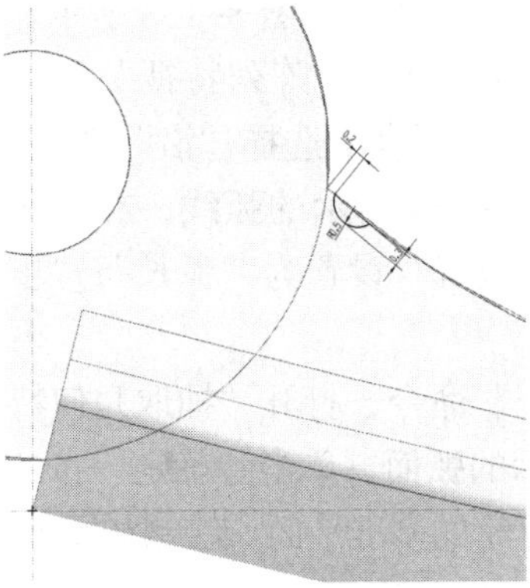

图 8-134 草图 7

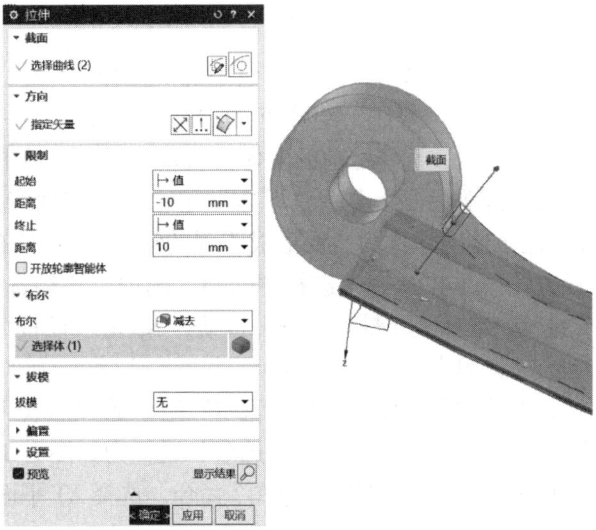

图 8-135 “拉伸”对话框及其结果 2

（12）阵列特征。选择“基本”组中的“阵列特征”命令，打开“阵列特征”对话框。

选择上述拉伸实体作为“要形成阵列的特征”，在“布局”下拉列表中选择“沿”选项，在“路径方法”下拉列表中选择“刚性”选项，路径选择如图 8-136 所示的弧线，在“间距”下拉列表中选择“数量和间隔”选项，“数量”设置为 15，“位置”设置为“弧长”，“步距”设置为 1.5，单击“确定”按钮。

（13）绘制草图。选择“草图”命令，选择 *ZY* 平面作为草绘的基准平面，绘制如图 8-137 所示的草图。

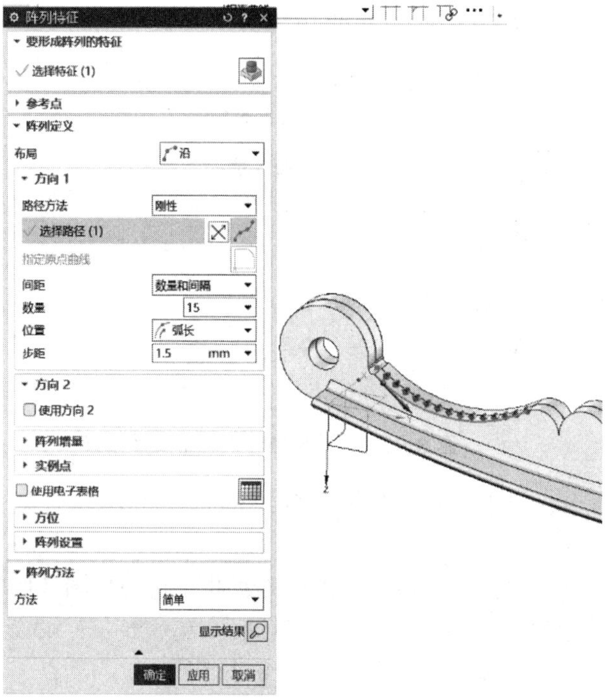

图 8-136 “阵列特征”对话框及其结果 1

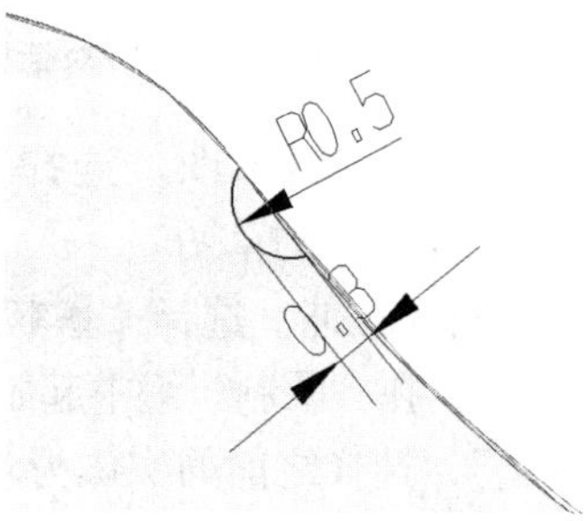

图 8-137 草图 8

（14）拉伸。选择“基本”组中的“拉伸”命令，打开“拉伸”对话框，选择草图 8 作为“截面”，在“限制”组中起始“距离”设置为 -10，终止“距离”设置为 10，“布尔”设置为“减去”，选择之前的实体为求差的对象，单击“确定”按钮，如图 8-138 所示。

（15）阵列特征。选择“基本”组中的“阵列特征”命令，打开“阵列特征”对话框。选择上述拉伸实体作为“要形成阵列的特征”，在“布局”下拉列表中选择“沿”选项，在“路径方法”下拉列表中选择“刚性”选项，路径选择如图 8-139 所示的弧线，在“间距”下拉列表中选择“数量和间隔”选项，“数量”设置为 18，“位置”设置为“弧长”，“步距”设置为 1.5，单击“确定”按钮。

（16）抽取几何体。选择“基本”组中的“抽取几何特征”命令，打开“抽取几何特征”对话框。使用“面”方式，“面选项”设置为如图 8-140 所示的弧面，单击“确定”按钮。

（17）绘制草图。选择“草图”命令，选择 *XY* 平面作为草绘的基准平面，绘制如图 8-141 所示的草图。

（18）修剪片体。选择“曲面”选项卡“组合”组中的“修剪片体”命令，打开“修剪片体”对话框。“目标”设置为抽取的片体，“边界”设置为步骤（17）绘制的草图 9，在

“投影方向”下拉列表中选择“沿矢量”，“指定矢量”设置为 Z 轴，在“区域”组选中“放弃”单选按钮，单击“确定”按钮，如图 8-142 所示。

（19）加厚。选择“曲面”选项卡“基本”组中的“加厚”命令，打开“加厚”对话框。在“面”组中选择修剪的片体，在“厚度”组中，“偏置 1”设置为 2，“偏置 2”设置为 0，单击“确定”按钮，如图 8-143 所示。

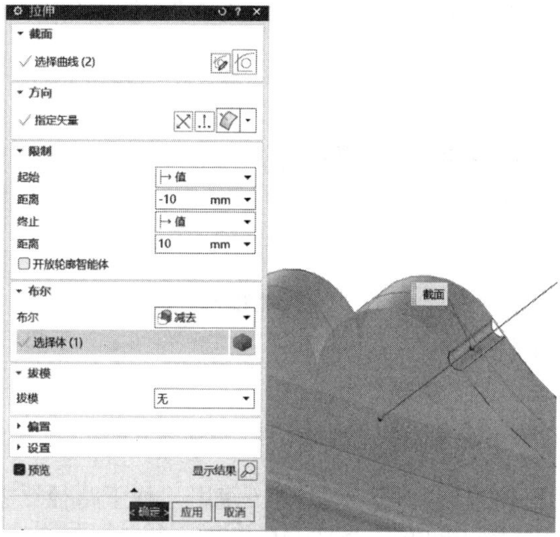

图 8-138 “拉伸”对话框及其结果 3

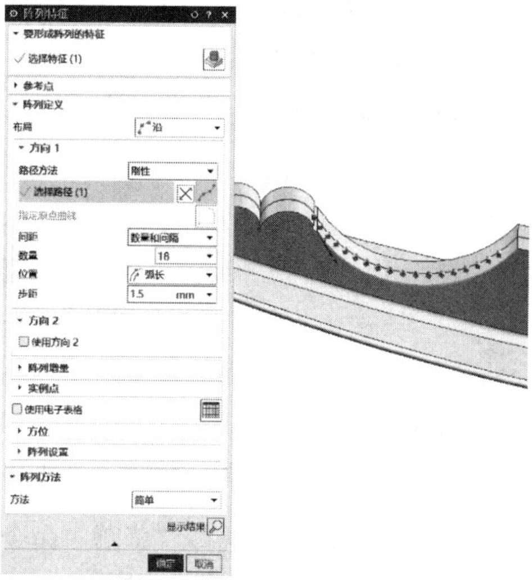

图 8-139 “阵列特征”对话框及其结果 2

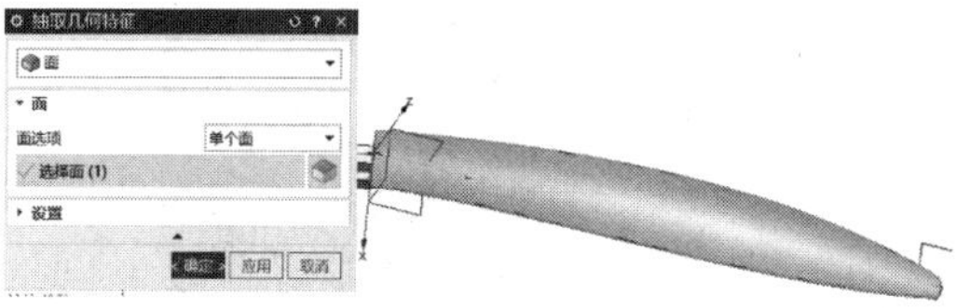

图 8-140 “抽取几何特征”对话框及其结果

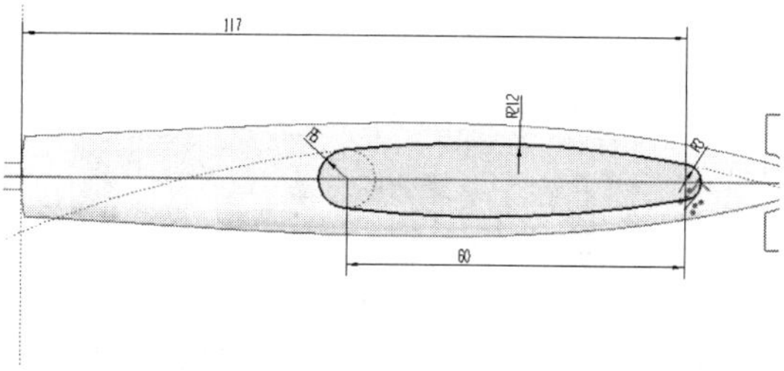

图 8-141 草图 9

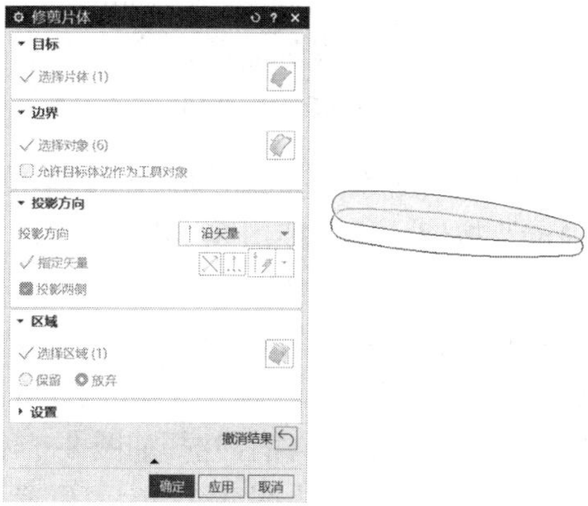

图 8-142 “修剪片体”对话框及其结果

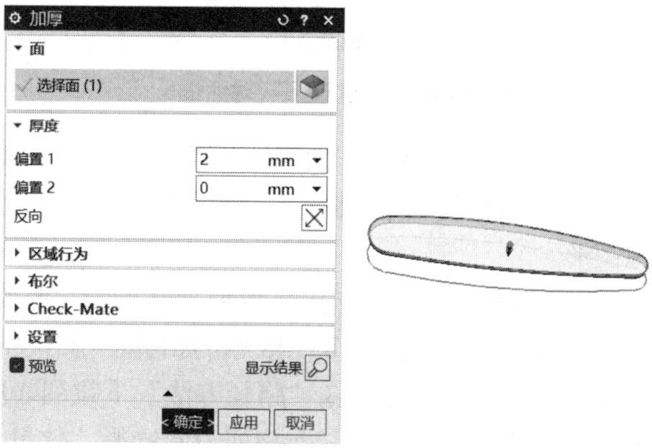

图 8-143 “加厚”对话框及其结果

（20）创建基准平面。选择“菜单”|“插入”|“基准”|“基准平面”命令，打开“基准平面”对话框。使用“曲线上”方式，在“曲线”组中选择草图 9 的曲线，在“位置”下拉列表中选择“弧长百分比”选项，“弧长百分比”设置为 38（注意方向），在“曲线上的方位”组中将“方向”设置为“垂直于路径”，如图 8-144 所示。

（21）创建相交曲线。选择“曲线”选项卡“派生”组中的“相交曲线”命令，打开“相交曲线”对话框。在“第一组”组中选择刚创建的基准平面，在“第二组”组中选择加厚的实体，如图 8-145 所示。

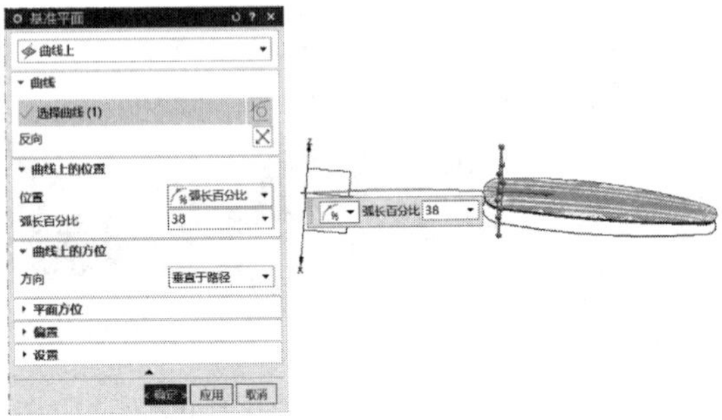

图 8-144 “基准平面”对话框及其结果

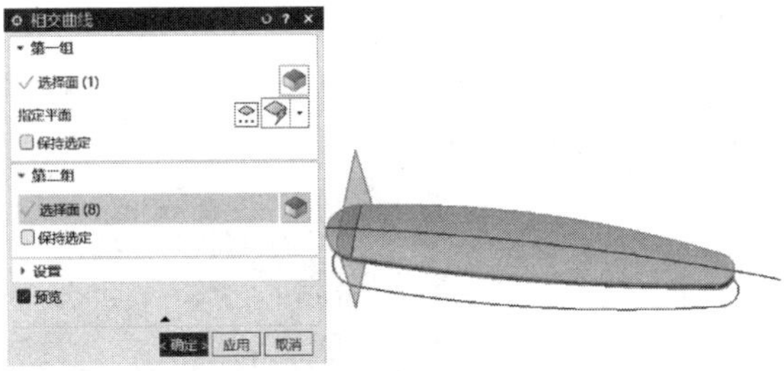

图 8-145 “相交曲线”对话框及其结果

（22）绘制草图。选择“草图”命令，打开“创建草图”对话框，使用“基于路径”方式，“路径”选择相交曲线，如图 8-146 所示，绘制如图 8-147 所示的草图。

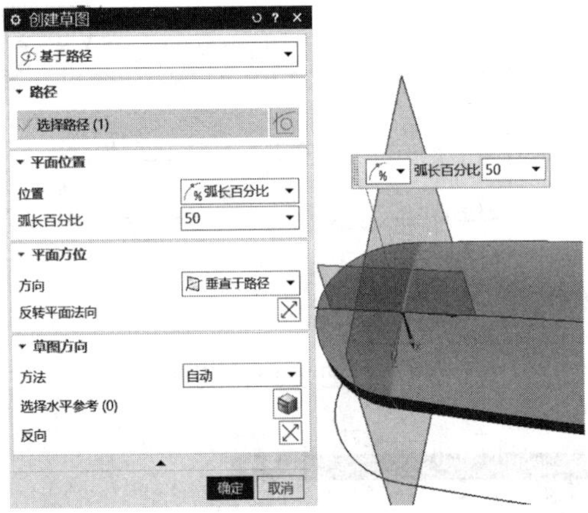

图 8-146 “创建草图”对话框

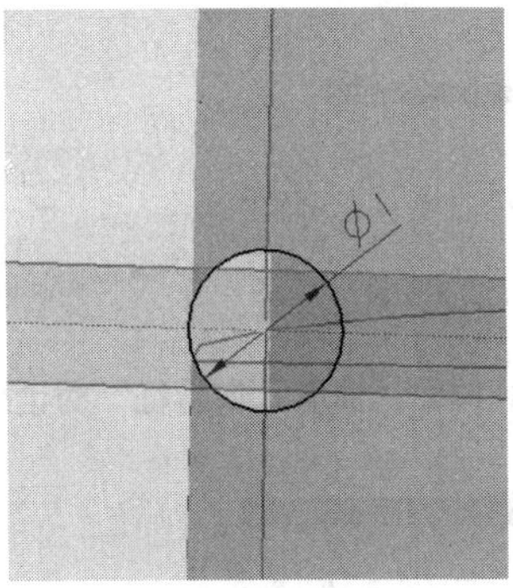

图 8-147 草图 10

（23）扫掠。选择“曲面”选项卡“基本”组中的“扫掠”命令，选择刚创建的草图 10 作为“截面”，相交曲线作为“引导线”，单击“确定”按钮，得到如图 8-148 所示的扫掠图形。

（24）阵列特征。选择“主页”选项卡“基本”组中的“阵列特征”命令，打开“阵列特征”对话框。选择图 8-148 中的扫掠图形作为“要形成阵列的特征”，在“布局”下拉列表中选择“沿”选项，在“路径方法”下拉列表中选择“刚性”选项，路径选择如图 8-149 所示的弧线，在“间距”下拉列表中选择“数量和跨距”选项，“数量”设置为 70，“位置”设置为“弧长百分比”，“跨距百分比”设置为 38，单击“确定”按钮。

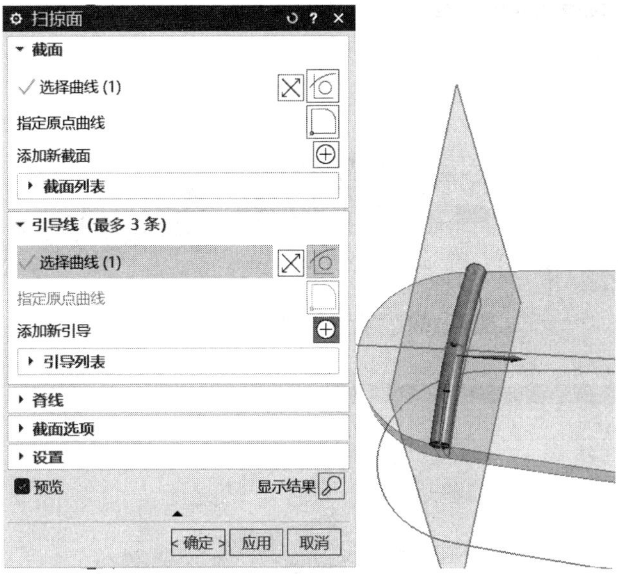

图 8-148　“扫掠面”对话框及其结果

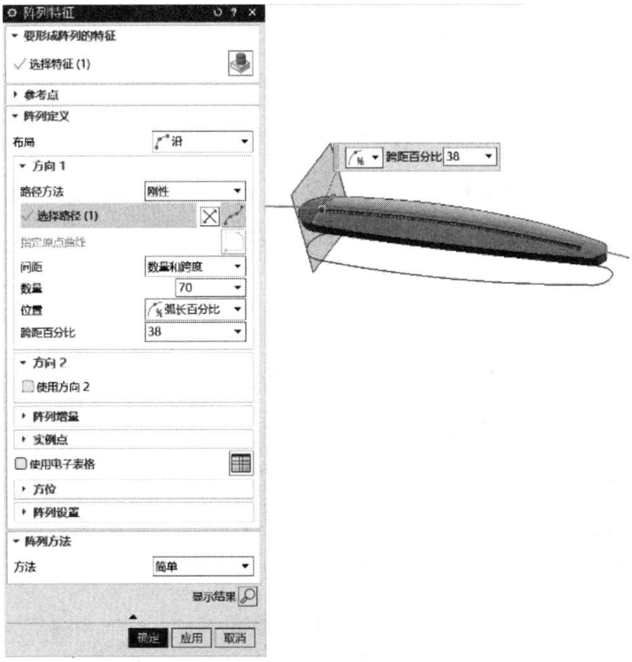

图 8-149　“阵列特征”对话框

（25）合并。选择“主页”选项卡“基本”组中的“合并”命令，按图 8-150 所示进行设置，单击“确定”按钮。

（26）创建相交曲线。选择“曲线”选项卡“派生”组中的“偏置曲线”命令，打开“偏置曲线”对话框。偏置类型选择“距离”方式，在“曲线”组中选择如图 8-151 所示的曲线，在“偏置”组的“距离”文本框中输入 2，单击“确定”按钮，得到内侧曲线，如图 8-151 所示。

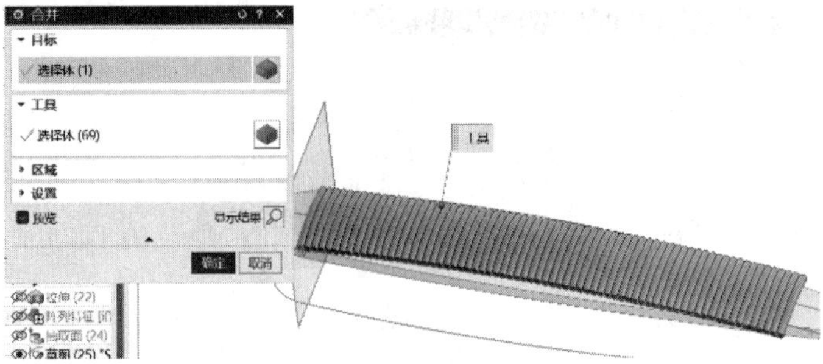

图 8-150 “合并”对话框及其结果 1

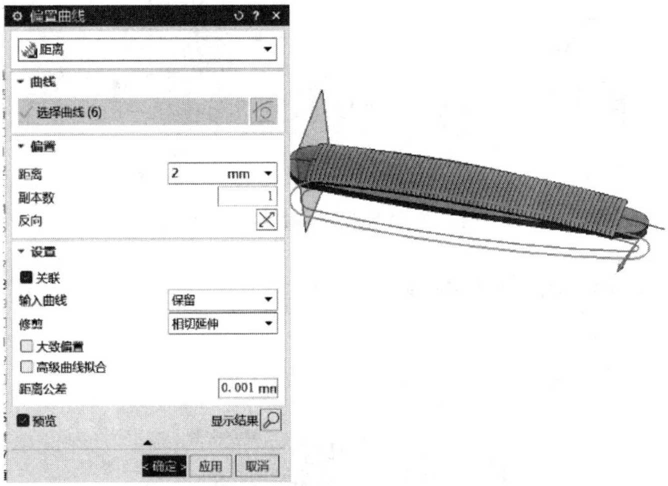

图 8-151 “偏置曲线”对话框及其结果

（27）拉伸。选择“主页”选项卡“基本”组中的“拉伸”命令，打开“拉伸”对话框。选择偏置的内侧曲线作为“截面”，“限制”组中结束“距离”设置为 15，“布尔”设置为“相交”，选择阵列合并的实体为求交的对象，单击“确定”按钮，如图 8-152 所示。

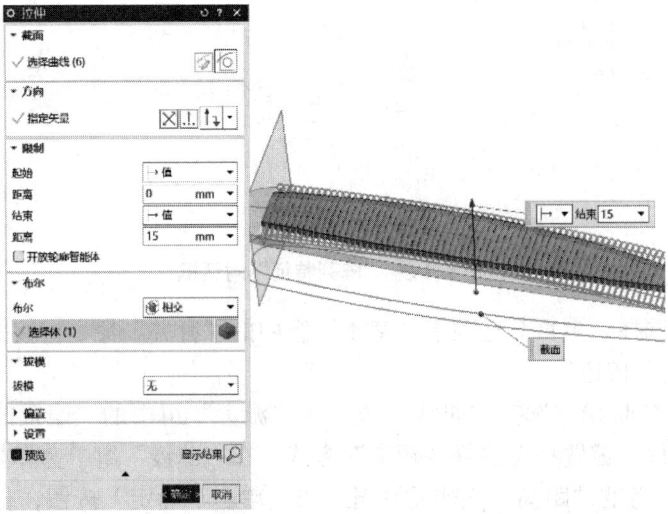

图 8-152 “拉伸”对话框

（28）合并。选择“主页”选项卡“基本”组中的“合并”命令，打开“合并”对话框，其设置如图 8–153 所示。

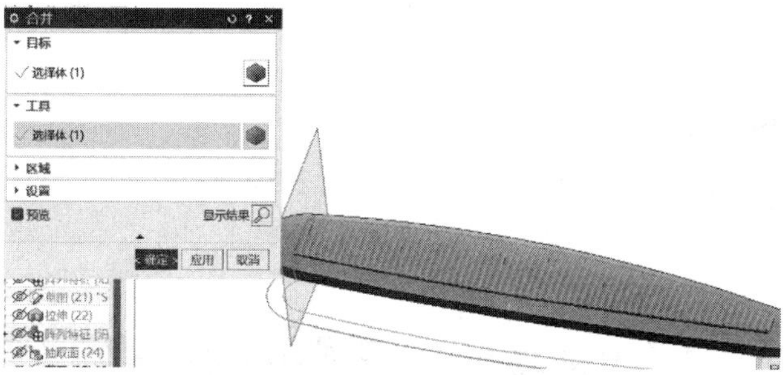

图 8–153　“合并”对话框及其结果 2

（29）边倒圆。选择“主页”选项卡“基本”组中的“边倒圆”命令，打开“边倒圆”对话框，选择如图 8–154 所示的边，在“半径”文本框中输入 0.5，单击“确定”按钮。

（30）减去。选择“主页”选项卡“基本”组中的“减去”命令，在“目标”组中选择夹体，在“工具”组中选择如图 8–155 所示的实体，并在“设置”组中勾选“保存工具”复选框，单击“确定”按钮。

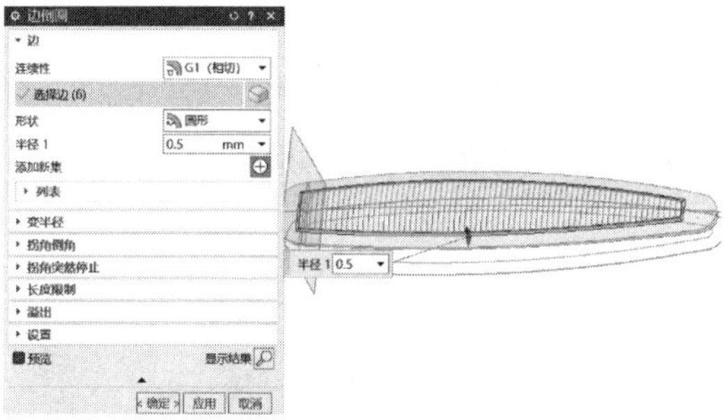

图 8–154　“边倒圆”对话框及其结果 3

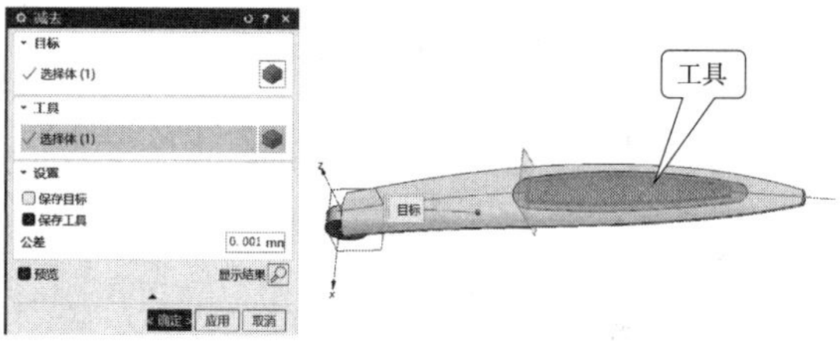

图 8–155　“减去”对话框

（31）拉伸。选择“主页”选项卡“基本”组中的“拉伸”命令，打开“拉伸”对话框。选择圆形作为“截面”，在“限制”组的“终止”下拉列表中选择“对称值”选项，并在“距离”文本框中输入 4，“布尔”设置为“减去”，单击“确定”按钮，如图 8–156 所示。

（32）保存核桃夹体 1，设置文件名为 8.2.1.a.prt。

4. 核桃夹体 2 的设计

（1）复制并编辑核桃夹体 1 副本，删除最后一步拉伸的操作结果。

（2）拉伸。选择“主页”选项卡“基本”组中的“拉伸”命令，打开“拉伸”对话框。选择圆形作为“截面”，在“限制”组的起始“距离”文本框中输入 2，在“终止”下拉列表中选择“贯通”选项，“布尔”设置为“减去”，单击“确定”按钮，如图 8–157 所示。

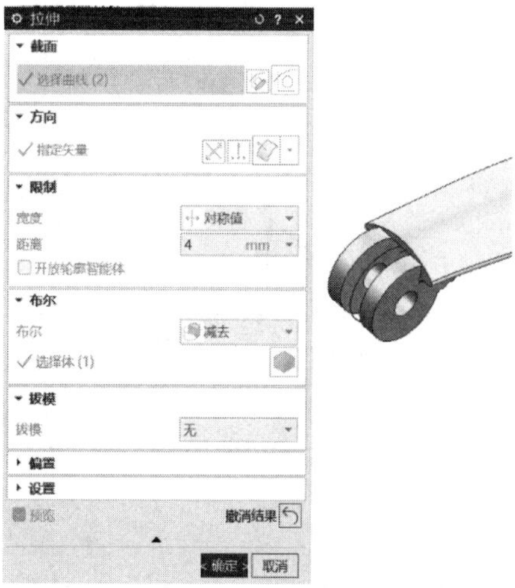

图 8–156　“拉伸”对话框及其结果 5

（3）镜像特征。选择“主页”选项卡“基本”组中的“镜像特征”命令，打开“镜像特征”对话框，选择上步的拉伸实体作为“要镜像的特征”，在“镜像平面”组中选择 *YZ* 平面，单击“确定”按钮，如图 8-158 所示。

核桃夹体 2 的设计

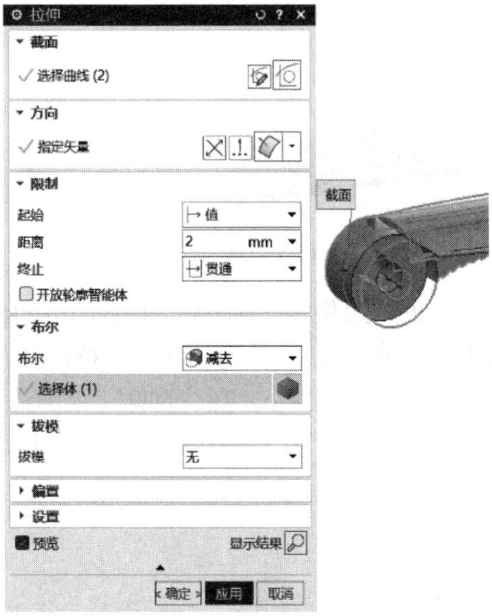

图 8-157 “拉伸”对话框及其结果 6

图 8-158 “镜像特征”对话框及其结果

（4）另存核桃夹体 2，设置文件名为 8.2.1.b.prt。

8.2.2 铆钉的设计

（1）绘制草图。新建 8.2.2.prt 文件，选择“草图”命令，选择 *XY* 平面作为草绘的基准平面，绘制如图 8-159 所示的草图。

铆钉的设计

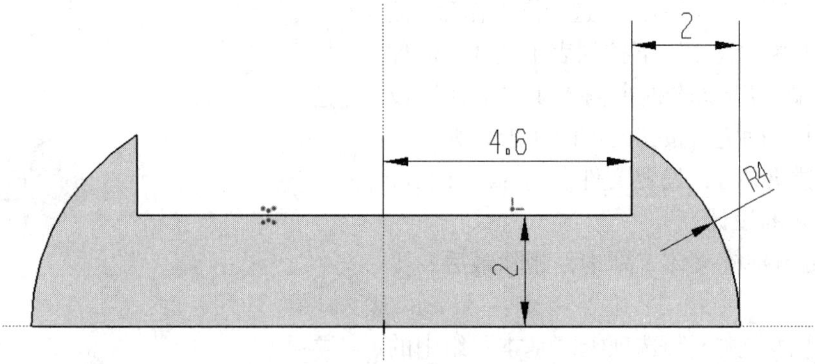

图 8-159 草图 1

（2）旋转。选择“主页”选项卡“基本”组中的“旋转”命令，打开“旋转”对话框，选择草图 1 作为“截面”，在“轴”组中指定矢量为 *Y* 轴，旋转 360°，如图 8-160 所示。

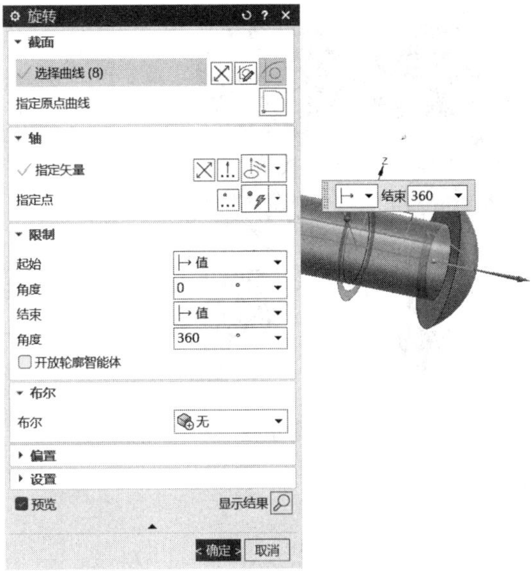

图 8-160 “旋转”对话框及其结果

（3）保存铆钉，设置文件名为 8.2.2.prt。

8.2.3 装配

（1）新建 8.2.3.prt 文件，选择“装配”选项卡中的“装配”命令。

（2）调入 8.2.1.a.prt、8.2.1.b.prt、8.2.2.prt 文件，添加如图 8-161 所示的约束关系，并完成核桃夹装配，结果如图 8-161 所示。

核桃夹体装配

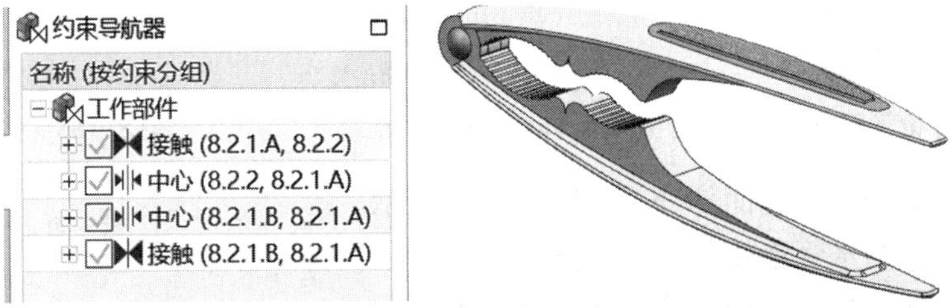

图 8-161 核桃夹的装配结果

8.3 实训三：洗车水枪

8.3.1 设计要求

使用“草图”“曲面”等命令，绘制如图 8-162 所示的洗车水枪。

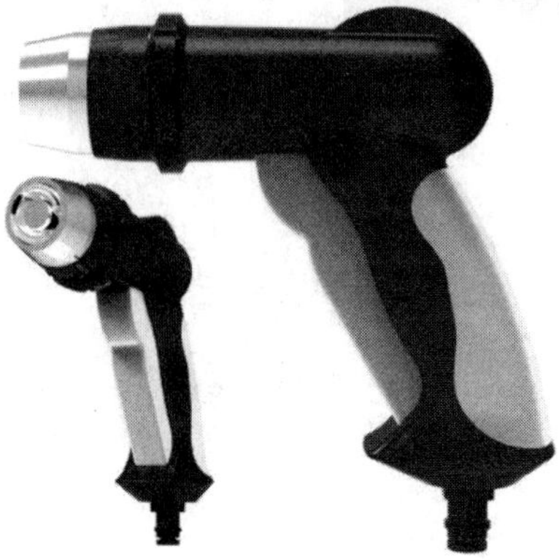

图 8-162　洗车水枪

洗车水枪

8.3.2　设计思路

（1）绘制水枪的枪管部分，如图 8-163 所示。

（2）绘制水枪的枪托部分，如图 8-164 所示。

（3）绘制水枪的按键部分，如图 8-165 所示。

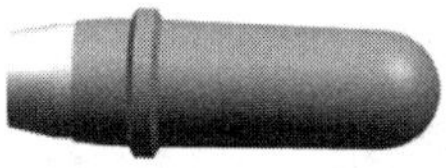

图 8-163　枪管部分

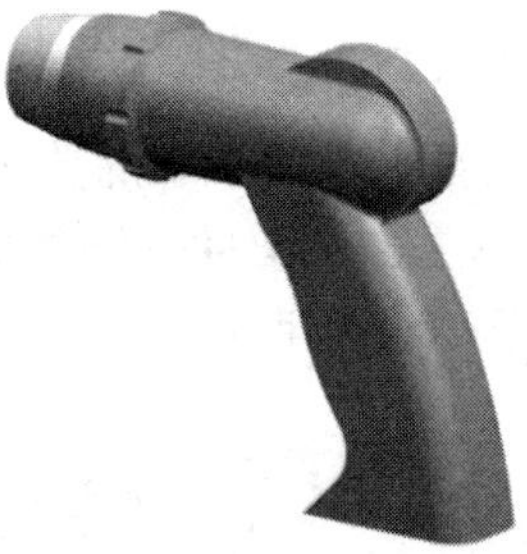

图 8-164　枪托部分

图 8-165　按键部分

（4）绘制水枪的枪托底面部分，如图 8-166 所示。

（5）绘制水枪的水管连接部分，如图 8-167 所示。

（6）绘制枪托曲面并修饰细节，如图 8-168 所示。

（7）着色渲染。

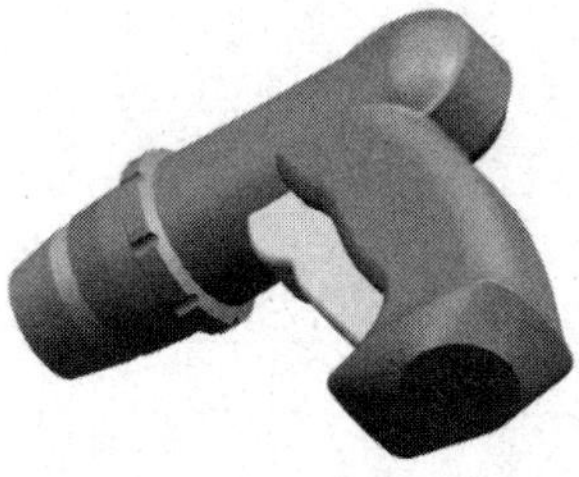

图 8-166　枪托底面部分

图 8-167　水管连接部分

图 8-168　枪托曲面并修饰细节的结果

8.3.3　设计过程

1. 新建文件

选择“文件”|“新建”命令，新建 8.3.prt 文件。

2. 绘制水枪的枪管部分

水枪枪管

（1）绘制草图。选择“草图”命令，选择 *XZ* 平面作为草绘的基准平面，绘制如图 8-169 所示的草图。

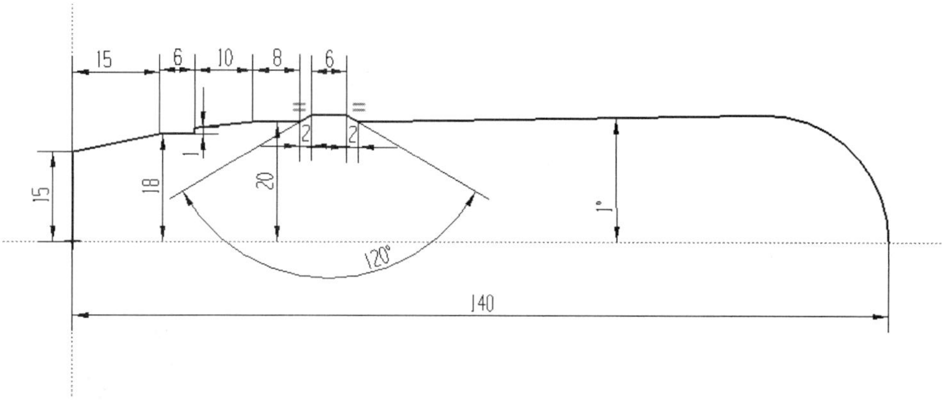

图 8-169　水枪枪管部分的草图

（2）旋转。选择“主页”选项卡“基本”组中的“旋转”命令，打开“旋转”对话框，选择草图 1 作为“截面”，在“轴”组中“指定矢量”选择 *X* 轴，“指定点”选择坐标原点，在“限制”组的“起始角度”文本框中输入 0°，在“结束角度”文本框中输入 360°，创建旋转实体，如图 8-170 所示。

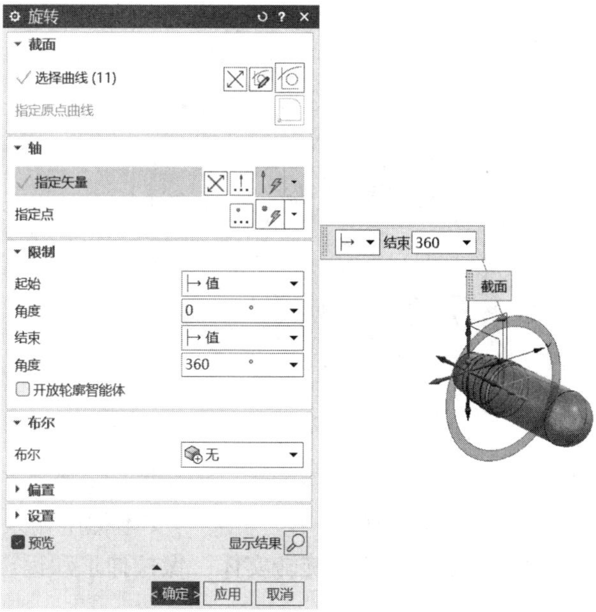

图 8-170　“旋转”对话框及其结果

（3）绘制草图。选择“草图”命令，选择 *YZ* 平面作为草绘的基准平面，绘制如图 8-171 所示的草图。

（4）拉伸。选择“拉伸”命令，打开“拉伸”对话框，选择草图 2 作为“截面”，在“限制”组的“起始距离”文本框中输入 0，在“终止距离”文本框中输入 100，“布尔”设置为“减去”，在“选择体”组中选择刚刚创建的旋转实体，做拉伸求差运算，如图 8-172 所示。

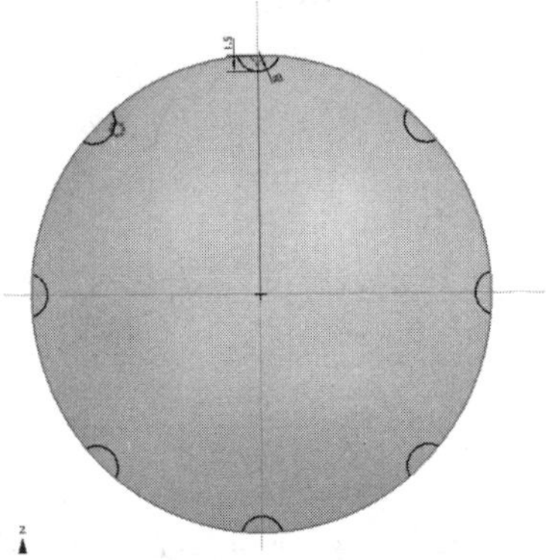

图 8-171　草图 2

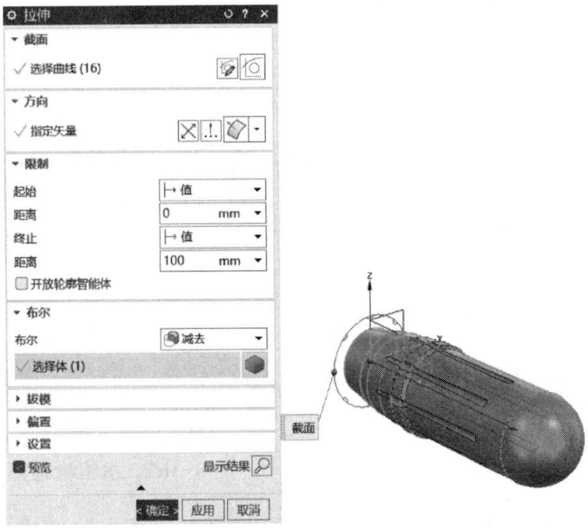

图 8-172　“拉伸”对话框及其结果 1

（5）绘制草图。选择“草图”命令，选择 *XZ* 平面作为草绘的基准平面，绘制如图 8-173 所示的草图。

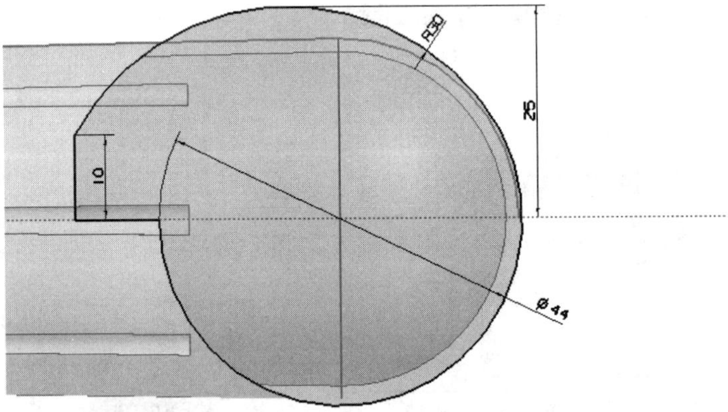

图 8-173　草图 3

（6）拉伸。选择“拉伸”命令，打开“拉伸”对话框，选择草图 3 作为“截面”，将“限制”组中的“宽度”设置为“对称值”，在“距离”文本框中输入 16，“布尔”设置为“合并”，在“选择体”组中选择刚刚创建的旋转实体，做拉伸求和运算，如图 8-174 所示。

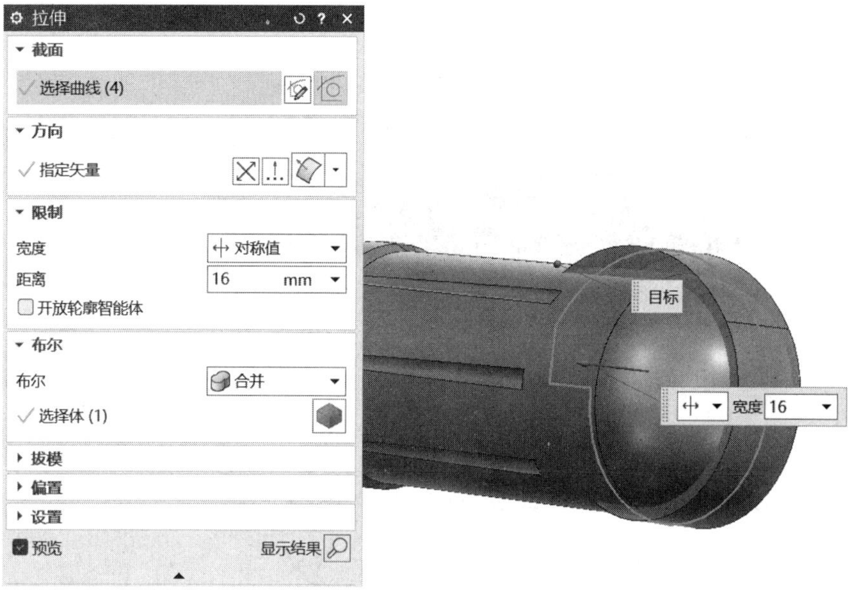

图 8-174 “拉伸”对话框及其结果 2

（7）边倒圆。选择“边倒圆”命令，打开“边倒圆”对话框，在“边”组中选择步骤（6）中拉伸求和部分与主体部分的交线，“形状”设置为“圆形”，“半径”设置为 3，如图 8-175 所示。

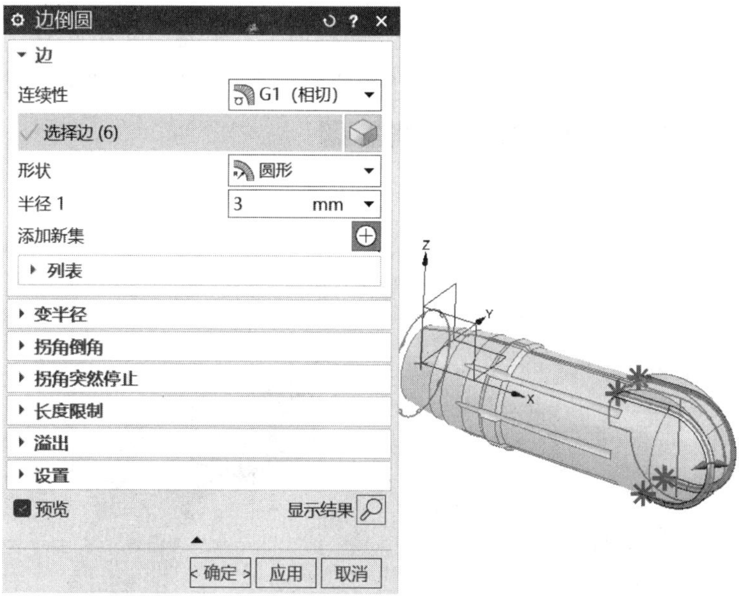

图 8-175 “边倒圆”对话框及其结果 1

3. 绘制水枪的枪托和按键部分

（1）绘制枪托草图。选择“草图”命令，选择 *XZ* 平面作为草绘的基准平面，绘制如图 8-176 所示的草图。

水枪枪托

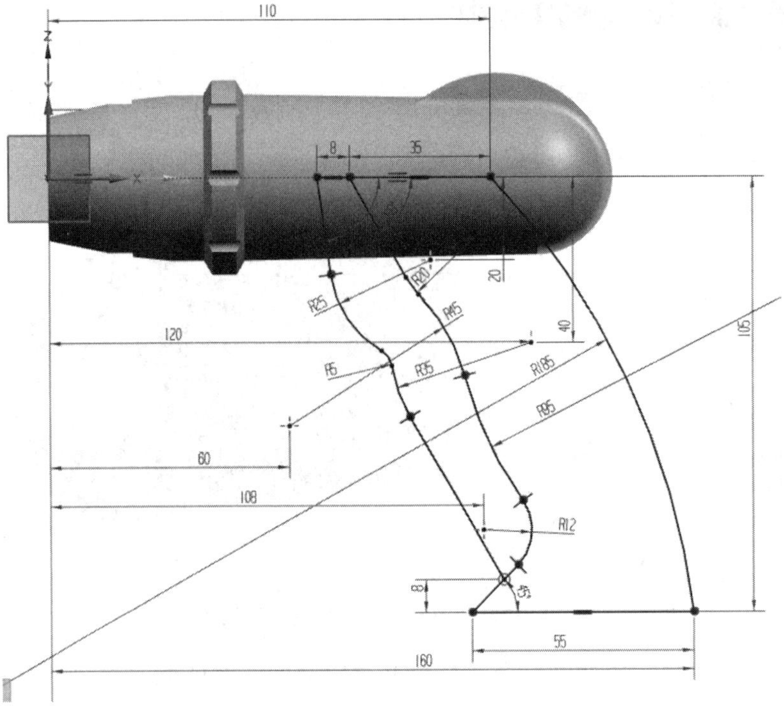

图 8-176 草图 4

（2）拉伸。选择“拉伸”命令，打开“拉伸”对话框，选择草图 4 中的主体部分作为“截面”，将“限制”组中的“宽度”设置为“对称值”，“距离”设置为 32，“布尔”设置为“合并”，“选择体”设置为枪管部分，做拉伸求和运算，如图 8-177 所示。

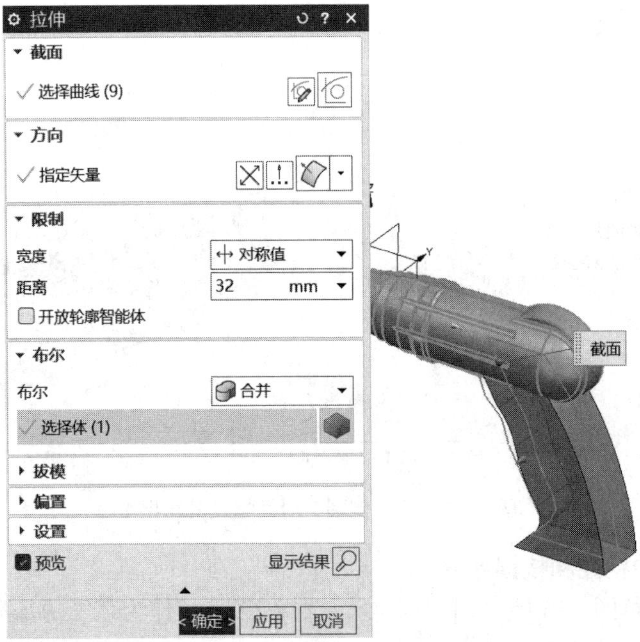

图 8-177 “拉伸”对话框及其结果 3

（3）拉伸。选择“拉伸”命令，打开“拉伸”对话框，选择草图 4 中的按键部分作为“截面”，将“限制”组中的“宽度”设置为“对称值”，“距离”设置为 18，“布尔”设置为“合并”，“选择体”设置为步骤（2）拉伸求和的实体，做拉伸求和运算，如图 8-178 所示。

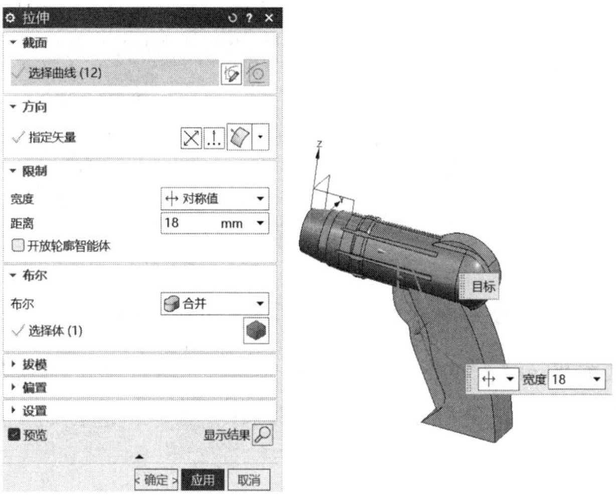

图 8-178　“拉伸”对话框及其结果 4

（4）边倒圆。选择“边倒圆”命令，打开“边倒圆”对话框，如图 8-179 所示，在“边”组中选择棱线，“形状”设置为“圆形”，“半径”分别设置为 10、5、2，结果如图 8-180 所示。

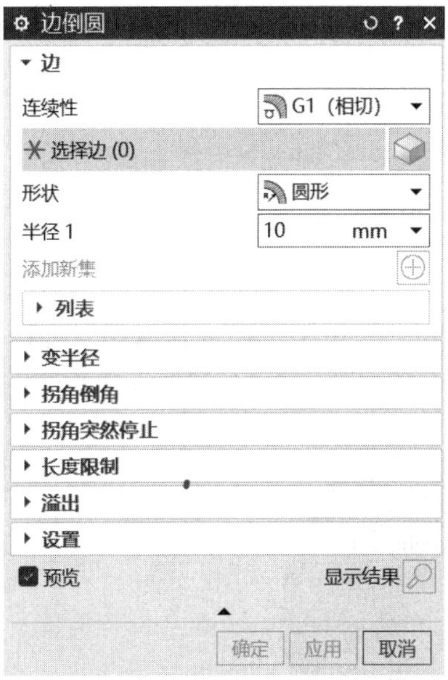

图 8-179　“边倒圆”对话框

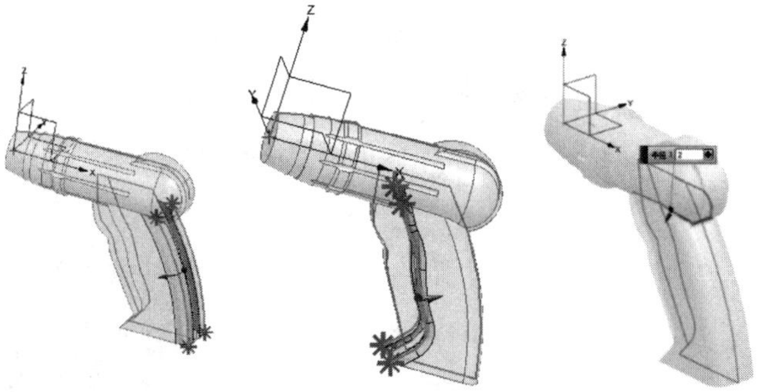

图 8-180　边倒圆结果

4. 绘制水枪的枪托底面部分

（1）创建基准平面。选择“主页”选项卡“构造”组中的“基准平面”命令，打开“基准平面”对话框，使用“按某一距离”方式，选择 *XY* 平面作为“平面参考”，创建一个距离 *XY* 平面 −115 的基准平面，如图 8-181 所示。

水枪枪托底面

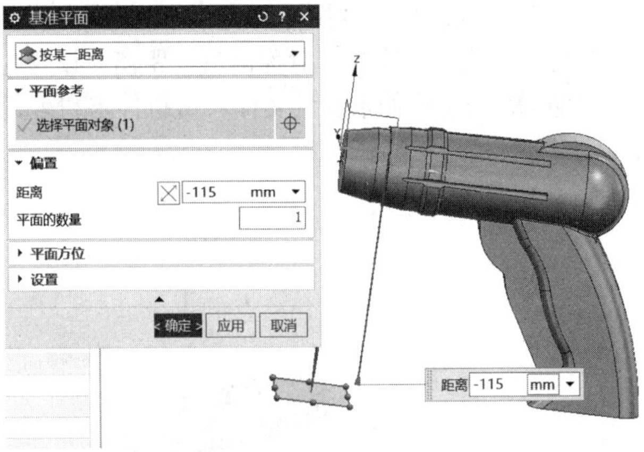

图 8-181　“基准平面”对话框及其结果

（2）在新建的基准平面上绘制草图。选择“草图”命令，选择新建的基准平面作为草绘平面，绘制如图 8-182 所示的草图。选择“草图”命令，选择枪托底面作为草绘平面，绘制如图 8-183 所示的草图。

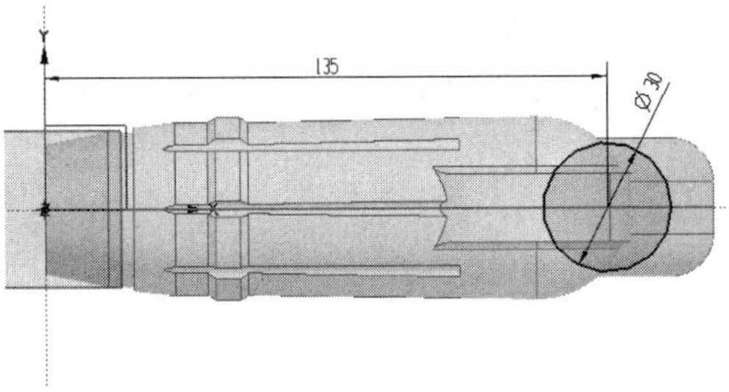

图 8-182　草图 5

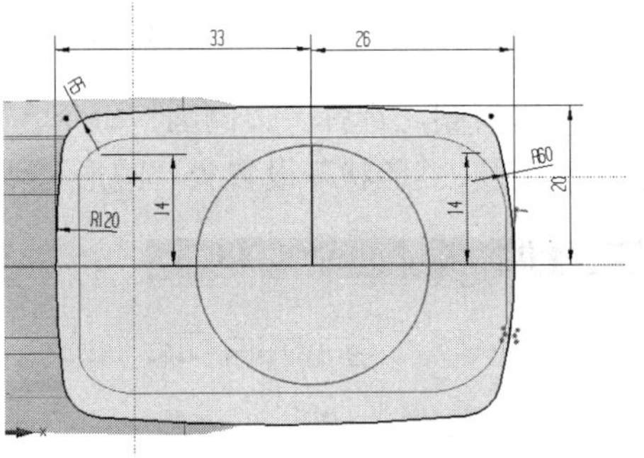

图 8-183　草图 6

（3）通过曲线组生成实体。选择“曲面”选项卡“基本”组中的“通过曲线组”命令，打开“通过曲线组”对话框，选择草图 6 中的曲线作为“截面”，单击“添加新截面”按钮，选择草图 5 中的 $\phi 30$ 圆，生成实体（注意曲线方向），并与枪托部分求和，如图 8-184 所示。

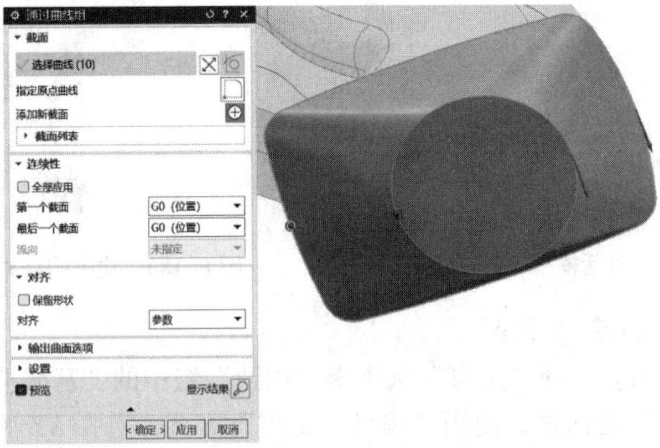

图 8-184　“通过曲线组”对话框及其结果

（4）边倒圆。选择“边倒圆”命令，打开“边倒圆”对话框，在“边”组中选择如图 8-185 所示的线条，“形状”设置为“圆形”，“半径”设置为 0.5。将“半径”分别设置为 18、0.5，再次进行边倒圆操作，如图 8-186 所示。

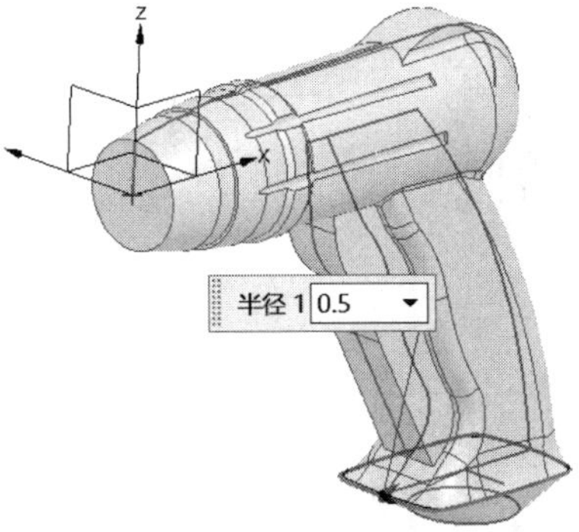

图 8-185　边倒圆 1

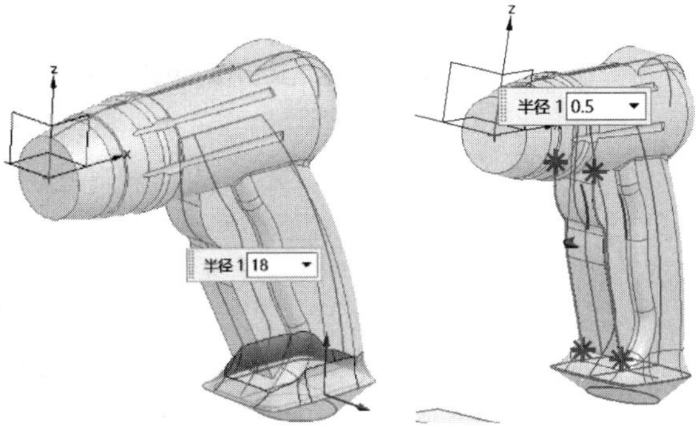

图 8-186　边倒圆 2

5. 绘制水枪的水管连接部分

（1）绘制草图。选择“草图”命令，打开“创建草图”对话框，在“选择草图平面”组中选择水枪的枪托底面，“指定原点”选取圆的中心点，创建如图 8-187 所示的草图。

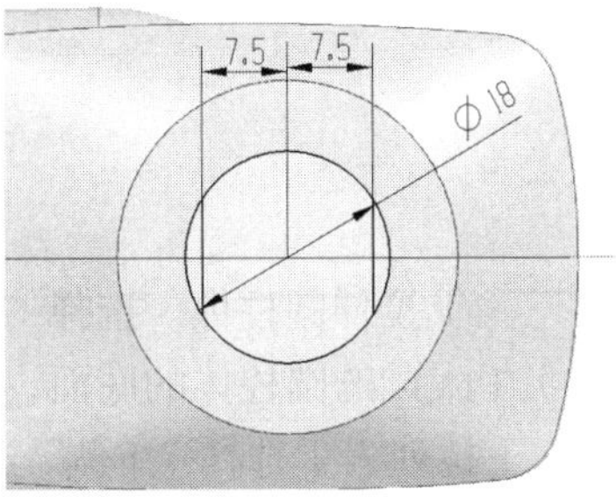

图 8-187　草图 7

（2）拉伸求和。选择“拉伸”命令，在“截面”组中选择步骤（1）所绘的草图 7，在“限制”组的起始“距离”文本框中输入 0，终止“距离”文本框中输入 5，“布尔”设置为“合并”，与之前的实体进行求和运算，如图 8-188 所示。

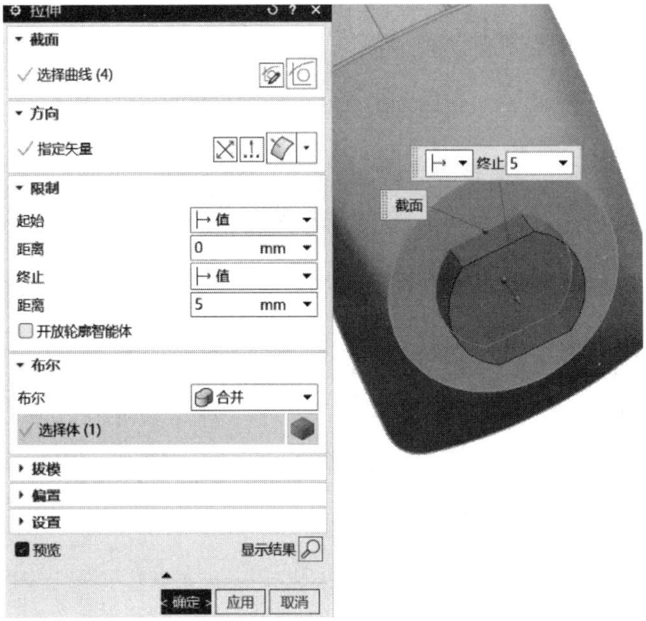

图 8-188　“拉伸”对话框及其结果 5

水枪水管连接部分

（3）创建 $\phi 12\times 8$ 的圆柱体。选择“菜单”|“插入”|“设计特征”|“圆柱”命令，打开“圆柱”对话框，如图 8-189 所示，使用“轴、直径和高度”方式，“指定矢量”设置为步骤（2）所作的底面，“指定点”设置为圆心，在“尺寸”组中设置“直径”为 12，“高度”为 8，“布尔”设置为“合并”，单击“确定”按钮。

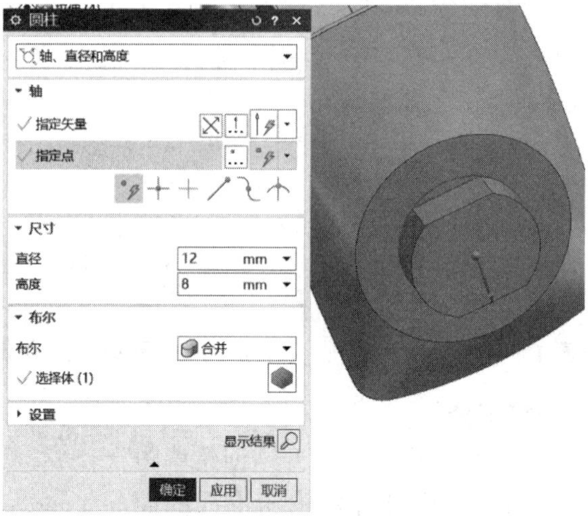

图 8-189 “圆柱”对话框及其结果 1

（4）拉伸圆柱体。选择“拉伸”命令，打开“拉伸”对话框，在“截面”组中选择步骤（3）中生成的圆柱体的底面，“限制”组中的起始“距离”为 0、终止“距离”为 1.5，在“偏置”下拉列表中选择“单侧”选项，在“结束”文本框中输入 1 并进行求和运算，如图 8-190 所示。

图 8-190 “拉伸”对话框及其结果 6

（5）拉伸圆柱体。同步骤（4），分别设置拉伸长度为 3，单侧偏置 -1 并求和；拉伸长度为 1.5，单侧偏置 -2 并求和；拉伸长度为 2，单侧偏置 2 并求和，拉伸的圆柱体分别如图 8-191、图 8-192、图 8-193 所示。

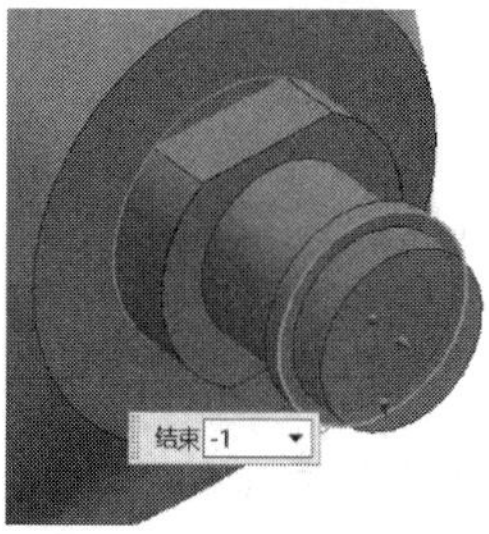

图 8-191　拉伸的圆柱体 1

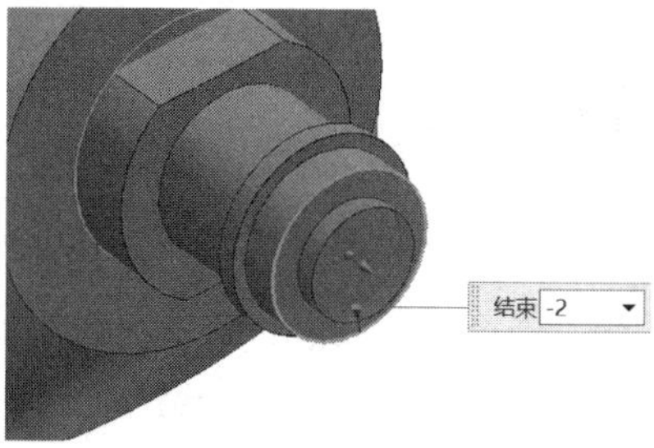

图 8-192　拉伸的圆柱体 2

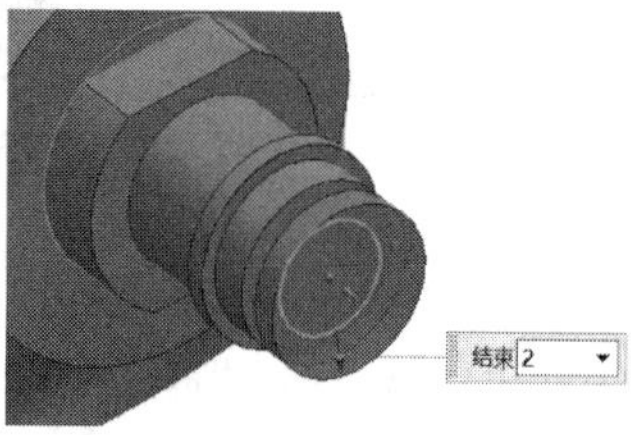

图 8-193　拉伸的圆柱体 3

6. 绘制枪托曲面

（1）绘制草图。选择“草图”命令，选择 *XZ* 平面作为草绘的基准平面，选择“艺术样条”命令，绘制如图 8-194 所示的草图。

（2）拉伸片体。选择“菜单”|“插入”|“设计特征”|“拉伸”命令，打开“拉伸”对话框，在‘截面’组中选择步骤（1）中的艺术样条，在‘限制’组的‘宽度’下拉列表中选择“对称值”选项，在“距离”文本框中输入 100，在“设置”组的“体类型”下拉列表中选择“片体”选项，如图 8-195 所示。

水枪枪托曲面

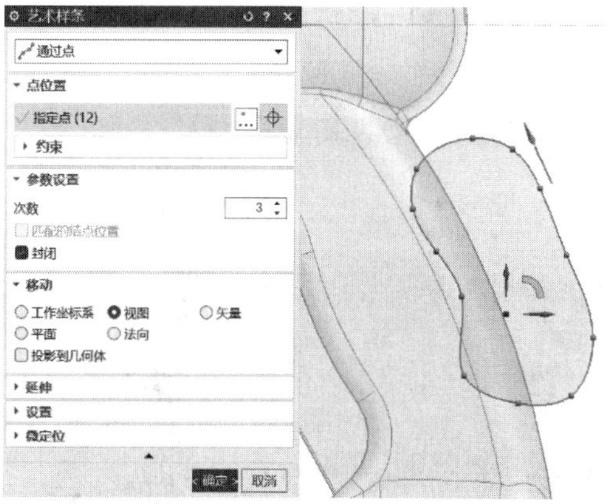

图 8-194　“艺术样条”对话框及其结果

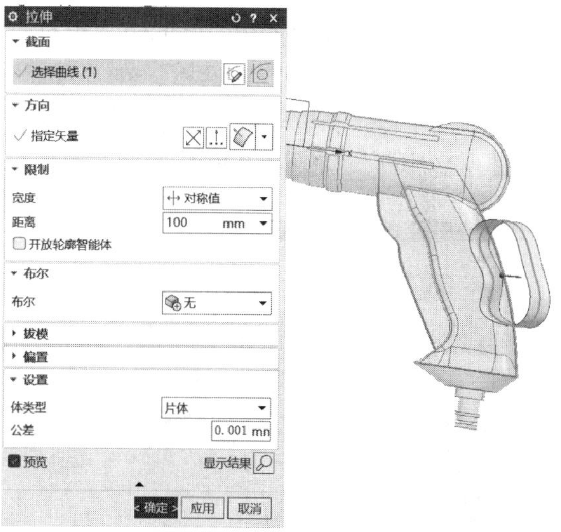

图 8-195　“拉伸”对话框及其结果 7

（3）拆分体。选择“菜单”|“插入”|“修剪”|“拆分体”命令，打开“拆分体”对话框，在“目标”组中选择水枪主体部分，在“工具”下拉列表中选择“面或平面”选项，选择步骤（2）中拉伸的片体，如图 8-196 所示。

（4）抽取几何体。选择“菜单”|“插入”|“关联复制”|“抽取几何特征”命令，打开“抽取几何特征”对话框，使用“面”方式，“面选项”设置为“单个面”，“选择面”设置为步骤（3）中拆分体后的面，如图 8-197 所示。

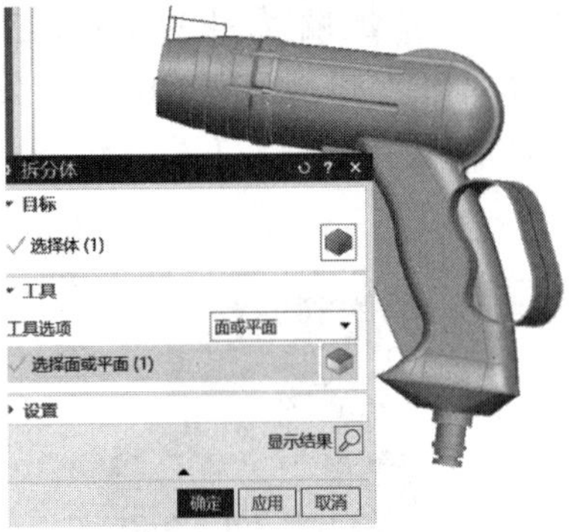

图 8-196 “拆分体”对话框

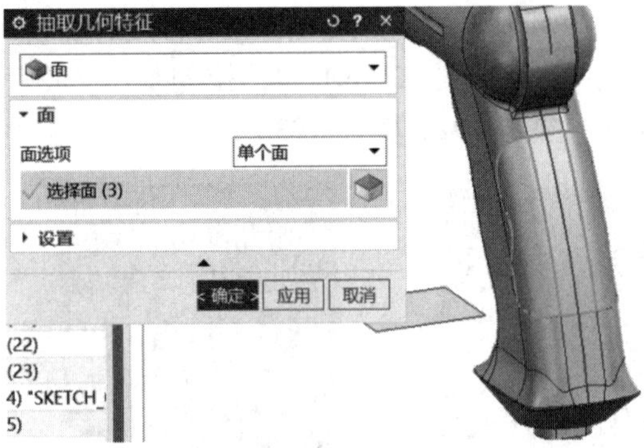

图 8-197 “抽取几何特征”对话框

（5）缝合。选择“菜单”|“插入”|“组合”|“缝合”命令，打开“缝合”对话框，使用“片体”方式，在“目标”和“工具”组中选择步骤（4）中抽取的片体，如图 8-198 所示。

（6）加厚片体。选择“菜单”|“插入”|“偏置 / 缩放”|“加厚”命令，打开“加厚”对话框，在“面”组中选择步骤（5）中的缝合面，在“偏置 1”文本框中输入 2，在“偏置 2”文本框中输入 0，如图 8-199 所示。

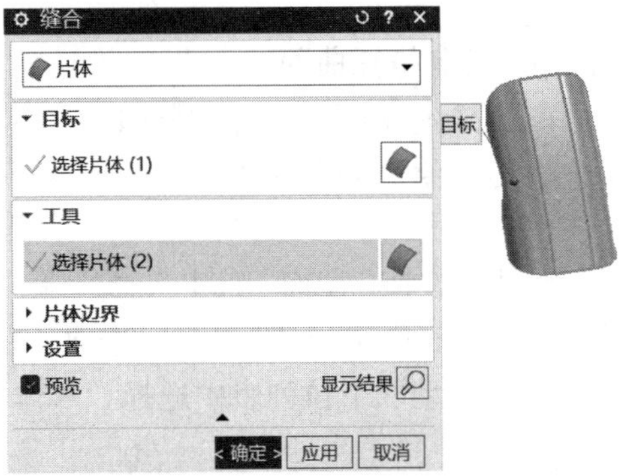

图 8-198 “缝合”对话框

（7）求差。选择“菜单”|“插入”|“组合”|“减去”命令，打开“减去”对话框，在“目标”组中选择水枪主体，在“工具”组中选择步骤（6）中的加厚实体，在“设置”组中勾选“保存工具”复选框，如图 8-200 所示。

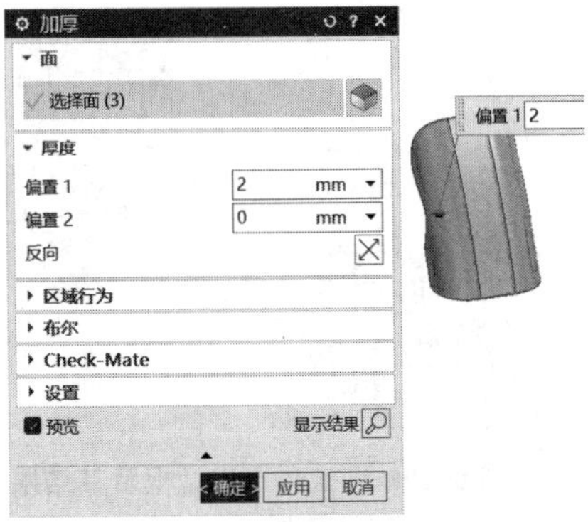

图 8-199 “加厚”对话框

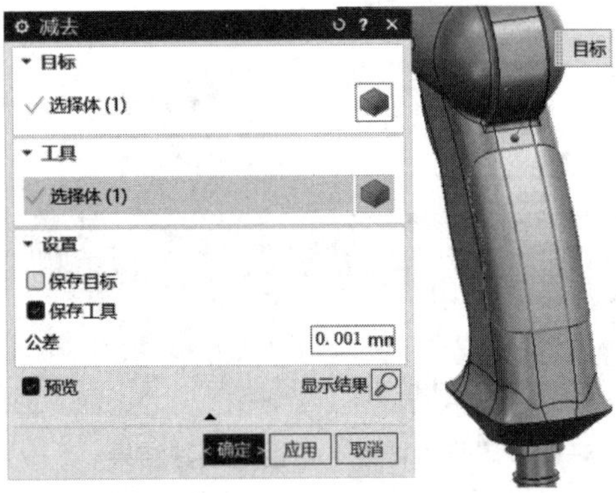

图 8-200 “减去”对话框

7. 绘制枪头细节部分

（1）绘制球体。选择“菜单”|“插入”|“设计特征”|“球”命令，使用“中心点和直径”方式，将坐标原点设为“中心点”，“直径”设置为 25，并进行布尔减去运算，如图 8-201 所示。

水枪枪头细节部分

（2）绘制圆柱体。选择“菜单”|“插入”|“设计特征”|“圆柱”命令，打开“圆柱”对话框，使用“轴、直径和高度”方式，将“轴”组中的“指定矢量”设置为 X 轴，“指定点”设置为坐标原点，将“尺寸”组中的“直径”设置为 8，“高度”设置为 12，并与枪体做求和运算，如图 8-202 所示。

图 8-201　“球”对话框

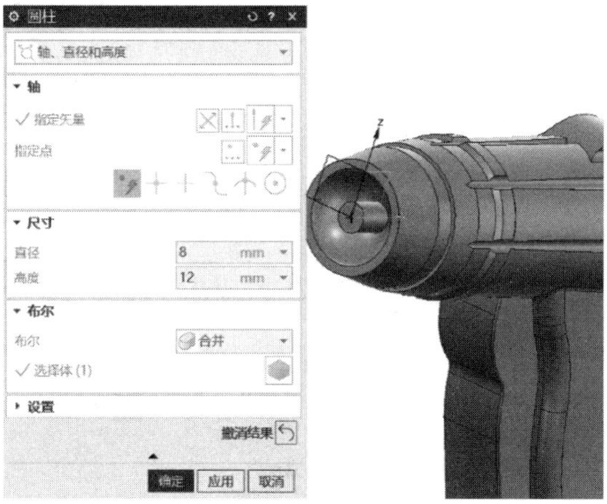

图 8-202　“圆柱”对话框 2

（3）绘制圆柱体。重复上述步骤（2），将“轴”组中的“指定矢量”设置为 $-X$ 轴，将“尺寸”组中的“直径”设置为 12，“高度”设置为 3，并与枪体做求和运算，如图 8-203 所示。

（4）边倒圆。选择“菜单”|“插入”|“细节特征”|“边倒圆”命令，打开“边倒圆”对话框，在“边”组中选择如图 8-204 所示的两个圆，“形状”设置为“圆形”，“半径”设置为 2。

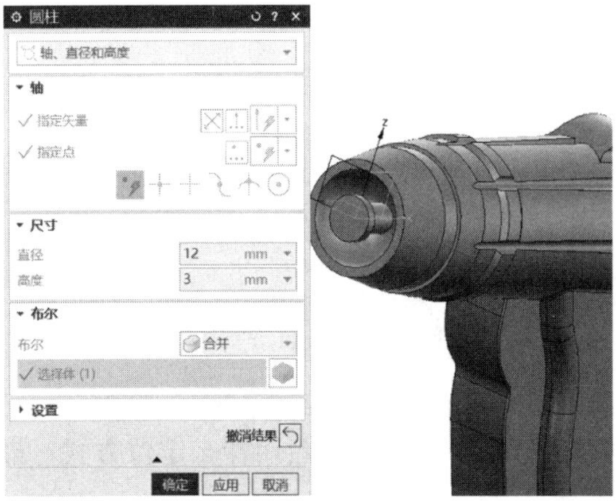

图 8-203　“圆柱”对话框 3

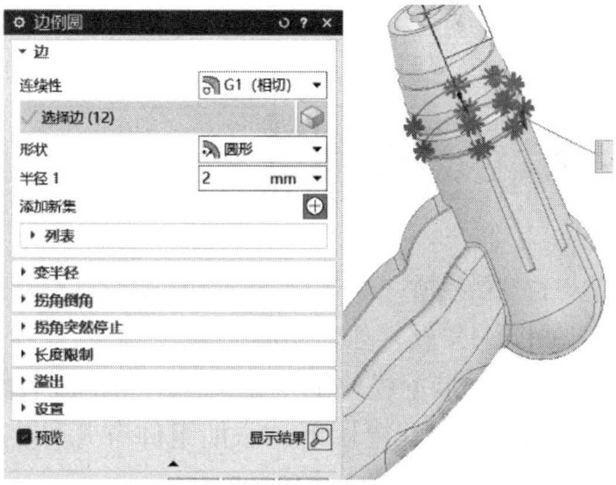

图 8-204　“边倒圆”对话框 2

8. 渲染

（1）对水枪进行渲染，真实着色效果如图 8-25 所示。

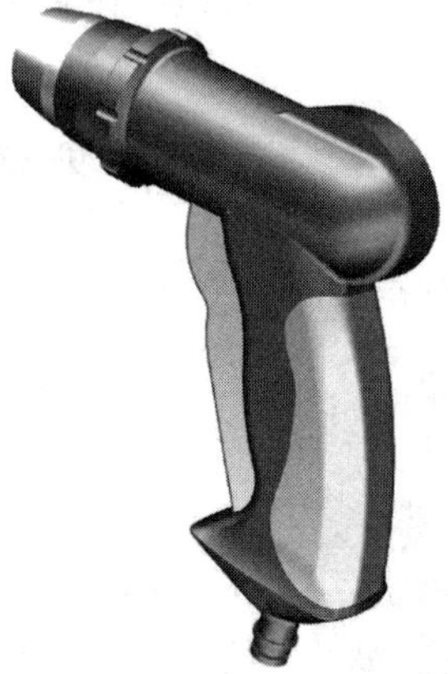

图 8-205　渲染真实着色

（2）保存文件并退出。

8.4　本章小结

本章通过 3 个案例详细介绍了产品设计的建模过程。通过对上述建模过程的学习，读者可以进一步熟悉 NX 软件中的实体建模和编辑命令，掌握建模思路，即从二维草图生成三维模型，然后对三维模型进行特征操作，以生成满足要求的模型，最后详细介绍了产品的装配过程。

8.5　思考与练习

1. 思考题

（1）NX 软件如何绘制齿轮？

（2）在装配模块下，如何显示和隐藏装配约束？

（3）在装配模块下，添加组件有几种定位方式？第一个组件一般用什么定位方式？最常用的是什么定位方式？

2. 练习题

建立手压阀的相关零件的三维模型，并完成装配图。

（1）阀体，如图 8-206 所示。

阀体

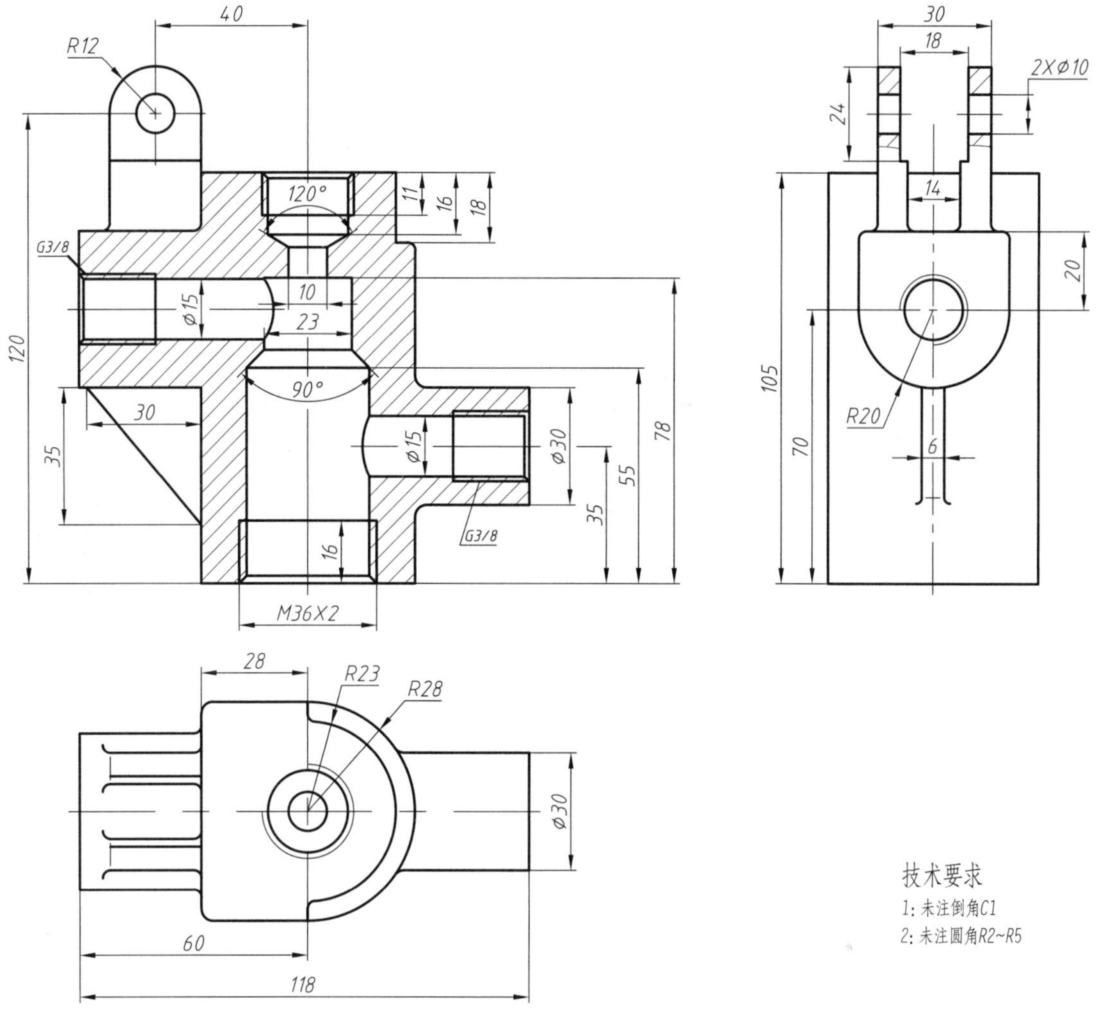

图 8-206 阀体

（2）阀杆，如图 8-207 所示。

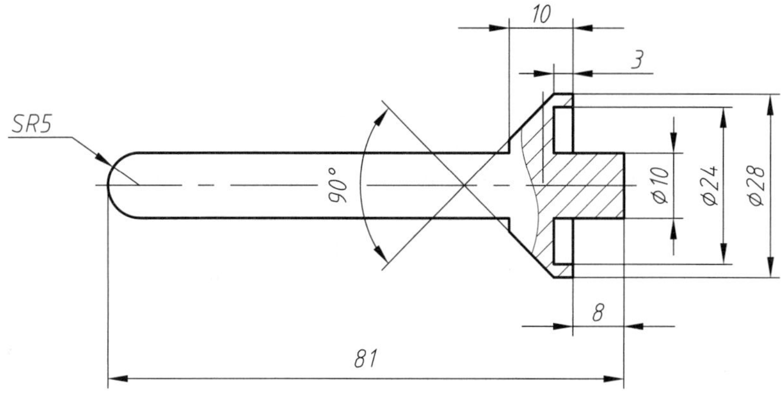

图 8-207 阀杆

阀杆

（3）手柄，如图 8-208 所示。

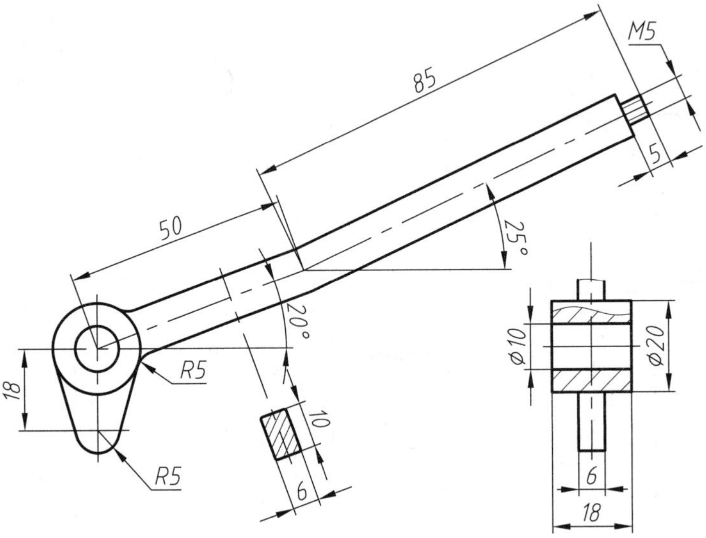

图 8-208　手柄

手柄

（4）球头，如图 8-209 所示。

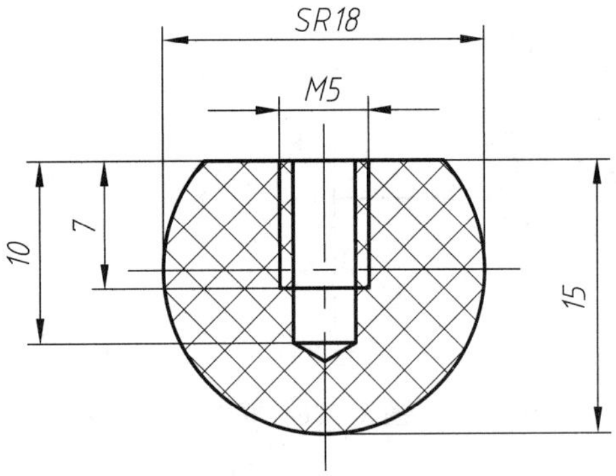

图 8-209　球头

球头

（5）销钉，如图 8-210 所示。

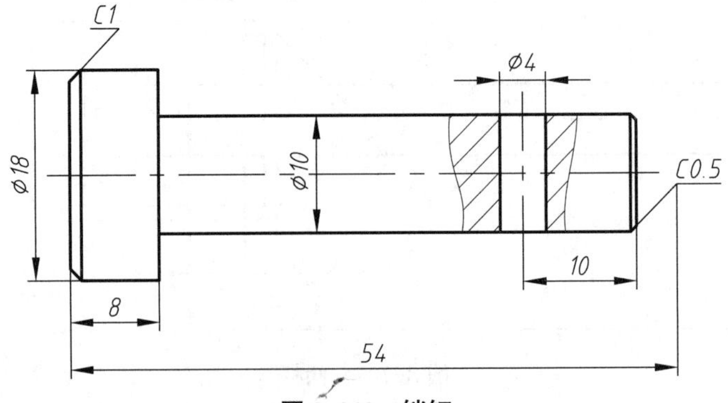

图 8-210　销钉

销钉

（6）弹簧，如图 8-211 所示。

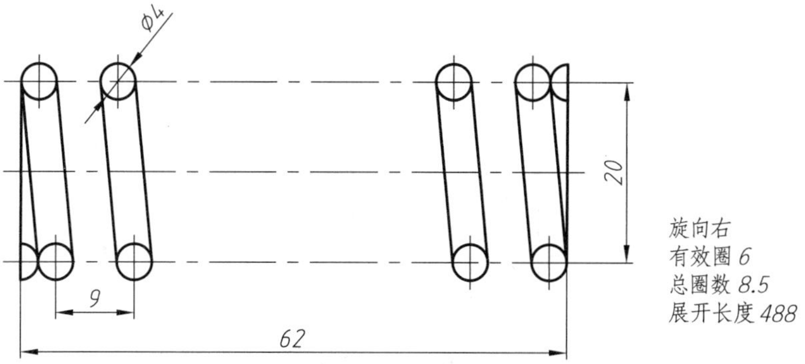

图 8-211　弹簧

弹簧

（7）调节螺母，如图 8-212 所示。

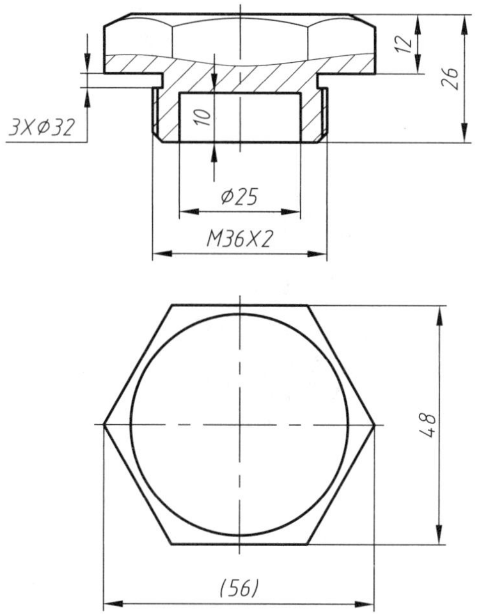

图 8-212　调节螺母

调节螺母

（8）胶垫，如图 8-213 所示。

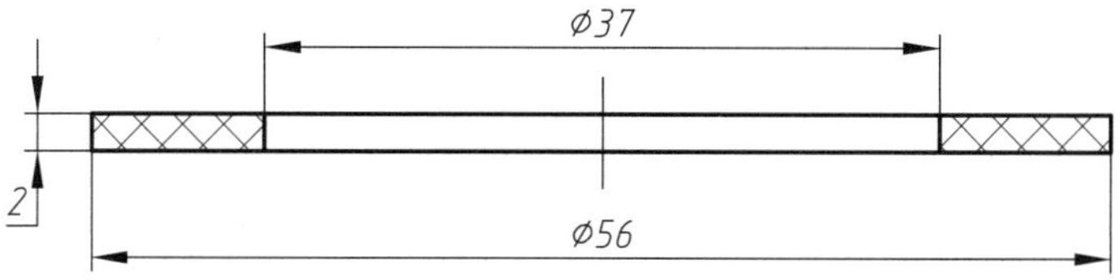

图 8-213　胶垫

胶垫

（9）螺套，如图 8-214 所示。

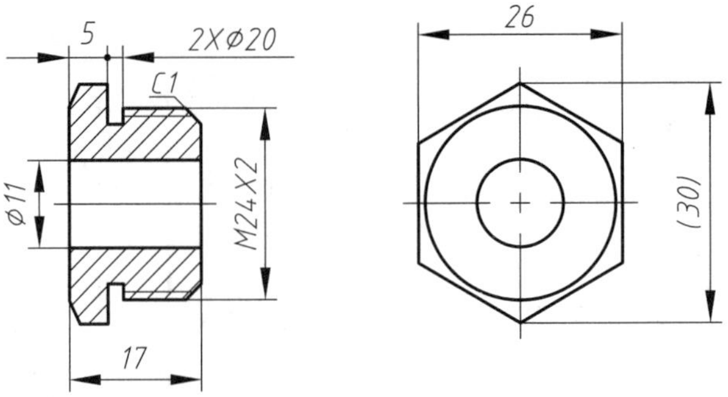

图 8-214　螺套

螺套

（10）手压阀装配图，如图 8-215 所示。

图 8-215　手压阀装配图

手压阀装配图